와일드후드란?

와일드후드란 종種에 관계없이 청소년기에 공통으로 겪는 경험을 가리키며 신체적 변화가 일어나는 사춘기 때 시작해 살아가는 데 반드시 필요한 4가지 기술을 익히면 끝난다. 지구상 모든 동물은 번듯한 어른으로 성장하기 위해 안전 확보와 사회적 지위 협상, 성적 욕구 제어, 어른으로서의 자립 등 4가지 기술을 반드시 배워야 한다.

와일드후드는 언제부터 언제까지?

동물마다 수명이 천차만별이라 와일드후드가 지속되는 기간도 제각각이다. 초파리는 단 며칠 만에 와일드후드를 벗어나지만 그린란드상어는 50년 동안 이 시기를 경험한다. 물론 그린란드상어는 400년이라는 놀라운 수명을 자랑하는 어류로 150세가 되어서야 비로소 사춘기에 접어든다. 23종의 수명과 와일드후드 시기를 다음과 같이 표로 정리했다. 이는 생활사 데이터를 기반으로 한 추정치며 정확한 시작 시점과 기간은 동물마다 차이가 있을 수 있다.

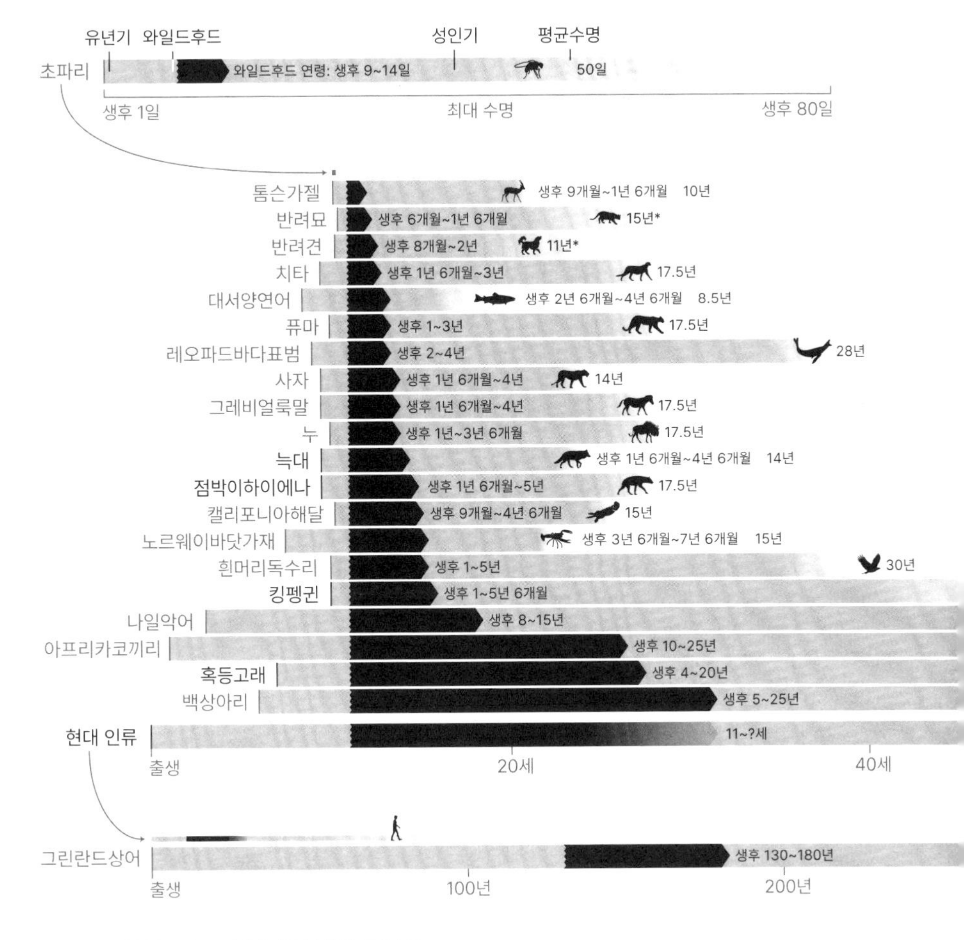

*가정에서 생활한다는 전제 조건하에 인간과 동물의 기대 수명

동물의 조상과 와일드후드

이 책에 소개하는 청소년기 동물 네 마리는 서로 조상이 겹칠뿐더러 인간과도 조상이 겹친다. 이제는 멸종되었지만 수백만 년 전에 살았던 조상 동물들 역시 와일드후드를 경험했다.

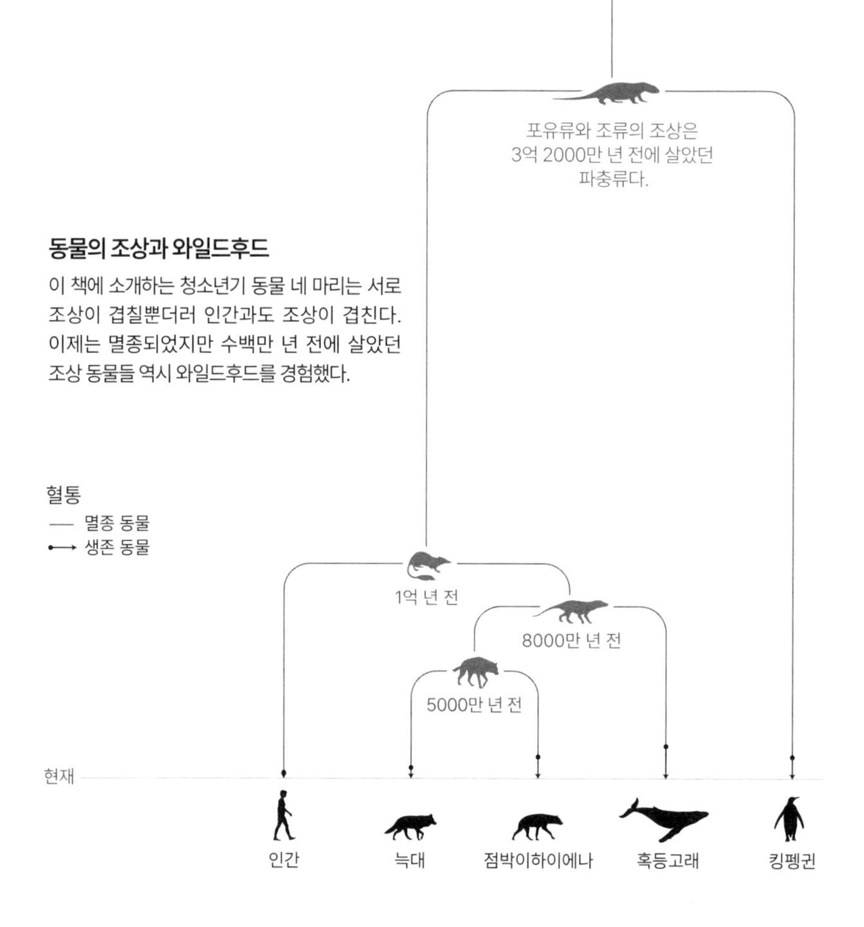

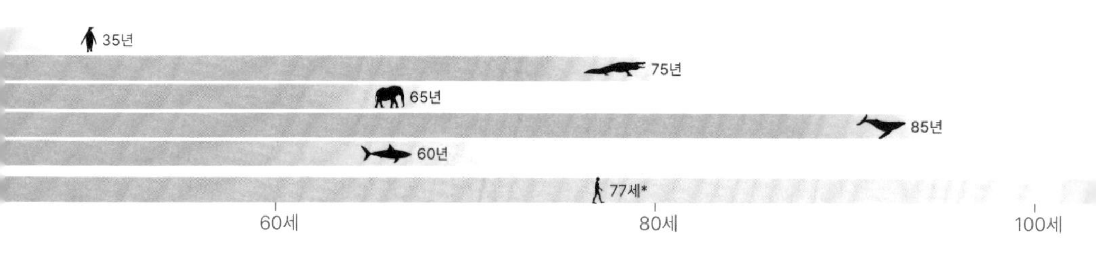

와일드후드

WILDHOOD

W I L D H O O D

세상 모든 날것들의 성장기

와일드후드

바버라 내터슨 호로위츠
캐스린 바워스

김은지
옮김

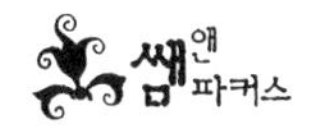

부모님 이델 내터슨과 조셉 내터슨
그리고 다이앤 실베스터와 아서 실베스터에게
이 책을 바칩니다.

성장이라는 인생 여정을 그린 매혹적인 책. 인간에 대한 통찰로 가득하다. 청소년기 펭귄과 하이에나의 경험에서 인간 청소년이 배워야 할 것이 무척 많다.

유발 하라리, 《사피엔스》 저자, 예루살렘 히브리대학 교수

10대 동물과 10대 인간이 매우 비슷하다는 것을 발견하고 깜짝 놀랐다. 둘 다 순진한 모험가다. 나는 이 책이 너무 좋다!

템플 그랜딘, 《과학자가 되는 시간》, 《동물과의 대화》 저자, 콜로라도주립대학 교수

청소년기의 거친 모험을 이렇게 깊이, 생동감 넘치게 분석한 책은 없었다. 각 종種이 새끼에서 어른으로 어떻게 독립하는지 자세히 알려주고, 그것이 전반적으로 왜 그렇게 비슷하게 보이는지를 밝힌다.

프란스 드 발, 《차이에 관한 생각》, 《침팬지 폴리틱스》 저자, 에모리대학 석좌교수

우리는 어떻게 청소년기의 다양한 현상을 이해해야 할까? 이 책은 인간 존재에 대한 사색이자 고찰이다. 이 책을 읽고 나면 우정, 사회적 지위, 협력, 집을 떠나고 돌아오는 것과 같은 삶의 중요한 한 단계에 뿌리를 둔 인간의 다양한 자질에 대해 감사함을 느낄 것이다.

〈월스트리트저널〉

"무기력하고 게으르고 미래에 대해서는 아무 생각도 없으며, SNS나 게임에만 중독되어 지내는 근심거리." 대다수의 부모가 청소년 자녀를 보는 시각이다. 그런 부모들에게 이 책을 추천한다. 우리의 '근심거리들'은 성인으로의 출발을 위해 4가지 필수 생존기술을 습득하는 중이다. 《와일드후드》를 읽어보면 섣부른 허세부터 패스트푸드에 열광하는 이유까지, 반듯한 어른으로 가는 아이들의 고군분투와 성장과정을 완벽히 이해할 수 있다.

조선미, 아주대 의과대학 정신건강의학교실 교수, 《영혼이 강한 아이로 키워라》 저자

근본적인 의미에서 청소년기 동물과 10대 인간은 같은 종류의 도전에 직면하고 있다. 하지만 어른들을 미친 듯이 화나게 할 그 행동들이, 발달단계에 꼭 필요할 뿐만 아니라 진정으로 가치 있는 중요한 일임을 알려주는 책이다.

〈워싱턴포스트〉

생생한 스토리텔링과 매혹적인 과학적 탈선! 너무나 매력적인 책이다. 또 이 책은 세상의 모든 부모를 안심시키는 책이다. 인간 청소년과 동물 청소년들이 겪는 고통스러운 투쟁이 어른이 되어가는 기술과 경험을 개발하는 과정임을 보여주기 때문이다.

〈로스앤젤레스타임스〉

인간의 청소년기만 이렇게 유난하고 독특한 것일까? 이 책은 인간 이외의 수많은 종이 유년기와 성인기 사이의 중요한 시기를 비슷하게 옮겨가고 있음을 생생하게 보여준다. 그것이 바로 '와일드후드'다. 믿을 수 없을 정도로 흥미진진하다. 인간이 동물의 세계로부터 무엇을 배울 수 있는지 그리고 어떻게 모든 종이 이렇게 서로 깊이 연결되어 있는지를 보여준다.

북리스트, 올해의 10대 과학기술서적

청소년기는 인간에게만 있는 것이 아니다! 이 책은 진화생물학자의 관점에서 어린 동물들이 처한 위험, 사회적 위계 그리고 우리의 10대 짐승들이 거치고 있는 모든 질풍노도의 항해를 사실적으로 보여준다.

〈피플〉

나는 이 책에 나온 킹펭귄, 하이에나, 혹등고래, 늑대로부터 10대 아들의 생존 기술을 배웠다. 약간의 인내심을 발휘하면 부모로서 고통스러운 시간에서 벗어날 수 있다. 야만적이고 경쟁적인 세계에서 성인이 되는 시련에 직면할 때, 이 책의 등장인물들을 자세히 살펴보자. 동물과 인간 10대 사이의 몇 가지 특이점과 그들이 배워야 할 교훈이 보일 것이다.

〈뉴욕타임스〉 북리뷰

하버드대학 진화생물학자와 최고의 과학 저널리스트가 인간과 동물의 청소년기를 매혹적으로 그렸다.

〈뉴스위크〉

베스트셀러 작가들이 5년 동안 연구를 통해 10대를 이해할 수 있는 키워드를 발견했다. 스릴을 추구하고 때로는 설명할 수 없는 선택을 하며 야생에서 오히려 더 발달하는 동물 청소년은 인간 청소년을 이해하는 데 큰 도움이 된다.

〈시카고트리뷴〉, '지금 당장 읽어야 할 28권의 신간'

한 젊은이가 갑자기 세상에 홀로 남겨졌음을 발견하고 자연에서 피난처를 찾고 포식자로부터 안전을 찾고 음식과 새로운 친구들을 찾는다.
이러한 투쟁은 위험하고 힘들지만 궁극적으로 지식, 새로운 정체성, 자립심으로 이어진다. 그리고 어쩌면 사랑에 빠질지도 모른다.
이 책은 동물 청소년이 직면한 도전을 묘사하면서 인간 청소년을 격려하고 축하한다. 이들이 넓고 넓은 세계로 여행하는 것이 얼마나 자연스럽고 복잡하며 아름다운지 생생하게 보여준다.

〈사이언스매거진〉

청소년기 동물들의 '와일드후드'를 알게 되면 다시는 그들을 예전과 같은 눈으로 보지 않을 것이다. 이 책은 청소년 자녀를 둔 부모나 자연을 사랑하는 사람, 지적이고 유쾌하며 호기심 많은 독자를 위한 책이다. 당신은 분명 이 책에 열광할 것이다.

〈타임스레코드〉

이 책은 인간 10대와 동물 청소년 사이의 많은 공통점을 알려주고 도움을 준다. 인간이든 동물이든 청소년을 키워본 사람이라면 누구나 이 책에 매력을 느끼게 될 것이다.

〈퍼블리셔스위클리〉

많은 생물이 어떻게 어른이 되는지, 어떻게 복잡한 세상을 항해하는 법을 배우는지를 명쾌하게 밝힌 재미있는 이야기다.

〈커커스〉

인간 청소년의 행동이 야생동물의 본성에 얼마나 강하게 뿌리내리고 있는지에 대한 설득력 있는 설명이 가득하다. 과학이나 동물을 사랑하는 독자들에게 즐거움을 선사할 것이다.

〈라이브러리저널〉

걱정과 좌절부터 신나고 즐거운 것까지 청소년기 동물들의 여정을 읽다 보면 '어른이 된다는 것'을 다시 생각해볼 수 있다.

닐 슈빈, 《내 안의 물고기》, 《자연은 어떻게 발명하는가》 저자, 시카고대학 석좌교수

인생의 결정적 단계를 다룬 통찰력 있는 책 중 하나다. 오늘날 세계에서 청소년기의 본질과 의미, 목적을 놀랍도록 독창적으로 설명했다.

로렌스 스타인버그, 《위기와 기회 사이》 저자, 템플대학 석좌교수

너무나 매혹적인 책! 다양한 종의 청소년기를 설득력 있는 이야기로 들려준다.

사라-제인 블레이크모어, 《나를 발견하는 뇌과학》 저자, 케임브리지대학 교수

부모라면 꼭 읽어야 할 명작! 몸집만 커졌지 인생 경험은 거의 없는 생명체들이 어떻게 생존하고 번성하는지 그 놀라운 방법을 보여주는 마법의 렌즈 같은 책이다.

웬디 모겔, 《내 아이, 그만하면 충분하다》 저자, 임상심리학자

청소년기의 근본적 과제에 대해 깊이 연구하고 아름답게 쓴 책. 동물의 왕국 전역에서 벌어지는 청소년기 동물들의 시련과 고통을 보다 보면 이들을 응원하게 된다. 또 이들이 성인이 되는 과정에서 성취해나가는 것들에 깊은 감사를 불러일으킨다.

리사 다무어, 임상심리학자

이 책은 세상을 향해 모험을 떠나는 청소년들에 관한 관점을 바꿔준다. 우리가 청소년을 어떻게 이해하고 지원해야 하는지에 대한 과학적 탐구와 실질적 시사점이 보물 창고처럼 가득한 책이다.

대니얼 J. 시겔, 의학박사, 《아직도 내 아이를 모른다》 저자, UCLA 교수

독창적이고 재미있고 건설적이다! 이 책은 청년에서 성인이 되어가는 쉽지 않은 여정을 더 잘 이해하기 위한 아이디어로 가득 차 있다.

리처드 랭엄, 《한없이 사악하고 더없이 관대한》 저자, 하버드대학 교수

때로는 반직관적이고 때로는 패러다임을 깨뜨리는 이 책은 청소년을 키우고 교육하고 상담하고 치료하는 데 필요한 그리고 우리가 살아가기 위한 수십 가지 가설을 만들어낸다.

진 베레신, 의학박사, 하버드대학 교수

차례

3부 성

4부 자립

프롤로그

청소년기의 본질을 탐구하는 우리의 연구는 2010년 추운 캘리포니아 바닷가에서 처음 시작되었다. 우리는 모래 언덕 위에 서서 '죽음의 삼각지대'라는 흥미로운 별명으로 불리는 드넓은 태평양을 바라보며 생각에 잠겼다.

우리를 그곳까지 이끈 것은 한 해양생물학자가 말해준 특별한 이야기였다. 그는 그곳에 사는 매우 치명적인 무리 때문에 죽음의 삼각지대라는 이름이 붙여졌다고 말했다. 그 주인공은 바로 백상아리였다. 무시무시한 포식자 백상아리 수백 마리가 이 지역에 서식하고 있는데, 특히 엄청난 식성으로 악명이 높아 주변의 해양생물은 그 근처에 얼씬거리지도 않는다고 했다. 캘리포니아 연안을 따라 분포한 켈프 숲도 이 죽음의 삼각지대 주변에서는 볼 수 없어 어쩌다 헤엄쳐 들어온 어리석거나 운 나쁜 녀석들이 숨을 곳이 없었다. 주변에서 연구를 진행하는 과학자들 역시 절대 배를 떠나지 않을 정도로 위험한 곳이었다.

하지만 우리에게 이야기를 들려준 생물학자는 정말 흥미로운 사실은 따로 있다고 말했다. 직관을 거스르고 엄청난 위험을 무릅쓰며 죽음의 삼각지대 안으로 주기적으로 진입하는 동물이 있다는 것이었다. 바로 캘리포니아해달이었다. 그렇다고 모든 해달이 그런 것은 아니었다. 딱 한 부류에 속하는 해달만이 삶과 죽음의 경계가 종잇장처럼 얇은 이 지역에서 폭주를 즐기는데, 다 자란 어른 해달도 아니고 새끼 해달은 더더욱 아니었다. 수백 마리의 백상아리가 헤엄치는 차갑고 삭막한 죽음의 삼각지대 안으로 돌진하는 위대한 멍청이는 바로 청소년기에 접어든 해달이었다. 물론 무시무시한 상어 이빨이 순식간에 지나가면 피의 소용돌이와 함께 목숨을 잃는 해달도 종종 있었다. 그러나 대개 스릴을 즐기는 '10대' 해달들은 죽음의 삼각지대를 무사히 건너 피가 되고 살이 될 값진 경험과 새로운 자신감을 얻었다. 그리고 부모의 보호 아래에 있을 때보다 훨씬 더 바다 물정에 밝은 독립적인 청년기 해달로 거듭났다.

당시 우리는 첫 책인《의사와 수의사가 만나다》를 쓰기 위해 자료를 조사하는 중이었다. 인간과 동물의 건강 사이에 존재하는 아주 오래되고 중요한 연관성에 관한 책이었다. 우리는 죽음의 삼각지대를 물끄러미 바라보며 청소년기에 접어든 해달이 우리가 잘 알고 있는 10대와 많이 닮았다고 생각했다. 위험한 줄 알면서도 제 발로 불구덩이 속으로 뛰어들며 부모들은 이제 하지 않을 법한 무서운 일들을 서슴없이 일삼는 10대 말이다. 우리는 망망대해를 조금 더 바라보다가 다시 해변으로 걸어갔다. 그러고는 모래 언덕을 지나 다른 풍경을 감상할 수 있는 곳으로 향했다.

하얀 거품을 일으키는 파도로부터 몸을 숨긴 작은 만 안에서 카약을 탄 사람들이 노를 저으며 잔잔한 수면 위를 지나고 있었다. 모스랜딩이라고 불리는 이 자그마한 만은 해달을 비롯한 야생동물을 관찰하기에 안성맞춤이었다. 죽음의 삼각지대로 뛰어드는 청소년기 해달의 가족과 친척들이 이곳에서 느긋하게 쉬면서 친목을 나누고 있었다.

우리가 모스랜딩을 찾은 날에는 12마리 정도의 해달이 물 위에 누워 이리저리 몸을 돌리며 날렵함을 뽐내고 있었다. 다 큰 해달과 어린 해달이 즐겁게 헤엄치는 모습을 보고 있자니 공공 수영장의 자유 수영 시간이 떠올랐다. 비교적 나이가 많아 보이는 해달이 유유히 헤엄치며 첨벙거리는 어린 해달들에게 자리를 내주었다. 바닷속으로 잠수해 잡아 올린 성게를 여는 요령을 익히는 해달도 있었고 짝을 짓거나 여러 마리가 모여 물장난을 치는 해달도 있었다. 해달이 구애할 때 관찰되는 코를 잡는 행동을 시험 삼아 해보는 녀석도 있었다. 겉보기에는 자유분방하고 평화로운 놀이 시간 같았다. 나중에 알게 된 사실이지만 그날 우리가 이 자그마한 만에서 구경한 장면은 무리 중 어린 해달이 많은 것을 익힐 수 있는 배움의 순간이었다.

그렇게 해달 무리가 노는 모습을 바라보고 있는데, 왁자지껄했던 해달 주변이 일순간 잠잠해졌다. 해달 무리가 전속력으로 모스랜딩의 한쪽 끝에서 다른 쪽 끝으로 헤엄치자 하얀 물거품이 요란스럽게 일었다. 우리는 안내를 해주던 해양생물학자에게 무슨 일인지 물었다.

상어가 나타났는지, 아니면 얕은 만 안으로 포식자가 들어왔는지 궁금했다.

해양생물학자는 아니라고 대답하며 손가락으로 어느 한 곳을 가리켰다. 그러고는 카약이 너무 가까이 다가왔기 때문이라고 설명했다. 잘 보면 모든 해달이 깜짝 놀란 것은 아니라는 설명도 덧붙였다. 그의 말대로 한 무리의 해달이 전혀 개의치 않고 여전히 편안하게 수면 위를 떠다니고 있었다. 머리에 회색 털이 난 것을 보고 풍부한 경험과 판단력을 겸비한 다 자란 어른 해달임을 알 수 있었다. 이와 달리 쏜살같이 자리를 피한 겁이 많은 녀석들은 청소년기 해달로 아직 백상아리와 카약을 구분하기에는 역부족이었다.

무시무시한 상어 떼에게는 겁도 없이 돌진하면서 플라스틱 카약에 깜짝 놀라 도망치는 경험이 많지 않은 청소년기 해달은 지나치게 대담한 동시에 지나치게 조심스러웠다. 우리는 또래와 즐겁게 놀기도 하고 구애 행동을 시도해보거나 스스로 먹이를 구하는 요령을 익히는 등 활기차고 열정 넘치는 청소년기 해달의 모습도 관찰할 수 있었다. 청소년기 해달은 인간의 행동, 나아가 어릴 적 우리의 모습과 놀랍도록 유사한 부분이 많았다.

우리는 동물과 인간 사이의 유사점에 관해 연구하며 해달의 행동을 의인화하는 것은 아닌지, 야생동물의 별난 습성에 너무 많은 의미를 부여하고 있는 것은 아닌지 생각했다. 우리 두 사람은 함께 연구를 시작할 때부터 인간의 본성을 다른 종에게 투영하지 않기로 마음먹었다. 심각한 과학적 오류를 범할 수 있다고 생각했기 때문이다. 그러나 신경생물학이나 유전체학, 분자계통학 등의 분야에 대해 더 많이 공부할수록 인간과 동물 사이에 존재하는 실질적이고 입증 가능한 신체적·행동적 연관성을 부정하는 것이 훨씬 더 위험할 수 있다고 깨달았다. 결국 연구에서 진정한 오류는 의인화가 아니라 그 반대, 즉 영장류 동물학자이자 생태학자인 프란스 드 발이 말하는 "의인화 부정 anthropodenial"이었다.[1]

연구를 진행하면서 우리는 지속해서 인간의 고유성을 반박해왔다. 야생동물 역시 인간의 질병이라고 알려진 심부전, 폐암, 식이 장애, 중독 등을 앓을 수 있으며 실제로 이러한 질병에 걸리는 사례도 있다고 주장해왔다. 야생동물도 불면증과 불안증에 시달릴 수 있다. 스트레스를 받으면 과식하는 동물도 있다. 동물이라고 해서 모두 이성에 사랑을 느끼는 것은 아니다. 소심한 성격도 있는가 하면 대범한 성격도 있다. 우리는 인간만이 예외라는 주장이 틀렸음을 매번 확인할 수 있었다.

그날 바다에서 우리는 인간과 동물의 놀라운 유사성을 다시 한번 목격했다. 동물은 모두 '10대'를 거친다. 물론 그 시기는 생후 며칠에서부터 몇 년에 이르기까지 저마다 다르다. 소녀와 소년이 하룻밤 사이에 여성과 남성으로 거듭나는 일은 없다. 망아지에서 종마로, 새끼 캥거루에서 어른 캥거루로, 새끼 해달에서 다 자란 해달로 변신하는 과도기 역시 뚜렷하고 명확하며 꼭 필요하고 특별한 과정이다. 어떤 동물이든 어른이 되기 위해 시간과 경험, 연습과 실패가 필요하다.

그날 우리는 죽음의 삼각지대에서 동물의 청소년기를 얼핏 엿볼 수 있었다. 한번 알아차리고 나니 시선이 머무르는 모든 곳에서 동물의 청소년기가 보이기 시작했다.

새로운 시각

마치 눈앞을 가리고 있던 눈가리개를 벗은 듯한 기분이었다. 정말로 그랬다. 물리적 시야는 변하지 않았지만 시각은 완전히 바뀌어 있었다. 성장의 의미를 완전히 새로운 방식으로 이해할 수 있었다. 새 떼, 고래 떼, 청년들, 우리 아이들, 심지어 우리 자신의 청소년기와 청년기에 대한 기억까지 모두 이전과는 크게 달라져 있었다.

이후 몇 년 동안 우리는 과도기를 겪고 있는 동물을 이해하는 데 초점을 두고 연구를 진행했다. 신체적으로는 새끼라고 볼 수 없을 만큼 다 자랐지만 성년이 되기에는 아직 경험이 부족한 청소년기 동물들이 그 대상이었다.

악어가 들끓는 강을 지나가는 누 무리를 보며 우리는 몸집은 크지만 다리는 호리호리한 청소년기 누들이 맨 먼저 물속으로 뛰어든다는 점을 발견했다.[2] 앞으로 닥칠 위험은 전혀 모른 채 미숙하지만 혈기 왕성한 청소년기 누들이 너도나도 강으로 뛰어드는 동안 좀더 신중한 어른 누들은 뒤에서 기다렸다가 악어 떼가 젊은 누들을 쫓느라 바쁜 틈을 타 강을 무사히 건넜다.

미국 캔자스주 맨해튼에서는 젊은 하이에나 두 마리를 직접 관찰할 수 있었다. 나이도 몸짓도 비슷해 보였지만 한 마리가 다른 하이에나를 괴롭히고 있었다. 단 두 마리의 동물 사이에서도 사회적 지위가 명확히 확립되었다.

노스캐롤라이나주 산림보호구역에서는 눈이 큰 여우원숭이 무리를 만났는데, 그중 가까이 다가온 한 마리에게 우리는 마음을 빼앗겼다. 나초라는 이름의 청소년기 여우원숭이였다. 나초는 겁 없는 행동 덕분에 우리에게 귀여움을 받았지만 만약 우리가 과학자가 아니라 밀렵꾼이었다면 위험에 빠졌을 것이다.

그런가 하면 부모를 잃은 야생 늑대가 우는 방법을 익히는 과정에 귀를 기울이기도 했다. 변성기에 접어든 청소년기 늑대는 불안정하게 갈라지는 울음소리를 냈다. 우리는 청소년기 판다가 스스로 먹이를 구하는 첫 번째 단계인 대나무 껍질 벗기기를 배우는 모습을 지켜본 적도 있다. 그리고 어느 멋진 오후에는 야생마 무리와 흰코뿔소 무리, 얼룩말 무리를 관찰할 수 있었다. 그중에서도 청소년기 동물들만 지켜보았는데, 녀석들이 무리 안에서 높은 서열을 차지하기 위해 어떤 자세를 취하고 어떻게 서로를 밀치는지 보았다.

물론 이렇다 할 성과를 거두지 못한 연구도 있었다. 북극권 근처 프린스앨버트국립공원에서 청소년기 캐나다들소를 관찰하기 위해 진흙과 모기로 가득한 습지를 32km가량 걸었지만 끝내 볼 수 없었다. 같은 길 위에서 젊은 곰의 따뜻한 배설물을 찾았지만 역시 곰은 보이지 않았다. 로스앤젤레스에서는 청소년기 퓨마의 흔적을 찾던 중 거의 마주칠 뻔하기도 했다. 바로 몇 시간 전에 우리가 서 있던 곳을 슬그머니 지나가는 퓨마의 모습이 트레일 카메라에 찍혔고 쉬는 시간에 가이드가 그 장면을 우리에게 보여주었다.

임시 회원

인간이든 아니든 동물이라면 모두 유아기와 성인기 사이에 신체적·행동적 변화를 겪는다는 사실을 생물학자들은 오래전부터 알고 있었다. 그렇다 하더라도 위험을 두려워하지 않는 대범함, 사교성, 성적 호기심, 돈을 모으거나 자신의 인생을 개척하기 위한 독립, 나아가 불안과 감정 기복, 걷잡을 수 없는 이성을 향한 감정, 치솟는 호르몬과 급변하는 '10대'의 뇌까지 이 모두가 인간만의 고유한 것일까? 앞으로 알게 되겠지만 단언컨대 그렇지 않다.

물론 개개인이 겪은 청소년기를 자세히 들여다본다면 모두 다를 것이다. 영광스러운 사람도 있을 것이고 처참한 사람도 있을 것이다. 대부분은 그 중간 어디쯤을 경험했을 것이다. 그러나 여러 종에 걸쳐 청소년기를 살펴보면 그 안에서 보편성을 찾을 수 있다. 어떤 동물인지는 중요하지 않다. 지구상의 장소나 역사적 시기도 상관없다. 모든 동물이 청소년기에 마주하는 핵심적인 어려움은 동일하다. 그리고 주장하건대 이러한 어려움을 성공적으로 이겨내는 것이 곧 성숙의 정의다.

큰돌고래에서 붉은꼬리말똥가리까지 그리고 흰동가리에서 인간까지 청소년들은 이미 성숙한 부모나 아직 덜 자란 어린 형제자매보다는 또래들과 더 많은 공통점을 보였다. 작가 앤드루 솔로몬이 말하는 "수평적 정체성horizontal identity"을 공유하기 때문이다.[3] 솔로몬은 《부모와 다른 아이들》에서 조상과 나 사이에 존재하는 수직적 정체성과 피는 섞이지 않았지만 비슷한 성향이 있는 또래 사이에 형성되는 수평적 정체성을 비교한다. 우리는 솔로몬의 개념을 다른 동물 종까지 확장하여 청소년기에 접어든 동물들이 수평적 정체성을 공유한다고 생각한다. 청소년은 전 지구적 부족의 임시 회원인 셈이다.

이렇듯 전 지구적 시기인 청소년기와 성공적인 청소년기 동물이 이 시기를 잘 겪어내는 방식이 이 책의 주제다. 이 책은 인간의 청소년기가 야생에서 생활했던 우리의 과거에 뿌리를 두고 있으며 이 시기에 관찰되는 기쁨과 슬픔 그리고 열정과 같은 감정과 청소년기의 목적 자체가 설명 가능할뿐더러 더없이 명료한 진화적 풀이가 존재한다는 전제를 기반으로 한다.[4]

지구 청소년이 걸어온 6억 년 동안의 발자취

우리는 2018년 봄 학기에 하버드대학에서 처음으로 '지구의 청소년 Coming of Age on Planet Earth'이라는 강의를 시작했다. 이 책에서 소개하는 연구 결과를 학부생들에게 가르치는 강의였다. 강의 첫날 우리는 학생들과 가방을 챙겨 들고 나가 피바디고고학박물관을 통과해 카치나 인형을 전시하는 유리장과 우뚝 솟은 마야 돌기둥을 지났다. 그러고는 최종 목적지인 토저인류학도서관에 다다랐다. 그곳에는 기다란 나무 탁자 위에 높이 올려진 마거릿 미드의 《사모아의 청소년》 초판본이 우리를 기다리고 있었다.[5] 1925년 마거릿 미드는, 요즘으로 치면 청소년인 스물셋의 나이에 다른 문화의 청소년에 관한 연구가 현대 미국 청소년을 좀더 잘 이해하는 데 도움이 되리라는 생각으로 남태평양 사모아로 향했다. 사모아와 미국의 청소년을 비교하고자 했던 미드의 접근법은 인류학을 완전히 바꾸어놓았는데, 개인과 사회를 형성하는 기초 요소가 생물학적 요인보다는 문화에서 비롯된다고 하여 큰 반향을 일으켰다. 후에 연구 방법이 데이터를 기반으로 하기보다 개인적 인상에 의존하고 있다는 비난을 받았지만(이 같은 비난에 대해 대부분 불공평하다는 의견이었다) 미드는 오늘날에도 인간 발달, 특히 청소년 발달을 이해하는 데 20세기 최고의 학자로 손꼽힌다.

19세기 말 미국의 심리학자 그랜빌 스탠리 홀이 등장하며 청소년기에 대한 학자들의 관심이 높아졌다.[6] 그랜빌 홀은 해당 연령대를 가리켜 독일의 문학 용어인 슈투름운트드랑Sturm und Drang(질풍노도)이라고 표현했다. 20세기 전반에 걸쳐 지그문트 프로이트와 안나 프로이트, 에릭 에릭슨, 존 볼비와 같은 정신분석학자들은 유년기와 청소년기의 어려움이 양육과 연관 있다는 주장을 발전시켰다.[7] 그런가 하면 인지심리학자 장 피아제는 환경과 생물학적 요인이 청소년 심리에 큰 영향을 미친다고 설명했다. 동물행동학의 창시자이자 조류학 전공자인 노벨상 수상자 니콜라스 틴베르헌은 인간 발달이 동물에 뿌리를 두고 있다는 의견을 내놓았다. 당시에는 청소년기를 흔히 질병으로 간주했다. 청소년이 병에 걸려서 위험을 자초하고 초조함, 반항심, 불만족 등의 증상을 보인다고 생각했다.

청소년기에 대한 인식은 1960년대 신경과학이 발달하면서 달라지기 시작했다. 뇌 유연성에 관한 메리언 다이아몬드의 연구와 사회적 뇌와 정서적 뇌 발달의 공진화共進化를 다룬 로버트 새폴스키의 연구가 청소년기를 바라보는 학계의 시각을 바꿔놓았다. 청소년기를 고정된 특징들을 보이는 위험 가득한 시기에서 정상적인 발달에 꼭 필요한 역동적인 시기로 바라보기 시작했다.[8] 프랜시스 젠슨, 사라 제인 블레이크모어, 안토니오 다마지오와 같은 여러 학자는 위험을 마다하지 않고 새로운 것을 찾고 또래의 영향을 많이 받는 등 흥미로우면서도 무시무시한 청소년기의 특성에 유전학과 환경을 접목한 연구를 진행했다. 발달심리학자 린다 스피어는 청소년기 뇌의 생물학적 특성과 성격을 연관 지어 살펴보았고 진화생물학자인 주디 스탬프는 물리적 또는 사회적 환경이 청소년의 앞길에 어떤 영향을 미치는지 연구했다. 심리학자 제프리 아넷은 "이머징 어덜트emerging adult"(아직 성인이 되지 않은 청소년을 가리킴-옮긴이)라는 용어를 대중화했고 현대 문화가 청소년기 경험에 엄청난 힘을 행사한다고 설명했다. 청소년의 신경생물학에 초점을 둔 심리학자 로렌스 스타인버그의 연구는 질풍노도의 청소년기에 대한 부모와 교육자의 이해를 돕는 데 그치지 않고 형사사건으로 재판장에 선 어린 피고가 다 큰 성인과 동일한 처벌을 받아야 하는지 묻는 데 적용되고 있다.

우리의 연구 역시 이러한 학자들의 전통을 따르고 있으며, 특히 미드의 연구에서 많은 영감을 얻어 비교 접근법을 기반으로 자료 조사와 강의를 하고 이 책을 썼다. 그리고 우리는 인간 사이의 비교에서 한 걸음 더 나아가 여러 생물 종에 걸쳐 청소년기에 직면하는 주요 어려움을 살폈다. 우리 연구의 초점은 20만 년 정도인 호모사피엔스의 역사가 아니라 지구상에 존재하는 동물들이 6억 년 동안 걸어온 발자취다.

쥐라기의 사춘기

'청소년기'와 '사춘기'라는 단어는 흔히 같은 뜻으로 쓰인다. 물론 관련어이긴 하지만 정확한 의미는 다르다. 사춘기puberty는 생물학적 과정을 뜻한다. 호르몬에 의해 시작되며 동물이 생식 능력을 갖추면서 끝이 난다. 사춘기는 신체적 발달만을 포함한다. 성장 속도가 가속화되고 무엇보다 난자와 정자를 만들기 위해 난소와 정소가 활성화된다. 백상아리도 사춘기를 겪는다.[9] 악어도 마찬가지다. 판다도, 나무늘보도, 기린도 예외는 아니다. 심지어 곤충도 변태의 한 과정으로 사춘기를 거친다. 모든 네안데르탈인도 사춘기를 겪었다. 320만 년 된 뼈가 오늘날 에티오피아에서 발견된 루시(인류의 조상인 오스트랄로피테쿠스 아파렌시스 중 가장 유명한 여성)도 사춘기를 겪었다. 지금의 몬태나주에서 6700만 년 전에 살았던 청소년기 티라노사우루스 렉스(티렉스) 제인 역시 사춘기를 겪었다. 이 티렉스의 화석을 처음 발견하고 제인이라는 이름을 붙인 고생물학자들에 따르면 제인은 미처 사춘기를 완료하지 못하고 죽었다.

동물 종마다 세세하게 다르기는 하지만 사춘기의 기본적인 생물학적 순서는 놀랍도록 닮았다. 벌새와 타조, 큰개미핥기, 미니어처 포니는 모두 같은 호르몬이 분비되면서 사춘기가 본격적으로 시작된다.[10] 달팽이와 민달팽이, 바닷가재와 굴 그리고 조개, 진주담치(홍합), 새우는 거의 똑같은 호르몬이 사춘기의 시작을 알린다.[11]

지구상에서 관찰되는 반짝이는 생물은 대부분 5억 4000만 년 전 캄브리아기 대폭발이라고 불리는 시기에 탄생했다. 그런데 사춘기의 역사는 사실 이보다 더 오래되었다. 지구에서 가장 오래된 생물체인 단세포 원생동물의 생활주기에도 사춘기가 포함되어 있다. 원생동물은 오늘날에도 존재한다. 그중 열대열원충은 모기를 통해 인간의 핏속으로 들어온다. 물리적으로 아직 덜 자란 이 생물체는 일단 핏속에 들어오면 인간에게 해를 끼치지 않고 혈액을 타고 흐르다가 사춘기에 접어드는 순간 전 세계적으로 높은 치사율을 보이는 질병의 원인이 된다.[12] 열대열원충은 바로 말라리아를 일으키는 기생충이다.

생식기와 연관된 뜻과 달리 사춘기와 호르몬은 신체 모든 기관에 영향을 미친다. 예컨대 심장이 자라면서 심혈관 기능이 극적으로 강화된다.[13] 폐의 크기 또한 커지므로 젊은 운동선수는 폐활량이 좋아지지만 천식 환자는 발작이 심해질 수 있다. 뼈대의 길이가 길어지면서 호리호리한 사춘기 신체에 새로운 활력이 더해진다. 그러나 이처럼 빠른 뼈 성장은 사춘기에 뼈암 발병률을 높이기도 한다. 어린아이에 알맞던 두개골은 어른 신체에 비례해 커지는데, 인간뿐만 아니라 공룡 역시 사춘기를 겪으면서 두개골이 자란다. 턱뼈와 치아 모양 또한 바뀌기 시작한다. 실제로 백상아리는 사춘기가 끝날 때까지 무시무시한 이를 제대로 쓰지 못한다.[14]

이렇듯 사춘기는 오래전부터 지속된 신체적 변화다. 하지만 몸이 다 자란 청소년이 진정한 성인기에 들어서려면 반드시 두 번째 단계를 거쳐야 하는데, 신체적 변화와 행동을 조화시키는 단계다. 성숙한 어른처럼 생각하거나 행동하고, 나아가 느끼도록 요령을 익히게 된다. 매우 중요한 경험들을 축적하고 멘토로부터 유용한 정보를 흡수하며 또래와 형제자매, 부모를 상대로 자신을 시험해보는 시기다.

바로 이 두 번째 단계가 청소년기adolescence이다. 청소년기는 성숙한 어른으로 거듭날 때까지 지속된다. 실제로 몸만 자라는 것이 아니라 진정한 성인이 되려면 청소년기가 매우 중요하다. 자연에서 청소년기의 보편적인 목적은 경험을 통해 성숙을 추구하는 것이다.

어른이 되기 위한 여정은 놀라운 혁신에 불을 지피기도 한다. 최근 수십 년을 통틀어 가장 유명한 화석은 시카고대학 고생물학자 닐 슈빈이 발견한 틱타알릭이라는 이름의 물고기다.[15] 지느러미 또는 발로 쓸 수 있는 4개의 작은 다리가 달린 3억 7000만 년 전 생물 덕분에 인간이 진화해온 과정을 유추할 수 있었다. 이 4개의 부속기관이 바다에서 육지로의 진화라는 지구 생명체에 관한 웅장한 이야기에 얼마나 중차대한 역할을 했는지 보여준다.

슈빈이 발견한 틱타알릭 화석은 또 다른 사실을 드러냈다. 다양한 크기의 화석이 발견되었는데, 어떤 것은 테니스 라켓만 한 길이였고 어떤 것은 서프보드보다도 길었다. 이는 곧 당연하면서도 심오한 사실을 의미했다. 아주 오래전에 살았던 이 물고기가 성장했다는 것이다. 그리고 그 과정에서 오늘날 청소년과 마찬가지로 이제 막 사춘기를 벗어난 틱타알릭은 몸집에서 뒤처질 뿐만 아니라 포식자나 경쟁자, 성욕, 먹이와 관련한 경험이 부족해 가장 취약한 존재였을 것이다. 취약하고 미숙한 덜 자란 동물은 종종 익숙하지 않은 환경으로 불쑥 뛰어든다. 우리는 슈빈에게 편지를 보내 청소년기 틱타알릭이 바다에서 육지로 가장 먼저 이동했을 가능성이 있는지 물어보았다. 슈빈은 우리의 물음에 다음과 같이 답을 보내왔다.

다 자란 틱타알릭은 강력한 육식동물로 거의 먹이 사슬의 꼭대기에 있다. 하지만 덜 자란 틱타알릭은 포식자에게 노출될 수 있어 부분적인 육지 생활이 도움이 되었을 것이다. 또한 적어도 바다에서 육지로 이동한 초기에는 몸집이 큰 것보다는 작을수록 땅에서 움직이기 수월했을 것이다.

단지 가설에 불과하지만 위험을 두려워하지 않고 새로운 것을 찾는 청소년기의 보편적인 행동에 대해 우리가 알고 있는 바와 일치한다. 청소년기 동물은 필요에 쫓겨 한계를 탐험한다. 그리고 살아남기 위해 혁신을 꾀하며 바로 이 과정에서 미래를 개척한다.

'10대'의 뇌

뇌 역시 사춘기와 청소년기를 거치며 엄청난 변화를 겪는 기관 중 하나다. 모든 것이 변하는 시기지만 특히 '10대'의 뇌에 일어나는 변화는 그야말로 경이롭다. '10대'의 뇌는 어린아이의 뇌나 어른의 뇌와는 확연히 다르다.[16]

모든 뇌는 기억을 만든다. 10대의 뇌는 특히 많은 양의 기억을 저장한다. 그리고 이 기억을 바탕으로 정체성을 확립하고 삶을 바라보는 시각을 형성한다. 심리학자들은 이를 가리켜 '회고 절정reminiscence bump'이라고 부르는데, 이 시기(인간은 대개 15~30세 사이)에 축적되는 기억은 한층 더 깊이 오래 지속된다.[17]

청소년기의 강한 충동과 새로운 것을 추구하거나 실험해보고 싶은 마음 그리고 미숙한 의사 결정은 모두 뇌의 실행 기능을 담당하는 부분과 연관이 있다. 이 부분은 주로 전전두엽피질 주변으로 뇌 영역 중에서 발달이 느린 편이다. 또래와 함께 있고 싶어하거나 부모의 뜻을 거스르고 싶은 청소년들의 충동 역시 감정과 기억, 보상을 담당하는 뇌의 특정 영역과 여기서 발생하는 신경생물학적 반응과 관련이 있다. 따라서 청소년기에는 감정 조절이 잘 안 되고 감정 기복이 심하다. 아직 발달 중인 뇌는 약물 남용이나 자해 행동에 취약하고 정신 질환을 유발하기도 한다. 20대 후반 또는 경우에 따라 30대 초반까지 뇌는 계속해서 발달한다.

10대의 뇌가 보여주는 미스터리에 대해 지난 수십 년 동안 폭넓은 연구가 진행되었고 덕분에 청소년들이 왜 그렇게 행동하는지 이해하는 데 도움을 주었다. 하지만 이 획기적인 과학적 발견은 한층 더 고차원적인 사실을 간과하고 있다. 인간뿐만 아니라 동물의 뇌와 행동 역시 청소년기를 거치며 엄청난 변화를 겪는다는 점이다.

청소년기 조류 역시 인간의 전전두엽피질처럼 어린 동물이 자제력을 기를 수 있게 돕는 뇌 영역이 따로 있다.[18] 청소년기 범고래와 돌고래의 뇌는 신체적 또는 성적 성숙이 끝난 후에도 계속 발달하는데, 인간의 뇌도 마찬가지다.[19] 다른 영장류와 작은 포유류도 청소년기에 뇌가 변화하면서 위험을 추구하거나 사교성이 발달하고 새로운 것에 흥미를 보이는 등의 경향이 두드러진다.[20] 청소년기 파충류 역시 새끼에서 어른으로 성장하면서 독특한 신경학적 변화를 겪는다.[21] 청소년기 어류도 예외가 아니다.

몸을 뒤덮고 있는 것이 피부인지, 비늘인지 아니면 깃털인지는 중요하지 않다. 또 움직일 때 뛰든 날든 헤엄치든 기든 상관없다. 동물이라면 모두 생물학적 단계를 거치고 이를 토대로 어른의 모습을 갖춘다. 이 책은 유년기와 성인기 사이의 시기에 공통으로 나타나는 보편성을 다룬다. 우리는 이 시기를 '와일드후드'라고 부른다. 수억 년 동안 진화해온 동물의 세계를 살펴봄으로써 청소년기의 특징 중 하나의 종 또는 인류에게만 해당하는 요소와 지구상 모든 동물에게 해당하는 요소를 구분할 수 있다.

삶의 4가지 핵심 기술

핵심은 간단하다. 와일드후드에 나타나는 4가지 주요 어려움은 모두에게 적용된다. 그 대상이 부엌 싱크대 위 바나나에서 청소년기를 지나고 있는 초파리이든, 세렝게티에서 이제 막 청소년기에 접어든 사자든, 일과 학업, 우정, 인간관계, 그 외 주어진 책임 사이에서 균형을 찾으려는 열아홉 살짜리 인간이든 말이다. 4가지 주요 어려움은 다음과 같이 정리할 수 있다.

- 어떻게 자신을 안전하게 지킬 것인가.
- 어떻게 사회적 지위에 적응할 것인가.
- 어떻게 성적 소통을 할 것인가.
- 어떻게 둥지를 떠나 스스로를 책임질 것인가.

동물은 평생 어느 단계에서나 이 4가지 어려움을 마주할 수 있다. 하지만 청소년기와 청년기에는 태어나 처음으로 4가지 문제를 모두 겪게 되는데, 대개 부모의 도움이나 보호 없이 맞닥뜨린다. 와일드후드의 경험은 중요한 삶의 기술을 쌓게 하고 개체의 어른으로서의 삶을 결정한다.

위험을 피하고 무리 안에서 적절한 위치를 확보하고 상대방을 유혹하는 규칙을 배우고 나아가 자립심과 삶의 목적을 찾는 삶의 4가지 핵심 기술이 보편적인 이유는 험한 세상으로 나아가는 어린 동물이 생존하는 데 꼭 필요하기 때문이다. 이는 성공하는 삶을 살기 위한 필수 요소다.

이 4가지 핵심 기술, 즉 안전과 지위, 성적 소통, 자립의 기술은 또한 인간 경험의 핵심이자 비극과 희극 그리고 위대한 모험의 토대이기도 하다.

청소년기 동물이 성인기로 향하는 동안 수없이 많은 일이 잘못될 수 있다. 하지만 여정이 잘 마무리되어 어엿한 어른으로 거듭난다면 이것이 의미하는 바는 하나다. 앞서 언급한 4가지 어려움을 잘 극복했으며 각 영역에서 역량을 발전시켰다는 의미다. 단순히 나이만 먹은 게 아니라 제대로 성장했다는 뜻이다. 6억 년 전부터 수많은 동물이 와일드후드를 경험했다. 오늘날 이러한 경험을 한데 모은 오래된 유산이야말로 성인기에 이르기까지 어려움들을 견뎌내고 성공하는 데 꼭 필요한 새로운 지침이 되리라고 생각한다.

디지털 세상 속 청소년

앞으로 함께 보겠지만 동물 역시 이제 막 어른의 세계로 발을 내딛는 청소년에게 삶의 4가지 핵심 기술을 전수하는 일종의 '문화'를 형성한다. 같은 동물 종이라도 지역에 따라 또는 무리에 따라 문화적 요소가 다를 수 있다. 인간의 문화가 방대한 조합으로 이루어진 것처럼 말이다.

그러나 인간과 그 친척뻘인 동물 사이에 확실한 차이점이 하나 있다. 바로 우리의 10대 아이들은 성인기에 들어서기 위해 전혀 다른 두 세상을 횡단해야 한다는 것이다. 그 전혀 다른 세상 중 하나는 우리가 매일 사는 실재 세상이고 다른 하나는 온라인 세상이다.

삶의 4가지 핵심 기술은 오프라인에서뿐만 아니라 온라인에서도 유효하다. 하지만 이 두 세상은 근본적으로 달라서 오늘날 수많은 10대는 성인기에 이르는 두 여정을 동시에 떠나야 한다.

2부에서 살펴볼 예정인데, 가령 바다에서 헤엄치는 물고기에서부터 교실로 서둘러 뛰어가는 학생에 이르기까지 모든 사회적 동물은 또래 사이에서의 지위에 적응하는 방법을 반드시 배워야 한다. 이때 활용할 수 있는 전략 중 하나가 '지위가 높은 동물과 유대 관계 형성하기'이다. 학교나 직장을 다녔거나 사람들과 어울려본 적이 있다면 이 말의 뜻을 단번에 파악할 수 있을 것이다. 나보다 힘 있는 사람을 사귐으로써 자신의 지위를 높이는 것이 핵심이다. 이 같은 핵심 전략이 다른 동물들 사이에서 어떻게 작동하는지 앞으로 살펴볼 것이다. 여기서는 우선 인터넷이 생겨나면서 요즘의 10대가 추가로 뛰어넘어야 하는 새로운 서열들을 알아보자. 여러 명의 플레이어가 참여하는 게임을 하거나 소셜 미디어에서 시간을 보내는 동안 해당 플랫폼을 사용하는 모든 이들로 이루어진 세계 안에서 10대는 평가받고 분류되고 서열이 매겨진다. 이 과정은 때로는 눈에 보이지 않게, 때로는 눈에 보이게 이루어진다. 스포츠 스타나 팝 스타에게 찬사를 받는다면 지위가 급상승할 것이다. 반대로 아이돌에게 비난을 받는다면 그 굴욕감은 말로 설명할 수 없을 것이다.

현실 세계에서라면 부모나 나이 많은 어른이 풍부한 경험을 바탕으로 청소년과 청년을 지도할 수 있다. 하지만 디지털 세상에는 충분히 경험하고 많은 세월을 산 나이 든 사람이 아직 없다. 삶의 4가지 핵심 기술은 디지털이라는 새로운 영역을 더 쉽게 다룰 수 있게 도와주는데, 오프라인과 온라인 세상이 연관성이 있기 때문이다. 인터넷 트롤이나 약탈자로부터 자신을 안전하게 지키는 방법, 가상 세계 속 서열에 적응하는 방법, 성적 충동을 적절히 표현하는 방법, 디지털 정체성을 형성하고 육성하고 유지하는 방법 등으로 응용할 수 있다.

왜 와일드후드인가

'지구의 청소년' 강의를 할 때면 우리는 간단한 조사를 한다. 학생들에게 자신이 청소년이라고 생각한다면 손을 들어보라고 하는 것이다. 이어서 자신이 어른이라고 생각한다면 손을 들어 올리라고 한다. 강의를 듣는 학생들은 대개 18세에서 23세 사이인데, 어느 쪽 질문이든 곧장 손을 번쩍 드는 학생은 거의 없다. 보통 학생들은 첫 번째 질문에도 손을 들고 두 번째 질문에도 손을 든다. 자신이 청소년인 동시에 어른이라고 느끼는 것이다.

청소년들이 스스로를 표현할 때 '청소년'이라는 단어를 쓰지 않는다면 신체적 발달은 모두(혹은 거의) 끝났지만 아직 어른이라고 부르기에는 이른 이들을 뭐라고 불러야 할까? 몸집은 크지만 경험이 부족하고 성적으로 성숙했으나 뇌가 완전히 성숙할 때까지는 몇 년이나 더 있어야 하는 이들이다.

'청춘adolescentia'이라는 단어는 성장하다라는 뜻의 라틴어 아돌레스케레adolescere에서 유래한다.[22] 10세기 중세 문헌에서는 젊은 성인이 경험하는 종교적 전환점을 일컫는 말로 등장한다. 1600년대 중반 북아메리카 뉴잉글랜드의 청교도인들은 설익은 경솔함은 버리고 어른스러움을 배운다는 의미에서 청소년기를 '선택의 시간chusing time'이라 여겼다.[23] 그러나 1800년대 후반까지 대개 청소년기에 속한 이들을 가리켜 '청년youth'이라고 불렀고 그 이후에 '청소년adolescent'라는 용어를 본격적으로 사용하기 시작했다.

20세기 전반에 걸쳐 미국 내 특정 문화적 배경에 따라 젊은이들을 가리키는 다양한 용어가 등장했는데, 플래퍼flapper, 힙스터hipster, 보비삭서bobby-soxer, 티니바퍼teenybopper, 비트족beatnik, 히피hippie, 플라워차일드flower child, 펑크punk, 비보이b-boy, 밸리걸valley girl, 여피족yuppie, 엑스세대Gen Xer 등이 그것이다. 그런가 하면 '10대teenager'라는 단어는 1941년 처음 인쇄물 등에 쓰이기 시작했고 이내 가장 자주 쓰이는 어휘로 자리잡았다.[24] 약 80년이 지난 요즘에도 '10대'라는 단어는 '청소년'과 동의어로 간주되며, 청소년기 뇌 발달은 13세 이전에 시작해

19세가 훨씬 지난 이후까지 계속된다는 신경과학자들의 연구 결과에도 불구하고 폭넓게 쓰이고 있다.

지난 10여 년 동안은 해당 시기를 겪는 청소년을 가리켜 '밀레니얼 세대millennial'라는 매우 적절한 단어를 사용했다. 하지만 이제 밀레니얼 세대에 속하는 이들이 청소년기를 벗어나 성인기로 진입하고 있다. 미국에서는 테러와의 전쟁Global War on Terrorism 동안 사춘기를 맞이한 이들을 가리켜 '지왓 세대Generation GWoT'라는 용어를 쓴다. 북아메리카에서는 젊은 세대를 흔히 '키즈kids'라고 부른다. 청소년 역시 자신을 표현할 때 이 단어를 사용하기도 하지만 어린 사람을 가리키는 느낌이 강해 고등학교 고학년을 지난 청소년에게는 어울리지 않는다.

우리는 이 시기에 있는 인간과 동물을 모두 아우를 적절한 단어를 연구했다. 인간과 동물 사이에 존재하는 오래된 유사성을 포괄하는 용어가 있어야 했다. '전성체pre-adult', '이머징 어덜트emerging adult', '분산체disperser' 등 일부 표현은 임상의학에서 쓰일 법한 단어였다. 이와 달리 '준성체sub-adult'나 '미성숙자immature' 등 기분을 상하게 하거나 모욕적인 표현도 있었고, '햇병아리fledgling', '델타delta' 그리고 새끼 장어를 뜻하는 '엘버elver' 등 시적인 표현도 있었다. 외국어 중에도 놀랍도록 아름다운 표현이 많았는데, 묘목이나 어린나무를 뜻하는 일본어 세이넨키せいねんき(青年期)와 이상한 사람을 뜻하는 러시아어 리쉬네이 체로베키лишний человек 등이 그것이다. 우리는 여러 문화에서 쓰이는 단어 중 하나를 고르는 것이 망설여졌다.

우리가 찾는 단어는 종에 상관없이 생물학과 환경의 영향을 고루 받아 성숙한 존재로 거듭나는 과정을 충분히 설명할 수 있어야 했다. 특정 나이나 생리적 징후와 관련 없고 문화적, 사회적 또는 법적 기준에 얽매이지 않는 용어가 필요했다. 청소년기라는 독특한 인생의 시기와 그 안에 담겨 있는 위험과 흥분, 취약성과 가능성까지 모두 표현할 수 있어야 했다. 우리는 《의사와 수의사가 만나다》에서 '주비퀴티 zoobiquity'라는 용어를 처음으로 사용했다. 주비퀴티는 '동물'을 뜻하는 그리스어 어원(zo)과 '모든 곳'을 의미하는 라틴어(ubique)를 조합한 조어다. 이번 책에서도 우리는 새로운 용어를 만들기로 했다. 먼저 예측할 수 없는 이 시기의 특성을 나타내기 위해 '와일드wild'라는 단어를 선택했다. 인간과 동물이 같은 뿌리를 공유하고 있다는 점도 잘 보여준다고 생각했다. 여기에 고대 영어에서 사용하던 접미사 '후드hood'를 덧붙였는데, 보이후드boyhood(소년 시절) 또는 걸후드girlhood(소녀 시절)처럼 '어떠한 시절이나 상태'를 뜻하기도 하고 네이버후드neighborhood(이웃), 시스터후드sisterhood(여성 공동체), 나이트후드knighthood(기사단)와 같이 '여러 명이 모인 집단'을 의미할 때도 있다. 청소년기를 겪고 있는 인간과 동물이 모두 지구상에서 사는 청소년기 부족의 일원이라는 점을 잘 드러낸다. 진화의 세월 동안 모든 종이 경험하는 유년기와 성인기 사이의 시기를 우리는 '와일드후드'라 부르기로 했다.

여러 분야를 아우르다

이 책에 소개된 과학적 근거는 우리가 UCLA와 하버드대학에서 5년에 걸쳐 연구한 결과를 정리한 것이다. 진화생물학과 의학이 만나는 중간 지점이 우리의 연구 분야였으므로 두 분야에서 활용하는 연구 방법을 적절히 응용했는데, 먼저 청소년기를 비교하는 방대한 체계적 문헌고찰을 진행한 다음 그 결과를 토대로 계통수를 작성했다. 체계적 문헌고찰이란 전 세계 과학 데이터베이스에서 세분된 주제만을 포괄적으로 살펴보는 연구 방법으로 지난 20년 동안 검색 기술이 발달하면서 가능해졌다. 계통수는 여러 다른 종의 진화적 관계를 나타내는 도표다. 간단한 가계도에서부터 수천 개의 데이터포인트로 이루어진 복잡한 컴퓨터 모델까지 모두 계통수에 속한다. 체계적 문헌고찰과 계통수 작성 외에도 세계 곳곳의 자연환경과 보호구역에서 청소년기 동물을 관찰하는 현장 연구와 인간 청소년기 전문가, 야생생물학자, 신경생물학자, 행동생태학자, 동물 복지 전문가 등 다양한 관계자와 인터뷰를 병행했다.

우리는 이 연구가 다양한 집단에 유의미한 결과를 도출했다고 생각한다. 우리는 이를 과학적 배경 지식이 있는 전문가뿐만 아니라 일반인도 이해하기 쉽게 설명하고자 했다. 이 책에서 인용한 글들은 주註를 달아 뒷부분에 정리해두었다. 이는 청소년의 부모나 교사, 청소년기를 연구하는 학자, 청소년기 환자를 치료하거나 이들에게 상담과 조언을 해주는 전문가 외에도 청소년과 함께 일하는 사람 그리고 무엇보다 청소년기를 몸소 거치고 있는 청소년에게 많은 도움이 되리라 믿는다.

이 책의 배경은 21세기 초 미국이다. 우리의 연구에도 이러한 점이 자연스레 반영되어 있을 것이다. 결코 우리가 모든 청소년기 경험을 완벽하게 이해하고 있다고 생각하지 않는다. 그렇지만 이 책을 쓰는 동안 도움이 된 한 가지 개인적인 동기가 있었다. 집필 기간 내내 우리 역시 청소년을 키우는 부모였다. 책을 막 쓰기 시작했을 때 캐스린의 딸은 열세 살이었고 바버라의 딸과 아들은 각각 열여섯 살과 열네 살이었다. 이제 세 아이 모두 훌쩍 컸지만 청소년기 자녀를 둔 부모로서의 경험이 이 책을 쓰는 데 실질적인 도움이 되었다. 와일드후드를 가까이에서 관찰할 수 있었기 때문이다. 북극권과 중국 청두, 메인만, 노스캐롤라이나주에서 현장 연구를 마치고 집으로 돌아온 후에도 혈기 왕성한 10대와 복잡하면서도 순식간에 지나가는 청소년기의 경이로움을 계속해서 지켜볼 수 있었다.

생생한 동물 청소년들의 이야기

우리는 하버드대학 비교동물학박물관 안에 있는 사무실에서 이 책의 대부분을 썼다. 그런데 이곳에는 다른 세계로 연결되는 비밀 통로가 있다. 특별한 계단을 따라 위로 올라가 왼쪽이 아니라 오른쪽으로 돌면 인류의 문화유산을 보존하기 위해 만들어진 피바디고고학박물관에 다다른다. 때때로 연구에 몰두하다가 한 세계에서 나와 다른 세계에 빠져들기도 했다. 한쪽은 공룡의 뼈에서부터 분자유전학에 이르는 비교동물학의 세계였고, 다른 한쪽은 인류의 독창성과 끈기, 협동 정신, 사랑을 입증하는 물체들로 가득한 세계였다. 동물학과 인류학이든 동물과 인간이든 양쪽 모두 지구상에 다양한 형태의 생명이 존재한다는 것을 명확하게 보여주었다.

상징적 경계를 여러 번 넘나들다 보니 야생동물에서 관찰한 청소년기 징후를 피바디고고학박물관에 전시된 인류에게서도 쉽게 찾을 수 있는 경지에 올랐다. 우리는 이러한 성장 관련 유물들에 깊은 유대감을 넘어 애정을 갖게 되었다. 태평양 한가운데 자그마한 섬에서 온 갑옷과 5세기 메소아메리카 청년의 황금 펜던트, 구애의 장면이 그려진 라코타 부족의 담요, 이누이트족의 눈삽 등 인류의 다양한 시금석이 독특하면서도 보편적인 청소년기를 끈끈하게 연결하고 있었다.

우리가 읽은 모든 성장 이야기가 그렇듯 청소년은 모험을 떠난다. 집에서 쫓겨나기도 하고 갈등을 피해 멀리 도망가기도 한다. 부모를 잃고 길을 나서는 이야기도 있다. 그렇게 모두 거친 세상으로 나아가는데 하나같이 위험할 정도로 준비가 덜 된 상태다. 이 미숙함이 때로는 우습기도 하고 때로는 매우 위험하기도 하다. 집을 떠나 시작한 모험에서 아직 덜 자란 청소년기 동물은 포식자나 착취자와 맞서 싸운다. 친구도 만나고 적을 알아보는 방법도 배운다. 어쩌면 사랑에 빠질지도 모른다. 이 과정에서 스스로 먹이를 구하고 살 집을 마련하는 등 자신을 지키는 요령을 학습한다. 모험이 끝날 무렵 청소년기 동물은 결정해야 한다. 태어난 집단으로 돌아갈 수도 있지만 이를 거부하고 자신만의 새로운 세상을 만들 수도 있다.

우리는 생물학자들이 수년 수개월 동안 추적한 네 마리의 야생동물과 그들의 실제 성장기를 바탕으로 과학적 연구 결과를 그려냈다. 이야기의 주인공은 인간이 아닌 동물이지만 모두 청소년이다. 남극 사우스조지아섬에서 태어나 자란 킹펭귄 우르술라는 부모를 떠나 독립한 첫날 무시무시한 포식자를 만나 죽음 직전의 상황에 내몰린다. 탄자니아 응고롱고로산에서 살던 점박이하이에나 슈링크는 인간으로 치면 고등학교에서와 비슷한 하이에나의 서열에 적응해야 하는데, 이 과정에서 괴롭히는 또래와 갈등을 겪기도 하고 친구를 사귀기도 한다. 도미니카공화국 근처에서 태어난 북대서양혹등고래 솔트는 매년 여름을 메인만에서 보내며 성적 욕구를 마주하고는 자신이 원하는 것과 원하지 않는 것을 상대방에게 전달하는 방법을 배운다. 마지막으로 익숙한 집을 떠나 우여곡절로 가득한 여정을 시작하는 유럽 늑대 슬라브츠는 스스로 먹이를 구하고 새로운 무리를 찾으려고 애쓴다. 이 과정에서 굶주림에 고통받고 물에 빠지기도 하며 외로움에 시달린다.

청소년기에서 성인기로 이어지는 여정의 진짜 모습을 담기 위해 네 마리 동물이 경험한 청소년기를 최대한 이야기하듯 풀어냈다. 이야기에 나오는 세부적인 내용은 GPS와 위성, 무선 송신기를 통해 수집한 데이터를 비롯해 동료 심사를 거친 과학 학술지와 발간된 보고서 그리고 연구에 참여한 조사관 인터뷰 등을 활용해 모두 검증했다.

수억 년에 걸친 진화의 세월 속에 멀리 떨어져 있지만 와일드후드를 겪으며 같은 경험과 어려움을 공유하는 네 마리의 야생동물은 모두 서로, 나아가 우리와 연결되어 있다.

남극의 무시무시한 바다와 탄자니아의 푸르른 초원, 일렁이는 카리브해, 죽음의 삼각지대 등 장소는 중요하지 않다. 와일드후드는 자연을 넘어 인간의 삶까지 모두 포함하기 때문이다. 때로는 와일드후드가 어른이 된 이후의 삶을 결정짓기도 한다. 와일드후드는 지구상 모든 생물이 공통으로 물려받은 유산이자 지금도 계속해서 전해져 내려오는 오래된 유산이다.

1부 안전

와일드후드를 지나고 있는 인간과 동물은 모두 포식자에 무지하다. 이 시기 인간과 동물은 경험이 부족해 공격자와 착취자의 눈에는 쉬운 사냥감으로 보이기 마련이다. 이들은 포식자 학습을 통해 공격하려는 포식자를 인지하고 제어하는 방법을 배워야 생존 확률이 커지고 자신감 있는 성인기에 접어들 수 있다.

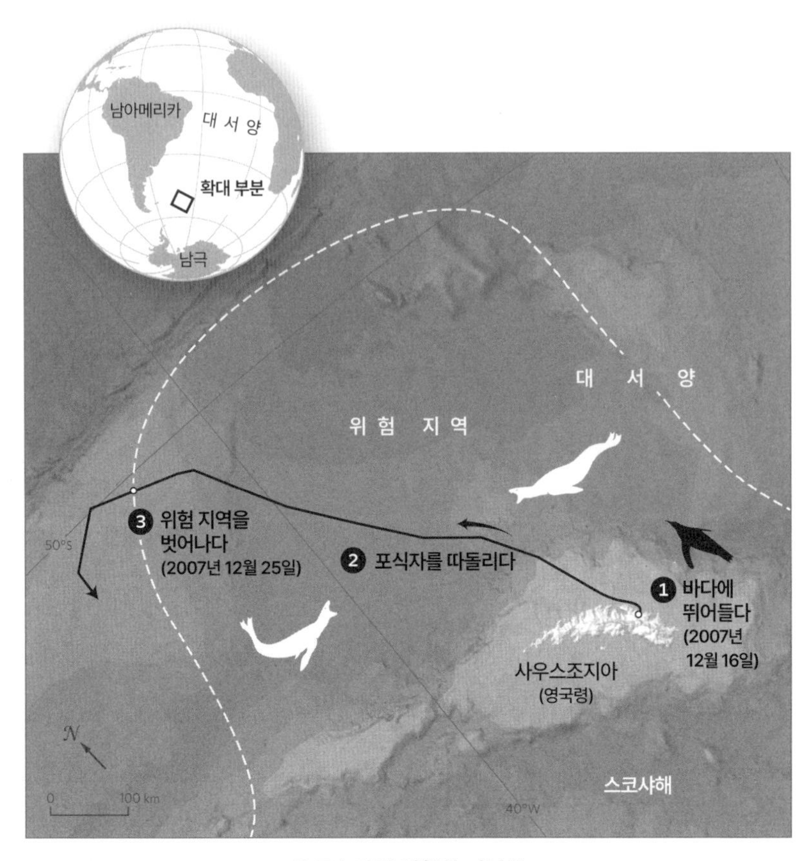

우르술라의 위험한 나날들

1.

위험한 세상 속으로

남극대륙에서 약 1600km 떨어진 대서양 한가운데 자리한 사우스조지아섬. 이곳에서 살던 어린 킹펭귄 우르술라에게 2007년 12월 16일은 매우 중요한 날이었다. 이날 당신이 사우스조지아섬을 방문했다면 분명 그 순간을 목격했을 것이다. 바로 이 일요일은 우르술라가 부모 펭귄의 품을 벗어나 홀로서기를 시작한 날이다. 우르술라는 누가 누군지 구분할 수 없을 정도로 생김새가 똑같은 친구들과 함께 꺅꺅 시끄러운 소리를 내며 해변을 향해 뒤뚱뒤뚱 걸어갔다. 그러다 갑자기 얼음장처럼 차가운 바닷물 속으로 뛰어들더니 뒤도 돌아보지 않고 전속력으로 집에서 멀리 헤엄쳐 나갔다.

그 순간이 오기까지 우르술라는 단 한 번도 태어난 곳에서 90m 이상 벗어나 본 적이 없었다. 파도를 타며 놀아보기는커녕 탁 트인 바다에서 헤엄치기조차 시도해본 적이 없었다. 우르술라는 혼자 힘으로 먹이를 잡은 적도 없었다. 엄마 펭귄과 아빠 펭귄이 소화한 후 되새김질한 먹이를 입으로 받아먹었기 때문에 그때까지 우르술라의 모든 끼니는 부모 펭귄의 몫이었다.

털이 보송보송한 새끼 펭귄 우르술라는 따스한 부모의 날개 밑에 몸을 숨긴 채 살을 에는 듯한 추위와 세찬 바람을 견뎠다.[1] 우르술라는 엄마와 아빠의 보호 아래 도둑갈매기의 공격에서도 살아남았다. 이 바닷새는 어린 펭귄을 사냥해 새끼의 먹이로 삼는 무시무시한 포식자다. 우르술라는 자라는 동안 여느 킹펭귄처럼 비밀 언어로 부모 펭귄과 대화했다. 오직 우르술라와 엄마, 아빠만이 사용하는 독특한 울음소리로 말이다. 킹펭귄은 대개 1년 동안 부모가 새끼를 돌본다. 이 시기 동안 단출한 세 식구는 서로 끈끈한 관계를 형성한다. 엄마와 아빠는 새끼를 돌보거나 먹이를 구해오고 또 보초를 서는 등의 역할을 번갈아 가며 동등하게 육아를 담당한다.

하지만 최근 들어 우르술라에게 변화가 찾아왔다. 보드라운 갈색 털이 빠지기 시작했고 군데군데 덥수룩하게 남은 솜털 사이로 어른 펭귄에게서나 볼 수 있는 윤이 나는 검은색과 흰색 털이 자라났다. 깩깩거리는 새끼의 울음소리 역시 한층 낮아져 웅웅거리는 소리로 바뀌었다. 펭귄 서식지를 지휘자가 없는 웅장한 커주kazoo 오케스트라처럼 보이게 하는 울음소리를 우르술라가 제법 잘 흉내 내게 되었다.

우르술라에게 신체적 변화만 찾아온 게 아니었다. 우르술라의 행동 역시 언젠가부터 바뀌기 시작했다. 좀처럼 가만히 있지 못했고 부모로부터 점점 더 멀리 떨어진 곳까지 돌아다니기도 했다. 낮에는 청소년기에 접어든 다른 펭귄들과 모여 재잘거리며 수다를 떨었다. 우르술라가 느끼는 갑작스러운 초조함을 가리켜 이망증Zugunruhe이라고 부른다.[2] '이동 불안'을 뜻하는 이망증은 태어난 서식지를 떠나기 직전의 조류, 포유류, 심지어 곤충 사이에서도 관찰된다. 이망증을 겪는 동물 대부분은 신경을 자극하는 아드레날린과 수면을 유도하는 멜라토닌이 불규칙하게 분비되면서 불면증을 겪는다. 동물이 아닌 인간이라면 이망증을 '흥분', '두려움', '기대' 등과 같은 단어들로 표현할 것이다.

12월의 그 일요일이 되기 전까지만 해도 매일 저녁 엄마와 아빠 그리고 다른 펭귄들이 있는 안전한 서식지로 돌아가야 한다는 본능 덕분에 우르술라는 하루가 멀다고 심해지는 방랑벽을 제어할 수 있었다. 하지만 그날은 달랐다. 눈이 부시도록 빛나고 매끄러운 새 연미복을 갖춰 입은 우르술라는 아드레날린을 내뿜으며 친구들과 부산스럽게 물가로 향했다. 어깨를 다닥다닥 붙인 청소년기 펭귄 무리가 광활한 바다를 바라보았다가 다시 고개를 돌려 집을 보며 밀치락달치락 움직였다. 이제 새끼는 아니지만 그렇다고 아직 어른은 아닌 채로 청소년기 펭귄들은 위대한 미지의 세계 앞에서 잠시 멈춰 섰다.

이제 막 세상으로 나온 사회 초년생이 그러하듯 우르술라도 4가지 험난한 시험을 통과해야 했다. 혼자 힘으로 먹이와 안전한 쉼터를 찾는 방법을 서둘러 익혀야 했고 펭귄 집단에서 생활하기 위해 사회적 역학 관계를 배워야 했다. 그뿐만 아니라 짝이 될 가능성이 있는 수컷에게 구애하고 제대로 소통하는 요령 또한 알아가야 했다. 게다가 이 모든 것을 망망대해에서 부모의 도움 없이 혼자 해내야만 했다.

모두 어른 펭귄이 되기 위해 겪어야 하는 중요한 과정이다. 그러나 무엇보다 살아 있어야 가능한 일들이다. 따라서 우르술라가 통과해야 하는 가장 첫 번째 시험은 생존이었다. 생존에 실패한 어린 동물의 미래는 시작하기도 전에 끝이 나버린다. 우르술라에게 가장 먼저 주어진 과제 역시 죽음을 맞닥뜨렸을 때 극복하고 살아남는 것이었다.

해마다 사우스조지아섬에서 제 길을 찾아 뿔뿔이 흩어진 청소년기 펭귄들에게 집을 떠난 첫째 날은 말 그대로 가라앉거나 헤엄치거나 둘 중 하나다. 지구 곳곳의 모든 청소년기 동물들처럼 어린 펭귄은 미숙하고 준비도 부족하다. 그래서 포식자가 위험하다는 사실을 너무 늦게 알아차린다. 위험을 제때 감지하더라도 어떻게 하면 좋을지 모르는 경우가 대부분이다. 경험치나 요령이 없는 데다 지켜줄 부모도 없어 청소년기 펭귄은 포식자의 목표물이 되기 십상이다. 청소년기 펭귄은 만만한 먹잇감일 뿐이다.

우르술라는 난생처음으로 수영하면서 바다 밑에 있는 것들과도 처음 만나게 된다. 바다 밑에는 무시무시한 것들이 있다. 농구공쯤은 눈 감고도 삼킬 만한 커다란 입을 가진 포식자들이 해안가에 있는 펭귄 번식지에 눈독을 들이며 숨어 있다.[3] 호랑이처럼 날카로운 이빨을 드러낸 채 테니스공만 한 펭귄의 머리를 향해 돌진하는 거대한 입을 상상해보라. 그 거대한 입속은 바로 지구상에서 손꼽히는 훌륭한 사냥꾼인 레오파드바다표범의 목구멍이다. 반 톤가량에 이르는 무게로 수영에 최적화된 유선형 몸에 폭발적인 근육을 자랑하는 레오파드바다표범은 특히 펭귄 사냥에 뛰어나다. 한 치의 오차도 없이 정확한 공격 기술로 새를 낚아챈 다음 수면 위로 여러 번 세게 쳐 깃털을 벗겨낸다. 초밥 요리사와 견주어도 모자라지 않을 소름 끼치는 퍼포먼스다. 레오파드바다표범은 끼니때마다 10마리 이상의 펭귄을 먹어 치운다. 이름에 들어간 고양잇과 동물처럼 매복에 능한 사냥꾼으로 몸을 숨기고 기다리다가 먹이를 공격한다. 해안가를 따라 자리잡은 수중 기뢰처럼 빙산의 가장자리 보이지 않는 곳에 몰래 숨어 있는다. 종종 표류물로 가장하기도 한다. 조용히 파도 위를 떠다니며 방심한 먹잇감을 놀라게 한다. 때가 되어 뿔뿔이 흩어지는 청소년기 펭귄은 죽음의 갑옷으로 무장한 레오파드바다표범을 반드시 거쳐야만 한다. 청소년기 펭귄은 바닷속으로 뛰어들어야만 어른 펭귄으로 성장할 수 있다. 하지만 레오파드바다표범과 범고래 떼라는 포식자들을 통과하지 못한다면 어른 펭귄으로 나아가는 첫째 날이 곧 마지막 날이 될 것이다. 이러한 위험을 뛰어넘는 일은 펭귄에게 생사가 걸린 중대한 시험으로 실패나 성공의 기회는 단 한 번뿐이다.

이 죽기 아니면 까무러치기의 상황을 직접 본 사람이라면 다른 펭귄들과 달리 우르술라와 또래 펭귄 두 마리가 달고 있는 액세서리를 발견했을 것이다. 녀석들의 등에 검은 테이프로 붙여놓은 작은 응답기 덕분에 이제까지는 알 수 없었던 독립 당일과 이후 몇 주간의 행적을 파악할 수 있었다. 그리고 그 놀라운 결과는 펭귄의 행동에 관한 생물학자들의 지식을 완전히 새롭게 바꿔놓았다. 이는 취리히에 본사를 둔 남극연구기금의 과학 부문 책임자 클레멘스 퓌츠를 주축으로 유럽과 아르헨티나, 포클랜드제도의 연구원들이 참여하는 다국적 연구였다.[4] 연구 기금을 마련하는 데 몇몇 생태 관광객이 도움을 주었고 이들에게 응답기를 단 펭귄들의 이름을 지을 기회가 돌아갔다.

펭귄의 몸에 응답기를 단 덕분에 2007년 12월 16일 일요일 우르술라라는 이름의 펭귄 한 마리가 남극 바다로 뛰어들었다는 사실을 확인할 수 있었다. 몸에 부착한 추적 장치는 우르술라가 정확히 언제 뒤뚱거리며 바닷가로 걸어갔는지를 알려주었다. 그해 사우스조지아섬에서 퀴츠 연구진이 추적 장치를 단 총 여덟 마리의 펭귄 중에서 세 마리가 같은 날 집을 떠났다. 우르술라와 탄키니, 트라우델은 청소년기 펭귄 무리와 함께 광활한 바다로 거침없이 뛰어들었다.

마치 졸업식 날 밤 고등학생들처럼 우르술라를 비롯한 사우스조지아섬 킹펭귄 고등학교 2007년 졸업생들은 신체적으로 다 자란 모습이었고 더 큰 세상으로 떠날 준비도 모두 마친 후였다. 그러나 우리의 청소년과 마찬가지로 이 펭귄들도 현실 세계에서 경험이 거의 없었기에 여전히 행동은 미숙했다.

그러던 어느 순간, 예고도 없이 바다로 뛰어들었다. 우르술라는 등으로 둥그렇게 아치를 만들고 양 날개를 옆으로 쓸면서 위험 지역으로 거침없이 돌진했다. 우르술라의 부모와 동선을 추적하던 생물학자들은 멀리 헤엄쳐가는 우르술라를 그저 바라볼 수밖에 없었다.

선천적으로 약한 존재

포식자가 순찰하는 바닷속으로 해마다 몸을 던지는 수천 마리의 청소년기 킹펭귄 중 살아남는 녀석은 얼마 되지 않는다.[5] 생존율이 고작 40%에 그친 해도 있었고 정확한 수치는 계산하기 어렵지만 상황이 조금 나았던 해도 있었다. 운이 좋든 나쁘든 독립한 후 처음 며칠, 몇 주 그리고 몇 달은 모든 펭귄에게 상상할 수 없을 만큼 위험천만한 시기다.

청소년기와 청년기 어린 동물들이 얼마나 위험한 삶을 살고 있는지 알게 되면 너무 놀라 정신이 번쩍 들 것이다. 추락이나 익수, 굶주림으로 목숨을 잃는 청소년기 야생동물의 수는 다 자란 어른보다 더 많다.[6] 경험이 부족해 나이가 많고 몸집이 큰 또래에 밀려 위험에 빠지기도 한다. 포식자의 일차 표적이 되어 죽는 일도 허다하다.

다행히도 인간은 청소년기가 되어 집을 떠나더라도 독립하는 펭귄만큼 치사율이 높지 않다.[7] 그런데도 우리의 청소년들 역시 어른에 비하면 사고로 다치거나 목숨을 잃을 확률이 훨씬 높다. 미국에서는 유년기에서 청소년기에 사망률이 약 200% 증가하는 것으로 나타났다.[8] 청소년 사망 중 거의 절반은 자동차 충돌, 추락, 음독, 총기 사고 등 의도치 않은 비극적인 결과였다.

청소년은 성인보다 과속 운전하는 경우가 많고 전반적으로 무모하다.[9] 청소년 범죄율이 전체 중 가장 높으며 35세 이상의 어른보다 살인 사건 피해자가 될 확률은 5배 높다. 감전으로 인한 사망률 역시 전기 관련 분야에서 일하는 성인과 콘센트에 손가락을 집어넣는 유아를 제외하면 청소년이 가장 높다. 또 5세 미만 유아를 제외하면 물에 빠져 사망하는 비율도 15세에서 24세까지가 가장 높다. 정신 질환이나 중독으로 고통받거나 자살에 이르는 비율 역시 다른 연령대와 비교하면 청소년이 높은 편이다. 게다가 청소년은 성인보다 폭음으로 인한 중독과 사망 가능성이 훨씬 높다.

사회 계층과 사는 곳에 따라 청소년이 마주하는 위험도 달라진다. 하지만 전 세계적으로 보았을 때 신규 성병 환자 중 절반 정도가 청소녀이다. 청소년은 성폭력에 가장 취약하다. 임신 합병증은 세계 곳곳에 있는 15세에서 19세 사이 소녀가 목숨을 잃는 가장 큰 원인이다.

이렇듯 청소년기는 충격적이고 참혹한 시기지만 나약한 청소년을 위험하게 만드는 생물학적 요소들이 창의력과 열정을 고무시키는 시기기도 한다. 미국 스탠퍼드대학의 신경과학자이자 진화생물학자인 로버트 새폴스키는《비헤이브Behave》에서 다음과 같이 말한다.[10]

> 청소년기와 초기 성인기에는 살인을 하거나 살인을 당하기 쉽다. 이 시기에는 또 집을 영원히 떠나거나 새로운 형식의 예술을 만들거나 독재자를 권력에서 끌어내리는 일을 돕거나 한 마을의 인종 청소를 감행하거나 도움이 필요한 이들을 위해 헌신하거나 중독에 빠지거나 공동체 외부 사람과 결혼할 가능성이 크다. 물리학을 획기적으로 바꾸거나 끔찍한 패션 감각을 선보이거나 취미 활동을 하다가 목이 부러지기도 하며 종교에 평생을 바치거나 노부인을 상대로 강도질을 할 가능성도 크다. 청소년기와 초기 성인기는 지나간 역사의 일분일초가 모여 가장 중요하고 가장 많은 위험과 기회가 공존하며 가장 어려운 지금 이 순간이 탄생했기에 자신이 나서 변화를 만들어야 한다고 확신할 가능성이 가장 큰 시기다.

무지한 동물들

물론 우르술라는 자신 앞에 닥칠 참담한 현실을 조금도 알지 못했다. 알았다고 하더라도 모든 것을 긍정적으로 생각하는 청소년기답게 자신은 살아남도록 선택받은 존재라고 믿었을 것이다. 비단 우르술라만 이 아니다. 부모를 떠나 처음 바다로 나가는 킹펭귄은 모두 무지하다. 우리는 의도적으로 '무지naive'라는 단어를 선택했지만 부정적으로 표현하거나 비난하려는 뜻은 없다. 이 단어는 실제로 야생생물학에서 특정 발달 시기를 가리킬 때 사용하는 용어다. 미숙하고 위험 감지 능력이 없는 어린 동물은 '포식자에 무지'한 상태로 난생처음 살던 곳을 떠난다.[11]

포식자에 무지한 가젤은 치타가 어떤 냄새를 풍기는지 또는 어떻게 움직이는지 모른다. 포식자에 무지한 청소년기 연어는 대구가 밤에는 먹이의 냄새와 소리에 의지해 천천히 사냥하고 낮에는 시야가 확보되어 더욱 빨리 공격한다는 사실을 알지 못한다. 백상아리를 처음으로 마주한 해달 역시 눈앞에 있는 포식자에 무지한 상태다. 포식자에 무지한 마멋은 주변에 코요테가 어슬렁거리는데도 땅굴에서 나와 눈치도 없이 신나게 돌아다닌다. 몸집이 자그마한 서아프리카다이아나원숭이에게 포식자에 무지하다는 말은 독수리나 표범, 뱀 등 다양한 포식자가 내는 각기 다른 사냥 소리를 구분할 수 없다는 뜻이다. 이 원숭이들은 포식자가 위나 아래, 나뭇가지 등 어디에서 공격해올지 전혀 알 수 없다.

인간 또한 마찬가지다. 이렇다 할 경험 없이 청소년기에 접어드는 청소년도 포식자에 무지하다. 그래서 무엇이 위험한지 판단하지 못한다. 위험을 감지하더라도 어떻게 대응해야 할지 모르기 십상이다. 이러한 경험 부족은 청소년에게도 어린 펭귄에게도 똑같이 치명적이다.

포식자를 잘 알지 못하는 상태로 친구들과 파티를 즐기는 10대나 새로운 도시로 이사한 청년이 실제로 레오파드바다표범을 만날 일은 거의 없다. 하지만 이들이 마주할 위험은 매우 위협적이다. 아무런 경고도 없이 방향을 휙 트는 공사 트럭이나 술자리에서 종종 일어나는 호된 신고식, 우울증, 약점을 이용하려는 어른, 장전된 총처럼 말이다.

가장 취약하고 미숙한 사람이나 동물이 가장 위험한 상황에 내던져진다는 사실이 말도 안 될 만큼 비상식적이라는 생각이 들 것이다. 하지만 어른이 되는 과정에서 존재를 위협하는 일을 마주하는 단계는 종을 막론하고 청소년기가 반드시 거쳐야 할 관문이다. 알에서 나오자마자 바다로 향하는 바람에 부모를 한 번도 보지 못하는 바다거북도, 여러 세대에 걸친 대가족과 함께 12년을 살다가 독립하는 아프리카코끼리도 마찬가지다. 모든 동물이 언젠가는 부모라는 안정된 울타리를 벗어나 위험으로 가득한 세상을 홀로 극복해야 한다. 포식자에 무지한 상태로 영원히 있을 수는 없다. 살아남기 위해서는 반드시 포식자를 인지해야 한다. 그런데 여기서 그 누구도 피할 수 없는 역설이 생겨난다. 경험을 쌓으려면 먼저 경험해야 한다는 것이다. 즉 자신을 안전하게 지키려면 먼저 위험을 무릅써야 한다. 그리고 분명한 점은 보호막이 되어주는 부모 곁에서는 경험할 수도 교훈을 쌓을 수도 없는 위험이 있다는 것이다.

이 역설이 어떤 부모에게는 공포로 작용한다. 부모가 항상 자녀를 위험으로부터 보호해줄 수는 없다. 자녀에게 위험을 알리지 못할 때도 있다. 게다가 엎친 데 덮친 격으로 안 그래도 겁 없는 10대 자녀는 불필요한 위험을 자초한다. 6학년이 된 아이가 친구들과 함께 종잇장처럼 얇게 언 연못을 일부러 밟아보기도 하고 고등학생인 아이가 스물두 살인 척 클럽 입장을 시도하기도 한다. 이렇듯 청소년은 부모에게 반항하고 종종 상처를 주려고 일부러 자신을 위험에 빠뜨린다. 난폭 운전이나 약물 남용, 부주의한 성관계 등 10대가 자초하는 위험이 어른의 눈에는 이해되지 않을 수 있다. 친구들과 숲에서 모닥불을 피우거나 누군가의 오토바이를 몰래 훔쳐 타는 일처럼 비교적 수위가 낮은 행동에도 부모는 밤새도록 걱정하며 뜬눈으로 지새울 것이다. 어린아이가 온갖 위험이 도사리고 있는 세상에 무지한 것도 문제지만 위험함을 알면서도 얼마나 위험한지 정확히 모른 채 선불리 나서는 게 더 큰 문제다. 때로는 우습고 때로는 화가 나고 때로는 안타깝지만 청소년이 우연히 위험에 휘둘리는 일은 거의 없다. 오히려 위험과 정면승부를 하겠다며 자발적으로 달려든다.

위험을 무릅쓰는 청소년의 행동은 이해하기 어렵고 생존 본능과는 정반대인 것처럼 보이기도 한다. 진화적 관점에서 보자면 죽음으로 이어질 수 있는 위험을 추구하는 행동은 앞뒤가 맞지 않기 때문이다. 그런데도 이토록 이상한 행동을 보이는 것은 우리의 청소년만이 아니다. 동물 청소년 역시 위험을 감수하는 경향을 보인다.[12] 박쥐 무리는 청소년기가 되면 포식자인 올빼미를 놀리고 조롱한다. 다람쥐 부대는 대담하게도 방울뱀 주변을 잽싸게 돌아다닌다. 아직 다 자라지 않은 여우원숭이는 많고 많은 나뭇가지 중에서도 가장 얇은 것을 골라 올라탄다. 청소년기 산양은 쳐다만 봐도 아찔한 가파른 절벽을 오른다. 부모와 떨어진 어린 가젤은 굶주린 치타 곁으로 유유히 걸어간다. 청소년기 해달은 백상아리를 향해 헤엄쳐 돌진한다.

청소년의 혼란스러운 행동을 한층 더 잘 이해하는 방법은 다른 동물들도 비슷한 행동을 하는지 관찰하는 것이다. 동물들의 삶의 과정을 살펴보면서 겉보기에 '비상식적인' 행동이 오히려 생존과 적응, 번식에 도움이 된다는 사실을 발견할 수 있을지도 모른다. 위험 추구 행동을 연구하려면 먼저 다음의 질문들을 던져야 했다. 인간 외에 다른 동물도 청소년기에 위험을 감수하는가? 그렇다면 이러한 위험 추구 행동은 어떻게 도움이 되는가?

진화생물학자들은 이러한 접근 방법을 가리켜 니콜라스 틴베르헌의 유명한 '4가지 질문'의 응용 버전이라고 볼 것이다. 1973년 노벨 생리의학상을 받은 네덜란드 출신의 생태학자 틴베르헌은 단순히 어떻게 움직이는지 또는 어느 시기에 관찰되는지 등을 설명하는 것만으로는 동물의 행동을 완전히 이해할 수 없다고 생각했다. 틴베르헌은 같은 행동을 하는 다른 동물 종이 있는지를 살펴보는 것과 특정 행동을 함으로써 얻을 수 있는 생물학적 이익을 파악하는 것이 중요하다고 했다. 인간의 경우 10대 청소년이 무지해서 저지르는 무모한 행동과 일부러 위험을 자초하는 행동을 구분하는 것이 도움이 된다. 둘 다 나중에 자신을 더욱 안전하게 지키는 방법을 배울 수 있다. 물론 위험을 극복하고 살아남는다면 말이다. 이 책의 1부를 읽고 나면 2가지 유형의 행동을 구분할 수 있을 것이다. 또한 종을 막론하고 청소년기가 왜 위험한 시기인지 이해될 것이다. 그리고 무엇보다 안전이라는 궁극적인 목표를 달성하기 위해 위험을 무릅쓰는 것이 결코 역설이 아니며 오히려 청소년기를 겪고 있는 지구상의 모든 어린 동물들에게 꼭 필요한 과정임을 알게 될 것이다.

안전을 추구하는 방법을 이야기하기 전에 먼저 우리의 마음과 몸속 깊은 곳에 박혀 있는 오래된 공포의 근본부터 차근히 살펴봐야 한다. 안전으로 향하는 여정은 두려움을 이해하는 데서부터 시작한다.

2.

두려움의 본질

동영상 속 땅딸막한 어미 판다가 허리를 곧추세우고 앉아 행복한 얼굴로 대나무를 우적우적 씹고 있다.[1] 새끼 판다는 어미의 발치에 몸을 바싹 붙인 채 새근새근 잠들어 있다. 같은 장면을 11초가량 보다 보면 이게 다인가 싶어진다. 그러다 갑자기 새끼 판다가 재채기를 한다. 에취! 깜짝 놀란 어미가 던진 대나무가 날아간다. 어미의 두툼한 뱃살이 경련을 일으키듯 마구 떨린다. 무언가가 갑자기 튀어나와 놀래는 공포영화의 점프 스케어jump scare 장면 같다. 다만 주인공이 판다라는 것이 조금 다를 뿐이다.

잠시 후 언제 그랬냐는 듯 모든 것이 예전으로 돌아간다. 새끼 판다는 다시 잠든다. 어미는 대나무를 마저 씹는다. 하지만 깜짝 놀란 어미 판다 심장의 보이지 않는 곳에서 전기 자극을 유발했던 신경화학물질은 빠른 속도로 혈액에 휩쓸려 떠내려간다. 쿵쾅거리던 심장은 이미 진정되어 일정한 박동으로 뛰고 있다. 위험한 순간에 노출되지 않았지만 새끼의 예상치 못한 재채기와 커다란 소리, 갑작스러운 움직임이 어미 판다로부터 공포 반응을 유도했다. 전 세계 수백만 명을 배꼽 잡게 한 이 판다 동영상은 지구에서 가장 오래된 신경반사를 보여주는 훌륭한 예다.

육지, 바다, 하늘을 막론한 지구상 모든 동물은 놀라거나 겁에 질리면 몸을 움츠린다. 놀람 반사는 인간과 포유류뿐만 아니라 조류, 파충류, 어류, 심지어 연체동물, 갑각류, 곤충류 등과 같이 수억 년 전 공통 조상에서 유래한 동물들에게서도 관찰된다. 식물에도 놀람 반사가 나타난다. 다양한 동물이 놀람 반사를 보인다는 점으로 미루어볼 때 이 반응이 생존과 직결되어 있다고 결론 내릴 수 있다. 놀람 반사는 생명이 위험에 처했음을 동물에게 알리는 역할을 한다. 게다가 매우 효과적이다. 위험에서 재빨리 벗어날수록 생존 가능성이 2배 혹은 3배까지 커지기 때문이다.[2]

파리는 파리채를 피해 휭 하고 날아간다. 조개는 딱딱한 껍질을 탁 닫는다. 게는 종종걸음으로 몸을 숨긴다. 영리한 문어는 먹이의 놀람 반사를 적극적으로 활용해 사냥한다.[3] 문어는 아무것도 모르는 새우의 한쪽에 자리 잡은 다음 천천히 다리를 반대편으로 뻗어 새우를 살짝 건드린다. 그러면 깜짝 놀란 이 갑각류의 몸이 튀어 오르며 활짝 벌린 문어의 입속에 안착한다.

인간은 실제로 존재하지 않는 충격에도 놀람 반사를 보이기도 한다. 찰스 다윈은 《인간과 동물의 감정 표현》에서 "보통 끔찍한 것을 상상만 해도 몸서리가 쳐진다"라고 설명한 바 있다.[4] 각기 다른 동물 종이 동일하게 놀람 반사를 보인다는 데 흥미를 느낀 다윈은 오랑우탄의 움찔거리는 동작, 침팬지의 깜짝 놀라는 동작, 야생 양의 움츠리는 동작, 개의 덜컥거리는 갑작스러운 움직임을 자세히 묘사했다. 자신의 아이들을 일부러 놀래 놀람 반사를 유도하기도 했는데, 아이들의 얼굴 가까이에 대고 덜커덕 소리를 내면 "매번 눈을 세게 깜빡이고 살짝 놀라는 반응"을 보이는 점에 주목했다.

인간이든 판다든 혹은 레오파드바다표범을 피해야 하는 펭귄 우르술라든 모두 시각, 청각, 후각, 기억이 위험을 감지하는 순간 자동으로 놀람 반사를 보인다. 위험 신호와 함께 활성화된 전기 자극이 신경세포를 통해 전달되면 근육 수축이 일어나면서 갑작스럽게 몸이 날뛰거나 움찔거리며 경련을 일으킨다.

공포의 생리학적 기제는 뇌뿐만 아니라 심혈관계, 근골격계, 면역계, 내분비계, 생식계와도 관련이 있다. 두려움으로 인한 전신의 강력한 불쾌함을 특정 사건이나 장소, 인물과 연계해 인식함으로써 동물은 앞으로 해당 자극을 피하는 방법을 학습한다. 이를 "공포 조건화"라고 부르는데, 단 한 번의 경험이 스스로를 안전하게 지키는 평생의 습관으로 자리잡을 정도로 강력하다.[5] 만약 둥지를 떠나 바다로 뛰어든 첫날 레오파드바다표범을 만난 우르술라가 공포에 반응한 후 위기를 모면하고 살아남는다면 앞으로 우르술라는 두려움이라는 부정적 감정을 포식자를 만난 그날의 바닷속 위치, 풍경, 냄새 등과 연관 지어 인식할 것이다. 강렬한 공포야말로 위대한 스승인 셈이다. 두려움을 통해 학습한 잊지 못할 교훈은 신경계에 각인되어 평생 기억에 남는다.

나아가 우르술라가 레오파드바다표범에게서 처음 도주하는 데 성공한다면, 두 번째, 네 번째, 마흔네 번째에도 성공할 가능성이 크다. 영국남극조사단의 선임 연구원 필 트라탄에 따르면 "펭귄은 나이를 먹으면서 더 많은 경험을 하게 되어 더욱 안전해진다."[6] 바로 이것이 핵심이다. 물론 아슬아슬한 성공과 실패는 종이 한 장 차이다.

두려움이 만드는 갑옷

어느 날 피바디고고학박물관을 지나는데 당장이라도 달려들 것처럼 위협적인 사람의 형상을 보고 발걸음을 멈추었다. 매우 독특한 날에 길이가 60cm는 되어 보이는 검을 휘두르고 있었다. 뾰족한 금속 검은 아니었지만 살짝만 스쳐도 살점이 떨어져 나갈지도 모른다는 생각이 들 만큼 아주 날카롭고 무시무시했다. 자세히 보니 5cm 길이의 상어 이빨들을 날에 두른 검이었다.

상어 이빨을 두른 검보다 눈길을 사로잡은 것은 머리 위에 쓰인 어피모魚皮帽였다. 풍선처럼 부풀어 오른 복어를 통째로 활용한 모자였는데, 뾰족한 가시가 사방으로 뻗어 있었다. 검, 모자와 함께 코코넛 껍질의 거친 섬유를 엮어 만든 옅은 갈색의 조끼형 갑옷까지가 한 벌로 19세기 남태평양 길버트제도 키리바시에서 온 유물이었다.[7]

당시 피바디고고학박물관은 '아트 오브 워The Art of War' 전展을 열고 있었다. 전시회장을 둘러보니 곳곳에 그동안 인류가 서로로부터 안전을 도모하기 위해 고안한 놀라운 갑옷들이 여럿 전시되어 있었다.

19세기 틀링깃족 보호복에는 북아메리카 태평양 북서부 해안 지역 원주민의 전통 예술인 폼라인formline 그림이 붉은색과 검은색으로 그려져 있었다. 18세기 필리핀 민다나오섬의 모로족이 착용했던 황동 투구와 쇠사슬 갑옷도 보였다. 티베트 국경 근방 중국 쓰촨성 지역의 롤로족이나 이족 출신의 전사들이 입던 채색 갑옷도 있었는데 가죽과 나무로 만들어진 것이었다.

자신을 안전하게 보호하기 위해 이러한 갑옷을 입었을 사람들을 잠시 상상해보았다. 그들이 청소년이었든 청년이었든 어른이었든 갑옷은 아주 명확한 한 가지 위협, 즉 다른 인간으로부터 주인을 보호하는 역할을 했다.

갑옷의 생김새를 보면 그 시대가 얼마나 위험했는지 가늠할 수 있다.[8] 살인 기술의 캄브리아기라고 할 수 있는 제1차 세계대전에는 화학 공격과 폭발물에 대응하기 위해 방독면과 이른바 '랍스터 갑옷'이라고 부르는 장갑 방탄복이 등장했다. 더 최근의 예로 1990년대 말부터 2000년대 말까지 미군에서 사용한 인터셉터 방탄복을 들 수 있다. 이 방탄복은 케블라 섬유로 만들어져 소형 무기와 폭발물의 파편 조각으로부터 보호해준다.

그러나 전장에서 마주하는 위협이 다가 아니다. 인간은 그 외에도 더 많은 위험에 노출된다. 갑옷을 좀더 확장해서 생각해보면 우리는 다양한 위협을 극복하기 위해 외면의 '갑옷'을 만든다. 라임병이나 말라리아에 걸릴 위험을 줄여주는 방충제와 모기장뿐만 아니라 피부암, 자동차 충돌, 자전거 사고로부터 보호해주는 자외선 차단제, 안전벨트, 헬멧까지 모두 일종의 갑옷이다.

이와 달리 공포는 내면의 갑옷이다. 공포나 두려움은 동물의 행동을 좌우하는 중요한 요소다. 이는 수억 년 동안 생존을 가능케 한 행동을 유발한다. 따라서 두려움은 셀 수 없이 많은 세대를 거치며 전해져온 보호 장치다. 두려움은 보편적인 동시에 지극히 개인적이다. 두 사람 또는 두 마리 동물이 정확히 똑같은 방식으로 똑같이 공포를 느끼는 것은 불가능하기 때문이다. 모두가 각자의 경험을 바탕으로 맞춤 제작된 내면의 갑옷을 하나씩 가지고 있다. 이 내면의 갑옷은 대부분 유년기와 성인기 사이, 즉 청소년과 청년이 저마다 위험을 마주하기 시작하는 와일드후드 때 만들어진다.

동물의 방어기제

방패나 철모, 마스크와 같은 보호 장비가 군인을 다치지 않게 해준다는 것을 군은 잘 알고 있다. 군인에게 방탄복은 신체를 안전하게 지키는 보호벽이나 다름없다. 심리 치료사 역시 환자들이 내면의 정신적 과정을 활용해 마음과 감정의 상처로부터 자신을 지킨다는 것을 잘 안다. 정신분석학에서 이 같은 심리적 전략을 '방어기제'라고 부른다.

20세기 초반에 개념화된 방어기제는 무의식에서 일어나는 정신적 반응으로 갈등이나 긴장, 불안으로부터 사람들을 보호한다.[9] 대표적 방어기제로 억압, 투영, 부인, 합리화 등이 있는데, 일상생활에서도 자주 쓰인다.

이와 달리 덜 알려진 방어기제들도 있다. 몹시 싫어하는 사람에게 지나칠 정도로 잘해준다거나 좋아하는 사람에게 무례하게 구는 행동도 방어기제의 일종으로 '반동형성'이라고 부른다. 승화 역시 또 다른 방어기제다. 무의식중에 공격적인 충동이나 욕구를 사회적으로 용인되는 행동으로 바꾸는 것을 가리킨다. 혐오 또는 분노의 감정을 스포츠를 통해 표출하는 것은 프로이트 승화론의 전형적인 예다.

1940년대와 1950년대 청소년기를 중점적으로 연구한 안나 프로이트는 청소년기에 극대화하는 성적 욕구를 다스리기 위해 지성화, 억압, 금욕의 3가지 방어기제가 발동한다고 생각했다. 지성화란 문제의 사실적 요소에만 집중함으로써 정서적 고통을 다스리는 것을 말한다. 억압은 사회적으로 용납되지 않는 욕구나 충동의 존재 자체를 부인하고 감추는 것이다. 마지막으로 금욕은 엄격한 육체적 극기를 통해 충동적인 감정과 기분을 다스리는 것을 뜻한다.

요즘 주류를 이루는 심리학 이론이나 심리 치료에서 안나 프로이트와 지그문트 프로이트의 생각은 더는 대세가 아니다. 하지만 방어기제만은 심리학뿐만 아니라 대중문화에서 꾸준히 주목받으며 프로이트 부녀의 주요 업적으로 자리잡았다.

동물행동학자가 말하는 '심리학'이란 동물의 내적 동기를 살펴보는 것이 아니라 포식자로부터 자신을 안전하게 보호하려는 동물의 행동을 연구하는 것이다. 동물은 위장술이나 발톱, 뿔, 두꺼운 피부처럼 신체 방어 도구 외에도 방어 행동을 통해 스스로를 지킨다. 예컨대 잔뜩 경계하거나 다른 동물의 도움을 구하기도 하고 경고 신호를 보낼 때도 있다. 신체 방어 도구와 방어 행동을 하나로 합쳐 '동물의 방어기제'라고 말하는데, 다음 장에서 더 자세히 살펴볼 예정이다. 프로이트

학파는 인간이 고통스러운 감정으로부터 자신을 지키기 위해 방어기제를 활용한다고 주장하고 야생생물학자는 방어기제가 생존의 위협으로부터 동물을 안전하게 보호한다고 설명한다.

이러한 방어 수단을 어떤 이름으로 부르느냐는 중요하지 않다. 핵심은 와일드후드라는 시기에 경험한 감정적 위험과 물리적 위험에 대한 반응이 평생 유지된다는 사실이다.

물론 안전에 관한 지식 중에는 따로 배우지 않아도 본능적으로 알고 있는 것들도 있다. 야생 어류, 파충류, 양서류, 조류, 포유류에게는 험한 세상에서 마주칠 수 있는 위험에 최적화된 선천적 방어 본능이 있다.[10] 예컨대 빨간눈청개구리 배아는 매우 놀라운 생존 요령을 선보인다. 빨간눈청개구리 배아는 대개 7일에 걸쳐 서서히 자란 다음 부화하지만 말벌이나 뱀, 심지어 홍수와 같은 외부 위험을 감지하는 순간 발달 속도를 올려 평소보다 빨리 부화한다. 그러고는 안전한 장소로 헤엄쳐 스스로를 보호한다. 그런가 하면 구피 배아는 이보다 빠른 난 발생 초기에 위험을 포착하는데, 수정된 지 단 4일 만에 포식자인 금붕어나 퍼치의 냄새를 맡을 수 있다. 위험이 다가온다고 느끼면 심장박동 수가 올라간다. 이는 척추동물이 흔히 보이는 공포 반응이다.

선천적으로 습득하지 못한 안전 지식이 있다면 반드시 배워야 한다. 동물은 평생 안전에 대해 학습하는데, 대부분 청소년기에 심화한다. 그러나 청소년기 동물은 본격적 교육이 시작되기 전까지는 포식자에 무지한 우르술라처럼 놀람 반사를 포함한 몇 안 되는 선천적 본능에만 의존해 처음 겪는 위험을 극복하고 자신을 안전하게 지켜야 한다.

고립에 의한 길들여짐

만약 주변 환경에 도사리고 있는 위험이 달라진다면 그에 따라 입고 있는 갑옷을 개조해야 한다. 인간은 다른 동물에 비해 운이 좋은 편이다. 아르마딜로가 골질의 등딱지를 벗는 것보다 훨씬 간단하기 때문이다. 인간은 방탄조끼를 벗기만 하면 된다. 시간이 지남에 따라 새로운 위협이 등장하기도 하고 기존에 있던 위험이 사라지기도 한다. 신체적 방어 수단 역시 이에 발맞춰 바뀐다. 필요한 부분은 강화되고 불필요한 부분은 약해지거나 아예 없어진다. 내면의 갑옷(방어 행동) 또한 마찬가지다. 동물을 둘러싼 환경의 변화에 따라 방어 행동도 강해지거나 약해진다.

고립에 의한 길들여짐tameness은 이러한 변화를 보여주는 훌륭한 예다. 포식자가 없는 섬에서 오랫동안 산 동물은 그에 대한 공포나 두려움이 없어 포식자에 반응하거나 행동하는 방법을 잊어버린다.[11] 갈라파고스제도를 살펴보던 다윈은 가까이 다가가도 놀라지 않는 이구아나와 되새류뿐만 아니라 심지어 등 위에 올라타도 반응을 보이지 않는 코끼리거북에 주목했다.[12] 섬에 고립되어 길든 동물은 공포 반응이 비활성화되는데, 위험이 없는 환경에서 살아간다면 전혀 문제가 되지 않는다. 그러나 포식자가 등장하는 순간 섬에 길든 동물은 엄청난 위기를 맞는다.

더 나아가서 고립에 의한 길들여짐은 섬에서 살아가는 동물뿐만 아니라 포식자가 자연스럽게 멸종하거나 사냥으로 인해 사라져버린 동물 무리에도 적용된다. 육지에서 고립되어 길든 동물의 대표적인 예로 옐로스톤국립공원의 엘크를 들 수 있다.[13] 1800년대와 1900년대 천적인 늑대가 의도적으로 몰살되면서 엘크는 공격받을 걱정 없이 국립공원 구석구석을 자유롭게 뛰어다닐 수 있게 되었다. 그러나 1990년대 늑대 개체 수를 늘리려는 노력이 시작되면서 엘크는 포식자의 존재와 그로 인한 공포에 다시 적응해야 했다. 느슨해졌던 방어 체계를 재건하고 재학습하는 과정이 필요했다. 이렇듯 자연에서 관찰되는 포식자와 먹이의 관계는 고립에 길든 개체군에서 공포는 가변적 감정이며, 공포 반응이 비활성화된 이후에도 환경 변화에 따라 다시 생길 수 있다는 것을 보여준다.

현대인 대부분이 고립에 길들여진 상태로 살고 있다. 사실 모든 현대인이 그렇다고 해도 과언은 아닐 것이다. 과거 인간을 사냥하는 육식동물 등이 가하는 위협이 점점 더 희미해지면서 그와 관련된 공포도 눈에 띄게 줄었다. 세계 일부 지역에서는 아이에게 예방접종을 하지 않는 부모가 점점 늘어나고 있는데, 이는 인간에게서만 나타나는 고립에 의한 길들여짐이라고 할 수 있다. 1950년대와 1960년대 소아마비나 풍진과 같은 전염병이 전 세계를 휩쓸었지만 한때 우리를 위협했던 포식자와 마찬가지로 인류의 기억 속에서 잊힌 지 오래며 이제는 두려움의 대상도 아니다. 하지만 만약 또다시 전염병이 퍼진다면 질병보다 백신을 더 무서워하는 부모들로 인해 아이는 속수무책으로 위험에 노출될 것이다. 물론 유행성 질병이 다시 돌아오는 순간 예방접종을 꺼리는 부모의 인식이 단번에 바뀔 테지만 말이다. 지난 20년 동안 안전한 성관계의 중요성이 간과되고 있는 이유도 마찬가지다. 인간면역결핍바이러스 감염으로 인한 사망률이 감소하면서 사람들의 경각

심과 공포가 느슨해진 탓이다.[14]

고립에 의한 길들여짐 현상은 돈과 관련한 행동이나 경제적·정치적 동향을 이해하는 데 도움이 되기도 한다. 개인 투자자와 투자 기관 모두 엄청난 경제적 재앙 이후 어느 정도 시간이 흐르면 이내 충격을 잊어버리고 더 많은 위험을 떠안기 시작한다.

청소년기에 치솟는 불안 증세 역시 고립에 의한 길들여짐이라고 볼 수 있다. 동물과 인간의 조상이 살던 세상은 포식자를 비롯해 생존을 위협하는 수많은 적으로 가득했다. 따라서 자연스럽게 공포와 관련한 강력한 신경생물학적 진화가 일어났다. 이와 달리 오늘날에는 전부는 아니지만 인간 대부분이 이러한 신경생물학적 진화에 영향을 미친 위험으로부터 안전하다. 뇌와 신체는 포식자가 들끓는 환경에서 진화했는데 더는 이러한 위협이 유효하지 않다면 어떤 일이 벌어질까?

30년 전 루푸스나 크론병과 같은 자가면역질환이 증가하는 것을 발견한 영국의 한 전염병학자가 위와 비슷한 질문을 던졌다. 데이비드 스트라칸은 다양한 병원균이 존재하는 환경에서 진화한 면역 체계가 한층 더 위생적인 환경에 노출된다면 어떤 변화를 일으킬지 살펴보고자 했다.[15] 이른바 '위생가설hygiene hypothesis'에 따르면 인간의 면역 체계가 지나치게 깨끗한 환경에 노출되면 오히려 내부로 눈을 돌려 스스로를 공격하기 시작한다. 정상 조직을 병원체로 인식하는 것이다. 그렇다면 오늘날 청소년과 개개인이 겪는 불안증도 이와 유사한 과정으로 유발되는 것이라 유추해볼 수 있지 않을까?

노르웨이 베르겐대학에서 공포를 중점적으로 연구하고 있는 라르스 스벤센은 위 질문에 '그렇다'라고 답했다.[16] 현대인 대부분이 "의식의 잉여" 때문에 존재하지 않는 두려움을 상상한다는 것이다. 모든 게 풍족한 현대 사회는 예전보다 안전하고 안락한 삶을 보장하며, 우리는 조상과 달리 신체적 위험에서 벗어나 있다. 그 어느 때보다 안전한 환경에서 현대인은 실제로 발생하지 않을 위험을 생각하는 데 할애할 남는 '뇌 공간'까지 확보했는데, 스벤센은 이런 심리 상태를 가리켜 "영구적 공포"라고 표현한다. 스벤센에 따르면 "공포로 가득한 삶과 행복한 삶을 동시에 사는 것은 불가능"하므로 영구적 공포는 개인을 고립시켜 불안하고 외로운 사회를 만든다.

불만과 불안 외에도 통제되지 않은 공포는 여러 부정적 결과를 가져온다. 역설적이게도 공포 반응 자체가 오히려 두려움을 증폭시키기도 한다. 격동의 시기를 지나던 1933년 새로 선출된 프랭클린 루스벨트 대통령은 미국인들에게 "우리가 유일하게 두려워해야 할 대상은 공포 그 자체"라고 말했다.[17] 동물행동학 강의 내용이라고 해도 손색이 없는 문장이다. 루스벨트 대통령이 남긴 가장 유명한 글에서 후반부의 "정확하게 표현할 수 없고 비상식적이며 뚜렷한 근거도 없는 두려움은 후퇴를 전진으로 바꾸는 데 필요한 노력을 마비시킨다"라는 문장이 상대적으로 덜 주목받았지만, 여기에서도 과도한 공포에 숨어 있는 위험을 읽을 수 있다.

위험에 대한 반응이 우리의 생명을 구하는 게 사실이지만 때로는 대가를 치러야 한다는 점이 핵심이다. 움직임을 멈추고 가만히 있는 행동은 포식자의 매서운 눈을 피해 몸을 숨길 때 유용하다. 특히 덜 자란 동물은 '긴장성 부동'이라고 부르는 순간적 동작 멈춤을 통해 포식자에게 발각될 위기를 넘긴다. 이와 달리 죽은 듯이 가만히 있다 보면 오히려 도망칠 절호의 기회를 날릴 수도 있다. 주변을 지나치게 경계하는 잔뜩 겁먹은 동물은 적게 먹고 덜 어울리고 짝짓기에 소극적으로 임한다. 표출된 두려움으로 인해 동물은 목숨을 잃기도 한다. 앞서 살펴보았던 새우도 깜짝 놀라는 바람에 자신도 모르는 사이 문어의 입 속으로 뛰어들고 말았다. 때로는 두려움이 힌트가 될 수 있다. 눈에 불을 켜고 먹이를 찾는 포식자에게 마치 "여기를 봐! 나를 선택해!"라고 말하며 생존 가능성이 없음을 확인시켜주는 셈이 되어버린다.

펭귄 우르술라가 포식자에 무지한 청소년기에 습득한 교훈은 성인기에도 행동에 영향을 미칠 것이다. 하지만 환경은 계속해서 바뀌고 새로운 위협이 등장할 것이다. 만약 정체 모를 바이러스로 인해 레오파드바다표범이 멸종된다면 우르술라를 비롯한 킹펭귄은 한두 세대에 걸쳐 고립에 의한 길들여짐 상태에 이를지도 모른다. 바다표범의 자리를 대신할 새로운 포식자가 등장하지 않는 한 킹펭귄 무리는 해안가에서 여유로운 날들을 즐길 수 있다. 이러한 상황이 실제로 일어난다면 동물이 살면서 마주하는 위험에 대한 매우 중요한 사실을 확인할 수 있다. 나이나 경험과 상관없이 새로운 위협 앞에서는 모든 동물이 포식자에 무지한 상태로 돌아갈 수밖에 없다는 것이다.

3.

포식자 분석

다시 펭귄 우르술라의 이야기로 돌아가보자. 청소년기 펭귄 우르술라는 이제 막 부모의 품을 떠나 바다로 뛰어들었다. 아마도 머지않아 무시무시한 레오파드바다표범의 영역 안으로 돌진할 것이다. 그런데 우르술라는 포식자에 대해 아는 것이 없다. 아직 공포 조건화 훈련을 받지 않아 생사를 결정하는 믿을 만한 근육 기억이 발달하지 않았다. 또한 경험이 부족해 내면의 갑옷 역시 제대로 형성되지 못했다. 포식자와 먹이가 예로부터 어떤 관계인지 알지 못하는 우르술라는 앞으로 일어날 일을 상상조차 할 수 없을 것이다.

하지만 우리는 다르다. 이제 곧 닥칠 위험을 그려볼 수 있다. 상상 속 사냥꾼의 관점에서 생각해보면 자신을 안전하게 지킬 방법이 보인다. 당신이 아프리카 사바나의 치타가 되었다고 상상해보자. 갑작스럽게 찾아온 허기에 배가 고프다 못해 아플 지경인데 저 멀리 가젤 무리가 보인다. 훌륭한 먹잇감 후보다. 하지만 가젤 무리를 모두 사냥해 먹을 수는 없는 노릇이다. 한 마리만 골라야 한다. 어떤 녀석이 좋을까? 다쳤거나 무방비 상태의 새끼가 있는지 찬찬히 살펴본다. 하지만 운이 썩 좋지 않다. 그 대신 몸집이 커다란 가젤 세 마리로 눈길을 돌린다. 첫 번째 후보는 얼핏 보기에 괜찮지만 에너지를 주체 못 하고 사방으로 뛰어다니는 건강하고 활기찬 녀석이다. 그에 비해 차분해 보이는 두 번째 가젤을 선택하는 편이 나을 수도 있다. 하지만 녀석의 눈에 띄고 말았다. 이제 녀석은 경계심 가득한 눈초리로 당신의 일거수일투족을 감시한다.

속도와 힘이 뒷받침되어야 생기 넘치는 첫 번째 가젤을 사냥할 수 있다. 조심성 많은 두 번째 가젤은 놀래지 않고 다가가야 하는데 뛰어난 사냥 기술과 빈틈없는 작전과 계획이 있어야 한다. 다른 선택안이 있을지도 모른다. 순간 세 번째 가젤을 발견한다. 포식자를 전혀 모르는 청소년기 혹은 청년기 가젤이다. 몸은 다 자랐지만 아직 가냘픈 편이다. 부모로부터 치타가 위험한 존재라고 배웠지만 경험 많고 노련한 어른 가젤에 비해 포식자에 무지하다. 포식자의 눈에 녀석은 아직 무리 안에서 제자리를 찾지 못하는 것처럼 보일 수 있다. 녀석은 성숙한 어른 가젤 무리에 끼지도 않고 어미 주변을 맴도는 새끼와 어울리지도 않는다. 그 대신 바스락거리는 식물에 관심을 보인다. 자신을 관찰하는 당신의 시선을 전혀 알아차리지 못한 채 말이다.

먹이를 사냥할 때마다 포식자는 일종의 비용편익분석이라 할 수 있는 야생의 스프레드시트를 작성한다.[1] 적절한 먹잇감을 고르고 사냥하고 죽이는 데 쓸 수 있는 시간과 에너지를 계산한 다음 노력에 비해 얼마나 영양가 있는 식사일지 생각해야 한다. 가장 적은 돈으로 가장 많은 열량을 확보하기 위해 슈퍼마켓을 배회하는 알뜰한 소비자처럼 말이다. 이는 가장 취약하면서도 가장 가치 있는 기업을 물색하고자 기업 인수 합병 전문가가 하는 일이기도 하다. 육식성 포식자는 먹이를 구하는 데 필요한 노력을 반드시 가늠할 수 있어야 한다. 그리고 전 세계 어딜 가나 자연이라는 슈퍼마켓에 있는 정육 코너에서는 청소년기 동물이 가장 잘 팔린다.

신선하고 손쉬운 먹잇감

포식자에 무지한 동물은 포식자를 잘 아는 노련한 동물보다 위험하다. 다른 동물에게 공격당해 목숨을 잃거나 인간 사냥꾼의 총에 맞을 가능성이 크다. 차에 치이거나 덫에 걸릴 확률도 높다. 포식자에 무지한 동물은 몸집은 크지만 경험이 부족한 데다 포식자의 냄새나 소리를 구분할 줄 모르며 위장술이나 방해 요소에 쉽게 주의를 뺏겨 갈팡질팡하며 무시무시한 포식자의 영역으로 들어가고 만다. 뒤늦게 위험을 감지하고 벗어나려 하지만 자신의 능력을 오판한다. 스스로 싸우거나 도망칠 수 있을지 객관적으로 판단하지 못하는 것이다. 녀석들은 위기를 모면하려고 애쓰다가 바닥으로 곤두박질치거나 물에 빠져 목숨을 잃는다. 엎친 데 덮친 격으로 대부분 익숙한 환경에서 멀리 떠나온 지 얼마 안 된 녀석들은 미숙해 포식자의 표적이 될 가능성이 큰 데다 보호막이 되어줄 부모도 곁에 없다.

일례로 알래스카 코디액 부근 바다에는 유난히 잔인하게 희생양을 처리하는 범고래가 있다. 이 포식자는 먹이의 목을 물고 혀를 뜯어내는 것도 모자라 입술을 갈기갈기 찢어버린다.[2] 범고래 연구의 선구자였던 과학자의 이름을 따 빅스범고래라 불리는 이 흉악한 포식자는 혹등고래 사냥 전문가다. 그렇다고 아무 혹등고래나 공격하지 않는다. 안전하게 보호해줄 경험이 풍부한 어른 고래 없이 혼자서 위험 지역으로 들어온 청소년기 혹등고래만을 목표물로 삼는다. 어린 혹등고래를 뒤따라가 공격한 다음 잡아먹는 기술을 완벽하게 마스터한 빅스범고래에게 아직 요령이 없는 청소년기 혹등고래를 사냥하는 일은 그야말로 식은 죽 먹기다. 한마디로 빅스범고래는 청소년기 혹등고래 전문 사냥꾼이다.

과학자들이 먹이와 포식자 사이의 관계를 연구하기 위해 아프리카 남동부 사냥 금지 구역에서 서식하는 쿠두라는 이름의 영양과 치타를 관찰한 결과 치타는 청소년기 수컷 영양을 선호하는 것으로 나타났다.[3] 사회적으로 아직 무리 내 서열에서 자리를 잡지 못한 청소년기 쿠두는 다른 영양들의 도움을 기대하기 어렵다. 신체적으로도 다 큰 영양에 비해 덜 건장하거나 힘이 약하고 몸을 쓰는 능력이나 자기방어 경험이 부족하다. 그러므로 치타에게 청소년기 쿠두는 한 수 앞서거나 앞질러 달리기 쉬운 상대다.

정말로 포식자는 청소년기 동물을 먹잇감으로 선호할까? 이 질문에 흥미를 느낀 아르헨티나의 생물학자들은 올빼미가 되새김질한 음식물에서 남아메리카 설치류인 투코투코의 흔적을 살펴보았다.[4] 연구진이 발견한 뼛조각 모두 청소년기 투코투코의 것이었다. 이를 바탕으로 연구진은 올빼미가 청소년기 투코투코를 우선 사냥한다고 발표했다. 청소년기 투코투코들이 노출된 장소를 돌아다닐 확률이 높기 때문이다. 올빼미와 범고래, 치타는 모두 같은 이유로 각각 청소년기 투코투코와 혹등고래, 쿠두를 사냥한다. 노력 대비 이익을 평가한 결과 청소년기 먹잇감이 최적의 상대인 것이다.

한낱 정어리조차도 청소년기 동물을 목표로 삼는 전문 포식자의 손아귀에서 벗어날 수 없다.[5] 주로 남아프리카에 사는 자카스펭귄도 떼를 짓는 요령을 익히지 못해 사냥하기 수월한 청소년기 정어리를 선호한다. 한 가지 주목할 점은 이 어린 정어리를 노리는 펭귄 역시 청소년이라는 사실이다. 어른 펭귄에 비해 힘도 약하고 사냥 실력도 부족해 비교적 손쉬운 먹이를 공략할 수밖에 없다.

사슴 사냥을 하는 사람들은 청소년기 동물이 포식자의 공격에 특히 취약하다는 사실을 잘 알고 있다.[6] 낯선 영역에서 혼자 힘으로 버텨야 하는 미숙한 새끼가 가장 먼저 포수의 시야에 들어와 총에 맞는다. 실제로 10년 전까지 북아메리카 전역에서 사냥당한 사슴의 90%가 1년생 새끼나 어린 수사슴이었다. 그러나 이러한 사냥 행태는 야생생물학자가 설립한 동물 보호 단체인 우량사슴관리협회의 강력한 권고로 더는 찾아볼 수 없게 되었다. 이제는 사냥꾼 대부분이 청소년기 수사슴을 보호해야 한다는 것을 인지하고 있으며 어린 새끼는 사냥하지 않으려 노력을 기울인다. 새끼 사슴에게 보장되는 일종의 유예 기간은 신체적으로도 사회적으로도 더 건강한 사슴 개체군을 형성하는 데 도움이 된다.

인간은 아마도 전 세계를 통틀어 가장 강력한 포식자일 것이다. 그래서 많은 동물은 인간이 얼마나 치명적인지 빨리 학습한다. 진화생물학자 리처드 랭엄은 야생 침팬지 고기를 팔기 위해 덫을 놓는 우간다 밀렵꾼들의 이야기를 들려주었다.[7] 위험 인지 능력이나 경험이 부족한 청소년기 침팬지가 가장 많이 잡히는 데 반해 연륜이 있는 침팬지들은 철사를 보고 덫이 있는지 알아챘다고 했다. 이런 어른 침팬지의 보호를 받는 덕에 새끼 침팬지도 거의 잡히지 않는다.

종을 막론하고 모든 부모는 새끼를 안전하게 보호한다. 어미 혹등고래는 범고래로부터 새끼를 지키고 아빠 펭귄은 포식자인 도둑갈매기를 쫓는다. 어미 하이에나는 암사자의 습격을 막으려고 새끼 주변을 빙빙 돈다. 그러나 청소년기 동물은 스스로 자신을 지켜야 한다.

포식자의 속임수

속이거나 속는다. 그래서 먹거나 먹힌다. 먹이들은 잡히거나 죽지 않기 위해 속임수를 쓴다. 포식자의 눈을 피하는 효과적인 속임수 중 하나는 바로 죽은 척하는 것이다. 신체적으로나 정신적으로 강인한 동물은 포식자를 가까이 유인하기 위해 다친 연기를 하기도 한다. 예컨대 부모 새는 새끼가 있는 둥지에 포식자가 가까이 가지 못하게 날개가 부러진 척해 시선을 분산한다.

속고 속이는 관계는 뒤바뀔 수 있다.[8] 포식자 역시 먹이를 유인하기 위해 속임수를 쓴다. 먹이와 마찬가지로 죽은 척하거나 희생양에 들키지 않게 몸을 숨긴다. 인간 또한 사냥하는 데 속임수를 더해왔다. 오래전부터 다양한 문화권의 사냥꾼이 속임수나 위장술을 써서 몸을 숨기거나 체취를 감추기 위해 다른 냄새를 묻히거나 사냥감의 소리를 흉내 냈다. 치밀한 사냥꾼은 몇 달 전부터 주로 가는 사냥터 근처에 알팔파나 토끼풀, 옥수수와 같은 먹이를 쌓아두는 등 계획적으로 준비한다. 이런 먹이는 굶주린 동물 무리에게 소중한 먹이지만 사냥감을 유인하는 미끼다. 대개 청소년기 동물이 무리 중 가장 배고프고 어리석은데, 다 자란 노련한 동물은 쉽게 감지하는 위험을 알아차리지 못한다. 헨젤과 그레텔처럼 어린 동물은 뜻밖의 먹을 것을 발견하고 흥분한다. 그리고 이렇게 배고픔에 정신이 팔려 사냥꾼의 사정거리 안으로 제 발로 걸어 들어간다.

푸근한 인상의 할아버지 제물낚시꾼도 예외가 아니다. 그는 다정해 보여도 사실 예로부터 전해 내려오는 속임수에 능한 노련한 포식자다. 이 제물낚시꾼이 작은 물고기나 곤충 모양을 본뜬 미끼를 강에 던지면 유독 포식자에 무지한 청소년기 물고기만 미끼를 덥석 물어 저녁상에 올라간다. 앞서 살펴본 예와 마찬가지로 경험이 풍부한 물고기일수록 잡힐 확률이 낮다. 어린 물고기는 어느 정도 겁이 있는 편이 미끼를 피하는 데 도움이 된다는 연구 결과도 있다.[9] 청소년 물고기에게 훌륭한 보호 장비가 되어주는 타고난 내향성을 미끼 기피라고 부른다.

최고 포식자들은 먹잇감에 기발하게 접근한다. 예를 들어 상어는 해를 등지고 먹잇감에 다가간다. 역광에 가려 잘 보이지 않기 때문이다.[10] 악어는 물웅덩이에 몸을 숨기는데 수면 위로 콧구멍만 내놓고 죽은 듯이 조용히 기다린다. 그런가 하면 파라오갑오징어는 몸 색깔과 움직임을 바꿔 소라게로 둔갑한다.[11] 먹잇감들이 소라게를 두려워하지 않기 때문이다. 소라게로 둔갑한 갑오징어는 의심받지 않고 먹잇감에 가까이 다가갈 수 있어 사냥 성공률을 높인다. 아직 경험이 부족한 청소년기나 청년기 동물은 이런 속임수에 쉽게 넘어가 비극적 결말을 맞는다.

사실 육식동물의 공격을 걱정하는 현대인은 없을 것이다. 그러나 10대 자녀를 키우는 부모에게는 안타깝게도 청소년은 힘이나 속임수 등 가능한 모든 방법을 동원하는 유괴범의 표적이 되기도 한다.

국립실종학대아동방지센터NCMEC는 2005년에서 2014년까지 10년 동안 발생한 약 1만 건에 이르는 미국 내 유아, 영아, 아동 및 청소년(18세 미만) 유괴 미수 사건을 조사했다.[12] 조사 결과에 따르면 유괴범은 유괴 대상이 얼마나 범죄에 무지한지에 따라 수법을 달리했다. 가령 나이가 가장 어리거나 가장 많은 아이들에게는 남성 유괴범 대부분이 완력을 사용했는데 이때 무기를 쓰기도 했다. 유괴 대상이 아주 어리면 아이를 보호하는 부모를 위협해야 했기 때문이다. 마찬가지로 나이가 많은 아이들은 비교적 상황을 빨리 파악하므로 유괴범은 세상 물정을 조금이나마 알고 신체적으로 발달한 10대를 제압하기 위해 힘을 써야만 했다. 또한 16~18세 사이의 청소년을 유괴할 때는 주차장이나 등산로 등 다른 사람의 도움을 받을 수 없는 외진 곳을 범행 장소로 선택했다. 익숙지 않은 환경에 놓인 동물이 포식자의 공격에 더 취약하듯 처음 가보거나 잘 모르는 장소일수록 청소년이 도망가거나 도움을 청하기 어려운 것으로 나타났다.

반대로 피해자가 범죄에 무지한 8~15세면 유괴범은 무력을 사용하거나 한적한 장소를 물색할 필요가 없었다. 이 연령대는 무력으로 협박하거나 또래로부터 먼저 떨어뜨리지 않아도 범행이 가능할 만큼 미숙했다. 대신 매우 다른 전략과 속임수를 사용했는데, 바로 말로 설득하는 방법이었다. 달콤한 말만으로도 범죄에 무지한 초중학생들을 꾀어낼 수 있었다.

조사 결과 초중학생 유괴 사건은 대부분 등하굣길에서 일어났다. 범죄자는 주로 차를 태워준다거나 사탕 또는 음료를 권하면서 피해자에게 접근했다. 반려동물이나 아는 사람을 찾고 있다며 도움을 요청하는 경우도 있었다. 자신의 아이를 잃어버린 척 연기하는 유괴범도 종종 있었다. 유괴범의 20%가 칭찬만으로 피해자에게 다가갔고, 3%는 길을 물어보며 접근하는 것으로 나타났다. 파라오갑오징어처럼 위협적이지 않은 모습으로 피해자에게 접근한 유괴범도 있었는데, 의사나 간호사나 경찰 복장을 했다. 이렇듯 유괴범은 정체를 숨기고 시간과 에너지, 발각될 위험을 최소화하는 다양한 방법을 동원해 범행을 저질렀다.

또한 조사 결과에 따르면 초중학생은 다른 연령대에 비해 소리를 지를 가능성이 적어 특히 범행 대상이 되기 쉬운 것으로 나타났다. 청소년기 동물을 노리는 빅스범고래는 먹이의 입술과 목을 갈기갈기 찢어버리는 것으로 잘 알려져 있다. 소름 끼치게도 이 치명상은 희생양이 도움을 요청하지 못하게 하는 부수적 역할도 한다. 종을 막론하고 공격당하는 청소년기 동물에게 침묵은 매우 위험하다.

다행히도 미국에서는 강제 유괴 사건이 흔한 편은 아니다. 그러나 기타 범죄 관련 통계를 살펴보면 범죄에 무지한 청소년이나 청년이 더욱 위험하다는 결론이 틀리지 않았음을 알 수 있다. 성매매업자를 예로 들어보자. 언제나 이들은 어른들의 세상에 적응하지 못해 동요하기 쉬운 피해자를 선호한다. 2017년 다큐멘터리 〈팔려가는 소녀들Selling Girls〉의 취재기자가 만난 전 성매매업자는 "자신감 넘치는 여자를 꼬드기는 것은 시간 낭비다. 포주가 찾는 사람은 무언가 잘못되고 있다는 것도 모를 만큼 순진한 여자다"라고 말했다.[13] 이런 성적 착취자들은 동물 세계에서 포식자가 사용하는 생태 기술은 물론 가장 수월한 희생양을 알아보는 요령을 알고 있다.

와일드후드에 안전을 위협하는 것은 다름 아닌 순진함과 미숙함이다. 사실 동물은 청소년기에 포식자를 피하는 여러 행동을 배운다. 여기에 충분한 연습이 뒷받침된다면 포식자에게서 살아남을 확률은 높아진다. 이와 관련한 내용은 다음 장에서 자세히 살펴볼 예정이다. 와일드후드에는 모든 동물이 거의 보편적인 또 하나의 취약성을 드러내는데, 비극적인 결과를 가져오지는 않지만 종종 치명적이기도 하다. 사람이든 동물이든 청소년기가 되면 단지 희생양 처지가 되는 데서 끝나는 게 아니라 청소년을 별로 달가워하지 않는 세상으로 나아가야 한다는 것이다.

에피비포비아

청소년기와 관련해 흥미로운 점 한 가지는 그 누구도 경험하지 못한 일들을 청소년 자신이 처음으로 그리고 유일하게 겪는 중이라고 여긴다는 것이다. 그러나 '나만 그렇다'라고 생각하는 청소년이 있다면 무엇이든 과하고 지나친 젊음을 버거워하는 어른 세대도 있다. "아이가 열세 살이 되면 나무통에 집어넣고 뚜껑 구멍을 통해 먹을 것만 넣어주어야 한다." 마크 트웨인의 말로 종종 인용되는 격언이다. 그렇다면 아이가 열여섯 살이 되면 어떻게 해야 할까? 마크 트웨인은 "뚜껑 구멍도 막아라!"라고 충고했다. 출처도 불분명한 이 말이 계속 회자되는 까닭은 아마도 어느 정도 맞는 말이기 때문일 것이다.

음악에서 스포츠, 글쓰기에서 연기에 이르기까지 다양한 분야에서 젊음은 선망의 대상이다. 그러나 누구나 겪는 청소년기를 좀더 자세히 들여다보면 젊음에 대한 집착과 그 반대 감정이 동전의 양면처럼 연결되어 있음을 알 수 있다. 성인은 청소년을 견디지 못해하거나 무시하며 때로 눈에 띄게 혐오하기도 한다. 그래서 심지어 에피비포비아ephebiphobia라는 단어도 등장했는데 젊은 세대를 두려워하거나 혐오한다는 뜻이다.

무시하는 듯 고개를 가로젓는 행동이나 '애들이 청춘을 낭비하고 있어' 또는 '요즘 애들은 참…'과 같은 상투적인 말은 비교적 점잖은 형태의 에피비포비아다. 자주 인용되는 아리스토텔레스의 말에도 이런 젊은이들을 향한 불만이 섞여 있다. 젊은이들은 "늘 유용한 행동보다는 고귀한 행동만을 고집한다. 그들의 모든 실수는 과하고 격렬한 행동에서 비롯된다. 그들은 모든 것에 지나치다. 사랑도 증오도 모두 지나치다."[14]

아리스토텔레스의 말에는 그래도 애정이 담겨 있다. 그러나 일부 극렬 청소년 혐오자는 다정한 꾸짖음에서 멈추지 않는다. 영국 등에서는 10대를 생물학적으로 공격하는 모스키토라는 이름의 고주파 발생 장치가 쓰인다.[15] 모스키토는 약 19~20kHz의 극초단파를 내뿜는데, 어른의 귀에는 들리지 않지만 10대는 들을 수 있는 것이다. 모스키토와 같은 장치를 공원이나 가게 주변 등에 설치한 다음 젊은이들이 소리를 듣고 견딜 수 없게 만들어 근처를 배회하지 못하게 한다. 한마디로 '마당 접근 금지'라는 인간미 없는 전자 신호인 셈이다.

착취를 목적으로 접근하는 청소년 혐오자도 있다. 동물 포식자처럼 이들은 청소년을 손쉬운 먹잇감으로 인식한다. 이미 전 세계 많은 나라에서 에피비포비아가 일상화되었다. 은행이나 병원에서부터 스포츠 구단, 군대에 이르기까지 여러 사회 기관에서 청소년 착취 행위가 빈번히 일어나고 있지만 눈에 보이지 않을 뿐이다.

금융기관은 청소년의 무분별한 씀씀이와 충동적인 성향 혹은 미숙함을 이용해 소비를 부추긴다. 신용카드사는 심지어 고등학생처럼 어린 청년을 대상으로 마케팅 펼치기도 한다.[16] 미국 대학생 중 10%가 1만 달러가 넘는 카드 빚을 안고 대학을 졸업한다. 게임이나 도박 산업도 상습률이 어른보다 6배 정도 높은 청소년과 청년을 노린다.

신체적 가능성과 젊음 특유의 이상주의로 청소년은 다른 분야에서도 환영받는 희생양이다. 대학 스포츠팀은 젊은 선수의 배우고자 하는 열망과 그들의 신체를 이용해 수십억 달러를 벌어들인다.[17] 경찰도 마찬가지다.[18] 가장 위험한 업무는 신입 경찰관이 맡는다. 2015년 프랑스 AFP통신의 보도에 따르면 중국 베이징에서는 17~24세 사이 청소년들이 부족한 경험과 돈 때문에 안전 전문 교육도 없이 계약직 소방관 업무에 투입되고 있으며 이로 인해 다치거나 죽는 청소년 비율

이 월등히 높다고 한다.[19]

과거에서부터 오늘날까지 전 세계에서 행해지고 있는 청소년 및 아동의 강제 징집 역시 청소년 착취다. 로마 군단에서 가장 어리고 가난한 병사는 다름 아닌 청소년이었다. 고대 로마의 보병인 벨리에테 Velites(17~25세)와 하스타티Hastati(25~30세)에 속한 이들은 이렇다 할 경험이나 무기도 없이 가장 위험한 전장에 나가 싸워야 했고 가장 높은 사망률을 기록했다. 18세기에 영국 해군은 수천 명의 청소년을 선원으로 모병했는데, 11세 또는 12세 소년도 포함되어 있었다.[20] 재산도 사회적 지위도 없었던 청소년에게는 입대 외에 뾰족한 수가 없었다. 로버트 루이스 스티븐슨의 소설《보물섬》에 등장하는 어린 주인공 짐 호킨스는 아버지가 죽고 열세 살의 나이에 선원이 된다. 소설은 순진한 어린아이에서 유능한 청년으로 거듭나는 짐 호킨스의 성장기를 담고 있다. 그러나 실제로 이 청소년이 착취당하며 마주하는 현실은 그렇게 희망적이지 않다. 스티븐슨의 또 다른 걸작《유괴》는 1743년 속임수에 넘어가 70명의 소년과 함께 배에 오른 뒤 7년 동안 미국 필라델피아에서 노예 생활을 했던 스코틀랜드의 열세 살 소년 피터 윌리엄슨의 실화를 바탕으로 한 소설이다.

또 다른 형태의 청소년 착취라 할 수 있는 스트리트 갱단은 입단 나이를 연구한 결과 13세가 핵심 연령인 것으로 나타났다. 갱단의 우두머리는 더 어린 청소년들을 찾아내 대의명분이나 집단과의 유대 관계를 약속하며 이들의 강한 인정 욕구를 이용한다. 10대 고객들이 환각에 빠져 쉽게 지위 상승감을 느낀다는 사실을 알고 있는 마약상 역시 청소년을 목표물로 삼는다.

우량사슴관리협회가 취약한 1년생 사슴을 보호하기 위해 사냥 제한을 두는 것처럼 우리 사회 역시 청소년을 위한 특별 보호 조치를 시행하고는 한다. 1988년 R.J.레이놀즈타바코는 청소년을 대상으로 카멜 담배 광고 캠페인을 시작했다.[21] 광고에는 조 카멜이라는 이름의 만화 캐릭터가 등장했다. 불쾌한 분위기를 풍기는 조 카멜이 등장하자 공중보건단체와 학부모단체의 거센 항의가 빗발쳤다. 그러나 연방통상위원회의 압박으로 조 카멜 광고 캠페인이 막을 내리기 전까지 9년 동안 조 카멜은 멈추지 않고 등장해 담배꽁초를 던졌다. 2018년 베이핑이라고도 부르는 전자담배가 유행하기 시작하자 2011년 대비 미국 고등학생의 전자담배 흡연율이 900% 증가했다. 질병통제예방센터의 발표에 따르면 전자담배를 피우는 고등학생 수가 2011년 22만 명에서 2018년 305만 명으로 늘었다.[22] 이에 식품의약국은 미성년자에게 베이핑을 판매할 경우 소매업자에게 벌금을 부과하겠다고 경고했고 주의회와 연방의회는 10대들을 대상으로 한 가향전자담배의 판매를 제한하는 법안을 만들었다.

어른중심주의

에피비포비아는 두려움이나 증오를 넘어 청소년 자체를 인정하지 않는 경우도 있다. 심지어는 신체적으로 다 자랐으니 성인이라 여기기도 한다. 이처럼 성인기 전 단계를 거치는 청소년을 과소평가하거나 아예 무시하는 경향을 '어른중심주의adultocentrism'라 한다. 이탈리아 출신 생물학자 알레산드로 미넬리는 어른중심주의가 과학 발전의 걸림돌이 된다고 한다.[23] 미넬리는 "생의 발달 주기에 상관없이 모두 동일한 지위를 부여"받아야 하는 중요한 까닭은 "비성인 단계를 보다 명확하게 이해함으로써 진화에 대한 생물학자의 시각을 재구성"할 수 있기 때문이라고 동료 과학자들을 설득한다.

누구보다도 어른중심주의를 경계해야 할 사람들이 과학자나 의사다. 그러나 어른중심주의는 이들의 의사 결정 과정에 영향을 미치기도 한다. 그 결과 아픈 청소년들이 의도치 않게 차별을 받게 된다. 전 세계를 통틀어 가장 취약한 집단인 청소년 및 청년 암 환자는 비슷한 질병을 앓고 있는 소아나 어른과 비교해 사망률과 재발률이 높다. 암 전문 치료 센터에 쉽게 접근할 수 없다는 점이 여러 원인 중 하나다. 미국은 의료보험이 없는 집단 중 청소년과 청년층의 비중이 빠르게 증가하고 있다. 따라서 암 판정을 받는다고 해도 국립연구센터에서 전문가의 치료를 받기 힘들다.

그러나 청소년과 청년층의 암 환자 사망률이 유독 높은 주요 원인은 생명을 구하는 임상 시험에 해당 집단의 참여율이 낮은 데 있다. 대부분의 임상 시험은 18세 미만의 환자를 제외한다. 청소년 및 청년 암 환자는 소아과 임상 시험에 참여하기에는 나이가 너무 많고 성인을 상대로 한 임상 시험에는 나이 제한 때문에 참여할 수 없다. 결국 이들은 소아암 전문가 조슈아 시프먼이 암 치료의 '황무지'라고 부르는 중간 지대에 방치된다.[24]

암 관련 연구에서 청소년과 청년을 배제하는 데 대한 많은 설명이 있지만 그 밑에는 깔린 진실은 단순하다. 청소년은 성인 또는 소아를 대상으로 진행되는 연구의 '표본' 피험자가 아니기 때문이다. 몇십 년 전만 해도 여성 역시 이러한 사고방식에 의해 '부적합' 집단으로 분류되었다. 여성의 생식 주기가 연구 과정을 복잡하게 한다는 이유에서였다.[25] 그 결과 지난 세기 대부분의 의학 연구가 오직 남성에게만 초점을 맞춰왔고 연구 결과의 혜택 또한 남성 환자에게만 돌아갔다.

다 자란 청소년의 신체를 보고 어른과 다름없다고 간주하는 경향은 의료윤리위원회가 장기 기증 환자를 정하는 데도 영향을 미친다. 청소년 환자는 수술 전후 규칙을 잘 따르지 않으리라 판단해 장기 기증을 거부당하는 사례도 있다.[26]

가혹한 어른들

청소년이나 청년에 대한 두려움을 에피비포비아라고 하지만 인간만이 그 대상이 되는 것은 아니다. 무의식적으로 그 혐오의 대상을 다양한 종의 청소년기 동물에까지 확대해 불편이나 반감을 드러내는 이들도 있다. 예컨대 조류는 저마다 다른 시기에 청소년기를 겪는데, 검은목띠앵무의 청소년기는 생후 4개월에서 1년 사이에 찾아온다.[27] 말 잘 듣던 새끼 새가 쉭 소리를 내거나 손가락을 물고 반항을 일삼으면 선명한 색깔의 깃털을 자랑하는 아름다운 반려 새의 주인은 이 같은 청소년기의 변화가 하루아침에 일어난 양 어리둥절해한다. 청소년기에 접어들자마자 잠시도 쉬지 않고 노래를 부르거나 떠드는 녀석이 있는가 하면 자신의 영역과 세력을 과시하며 공격 행동을 하거나 주인에게 아예 관심을 보이지는 않는 녀석도 있다.

귀여운 반려 새가 곧 자랑거리인 주인의 눈에 청소년기로 인한 성적 변화는 더욱 달갑지 않을 것이다. 깃털을 뽑거나 비명을 지르고 자위까지 하기 때문이다.

물론 이는 발달 과정에서 관찰되는 지극히 평범한 행동들이지만 미처 준비가 안 된 주인이나 받아들이지 못하는 주인이 있다. 그 결과 반려동물들은 주인의 무관심 속에 방치되거나 파양된다. 미국에서 가장 사랑받는 반려동물인 개도 예외는 아니다. 청소년기에 접어든 강아지를 본 적이 있다면 얼마나 성가시게 구는지 잘 알고 있을 것이다. 신발이나 가구를 물어뜯는 것은 물론이고 감당할 수 없을 정도로 힘이 넘친다. 때와 장소를 가리지 않고 짖거나 으르렁거리기도 하고 산책을 마치고 집으로 돌아가야 하는데 갑자기 공원을 정신없이 뛰어다니기도 한다. 아리스토텔레스의 말처럼 지나치게 사랑하고 지나치게 증오하는 것이다.

따라서 반려견의 청소년기는 이들이 마당으로 쫓겨나거나 목줄에 묶인 채 몇 시간이고 방치될 가능성이 가장 큰 시기다. 길가에 버려질 가능성도 크다. 동물 보호소에 위탁되는 개들 대부분이 청소년기에 해당한다. 그만큼 이 시기에 문제 행동이 심하게 나타난다.

미국 동물 보호소에 있는 개 중 절반 이상이 생후 5개월에서 3년 된 개들로 강아지 시기는 지났지만 아직 성견이 되지 않은 상태다.[28] 이들에게는 청소년기 자체가 목숨을 잃을 수 있는 치명적 조건이 되기도 한다. 버려진 개는 대부분 안락사되기 때문이다. 전문가들은 이러한 개들이 "당장은 주인이 감당할 수 없는 것처럼 보여도 해결 가능한 문제 행동을 하는 것"이라고 지적한다. 유기견의 96%가 복종 훈련을 받은 적이 없다는 점에서 주인이 문제 행동을 교정할 기회를 주지 않았다고 볼 수 있다.

인간이 주로 무지나 무관심 때문에 어린 동물을 학대한다면 일부 종의 어른 동물은 어린 동물을 의도적으로 학대한다. 핀란드 연구진은 북유럽과 아시아에서 서식하는 다 자란 야생 명금류를 관찰하는 연구를 진행했는데, 어른 명금류는 새끼가 먹이에 접근하지 못하게 협박이나 무력을 사용했다.[29] 나이가 많은 새는 청소년기 새의 약점을 이용해 2가지 이익을 얻는다. 하나는 어른 새가 더 많은 먹이를 얻는 것이고, 다른 하나는 어린 새가 굶주릴수록 우위를 점한 어른 새가 안전해진다는 것이다. 새들은 먹이를 먹다가 포식자를 발견하면 덤불 속으로 몸을 피한다. 그런데 포식자가 언제 포기하고 자리를 떠날지 확신할 수 없다. 그렇다고 마냥 기다리다가는 배를 충분히 채울 수 없다. 이때 가장 굶주린 어린 녀석이 안전지대에서 제일 먼저 나와 밖으로 향한다. 미리 배를 채워둔 어른 새는 조금 더 기다릴 수 있다. 배고픔을 참지 못하고 행동에 나선 어린 새는 포식자의 위치를 파악하는 데 도움이 될뿐더러 포식자의 제일 첫 번째 먹이가 되므로 우세한 어른 새에게 더할 나위 없이 유익한 존재다.

사실 상대적으로 불리한 청소년기 새가 충동적이거나 위험을 추구하는 성향을 타고나는 것은 아니다. 청소년기 새는 다른 대안이 없기 때문에 위험을 자초한다. 모든 연령대의 동물이 그렇겠지만 청소년기 동물은 생존에 필요한 자원을 확보할 수 없을 때 더 극단적으로 행동한다. 그런데 결국 이런 행동 때문에 이용당하고 만다. 가출 청소년이나 방치된 아이들을 보면 알 수 있듯이 살아남기 위해 어쩔 수 없이 하는 선택에는 가혹하고 처절한 결과가 뒤따를 수 있다.

퍼피 라이선스

흥미롭게도 다양한 종의 어린 동물에게 특별한 지위가 허락된다. 무리 내에서 나이 많은 동물이 일종의 특혜를 주는 것이다. 개들이 어린 강아지를 서열에서 일시적으로 제외하는 현상을 관찰한 행동학자가 이를 가리켜 '퍼피 라이선스puppy license'라고 이름 붙였다.[30] 개 외에도 영장류 등 여러 종에 걸쳐 비슷한 행동이 나타나는데, 원숭이는 '멍키 라이선스'라고 부른다. 아직 판단력이 부족한 어린 새끼가 부적절한 행동을 하거나 복종하지 않더라도 나이 많은 동물이 눈감아주거나 부드럽게 타이른다. 놀이에도 퍼피 라이선스가 적용된다. 다 자란 개는 강아지 특유의 장난기를 좋아해 새끼와 놀 때 평소보다 살살 몸싸움을 하거나 부드럽게 으르렁대고 가끔 일부러 져주기도 한다.

하지만 강아지가 청소년기에 이르는 특정 나이가 되는 순간 퍼피 라이선스는 만료된다. 며칠 전까지 가볍게 넘어갔던 행동들을 성견이 나무라거나 제지하기 시작한다. 청소년기 개는 여전히 어리고 경험이 부족하지만 지금까지의 특혜는 사라지고 이제부터는 다 자란 개와 똑같은 취급을 받는다. 인간 세계나 개의 세계나 마찬가지다. 청소년은 와일드후드를 거치며 성장한다. 퍼피 라이선스의 만료와 함께 강아지에게 관대했던 세상이 포악해지고 엄격해진다. 청소년기 동물은 자신을 귀찮게 생각하고 공격하며 심지어 희생양으로 여기는 세상을 마주하게 된다. 더 이상 면책 특권도 두 번째 기회도 주어지지 않는다. 이것 또한 성장 과정의 일부다.

현대 사회를 살아가는 청소년 중 일부는 유예 기간이 연장되기도 한다. 성인으로서 책임을 다할 수 있을 때까지 시간이 더 주어지는 셈이다. 가족으로부터 경제적 도움을 받거나 청소년이라는 이유로 위법 행위에 대한 법적 책임을 다하지 않기도 한다. 게다가 낯부끄러운 실수를 저질러도 치기 어린 경솔함이라고 포장할 수 있다. 발달심리학자 에릭 에릭슨과 인류학자 마거릿 미드는 인간에게도 퍼피 라이선스가 중요하다고 인정했다.[31] 두 사람은 청소년에게 "심리사회적 유예 기간"이 주어져야 한다고 생각했다. 즉 청소년기 동안 어른으로서 책임이나 의무에 구애받지 않고 다양한 역할과 행동을 마음껏 시도해볼 수 있어야 한다는 것이다.

낯선 곳은 위험하다

펭귄 라이선스와 퍼피 라이선스는 아마도 다를 것이다. 포유류와 조류의 사회구조가 다르기 때문이다. 킹펭귄은 애걸하듯 조르거나 시끄럽게 우는 청소년기 새끼의 행동에 너그러운 편이다. 하지만 새끼는 둥지를 떠나 독립하는 순간 부모와 헤어진다. 우르술라는 태어나서 단 한 번도 드넓은 바다를 경험해본 적이 없었다. 정신을 차려보니 이미 낯선 영역에 들어와 있었고 레오파드바다표범의 맹렬한 추격과 상관없이 생존 확률은 희박해졌다. 이렇듯 새로운 환경은 경험이 부족한 청소년기와 청년기 동물에게 위험천만하다.

펜실베이니아주의 차갑고 어두운 숲속에서 맞는 쌀쌀한 가을 아침을 상상해보자. 청소년기 흰꼬리사슴이 깜짝 놀라 잠에서 깬다. 아직 보송보송한 털로 뒤덮인 머리가 자라나는 뿔 때문에 무겁다. 이 청소년기 흰꼬리사슴은 오늘 아침 변화의 순간을 맞았다. 어린 사슴은 난생처음 어미 없이 홀로 눈을 떴다. 지난 1년 반 동안 어미와 함께 숲을 지나며 가도 되는 길과 가면 안 되는 길에 대해 배웠다. 어미가 하얀 꼬리를 움직여 위험 신호를 보내면 새끼는 재빨리 도망치거나 행동을 멈추었다. 어린 사슴은 가던 길을 멈추고 귀로 원을 그리며 주변 소리를 확인하는 어미의 동작을 그대로 따라 하며 작은 가지가 부서지는 소리에도 귀 기울이는 요령을 익혔다. 어미가 불길한 냄새를 감지하려고 공기를 살피면 새끼 역시 어미 옆에서 코를 벌름거렸다. 어미의 교육으로 새끼는 코요테와 자동차, 사냥꾼의 눈을 피했고 위험하거나 영양가가 없으므로 무시해도 좋은 식물과 먹어도 되는 식물을 구분하게 되었다.

그러나 모두 과거의 일이다. 하루 전 이 어린 흰꼬리사슴은 태어난 곳으로부터 8km가량 떨어진 곳까지 걸어왔다. 이망증으로 인한 방랑 본능을 참지 못해서일 수도 있고 어미의 다그침을 못 이겨서일 수도 있다. 오늘부터 사슴은 어른으로서 책임을 모두 짊어져야 한다. 어미가 가르쳐준 것들을 바탕으로 수많은 시행착오를 겪으며 온전히 혼자 힘으로 위험을 미리 감지하고 피해야 한다. 먹이를 구하는 것도 오늘 밤 잘 곳을 찾는 것도 모두 자신의 몫이다. 만약 사슴이 글을 읽을 줄 알았다면《샬롯의 거미줄》에서 돼지 윌버가 따뜻한 여물과 상냥한 친구들이 있는 익숙한 농장을 떠나려는 장면에 크게 공감했을 것이다. 농장 문을 나서기 직전에 윌버는 갑자기 몸을 돌려 다시 안으로 향한다. 그러고는 지푸라기로 만든 침대 위에 자리를 잡고 누워 혼잣말을 내뱉는다. "세상에 혼자 나가기엔 난 아직 어려." 윌버는 익숙하고 안전한 보금자리에서 다시금 잠이 든다.

우랑사슴관리협회를 설립한 야생 생물학자 조 해밀턴은 태어나 처음으로 독립한 어린 사슴에게 닥치는 시련과 도움이 필요한 이유를 다음과 같이 설명했다.[32]

> 어미에게 쫓겨 집을 떠난 이후에는 핀볼 기계 속 공처럼 이리저리 떠다니며 보금자리를 마련해야 하는데, 다른 동물의 영역을 침범해선 안 된다. (…) 때에 따라서는 태어난 곳에서 3~8km 떨어진 장소까지 이동한다. (…) 어린 사슴은 낯선 곳으로 내몰리듯 들어간다. 전혀 모르는 지형으로 말이다.
>
> 이 과정에서 어린 사슴은 여러 곤경에 부딪힌다. 주변에 익숙해지기까지 상당 시간을 돌아다니며 탐색해야 한다. 그러다 보면 보브캣이나 코요테 등과 같은 포식자의 눈에 띄기 십상이다.
>
> 어린 사슴은 마치 새로운 도시로 거처를 옮긴 청년과 비슷하다. 가도 되는 곳과 안 되는 곳 등 약간의 경험을 통해 새로운 환경에 적응할 때까지는 감당할 수 있는 것보다 더 많은 문제와 마주하기 마련이다.

해밀턴은 이렇게 덧붙였다. "초가을 한낮에 움직이는 사슴은 십중팔구 어린 새끼다. 녀석들은 호기심이 많다. 새로운 집을 찾아 돌아다니기 때문에 사냥꾼에 노출될 위험이 더 크다. 포식자에도 취약하다. (…) 여기 사우스캐롤라이나주의 개울이나 하천에서 수영하다가는 악어를 만나는 쓰라린 경험을 하게 될지도 모른다."

쓰라린 경험을 통해 배우는 것은 효과적이다. 단, 살아남아야 배운 것을 써먹을 수 있다. 청소년기 동물은 위험을 학습하는 과정에서 매우 중요한 한 가지를 깨닫는다. 위험한 것이 늘 위험하지만은 않다는 사실이다. 예를 들어 청소년 사망의 가장 큰 원인은 자동차 사고다. 하지만 자동차는 일상의 일부이며 대개 예측 가능한 특정 규칙을 따른다.

배부른 포식자는 안전하다

야생에서 포식자는 때로 매우 위험하지만 때로는 놀랄 만큼 무해하다. 무엇보다도 포식자라고 해서 늘 사냥만 하는 것은 아니다. 24시간 내내 사냥할 수도 없고 하지도 않는다. 또한 포식자는 생각보다 사냥 시간을 잘 지킨다. 새벽이나 해 질 무렵 습격에 능한 포식자가 있는가 하면 1년 중 특정 시기나 날씨, 밝기 등의 조건이 충족할 때만 사냥하는 포식자도 있다. 그리고 식사를 막 끝낸 포식자도 전혀 위험하지 않다.

방금 캘리포니아땅다람쥐로 배를 가득 채운 방울뱀을 예로 들어보자. 더는 들어갈 틈도 없이 위가 가득 찬 뱀은 먹을 수 없는 상태이므로 사냥할 마음조차 없을 것이다. 노련한 땅다람쥐는 배부른 뱀과 굶주린 뱀을 구분하는 요령을 익힌다.[33] 먹이를 찾는 뱀 주변에서는 경계를 늦추지 않지만 식사한 뱀이라고 판단되면 좀더 안심한다.

말코손바닥사슴 역시 배고픈 늑대와 그렇지 않은 늑대를 구분할 줄 안다.[34] 가터뱀은 사냥 중인 매와 그냥 지나가는 매를 구별한다.[35] 우르술라도 레오파드바다표범을 무사히 통과한다면 위험한 이 포식자가 한낮에는 2시간가량 사냥을 쉰다는 소중한 교훈을 얻게 될 것이다.

수억 년 전부터 지구의 수많은 동물이 굶주린 이웃 동물과 공존하는 방법을 배워왔다. 이 과정에서 포식자와 먹잇감의 행동을 알려주는 일종의 교전규칙이 생겨났다. 포식자는 이 규칙의 이해도에 따라 배불리 먹느냐 혹은 굶느냐가 결정된다. 반대로 사냥감이 되는 동물에게는 교전규칙에 생사가 달려 있다.

따라서 위험과 안전을 학습하는 청소년기 동물은 포식자와 사냥감의 입장을 모두 이해해야 한다. 우르술라와 같은 킹펭귄은 레오파드바다표범을 비롯한 포식자에게 공격적으로 사냥당하기도 하지만 자신도 마치 표적 미사일처럼 생선이나 크릴새우를 노리는 노련한 포식자로 성장한다.

우르술라는 레오파드바다표범의 사냥 일과 외에도 포식자의 행동 뒤에 감춰진 오래된 비밀을 배우게 될 텐데, 이를 "포식자 행동 시퀀스"라고 한다.[36] 포식자 행동 시퀀스란 모든 포식자가 희생양을 성공적으로 사냥하고 죽이기 위해 하는 예측 가능한 일련의 공격적인 움직임을 가리킨다. 포식자 행동 시퀀스를 안다는 것은 곧 상대 팀의 전술을 몰래 들여다보는 것이나 마찬가지다. 쫓기는 동물은 포식자의 다음 행동을 예측하고 자신을 안전하게 지킬 수 있는 힌트를 얻는다.

포식자 행동 시퀀스

펭귄 사냥에 나선 레오파드바다표범은 매번 똑같은 순서로 움직인다. 가젤 뒤를 쫓는 치타도 들쥐를 급습하는 매도 마찬가지다. 오리 주둥이를 가진 공룡을 노리는 티라노사우루스도 동일한 순서로 행동한다. 심지어 무당벌레가 진딧물을 찾을 때도 예외가 아니다. 인간 사냥꾼도 꿩이나 사슴을 잡을 때 포식자 행동 시퀀스 따른다.

포식자 행동 시퀀스는 복잡하지 않은데, '감지', '평가', '공격', '죽이기'의 총 4단계로 이루어진다. 사냥을 할 때마다 포식자는 이 4단계를 완벽하게 또는 완벽에 가깝게 순서대로 해내야 한다. 다시 말해 감지하고 평가하고 공격한 다음 죽여야 한다.

고전발레처럼 사냥도 잘 짜인 안무를 따른다. 각 단계는 정교하며 단계별 동작은 다음 단계로 이어진다. 발레와 마찬가지로 구성 요소를 자세하게 나눠 예측할 수 있다. 원대한 포부를 지닌 젊은 무용수처럼 육식동물도 반드시 사냥 기술을 연마해야 하는데, 정교하게 짜인 순서는 크게 바뀌지 않는다.

포식자 역할이 단순하다면 생사가 걸린 이 섬뜩한 파드되에서 사냥감 역할은 더욱 단순하다. 주어진 임무는 딱 한 가지다. '최대한 빨리 상황을 종료하는 것'이다.

이는 이론상 쉽고 명확한 지령이지만 복잡한 현실에서는 변수가 무한하다. 포식자는 정해진 안무를 엄격하게 따른다. 포식자는 감지하고 평가하고 공격한 다음 사냥감을 죽이지만 희생양은 즉흥적으로 대응해야 한다. 주어진 상황에 따라 리듬을 바꾸고 흐름을 벗어나기도 하며 갑자기 혹은 동시에 멈추기도 한다.

먹잇감은 사냥꾼의 허를 찌르는 반응으로 포식자 행동 시퀀스를 무력화할 수 있다. 이를테면 예상보다 소극적인 태도를 보여 상대를 당황하게 하거나 과잉 반응으로 포식자의 리듬을 엉망으로 만드는 것이다. 모든 훌륭한 즉흥연주자가 그렇듯 의식의 흐름대로 행동하는 것만으로는 부족하다. 대초원에서든 바다에서든 하늘에서든 효과적으로 포식자를 피하고 순발력을 발휘하려면 평소에 꾸준히 연습해야 하며 위기에 직면해서는 흔들리지 않고 끝까지 집중해야 한다. 철저한 움직임과 행동 패턴을 연습하면 할수록 더 잘 대응하게 된다. 뛰어난 임기응변으로 포식자의 손아귀에서 벗어나는 또 다른 방법이 있다. 바로 전문가에게 배우는 것이다. 무리 내 나이가 많고 노련한 선배의 기술을 자세히 관찰하면 할수록 위험에 완벽하게 대응하여 자신을 안전하게 지킬 수 있게 된다.

포식자 행동 시퀀스를 자세히 살펴보면 감지하고 평가하는 단계는 먹잇감에 유리하다는 사실을 알 수 있다. 그리고 공격하고 죽이는 단계는 포식자에게 유리하다. 이는 곧 먹잇감이 공격 전에 이루어지는 감지와 평가 단계만 잘 모면하면 뒤따르는 공격과 죽이기 단계를 피할 수 있다는 뜻이다. 당연한 이야기처럼 들리겠지만 포식자에 무지한 모든 청소년기 동물뿐만 아니라 전에 겪지 못한 새로운 두려움을 극복해야 하는 어른에게도 중요한 지혜를 담고 있다. 사실 가장 좋은 전략은 감지와 평가를 아예 피하는 것이다.

포식자 행동 시퀀스에서 공격과 죽이기 단계는 훨씬 더 끔찍한 과정이다. 공격이 시작되고 나면 포식자를 물리치기 어렵다. 실제로 싸우거나 도망치는 행동은 가장 잘 알려진 반反포식 전략이다. 반포식 전문가들은 야생동물의 이러한 행동을 가리켜 '최후의 수단'이라고 부른다. 특히 청소년기 동물은 느리고 약하며 경험과 자신감이 부족할 뿐만 아니라 어금니와 발톱, 가시 등 신체적 방어 수단이 어른 동물의 수준에 못 미친다. 그래서 청소년기 동물은 포식자 행동 시퀀스의 3, 4단계에 이르면 어른 사냥감보다 훨씬 더 불리한 상황에 놓이게 된다. 그런데 야생동물은 최후의 수단까지 가기 전에 할 수 있는 모든 행동을 동원해 스스로를 보호한다.

포식자 행동 시퀀스 1단계 대응 전략 : 눈에 띄지 마라

포식자에게 공격당해 잡아먹히지 않기 위한 첫 번째 전략은 애초에 눈에 띄지 않는 것이다. 동물의 행동과 신체적 특성은 진화를 거듭하며 적의 감지를 피할 수 있게 발달했다. 기발한 방법과 도구를 사용해 먹이를 찾아 헤매는 포식자를 피해야 했기 때문이다. 포식자의 매서운 눈과 귀는 인간이 보거나 듣지 못하는 것까지 모두 감지해낸다. '화학 탐지chemo-sensing' 기술을 이용해 공기와 물의 냄새를 맡거나 맛을 볼 수 있는 포식자도 있다. 공기의 흐름에서 곧 저녁 식사가 될 먹이의 움직임을 읽어내고 정확한 위치를 파악한다. 수많은 동물이 인간이 가지고 있지 않거나 사용하지 않는 감각을 활용한다. 상어는 특화된 피부 조직을 이용해 자기장을 감지하고 박쥐는 초음파를 감지해 어둠 속에

서도 '볼 수 있다.'

그러나 포식자의 화려한 감지 기법 앞에 먹잇감이 속수무책인 것은 아니다. 벨벳자유꼬리박쥐라고도 불리는 청소년기 몰로수스몰로수스박쥐를 예로 들어보자. 땅거미가 내려앉는 해 질 무렵 저녁 식사를 찾아 날고 있다. 박쥐는 날 수 있는 유일한 포유류로 그중에서도 몰로수스몰로수스박쥐가 가장 빠르다. 실제로 지구상에서 가장 빠른 동물 중 하나가 바로 몰로수스몰로수스박쥐다.[37] 기동성은 떨어지지만 장거리 사냥에 뛰어나다.

박쥐는 어둑어둑한 하늘을 날며 나방이나 딱정벌레 등 먹을 만한 것들을 계속해서 찾는다. 그런데 먹이 활동에 나선 박쥐 옆으로 사냥에 나선 원숭이올빼미가 보인다. 원숭이올빼미는 박쥐를 먹는다. 박쥐가 알아차리기도 전에 올빼미가 먼저 박쥐 무리를 발견한다. 박쥐가 알든 모르든 올빼미는 포식자 행동 시퀀스 중 1단계를 완료했다. 박쥐의 존재를 감지한 것이다.

조금 앞으로 되돌아가 보자. 먹잇감은 포식자 행동 시퀀스가 시작되기도 전에 이를 차단할 수 있다. 들키지 않으면 된다. 그리고 이를 위한 가장 확실한 방법은 숨는 것이다. 죽은 듯이 가만히 있을 수 있다면 더욱 효과적이다. 잔뜩 겁에 질린 먹이의 쿵쾅거리는 심장 소리도 잡아내는 포식자에게 발견되지 않기 위해 심장근육에 갑자기 제동을 걸 수 있게 진화한 동물도 있다. 심장 소리가 잦아들고 움직임이 멈추면 귀 기울이는 포식자를 돌아서게 할 수 있다. 이를 미주신경 반응이라고 부르는데, 인간을 비롯한 포유류나 조류, 파충류, 어류에서 관찰된다. 아마 당신도 이미 수백 번은 경험해보았을 것이다. 질주하는 버스를 간발의 차로 피하거나 얼굴에 먹칠하기 딱 좋은 글을 소셜 미디어에 잘못 올렸다는 사실을 알아차렸을 때와 같은 끔찍한 순간에 생기는 금방이라도 토할 것 같은 느낌이 바로 미주신경 반응이다. 신경계의 속도가 순간적으로 느려지면서 배와 목에서 생기는 이 꿀렁이는 느낌은 포식자의 눈을 피하고자 심장박동을 늦추는 동물의 생존 능력과 연관이 있다.

숨기 외에도 먹이가 자신을 안전하게 지키는 방법으로 경계가 있다. 경계심이 너무 부족하면 자칫 목숨을 잃기 쉽지만 반대로 경계심이 지나치면 아무것도 할 수 없는 마비 상태에 빠질 수도 있다. 주위를 살피는 데 골몰해 먹이 활동이나 교류, 짝짓기 등 살아가는 데 꼭 필요한 일들을 못 하게 되기 때문이다. 따라서 동물은 성장하면서 경계심이 너무 과하지도 부족하지도 않게 적절히 균형을 유지하는 요령을 익혀야 한다. 무리에 들어가 다른 동물들과 번갈아 보초를 서는 것도 한 방법이다. 포식자를 경계하는 눈은 많을수록 좋다. 그래서 동물이 무리 생활을 하도록 진화했다고도 볼 수 있다.

실제로 동물의 안전과 무리의 크기는 비례한다. 우선 무리가 크면 개별적 위험이 낮아지는데, 포식자가 무리 내 모든 동물은 한꺼번에 먹어치울 수 없기 때문이다. 또 '혼란 효과'가 작용하면서 포식자의 공격 성공률이 감소한다. 포식자로서 생김새가 똑같은 여러 동물 중에서 한 마리만 추적하기는 어려울뿐더러 혼란 그 자체다. 직접 해보면 찌르레기 떼나 정어리 떼 중 한 마리에만 시선을 고정하고 계속해서 움직임을 따라가는 일이 얼마나 어려운지 알게 될 것이다. 머리부터 발끝까지 똑같은 유니폼을 입고 경기장을 뛰어다니는 미식축구 선수나 구별이 안 될 정도로 비슷한 티셔츠를 입고 연습 중인 댄스팀, 심지어 가지런히 쌓아 올린 슈퍼마켓의 잘 익은 오렌지 중 하나만 고르라면 혼란 효과를 겪을 수 있다. 이는 집단의 일원에게 매우 강력한 안전장치다. 특히 자신을 지킬 힘과 경험이 쌓일 때까지 무리 안에서 생활하며 몸을 숨기고자 하는 미숙한 사춘기 동물에게는 더욱이 유용하다.

혼란 효과의 정반대 개념인 '특이 효과'도 못지않게 강력하다.[38] 모두가 다 같아 보이는 집단 내에서 특정 개체를 색출하기 어렵다는 것은 달리 말해 개체를 돋보이게 하는 사소한 것도 포식자의 시선을 끌 수 있다는 뜻이다. 가령 지느러미나 날개가 기형적이거나 독특하다면, 몸이 유난히 길거나 짧다면, 독특한 냄새가 난다면, 이목을 집중시키는 소리를 낸다면, 철없는 행동을 한다면 그런 개체는 무리 중에서도 단연 눈에 띌 것이다.

무리에서 눈에 띄는 동물이 포식자의 목표물이 되기 쉽다는 특이 효과 때문에 개체는 생김새와 행동이 무리 내 대다수와 같아야 더욱 안전해질 수 있다. 게다가 그 개체가 아직 방어 능력이 제대로 갖춰지지 않은 어린 청소년기 동물이라면 더더욱 그렇다. 조류와 어류만 특이점으로 인해 위험에 빠지는 게 아니다. 인간을 포함한 포유류도 마찬가지다.

1960년대 탄자니아의 한 야생생물학자가 특이 효과를 연구하기 위해 몇몇 영양의 뿔을 흰색으로 칠한 다음 무리로 돌려보냈다.[39] 한눈에 봐도 남다른 뿔이 달린 영양들은 하이에나의 표적이 되어 공격을 받았다. 연구를 진행한 생물학자는 다른 요소는 통제한 상태였으므로 뿔 색깔이 무리와 다르다는 특이점이 포식자의 관심을 끌었다는 결론을 내렸다.

피라미를 파란색으로 칠한 연구도 있었다.[40] 몸통이 검은색인 피라미 떼 사이에서 헤엄치는 파란색 물고기가 포식자에게 제일 먼저 희생당한다는 것을 발견했다.

마찬가지로 알비노 메기에 관한 연구에서도 포식자에 얼마나 취약한지 드러났다.[41] 그런데 연구자들이 주목한 게 한 가지 더 있었다. 알비노 메기는 더 잘 잡아먹히기만 한 게 아니었다. 알비노 메기는 하나같이 무리로부터 배척당했다. 문제는 그 특이한 생김새에 있었다. 알비노 메기는 생김새 때문에 더 위험에 노출되고 따돌림까지 당해 무리 생활의 안전함도 누릴 수 없었다.

집단 따돌림 현상은 특이 효과의 매우 놀라운 양상을 보여준다. 연구자들은 알비노 메기가 무리로부터 '거부'당한 이유를 특이한 물고기의 존재로 인해 포식자에게 노출될 위험이 커졌기 때문이라고 본다. 알비노 메기가 없다면 무리 전체가 주는 혼란 효과를 응용해 포식자의 허를 찌를 수 있다. 그러나 생김새가 다른 메기는 그 존재만으로도 포식자의 이목을 끌 수 있어 알비노 메기뿐만 아니라 집단 전체가 관심의 대상이 될 수 있다.

생김새가 비슷한 물고기들끼리 떼를 짓는 것도 특이 효과 때문이다. 깃털이 같은 새들이 함께 모이는 이유도 마찬가지다. 특이 효과로 인해 유유상종하게 되는 것이다. 유사한 행동, 가령 헤엄치거나 비행할 때 속도나 기술, 각도 등을 일정하게 맞추는 행동은 먹잇감이 될 위험을 줄여준다.

먹잇감이 되는 동물에게 남들과 다르다는 것은 위험하며, 위험을 피하려면 눈에 띄지 않아야 한다. 인간은 무리나 떼를 지어 생활하지 않는다. 현대 사회에서는 포식 동물의 무시무시한 턱에 온몸이 짓이겨질 일도 없다. 그러나 우리는 다른 사람과 함께 하나의 집단에 속해 있을 때 무리나 떼를 지어 생활하는 동물과 놀라울 정도로 비슷하게 행동한다. 미식축구 경기장으로 우르르 들어가는 인파나 폭이 좁은 강을 건너는 영양 무리나 행동 패턴은 같다. 인간 군중도 새 떼나 물고기 떼, 벌 떼와 마찬가지로 유사성이라는 패턴을 따르는 것이다.[42]

비슷한 사람들과 집단을 형성하고자 하는 인간의 성향을 문화나 선천적 친족 선호로 설명하곤 한다. 그런데 이는 특이 효과로도 설명할 수 있다. 특이 효과는 오래전부터 위험한 적의 눈을 피하고자 발달된 동물적 본능이기 때문이다.

동물에게서 관찰되는 이 특이 효과는 외모에 따라 누군가를 괴롭히는 인간의 행동 밑바닥에도 깔려 있다. 외모에 따른 괴롭힘이란 생김새나 행동이 이상한 구성원을 피하거나 멀리하는 것을 말한다. 흔히 청소년기에 볼 수 있는 이런 현상은 중학교 저학년 때 특히 심해진다.[43] 야생동물의 세계에서처럼 눈에 띄게 이상해 보이는 구성원의 존재가 포식자의 공격으로 이어져 집단 전체를 위험에 빠뜨리지는 않는다. 하지만 인간 세계에서 눈에 띄는 생김새는 원치 않는 관심을 끌거나 집단의 평판을 위태롭게 할 수 있다. 청소년기 동물이 자신의 미숙함을 나타내는 방법의 하나가 무리와 다르게 행동하는 것인데, 이는 곧 무리와 어울리는 데 관심이나 능력이 없다는 뜻이다. 열네 살짜리 소년이 우리에게 해준 말처럼 "그냥 튀지만 않으면" 중학교에서 살아남을 수 있다.

어울리기, 튀는 행동 하지 않기, 몸을 구부정하게 구부려 작게 보이기, 후드티나 머리카락으로 얼굴을 가려 시선 피하기 등은 모두 인간, 특히 청소년이 집단 안에서 자신을 숨기기는 데 활용하는 방법들이다. 목표물이 되지 않기 위해 이런 방법들을 사용하는 것이다. 청소년들의 이런 사정을 알고 나면 부모들은 친구들은 다 있는데 자신만 없다며 특정 브랜드의 스니커즈나 티셔츠, 청바지를 사달라고 조르는 중학생 자녀들이 좀더 측은하게 느껴질지도 모르겠다.

몸을 숨기는 행동과 경계와 혼란 효과 덕분에 동물은 포식자에게 발견되지 않고 위험에서 벗어날 수 있다. 이 외에도 또 다른 방법이 있다. 당연한 말이지만 애초에 위험한 곳에 가지 않는 것이다. 포식자가 손쉬운 사냥감을 찾기 위해 어슬렁거리거나 이전에 공격을 감행한 적이 있는 곳을 피하면 된다. 강이나 공원의 특정 구역일 수도 있고 클럽이나 캠퍼스의 구석진 곳일 수도 있다. 위험 지역이 어디든 애초에 가까이 가지 않는 것은 간단하지만 매우 효과적인 전략이다.

그러나 모든 위험을 완전히 차단할 수는 없다. UCLA의 진화생물학자이자 동물의 두려움에 관한 전문가인 다니엘 블룸스타인에 따르면 위험한 지역 안으로 어쩔 수 없이 또는 제 발로 들어가야 한다면 미숙한 동물은 "위험을 과대평가하고 노출을 제한하며 매우 조심"해야 한다.[44] 이제 포식자 행동 시퀀스 2단계로 넘어가볼 차례다.

포식자 행동 시퀀스 2단계 대응 전략 : 능력을 과시하라

앞서 살펴보았던 박쥐와 올빼미의 이야기로 돌아가보자. 기억할지 모르겠지만 몰로수스몰로수스박쥐는 지구상에서 가장 빠른 포유류이지만 포식자인 원숭이올빼미 앞에서는 나약한 존재에 불과하다. 앞에서 올빼미에게 들키고 만 박쥐를 상상해보자. 이제 포식자 행동 시퀀스의 2단계인 평가가 시작된다.

올빼미는 하늘을 나는 박쥐들을 천천히 살핀다. 박쥐 한 마리 한 마리의 몸과 행동을 평가하고 비교하고 계산하고 판단한다. 올빼미에게는 박쥐 뷔페나 다름없지만 그렇다고 박쥐 무리 전체를 한꺼번에 잡아먹을 수는 없다. 그렇다면 제일 적당한 먹잇감을 어떻게 골라야 할까? 이는 포식자에 무지한 동물에게 매우 중요한 조기 학습의 순간이다. 사냥감을 신중하게 고르는 포식자 행동 시퀀스 2단계에는 무한한 가능성과 실망이 공존한다. 동물 종을 막론하고 사냥꾼은 손쉬운 표적을 찾는다. 반항을 못하거나 시도조차 하지 않을 어딘가 부족한 먹잇감을 선호한다. 아무것도 모른 채 무방비 상태로 방심하고 있는 청소년기 동물처럼 말이다.

이는 청소년과 부모들에게 돈 주고도 못 살 소중한 지식이다. 앞서 살펴보았듯이 포식자는 매번 공격을 시작하기 전에 필요한 노력과 그 대가를 계산한다. 생물학자는 지금 사냥에 나선 올빼미가 박쥐의 편익성을 따져보는 중이라고 설명할 것이다.

당신이 박쥐라면 어떻게 하겠는가? 어떤 방법으로든 앞으로 남은 공격과 죽이기 단계에서 꽤 많은 대가를 치러야 할 것이라고 설득한다면 올빼미는 다른 사냥감을 찾아 떠날 수도 있다. 운이 좋으면 박쥐 무리의 영역에서 포식자를 완전히 몰아내고 모두를 안전하게 구할 수 있을지도 모른다.

동물은 자신이 만만치 않은 먹잇감이라는 사실을 '무익함 신호'라고 부르는 일련의 흥미로운 행동으로 표현한다. 잠재적 포식자에게 무익함 신호를 통해 전달하려는 메시지는 분명하다. "나를 쫓는 건 시간 낭비야. 그동안 아껴놓은 힘을 다 써버리게 될걸."

포식자 행동 시퀀스 중 공격 단계의 성공은 속도, 잠행, 기습에 달려 있다. 몸을 숨기고 먹이를 기다리는 매복 사냥에 능한 포식자라면 기습이 가장 중요한 무기일 것이다. 늑대나 범고래처럼 먹이의 뒤를 쫓으며 사냥하는 사냥꾼도 먹잇감이 접근을 눈치채지 못할수록 유리하다. 그러므로 희생양의 입장에서는 기습으로 인한 이점을 없애는 게 공격을 피하는 매우 효과적인 방법이다. 이를테면 포식자에게 그 존재를 인지하고 있음을 알리는 것인데, 이는 포식자의 눈을 다른 곳으로 돌리는 꽤 확실한 방법이다.

"넌 나한테 들켰어. 이제 나를 놀라게 할 수 없어"라는 신호는 간단해도 좋다. 예컨대 캘리포니아땅다람쥐는 방울뱀을 발견하면 뒷다리로 우뚝 선다.[45] 숲멧토끼도 잠복 중인 붉은여우에게 발각되었다는 신호로 비슷한 자세를 취한다. 뱀이나 여우가 부주의한 다른 먹이를 찾도록 설득하기에는 이런 감시 태세만으로도 충분할 수 있다.

반대로 꽤 복잡하게 "거기 있는 거 다 알아"라는 신호를 큰 소리로 외칠 수도 있다. 예를 들어 서아프리카다이아나원숭이는 포식자별로 다른 경고 소리를 낸다.[46] 표범이나 관뿔매를 발견하면 멀리서도 들리도록 크게 소리를 낸다. 이런 큰 소리를 내는 까닭은 다른 원숭이에게 경고를 보내는 동시에 고양잇과 동물이나 조류에 기습이 발각되었음을 알리기 위해서다. 경고 소리는 학습된 발성 행동으로 와일드후드 때 가장 강도 높게 배우게 된다.

또 다른 무익함 신호는 단순히 포식자에게 발견 사실을 알리는 데서 한 걸음 더 나아가 자신의 능력을 광고한다. 이런 '능력 선전' 신호는 잠재적 사냥꾼에게 자신이 훌륭한 신체적 조건을 갖추고 있으며 사냥하고 죽이기가 굉장히 힘들 것이라는 메시지를 전달한다. 즉 "나를 쫓아봤자 쓸데없이 기운만 빼고는 배도 채우지 못할 거야. 다른 녀석을 찾아보는 게 좋을걸"이라고 말하는 것이다.

괴롭힘으로 고통받는 청소년들에게 템플대학 심리학자 로렌스 스타인버그는 "나는 강해. 두렵지 않아"라는 경고 신호를 보내라고 조언한다. 물론 포식자의 먹잇감이 되는 것과 괴롭힘을 당하는 피해자가 되는 것은 여러 면에서 다르다. 그러나 스타인버그는 《우리와 청소년 You and Your Adolescent》에서 "가능하면 괴롭히는 상대의 눈을 똑바로 봐라. 그러고는 상대하지 말고 지나쳐라"라는 익숙한 전략을 소개한다.[47]

발견 신호처럼 능력 선전 신호도 간단하다. 캥거루쥐는 뱀을 발견하면 큰 뒷발을 구르기 시작한다.[48] 그러면 뱀은 사냥을 포기한다. 얼룩스컹크는 적이 나타나면 앞발로 쿵쾅거린다. 캥거루쥐와 얼룩스컹크가 발 구르기를 본격적으로 학습하는 시기는 청소년기다. 따라서 그 전까지 이 둘은 불리할 수밖에 없다.

그런가 하면 '스토팅stotting'(껑충껑충 뛰기)이라는 무익함 신호도 있다.[49] "너 나한테 들켰어"라는 발견 신호와 "나는 힘도 세고 건강해서 너보다 빨리 뛸 수 있고 한발 앞설 수 있어"라는 능력 선전 신호를 한꺼번에 쓴다. 스토팅을 하는 대표적 동물이 톰슨가젤이다. 다리는 길게 뻗고 털은 갈색으로 부드러우며 옆구리에는 흑백 줄무늬가 있고 머리 위 뿔은 나선형으로 우뚝 솟아 있는 우아한 톰슨가젤을 떠올려보라. 뻣뻣한 다리를 쭉 뻗은 채 스프링처럼 풀쩍풀쩍 뛰며 대초원을 가로지르는 가젤을 본 적이 있을 것이다. 아래에서 위로 높이 튀어 오르는 이런 독특한 행동을 '프롱킹pronking'이라고 하는데, 포식자 치타에게 자신이 가치 없는 먹잇감이라는 신호를 보내는 것이다. 프롱킹은 넘치는 에너지와 젊음의 생기를 보여주는 효과적인 방법으로 간단한 요깃거리를 원하는 중년 포식자를 크게 당황시킨다.

다른 예를 살펴보자. 종다리는 매의 추적을 피하려고 복잡한 노래를 목청껏 부른다. 13초가량 지속되는 이 노래는 종다리가 전력을 다해 지상 60m 하늘까지 높이 날아오를 때만 들을 수 있다.[50] 어딘가에 걸터앉아 쉬고 있을 때는 절대 부르지 않는다. 그렇다면 왜 종다리는 사력을 다해 도망치는 순간에 가장 크고 완벽한 소리로 노래를 부르는 것일까? 대개 매는 종다리의 노래를 들으면 사냥을 중단하기 때문이다. 노래를 못 듣거나 제대로 부르지 않으면 매는 계속해서 종다리를 추격한다. 이러한 현상을 연구한 생물학자는 "매우 건강한 종다리만 포식자에 쫓기는 상황에서도 노래를 부를 수 있기 때문"이라고 설명한다. 다 자란 새에 비해 신체적으로 덜 발달한 청소년기 종다리는 상대적으로 불리하다. 게다가 노래를 완벽하게 연습할 시간도 부족하다. 노래를 아름답게 부르면 좋으나 노래 실력이 엉망인 종다리라면 공중 탈출을 시도하기보다는 몸을 동그랗게 말고 숨는 편이 더 낫다.

종다리의 노래는 일종의 스토팅 신호로 우사인 볼트가 100m 달리기에서 70m 지점에 다다랐을 때 신나게 전속력을 내는 것과 비교할 수 있다. 어려운 일을 너무나도 쉽게 해내는 우사인 볼트의 뒤를 과연 누가 계속 쫓는다 말인가. 또 다른 예로 클립스프링어영양이라고도 하는 바위타기영양의 스토팅을 들 수 있다. 바위타기영양의 주요 포식자는 자칼이다. 바위타기영양은 종다리와 마찬가지로 주변에 숨어 있는 포식자의 존재를 감지하는 순간 노래를 부르기 시작한다. 단, 혼자 하지 않는다. 평생 한 상대하고만 짝짓기하는 바위타기영양은 포식자에게 보내는 신호를 이중창으로 소화한다. 경고의 이중창을 들은 포식자는 노래를 부른 주인공들이 건강하고 유산소 능력이 뛰어나며 지원군이 있음을 알게 된다. 이제 포식자는 다른 먹잇감을 찾아야 한다. 암컷과 수컷이 함께하는 스토팅 신호로 바위타기영양 한 쌍은 안전을 지키고 유대감을 형성한다. 바위타기영양은 짝짓기 상대와 평생 가깝게 지낸다. 그리고 이들이 스토팅 신호이자 노래를 배우고 연습하기 시작하는 시기 역시 청소년기다.

프롱킹과 공격적인 노래 부르기, 경고의 이중창 등은 포식자에게 내버려 두라는 메시지를 전달하고 스스로를 안전하게 보호하는 훌륭한 방법이다. 청소년기 동물은 스토팅을 통해 아직은 부족한 자신감을 표출하는데, 연기를 해서라도 성공할 때까지 시도하는 수밖에 없다.

인간의 스토팅은 상대방이 원하는 것보다 더 곤란한 상황이 벌어질 수 있음을 알리는 행동이다. 사나워 보이는 개와 함께 걷거나 보안 시스템이 설치되어 있다는 경고문을 붙여 단도직입적으로 가까이

오지 말라는 신호를 보낼 수 있다. 몸에 지닌 무기를 살짝 보여주는 행동도 마찬가지다. 피바디고고학박물관의 '아트 오브 워'에서 선보인 방패와 무시무시한 어피모는 단순히 몸을 보호하는 방어 수단일 뿐만 아니라 적에게 스토팅을 하는 경고 수단이기도 했다. 우리가 유능한 변호사를 선임하거나 힘 있는 집단과 어울리는 것도 일종의 스토팅으로 볼 수 있다. 최근에 나타난 스토팅도 있다. 바로 컴퓨터 암호화다. 해커 대부분은 해킹 과정에서 암호가 걸려 있으면 포기하고 다른 목표물을 찾는다고 말한다. 엉성하더라도 대문에 걸린 자물쇠와 창문의 빗장 역시 잠재적 도둑에게 까다로운 표적이라는 인상을 주기에 충분하다.

청소년은 다양한 무익함 신호를 사용해 자신을 안전하게 지킬 수 있다. 청소년기 특유의 칠칠찮고 과장된 모습을 숨길 수도 있고 실제보다 몸집이 크거나 나이가 많아 보이도록 행동할 수도 있다. 심지어 급할 때 바로 도움을 청할 수 있는 휴대폰을 꺼내는 것도 효과적이다. 상대방의 기대와 달리 동요하지 않거나 거침없어 보이는 식으로 놀람 반사를 보이지 않는 것 또한 잠재적 공격자에게 공격이 소용없으리라는 메시지를 전달한다. 건들거리며 길거리를 활보하는 한 무리의 청소년들이 어른들에게는 짜증스럽거나 두려운 존재일 수 있다. 하지만 그들도 공포를 억누르느라 애쓰고 있을지도 모른다. 과하거나 서투른 10대의 행동은 일종의 자기방어다. 마치 적의 공격을 억제하기 위해 스토팅을 하는 청소년기 동물들처럼 말이다.

포식자 행동 시퀀스 3단계 대응 전략: 졸도하라

다시 몰로수스몰로수스박쥐로 돌아가보자. 박쥐는 안타깝게도 운이 나빠 적에게 감지되고 평가받아 최종 목표물로 선택되었다. 엄청난 속도를 자랑하는 박쥐답게 여전히 위기를 모면할 기회는 있다. 그러나 한층 더 위험한 포식자 행동 시퀀스 중 후반부가 이미 시작되었고 상황은 이제 사냥꾼에게 유리하다. 3단계인 공격에 진입한 이상 먹잇감은 최후의 수단을 동원해야 한다.

포식자 행동 시퀀스 3단계에 잘 대처하려면 힘과 커다란 몸집, 똑똑한 머리가 뒷받침되어야 한다. 이는 포식자와 먹잇감 둘 다 마찬가지다. 사냥꾼은 선택한 표적과 몸싸움을 벌여 제압할 수 있어야 한다. 신체적 기술과 정신력이 있어야 살기 위해 발버둥 치는 먹잇감의 엄청난 에너지를 압도할 수 있다.

배고픈 원숭이올빼미는 순식간에 접근한다. 예상컨대 몰로수스몰로수스박쥐는 아무 소리도 듣지 못할 것이다. 올빼미는 조용한 포식자 중 하나다. 천사의 날개를 연상시키는 멋진 날개를 자유자재로 움직이는 데다 엄청나게 부드러운 깃털이 소리를 차단한다. 포식자의 고요한 몸짓이 박쥐의 머리 위에서 물결치듯 부드럽게 이어진다. 푸들거리고 흐느적거리고 시끌거리는 맹금류와 정반대다. 동글납작한 원반처럼 생긴 얼굴은 위성 수신기 역할을 한다.[51] 오목한 접시형 안테나의 일부인 올빼미의 귀는 한쪽이 다른 쪽보다 살짝 위로 올라가 있어 주변에서 나는 소리를 잡아낼 수 있다. 이렇게 얻은 소리로 박쥐의 생김새와 위치를 머릿속에 3D 이미지로 그린다. 일단 이 올빼미의 오디오 장비에 포착된 박쥐는 그 추적을 따돌리기가 매우 힘들다.

먹잇감인 박쥐는 최대한 빨리 상황을 종료시켜야 한다. 하지만 어떻게 해야 할까? 공격이 임박했음을 감지한 박쥐는 심장이 빠르게 뛰고 근육에 힘이 들어가면서 잘 알려진 투쟁 또는 도피 반응 중 하나를 준비한다. 올빼미에게 격렬하게 반격하거나 재빨리 도망가는 것이다. 그런데 포유류를 포함한 조류, 파충류, 어류는 먹잇감이 되었을 때 제3의 방법을 선택할 수도 있다. 바로 졸도에 가까울 정도로 심장박동수를 급격하게 줄이는 것이다.[52] 역설적이게도 심장 반사가 뇌로 흐르는 혈액을 차단하면서 온몸은 정지 상태가 된다. 포식자는 소리와 움직임으로 먹이의 위치를 파악하는데, 심장박동을 완전히 멈춤으로써 청각적으로 보이지 않는 효과를 기대할 수 있게 된다. 두려움으로 인한 이런 서맥 반응은 우리 인간에게도 나타난다.[53] 청소년과 청년이 실신하는 이유도 주로 이때 때문이다.

올빼미가 드디어 공격을 시작했다. 전력을 다해 날아오는 올빼미의 모습이 박쥐의 눈에도 보인다. 박쥐의 심장이 거세게 뛴다. 박쥐는 올빼미와 맞서 싸울까, 아니면 서둘러 도망칠까? 아니면 심장박동이 느려짐과 동시에 동작을 멈추거나 기절할까? 몇 초 후면 그 운명을 확인할 수 있겠지만 박쥐에게 굉장히 불리한 상황임은 확실하다. 올빼미는 85%라는 놀라운 박쥐 사냥 성공률을 자랑하는데, 다른 포식자에 비하면 상당히 높은 편이다.[54] 호랑이는 20번 시도해 한 번 성공한다. 상황이 좀더 나은 북극곰은 10번 중 한 번 먹이를 잡는다. 표범과 사자는 성공률이 훨씬 높은 편이지만 그래도 서너 번은 시도해야 한 번 성공한다. 포식자의 사냥 성공률이 생각보다 낮다는 사실만으로도 먹이가 되는 동물에게는 위안이 될지 모르겠다. 야구 선수 요기 베라의 말처럼 끝날 때까지 끝난 게 아니다.

포식자 행동 시퀀스 4단계 대응 전략 : 끝까지 기회를 놓치지 마라

포식자 행동 시퀀스가 끝나려면 사냥꾼이 희생양을 죽이는 단계를 거쳐야 한다. 이를 위해서는 훈련을 통해 습득한 기술이 필요하다. 포식자는 먹이를 신속하게 죽여야 불필요한 에너지 소모를 최소화할 수 있고 먹이가 도망가거나 다른 동물이 도움을 주기 위해 다가오는 상황을 차단할 수 있다. 게다가 먹이가 반격해오면 오히려 상처를 입을 수 있으니 재빨리 숨통을 끊어야 한다. 먹이에게 죽이기 단계는 경기 종료를 뜻한다. 이 단계에서 먹이가 살아남는 일은 흔치 않다. 그래서 야생에서 어린 동물이 목숨을 걸고 위험을 벗어나는 장면이 담긴 동영상이나 다큐멘터리가 인기가 많은 것이다.

다시 사냥 중인 원숭이올빼미로 돌아가보자. 올빼미가 날카로운 발톱으로 박쥐를 움켜쥔다. 원래라면 꽉 쥔 발톱에 힘을 줘서 박쥐의 숨통을 끊은 다음 어디론가 날아가 부리로 박쥐를 물어뜯었을 것이다. 그러나 오늘 박쥐는 운이 좋은 날이다. 공격을 받았을 때처럼 박쥐는 쿵쾅거리던 심장이 갑자기 느려지면서 뇌로 공급되는 혈액이 줄어들고 온몸에 힘이 빠진다. 변화를 감지한 올빼미가 발톱의 힘을 살짝

빼는 순간 다시 박쥐의 심장이 세차게 뛰기 시작한다. 박쥐는 시간당 160km에 달하는 엄청난 비행 속도를 십분 발휘해 안전한 곳으로 도망쳐 날아간다. 몸에 상처가 생기기는 했지만 올빼미의 사냥법에 관한 소중한 교훈을 얻었다.

와일드후드가 위험한 이유는 포식자 행동 시퀀스의 피해자가 대부분 청소년기 동물이기 때문이다. 그러나 다행히도 대자연은 아직 어린 생명이 생존할 수 있게 최소한의 장치는 마련해둔다. 포식자 행동 시퀀스에 본능적으로 대응할 수 있지만 집단의 일부가 되어서 배우는 것도 있다. 스토팅을 비롯한 무익함 신호와 능력 선전 등은 학습을 통해서만 익힐 수 있다.

하지만 포식자의 움직임이나 능력, 약점 등 유용한 교훈은 앞서 살펴본 이야기의 주인공처럼 안전지대를 벗어난 어린 박쥐에게만 해당된다. 몸을 숨기는 전략만 고수하면 위험의 진정한 의미를 깊이 이해할 수 없는데, 이는 박쥐를 포함한 모든 동물에게 해당한다. 이쯤에서 새롭고 흥미로운 세상으로 첫 발을 내딛는 청소년과 청년에게 가장 흥분되고 가장 위험한 순간을 이야기할 차례다. 바로 두려움을 마주하는 순간이다.

4.

실전 경험

우르술라는 어떻게 둥지를 떠날지 결정할 수 없다. 수천 세대에 걸쳐 청소년기 킹펭귄은 별다른 고민 없이 깊은 바닷속으로 뛰어들었고 레오파드바다표범를 통과하기 위해 수많은 시행착오를 거쳤다. 시행착오는 매우 효과적인 학습 도구다. 두려움에 혼자 힘으로 맞설 자신감을 얻는 것은 와일드후드의 중요한 일부다. 험한 세상에서 안전하게 살아가는 방법을 익혀야 어엿한 어른 동물로 자랄 수 있다. 그러나 수없이 시도하고 때때로 실패하지 않으면 소중한 배움을 얻을 수 없다.

인생을 망치지 않을 정도의 실패는 더할 나위 없이 좋은 학습 기회다. 물론 신체적 생존이 필수다. 인간 세상에서는 대개 사회적 위험이 신체적 위험을 대신하는데, 범죄나 마약은 물론 소셜 미디어의 오용이나 실수로도 치명상을 입을 수 있다. 평판에 금이 가거나 법적 문제에 휘말리는 등의 실패는 인생을 망칠 수 있으므로 사회적 위험을 시행착오로만 학습하기에는 무리가 있다. 현대 사회의 청소년도 마찬가지다. 청소년기 동물이 그러하듯 우리 청소년도 새로운 경험에 도전하고 때로는 실패를 통해 배울 수 있어야 한다. 하지만 시행착오에만 의존하는 학습 방법은 위험하다.

부모들은 덜 자란 청소년기 자녀가 위험에 빠질까 봐 불안해한다. 불안해하는 것은 동물 부모도 마찬가지다. 가젤과 원숭이 부모는 치타와 뱀 앞에 청소년기 새끼를 두고 무작정 자리를 떠나지는 않는다. 그 대신 야생에서는 부모 또는 신뢰할 만한 다 자란 어른이 먼저 시범을 보이는데, 이것이 동물들이 시행착오를 통해 배우는 가장 첫 번째 단계다.

생물학자 베넷 갈렙 주니어와 케빈 랠런드의 말처럼 "새로운 일원으로 무리에 들어가 어려움을 마주해야 하는 순진한 새끼 동물은 나이가 많은 같은 종 동물과 교류하며 배울 기회를 최대한 활용하는 것이 현명하다."[1]

품 안의 교육

포식자는 피할 수 없는 삶의 일부라는 것을 동물이 어릴 때부터 가르칠 수 있다. 우르술라의 부모는 우르술라에게 레오파드바다표범을 상대하는 요령은 알려줄 수 없었지만 바닷새를 공격하는 적절한 방법은 직접 보여주었을 것이다.

부모가 자식을 교육하는 방법의 하나는 모범을 보이는 것이다. 새끼는 부모가 어떻게 위험을 해결하는지를 지켜보고 받아들이며 배운다. 예컨대 호랑꼬리리머는 새끼를 등에 업은 채 고약한 냄새가 진동하는 전투에 출정한다.[2] 특별한 분비샘에서 나오는 냄새를 경쟁자 무리를 향해 내뿜으며 치열한 영역 싸움을 벌이는 것이다. 어릴 때부터 호랑꼬리리머는 잡아먹힐 위험은 없지만 격렬하게 충돌하는 어른들만의 싸움을 통해 그 냄새와 소리, 모습, 움직임을 이해하게 된다.

어미 들소는 늑대가 공격해오면 새끼를 보호하기 위해 몸을 이리저리 비틀며 고군분투한다.[3] 이때 새끼 들소는 어미의 보호를 받으며 포식자의 생김새, 소리, 냄새와 함께 어미가 어떻게 하는지까지 모두 학습한다. 어미의 보살핌을 받는 동안 포식자에 관한 정보를 얻는 것이다. 포식자를 알아가는 것은 비단 새끼만이 아니다. 어미 들소도 끔찍할뿐더러 심각한 정신적 외상을 입을 만큼 충격적인 포식자를 경험하고 더욱 강인해진다. 늑대에 새끼를 잃은 어미 들소는 이후에 낳는 새끼를 보호할 때 새끼가 공격당하는 것을 본 적이 없는 어미들보다 경계심이 500% 더 높아진다. 비극을 통해 새끼를 더욱 안전하게 지키는 노련한 어미가 된 것이다.

뱀이야!

포식자를 발견한 동물은 '경보' 울음소리를 내기도 한다. 동물의 왕국에서 경보는 3가지 기능을 한다. 첫째, 무리 내 다른 동물들에게 위험을 알린다. 둘째, 도움을 요청한다. 셋째, 포식자에게 발각되었음을 알린다. 앞서 살펴본 것처럼 기습의 이점을 제거해버리면 포식자의 공격 계획을 효과적으로 무산시킬 수 있다.

어린 동물은 부모의 경보를 듣고 그 울음소리의 의미, 즉 곧 다가올 위험을 구분하는 방법을 배운다. 일본박새는 큰부리까마귀가 나타났는지 또는 구렁이가 나타났는지 경보로 구분하는 법을 둥지에서 익힌다.[4] 어미 새가 "조심하렴, 큰부리까마귀가 나타났단다!"라고 울면 새끼는 몸을 쭈그리고 숨지만 어미의 울음소리가 "얘야, 저기 뱀이야!"라고 할 때는 서둘러 둥지에서 탈출한다.

그뿐만 아니라 어린 새끼는 나이 많은 어른 동물로부터 직접 경보 소리를 내는 방법도 배운다. 포식자를 쫓아버리거나 다른 동물에게 도움을 요청해야 하는 상황도 생기기 때문이다. 소리를 지르거나 소란을 피우는 행동은 아동이나 청소년 대상 유괴를 막는 효과적인 전략임이 앞서 언급한 NCMEC의 조사 결과에서도 드러난 바 있다. 또 어린이나 청소년이 소리를 지르면 주변 어른들의 도움을 받거나 범죄자 체포로 이어질 확률이 월등히 높아지는 것으로 나타났다.

하지만 청소년기 동물은 상황별 울음소리에 관한 복잡한 훈련을 받는 과정에서 엉뚱한 경보를 울릴 때도 있다. 그러면 어른 동물들은 이런 수선을 대수롭지 않게 생각하거나 잘못된 신호로 아예 무시하기도 한다. 예컨대 다 자란 해달은 청소년기 해달의 경보에는 꿈쩍하지 않지만 백상아리의 접근을 알리는 어른 해달의 울음소리에는 반응한다. 인간 부모처럼 동물 부모도 새끼가 진짜 구조를 요청하는 것인지 아니면 경보를 연습하는 것인지 구분해야 한다.

집단 방어 전략, 모빙

위험을 알리는 경보는 상식적이고 논리적인 방어 전략이다. 그러나 흔히 야생에서 가장 좋은 방어 전략은 탄탄한 공격이다. 고양이를 상대로 급강하 폭격을 퍼붓는 명금류 떼나 매를 공격하는 까마귀 떼, 뱀을 노려보는 땅다람쥐 떼, 초인종 소리에 너도나도 큰 소리로 짖어대는 개 떼는 모두 매우 효과적인 반포식 전략인 모빙을 하는 중이다.[5] 모빙 mobbing이란 포식자를 몰아내기 위해 동물들이 떼를 지어 함께 소란을 피우는 공격적 방어 전략이다. 무리의 모든 구성원이 모빙에 참여한다. 따라서 매우 시끄럽다. 모빙에 나선 조류와 영장류 및 그 밖의 포유류들은 포식자를 향해 비명이나 고함을 지르고 꽥꽥 울거나 우렁차게 포효한다. 정신없이 뛰어다니거나 빠른 속도로 강하해 공격하기도 하며 전면 돌격을 시도하기도 한다. 그래서 모빙은 애초에 은밀할 수가 없다.

모빙으로 포식자가 다치거나 목숨을 잃기도 한다. 일부 포식자는 모빙에 물러서지 않고 반격을 가한다. 그래서 무리 가운데 다치거나 죽는 먹이도 있다. 그러나 모빙은 주로 포식자가 포기하고 좀더 쉬운 사냥감을 찾아 자리를 떠나면서 마무리된다.

모빙은 적이 발각되었음을 알리는 매우 효과적인 방법이다. 새끼를 주시하며 편익성을 따져보고 있는 포식자의 기습을 방해하는 데 잔뜩 화가 나 소리를 지르거나 괴성을 내뱉으며 마구 달려드는 어른 동물 무리만큼 효과적인 전략은 찾기 어렵다. 모빙은 훌륭한 무익함 신호이기도 하다. 보호자 없이 방치된 청소년기 동물을 쫓을 수 있는

데도 굳이 다 자란 동물 무리를 계속해서 공격하는 것은 가장 굶주리거나 가장 강인한 포식자뿐일 테니까 말이다.

만약 모빙을 가까이에서 관찰할 기회가 있다면 무리에 속한 동물 한 마리 한 마리를 자세히 살펴보라. 대부분 청소년기 또는 청년기에 해당하는 어린 새끼가 무리에 포함되어 있을 것이다. 이런 어린 새끼에게 모빙은 실제 위기 상황에서 이루어지는 실전 훈련이다. 무리의 집단 방어 전략에 참여하는 청소년기 동물은 직접 경험을 통해 포식자를 구분하고 적절한 조치를 취하는 소중한 가르침을 배우게 된다. 따라서 모빙은 적을 위협하고 스스로를 안전하게 지키는 동시에 훌륭한 배움의 기회를 제공한다. 어류와 조류, 포유류를 연구한 결과에서 알 수 있듯이 부모 또는 나이 많은 어른 동물들과 모빙에 참여한 청소년기 동물은 경험이 부족한 또래에 비해 생존할 확률이 높다.

그런가 하면 우리의 청소년과 청년 역시 모빙을 유용하게 이용할 수 있다. 권력에 항의하기 위해 모인 사람들의 행동도 일종의 모빙이다. 간디가 주도한 인도의 소금행진, 프랑스혁명 때의 바스티유 습격, 1965년에 있었던 셀마 몽고메리 행진, 1986~1991년에 일어난 에스토니아의 노래혁명 등은 모두 힘없는 개개인이 모여 무시할 수 없는 강력한 세력으로 거듭난 사례다. 사실 집회의 자유는 곧 모빙할 권리인 셈이다. 결국 부모 또는 조부모와 함께 코브라를 공격하는 청소년 미어캣이든 워싱턴에 모여 행진하는 10대든 모두 능숙한 어른처럼 강력한 적에 맞설 수 있는 매우 중요한 교육을 받고 있는 것이다.

함께 똑같이, 숄링

대서양연어는 생후 2년이 되어 청소년기에 접어들면 반드시 참혹한 여정에 나서야 한다.[6] 2년생 연어를 스몰트smolt라고 하는데, 이들은 그동안 보금자리가 되어준 익숙한 강과 개울을 떠나 수백 킬로미터 떨어진 바다까지 헤엄쳐가야 한다. 게다가 바다로 향하는 강물을 따라 점점 더 포악해지는 포식자에게 공격당하거나 잡아먹히지 않도록 스몰트들은 최선을 다해야 한다. 물밑에서는 대구와 장어가 기다리고 있고 머리 위로는 맹금류들이 날아다닌다. 하천에는 창처럼 뾰족한 부리로 스몰트들을 찔러 공격하는 비오리가 있고 강둑에는 날카로운 발톱으로 이들을 낚아채려고 대기 중인 곰이 있다.

무사히 강을 따라 내려간다고 해도 줄농어나 대구, 상어, 이빨고래 등 지금까지 만난 포식자보다 더 몸집이 큰 굶주린 포식자들이 드넓은 바다에서 스몰트들이 도착하기만을 기다리고 있다. 스몰트들은 바다에 도착해 2년 동안 성장한다. 연어는 바다에 있을 때 그리고 생을 마감하기 전 산란을 위해 태어난 강으로 거슬러 오를 때 특히 조심해야 할 포식자가 있다. 이 포식자는 다른 모든 포식자를 모두 합한 것보다 훨씬 더 영리하고 치명적인데, 훈제 연어나 연어 스테이크를 좋아하는 바로 당신이다.

연어는 거대한 사업이다. 연어 양식업자는 다른 천적을 막아 연어가 먹기 좋게 자라면 포획, 판매, 가공하여 돈을 번다. 그런데 양식업자와 과학자는 자연의 포식자로부터 연어를 보호하는 방법을 연구하는 과정에서 어린 연어가 야생에서 어떻게 자신을 지키는지에 관한 매우 흥미로운 사실을 발견했다.

그 전까지 일반적인 연어 양식은 이랬다. 갓 부화한 야생 연어 새끼를 강에서 퍼 올린 다음 수조에 넣고 2년 정도 키운다. 자연에서 자랐다면 여정을 떠나야 할 청소년기가 될 때까지 양식하는 것이다. 그러고 2년이 지나면 바다로 갈 수 있게 스몰트를 태어난 강에 풀어줬다. 연어가 무사히 바다에서 돌아오기를 바라면서 말이다.

하지만 이런 양식 방법에는 문제가 있었다. 양식장에서 자란 연어는 100% 포식자에 무지했다. 태어나서 한 번도 대구나 장어를 마주친 적이 없는 녀석들이었다. 섬뜩한 부리로 수면을 마구 찌르기 직전 머리 위로 드리우는 비오리의 그림자도 본 적이 없었다. 양식장에서 자란 스몰트들은 곰이 발톱으로 날카롭게 물을 가르면 생기는 잔물결도 느껴본 적이 없었다.

따라서 포식자에 관해 아무것도 모르는 양식장에서 자란 청소년기 연어가 조상 때부터 이어져온 바다로의 여행 중 죽는 것은 어찌 보면 너무도 당연했다. 야생에서 자란 연어보다 양식장에서 자란 연어의 사망률이 훨씬 높았다. 사람 손에 길러진 연어는 해양 세계의 온실 속 화초다. 실제로 이러한 녀석들은 너무나도 쉽게 잡혔다. 게다가 누가 봐도 야생에서의 삶을 감당할 수 없었다. 그 결과 이들을 노리는 대구나 장어, 새, 곰 등은 매년 양식장에서 자란 연어가 강에 방출될 때까지 기다리는 방법을 자연스레 터득하게 되었다.

스웨덴과 노르웨이의 과학자는 양식장에서 자란 연어가 야생에서 포식자에게 더 잘 맞서도록 훈련할 수 있는지에 관한 연구를 진행했다. 먼저 스몰트들을 3개 집단으로 분류했다. 첫 번째 집단은 유유히 헤엄치는 대구가 있는 수조에 넣어졌다. 연구진의 설명에 따르면 "포식자에게 직접 노출시켜" 스몰트가 자신을 지켜야 하는 상황을 만든 것이다.

두 번째 집단 역시 대구가 있는 수조에 넣어졌는데, 한 가지 다른 점이 있었다. 수조 한가운데 투명 그물을 설치해 대구와 연어를 분리했다. 어린 연어는 무시무시한 적을 직접 보며 냄새를 맡고 소리를 들을 수 있었다. 대구가 움직일 때마다 일으키는 물결을 문자 그대로 피부로 느낀 것이다. 연어는 수조 안에서 직접적인 위험 없이 대구가 일상적으로 사냥하는 리듬을 파악할 수 있었다. 수조 가운데 놓인 그물 덕분이었다.

세 번째 집단은 대조군이었다. 포식자가 없는 수조 안에서 새끼 연어는 스트레스받지 않고 행복하게 생활했다.

실험을 진행하는 동안 연구진은 새끼 연어가 포식자 대구를 향해 보이는 다양한 반응을 관찰했다. 대구와 같은 수조에서 생활하는 첫 번째 집단과 두 번째 집단의 연어는 포식자와 일정 거리를 유지했다. 아직 어린 연어가 실수로 대구에게 다가가든 대구가 연어 쪽으로 가까이 오든 연어는 하나같이 자리를 피하는 반응을 보였다. 이와 달리 포식자에 무지한 세 번째 집단의 연어는 안타깝게도 비극적인 결말을 맞이했는데, 이에 대한 설명은 잠시 미루기로 하자.

'대구의 습성을 잘 아는' 첫 번째 집단과 두 번째 집단의 연어는 크게 3가지 도피 전략을 이용했다.

먼저 연어는 최대한 빨리 위협에서 멀어지는 반응을 보였다. 이때 주변 환경은 전혀 신경 쓰지 않았다. 연구진은 깜짝 놀라 펄떡이며 헤엄치는 연어의 이런 행동을 '워블링wobbling'이라고 표현했다. 이런 격한 움직임은 물고기를 수면 위로 밀어냈고 연어는 그러면서 더 큰 위험에 노출되었다. 워블링은 아직 미숙하고 경험이 부족한 어린 물고기라는 것을 포식자에 알려주는 힌트나 마찬가지다.

그런가 하면 첫 번째 집단과 두 번째 집단에서 전혀 다른 반응을 보이는 연어도 있었다. 수면 위에서 펄떡대는 대신 바닥으로 내려가 꼼짝 않고 가만히 있었다. '프리징freezing' 반응으로 스웨덴과 노르웨이 연구진의 실험에 쓰인 여러 마리의 연어가 대구의 공격을 받을 때마다 이러한 행동을 보였다.

워블링이나 프리징을 하지 않으면 매우 흥미로운 세 번째 반응을 보였다. 어린 연어들은 또래와 함께 뭉치는 행동을 했다. 어린 연어들은 위험을 감지하면 갑자기 머리를 같은 방향으로 두고 서로 간의 간격을 좁혔다. 그러고는 줄을 맞춰 행진하는 사열대처럼 일제히 움직였다. '숄링shoaling'이라고 부르는 이 행동은 철저히 본능에 따른 것으로 보인다. 여러 연구 결과에 따르면 수많은 물고기가 이런 반사 작용을 본능적으로 한다. 그런데 성공적인 숄링에는 한 가지 중요한 비밀이 있다. 행동 자체는 본능에 가깝지만 다른 물고기와 함께 연습하지 않으면 숄링을 유발할 수 없다는 것이다. 또래와 떨어진 채 자라거나 본능을 자극하는 포식자 없이 성장한 물고기는 생사를 가르는 이 필수 기술을 학습하지 못한다.

손뼉도 마주쳐야 소리가 나는 것처럼 물고기 혼자서는 숄링 행동을 할 수 없다. 하지만 스몰트 실험에서처럼 무리의 규모가 크지 않아도 안전 훈련을 할 수 있고 숄링 행동의 장점도 모두 누릴 수 있다.

한 마리 이상의 물고기만 있다면 숄링 행동을 유발할 수 있다.

미 해군의 곡예비행 팀인 블루에인절스도 숄링 행동과 같은 본능을 키우기 위해 비슷한 훈련을 받는다. 조종사 누구나 연습에 연습을 거듭하면 시뮬레이터에서는 동기 중 최고가 될 수 있다. 그러나 실제 상황에서 대형을 이루어 비행하는 방법은 어떻게 습득할 수 있을까? 다른 조종사와 함께 실전처럼 훈련하는 수밖에 없다.

무리의 숄링 행동은 여러 어종에서 관찰된다. 기본 숄링 기술을 연마하고 나면 더 어려운 대형을 배우는데, 정교하고 화려한 대형마다 과학자들이 따로 이름을 붙일 정도로 복잡하다.[7]

조류 역시 위기 상황 시 함께 모여 똑같이 행동하는 습성이 있다. 찌르레기 무리는 포식자인 맹금류가 접근하면 특유의 급강하 패턴을 만들어 비행한다. 포유류는 위험이 다가오는 것을 느끼면 우르르 모여 떼를 이룬다. 다닥다닥 붙어서 헤엄치는 돌고래들은 경쟁자 돌고래들과 싸워 이길 가능성이 더 크다.

인간과 동물 모두 이처럼 놀랍고 멋진 조직적 생리 현상을 보인다. 합창단 단원들의 심장박동 수를 살펴본 연구진은 심장 율동이 동기화된다는 사실을 발견했다.[8] 댄스 파트너나 축구팀 선수들, 심지어 환자와 치료사 사이에서도 비슷한 생리학적 동기화 현상이 관찰되었다. 조직의 일부가 되는 경험은 개개인을 생리적으로 완전히 바꾸고 이를 통해 새롭고 더 효율적인 집단의 구성원으로 거듭나게 한다.

어린 연어가 자신감을 얻는 비결

돌고래나 찌르레기에게 무리에서 속해 물속을 헤엄치거나 하늘을 비행하는 기분이 어떤지 물어볼 수 없다. 하지만 우리 인간에게는 이 같은 질문을 던질 수 있다. 다른 사람들과 동일한 행동을 하면 감정에 변화가 생기는가?

UCLA 행동 및 진화 인류학자 다니엘 페슬러와 연구진은 다른 사람과 같은 행동을 하는 것이 감정 변화를 유발하는지를 시험해보고자 했다.[9] 2013년 연구진은 총 96명의 남성 대학생을 모집한 뒤 간단한 과제를 내주었다. UCLA 폴리 파빌리온 주변 240m가량을 다른 남성과 함께 걷는 것이었다. 참가자 중 절반에게는 파트너와 발을 맞추어 걸으라고 지시했고 나머지에는 파트너와 함께 걷기 외에 아무런 안내를 하지 않았다. 파트너와 짝을 이룬 참가자들은 모두 실험 중에 말하지 말라는 지시를 전달받았다.

실험에 참여한 대학생은 당연히 몰랐지만 사실 함께 걷는 파트너에게는 비밀 임무가 주어졌다. 파트너는 UCLA 인류학과 남성 학생으로 페슬러의 제자들이었다. 파트너와 함께 짧은 걷기를 마치고 돌아온 참가자에게 페슬러 연구진은 화가 난 성인 남성의 얼굴 사진을 보여주었다. 그런 다음 실험 대상자에게 남성의 키와 근육 정도를 추측해보라고 했다.

페슬러 연구진은 참가자가 느끼는 두려움을 살펴보았다. 그 결과 매우 흥미롭고 명확한 결론에 도달했다. 파트너와 발을 맞추어 걸은 참가자는 사진에 나온 남성이 키가 크지 않고 근육이 많이 발달하지 않았으며 인상적이지 않다고 평가했다. 반대로 파트너와 그냥 함께 걷기만 한 참가자는 사진 속 남성이 신체적으로 위협적이라고 판단했다. 단지 동료의 존재만이 중요한 게 아니었다. 그보다는 다른 사람과 동일한 행동을 할 때 자신이 더 강하다고 느끼는 것으로 나타났다.

페슬러에 따르면 "합심하여 행동할 수 있다는 것은 곧 효율적이고 전투력이 뛰어난 동맹의 일부라는 뜻이다." 그리고 페슬러는 이렇게 덧붙였다. "이는 우연이 아니다. 다른 사람과 동기화되려면 내 행동을 조정할 동기가 있어야 한다. 다른 사람의 행동에 주목해야 하며 적절한 능력과 기술을 갖추어야 한다. 우리 뇌 깊숙한 곳에 이러한 결속이 저장된다."

페슬러의 연구는 동기화된 움직임의 또 다른 효과를 밝혀냈다. 남성들은 동작을 맞춰 움직일 때 자신을 한층 강한 무적의 인물로 생각했을 뿐만 아니라 상대방도 그들이 강력하다고 '인식'했다.

페슬러의 연구에서 얻은 결과에 따르면 놀랍지는 않지만 새삼 걱정스러운 것도 있다. 동기화된 집단에 속함으로써 얻게 되는 강력한 자신감은 양면성을 지닌다. 집단이 주는 힘과 안전하다는 자신감이 오히려 그 힘을 옳지 않은 방법으로 쓰도록 유도하기도 한다. 시위대나 전경들과 같이 남성들이 똑같이 행동하고 움직이는 상황일수록 폭력을 행사할 가능성이 크다. 이와 관련해 페슬러는 동작을 맞추어 걷는 남성들은 '좋아, 저 사람쯤은 쉽게 이길 수 있지'라고 생각하기 쉽다고 설명한다.

청소년기 연어는 포식자로부터 스스로를 지키기 위해 공격적으로 숄링을 학습한다. 노르웨이 연구진은 숄링으로 연어의 공격성이 증가하는지는 조사하지 않았다. 함께 움직이는 행동이 무리에 속한 남성들의 공격성을 부추기듯이 말이다. 여기서 연어 실험이 더욱 흥미로워진다. 앞서 살펴보았듯이 연구진은 연어를 3개 집단으로 나누었다. 첫 번째 집단은 포식자 대구에 직접 노출되었고 두 번째 집단은 대구와 같은 수조 안에 있었지만 그물이 있어 위험을 피할 수 있었다. 마지막 세 번째 집단은 포식자와의 접촉이 전혀 없었다. 그런데 담수와 바닷물에서 실험한 결과 첫 번째 집단이 가장 훌륭하게 숄링을 해냈다. 포식자를 직접 경험한 연어가 더욱 효과적으로 무리를 이룬 것이다. 연어는 포식자와 접촉하여 목숨을 앗아갈 수도 있는 존재로부터 더욱 안전하게 자신을 지키는 방법을 학습했을 뿐만 아니라 사회적 기능도 향상되었다.

북유럽 연구진은 학술적 표현에서 벗어나고자 실험을 통해 살펴본 어린 연어가 '자신감'을 얻었다고 참신하게 표현했다. 잡아먹힐 수도 있는 포식자를 직접 경험한 연어가 더 큰 자신감을 보였다. 연구진은 "위협적이고 위험한 상황을 훌륭하게 극복한 긍정적 결과"가 연어의 성인기 삶에 커다란 도움이 될 것이라고 설명했다.

그물도 없이 포식자 대구에 무방비 상태로 노출되었던 첫 번째 집단이 가장 자신감이 넘쳤다. 비록 무리 중 몇 마리는 잡아먹혔지만 살아남은 연어는 가장 재빠르게 또래들과 수비 태세를 갖췄으며 전반적으로 가장 안전했다.

이와 달리 그물의 보호를 받았던 두 번째 집단의 연어는 담수에서 제한적으로나마 숄링 능력을 보였으나 바닷물에서는 아예 실패했다. 수조 가운데 그물이 있었어도 포식자에 노출되었으므로 어느 정도 지식은 있었다. 하지만 수조 밖으로 나가자 두 번째 집단의 연어는 포식자에 맞서 스스로를 지키는 매우 기초적인 행동만 실행에 옮겼다.

단 한 번도 대구에 노출된 적이 없어 포식자에 대한 지식이 전혀 없었던 세 번째 집단은 강으로 돌아갔을 때 큰 어려움을 겪었으며 결과도 가장 참혹했다. 보호받으며 자란 연어는 사람으로 치면 유년 시절과 10대 초반을 더없이 행복하게 보낸 셈이다. 식욕이 엄청난 물고기나 새, 곰들이 특히 청소년기 연어를 목표로 삼는다는 것도 모른 채 말이다. 경험한 적이 없어서 포식자에 무지했던 연어는 실전에서 지나치게 당황했고 부적절한 반응을 보였다. 포식자에 대해 알고 있는 연어에 비해 물속에서 심하게 '워블링'을 하거나 아예 반응하지 않기도 했다. 연구진은 이런 무반응이 일종의 생리적 스트레스라고 결론 내렸다. 흔히 너무 당황한 나머지 몸이 얼어붙는 반응을 보이거나 공황 발작처럼 온몸에 힘이 빠진 채 겁에 질린 연어는 더욱 손쉽게 대구의 먹잇감이 되고 말았다.

연어 연구에서 우리는 중요한 교훈 2가지를 얻었다. 첫째, 동물은 안전을 도모하기 위해 반드시 위험을 마주해야 한다는 것이다. 포식자를 경험해본 적이 전혀 없는 스몰트는 가장 비극적인 결말을 맞았다. 그나마 그물 너머라도 포식자를 본 적이 있었던 스몰트는 결과가 좀더 나았다. 이와 달리 포식자를 직접 경험하며 뼈와 근육으로 위험을 감지한 적이 있는 연어는 일촉즉발의 상황에서도 위기를 안정적으로 극복하고 안전하게 살아가기 위한 준비가 잘 되어 있었다.

둘째, 청소년기에 고립은 금물이라는 것이다. 또래들은 서로를 도우며 자신감을 북돋는다. 이들은 말 그대로 생사가 달린 기술인 팀워크도 서로 발휘하게 한다. 또래들끼리 팀워크를 익힐 기회를 주는 것이다. 고립된 어린 동물은 잠시 안전할 수 있어도 현실 세계에서 꼭 필요한 안전 기술은 배울 수 없다. 앞으로 살펴보겠지만 이는 모든 동물에 해당한다.

연어가 배웠거나 배우지 못한 교훈은 사실 매우 강력한 메시지를 담고 있다. 또래와 시간을 보낸 어린 동물이 더욱 안전하다. 그 이유는 굉장히 간단하다. 또래의 성공과 실수를 거울삼아 기회와 위협을 구분하는 소중한 정보들을 모을 수 있기 때문이다. 어른들은 마냥 걱정스럽고 고민스럽겠지만 청소년기 동물 무리가 함께 마주하는 위험은 어쩌면 가장 유용하고 값진 경험이 될 것이다.

5.

생존을 위한 배움터

운명 같은 12월의 아침, 얼음처럼 차가운 바다로 가장 먼저 뛰어든 펭귄이 우르술라였는지는 확실하지 않다. 일반적으로 펭귄 무리는 물가에 서서 제일 처음으로 물에 들어가는 펭귄에게 어떤 일이 벌어지는지 지켜본다. 만약 레오파드바다표범이 나타나 친구를 공격한다면 펭귄 무리는 주저하며 입수를 미룬다. 다른 동물과 마찬가지로 펭귄도 함께 한 다른 펭귄을 통해 자신을 안전하게 지키는 방법을 배운다. 또래를 통한 사회 학습은 지구상에서 가장 강력한 교육 도구다.[1]

청소년기 구피가 트리니다드 하천의 안전한 보금자리에서 포식자들이 득실거리는 곳으로 옮겨졌다.[2] 우리의 예상대로 포식자를 경험해본 적이 없는 구피는 노련한 물고기에 비해 결말이 좋지 않았다. 그러나 무지한 물고기도 포식자에 맞서거나 도망가는 숙련된 또래를 보여주자 금세 노련해졌다. 태어나서 한 번도 포식자를 직접 경험해본 적이 없던 물고기가 얼마 지나지 않아 효과적인 반포식적 행동을 보였다. 구피 무리는 경험이 많은 또래를 관찰하고 함께 시간을 보내고 또 보고 배우면서 자신을 더욱 안전하게 보호하는 방법을 터득했다.

자신보다 노련한 또래에게서 배움의 기회를 얻은 동물은 위험 또한 더욱 효과적으로 알리기 시작한다. 부모의 울음소리에 각자 반응하던 옛날과 달리 이제 서로와 소통하는 것이다. 친구는 '하지 말아야 할 것'을 몸소 보여주는 소중한 스승이기도 하다. 자신이 속한 무리에서 목격한 안 좋은 일은 어류, 조류, 포유류에게 다른 곳에서는 얻을 수 없는 소중한 교훈을 준다.

2017년 4월 2021년도 하버드대학 예비 입학생 중 한 무리에게 이메일 한 통이 날아왔다.[3] 이들이 페이스북 메시지를 통해 "소수집단을 대상으로 하는 노골적인 성적 밈과 메시지"를 주고받았다며 입학처에서 보낸 이메일이었다. 이 메일을 수신한 학생 중 10여 명이 하버드대학 입학을 취소당했다.

누군가는 앞길이 창창한 학생들이 그저 순진하고 둔감했을 뿐이라고 말할지도 모른다. 하지만 2017년 모범생으로 고등학교를 졸업한 학생들은 온라인 괴롭힘 가해자에게 현실에서 어떤 처벌이 내려지는지 잘 알고 있었음에도 그 같은 행동을 한 것이다.

학생들이 부적절한 내용을 인터넷에 올렸다고 해서 목숨을 잃지는 않는다. 그러나 온라인 공간에서의 행동이 인생을 180도 바꿔놓았다. 변한 것은 이들의 삶만이 아니었다. 해당 사건은 입시를 준비하는 예비 대학생과 소셜 미디어를 사용하는 청소년들 사이에서 회자되며 훌륭한 본보기가 되었다. 최악의 상황을 목격하는 일은 암울하지만 동시에 강력한 교훈이 된다.

청소년기 동물은 또래의 그릇된 행동을 본보기 삼아 교훈을 얻는데, 가장 극단적이고 비극적인 예가 집단 구성원의 죽음을 목격하는 일이다. 청소년 전문 치료사에 따르면 친구나 학우가 자동차 사고로 목숨을 잃은 직후 청소년들은 평소보다 안전하게 운전한다고 한다. 누구나 가까운 사람의 죽음으로 상실감을 겪지 않기를 바라지만 10대 또래가 젊은 나이에 안타깝게 생을 마감하는 것을 직접 보거나 듣는 경험은 위험에 무지한 청소년에게 교훈을 줄 수 있다. 자동차와 화재에 조심한다거나 술이나 약물에 손대기 전에 한 번 더 생각하는 등의 행동 변화로 이어진다.

찌르레기를 연구한 결과에 따르면 청소년기 찌르레기는 올빼미와 사투를 벌이는 또래를 보고 올빼미를 피해야 한다고 배운다.[4] 그런가 하면 청소년기 물고기는 포식자가 없는데도 겁에 질린 또래의 모습을 보고 바로 위협을 감지했다. 시각 외에 다른 감각도 학습에 도움이 된다. 물고기는 상처를 입으면 찢어진 피부나 비늘에서 '슈렉스토프 schreckstoff'라고 하는 냄새 분자의 혼합물을 분비한다. 이 혼합물이 물속에 퍼지면 근처에 있는 물고기들은 다친 또래의 두려움과 비극적 결말의 냄새를 맡게 된다. 그리고 그 냄새를 맡은 물고기는 다른 물고기의 경험을 교훈 삼아 죽음에 대한 위협을 배운다.

이런 맥락에서 보면 또래 친구가 자녀에게 미치는 영향을 걱정하는 부모의 마음을 충분히 이해할 수 있다. 또래 압력은 나중에 후회할 수도 있는 위험한 결정을 부추기고는 한다. 하지만 청소년은 또래 집단을 통해 다른 곳에서는 배울 수 없는 소중한 삶의 교훈을 얻기도 한다.

부모가 자녀에게 가르쳐줄 수 없는 것도 있다. 이유는 간단하다. 부모의 나이가 자녀보다 한참 많기 때문이다. 성숙하고 분별력 있는 어른은 청소년이 보고 배울 수 있는 바보 같은 행동을 잘 하지 않는다. 이와 달리 청소년은 누군가의 어리석은 행동을 보고 두려움을 느껴야만 반대로 행동하리라 다짐한다. 특히 디지털 세상을 자유롭게 누비는 10대 자녀를 둔 부모라면 더욱이 가르쳐줄 게 없을 것이다. 부모가 자랄 때만 해도 디지털 세상은 존재하지도 않았기 때문이다. 따라서 또래를 보며 배우는 경험이 매우 중요하다. 심지어 워낙 조심성이 많고 위험을 꺼려 오토바이를 타거나 소셜 미디어에 충동적으로 글을 올리는 행동을 하지 않는 청소년조차도 잘못된 행동이 초래하는 심각한 결과를 보면서 신중한 태도의 중요성을 깨닫고 계속 주의를 기울일 것이다.

흔히 또래 압력이 청소년과 청년에게 나쁜 영향을 끼친다고 생각한다. 하지만 동물의 사회 학습이라는 측면에서 보면 또래 압력은 보편적 행동이며 청소년기 동물에게 위험과 안전을 가르칠 수 있는 매우 중요한 전략이다.

포식자 탐색 또는 시뮬레이션 게임

야생에서 죽을 고비는 피할 수 없는 삶의 일부다. 안 그래도 어디에나 위험이 도사리고 있는데, 순진하고 미숙하며 나약한 청소년들은 왜 불필요한 위험을 추구하는 것일까?

답은 간단하다. 더 안전한 어른으로 성장하기 위해서다. 청소년기 동물은 생물학적으로 위험에 다가가도록 설계되어 있어 때로는 일부러 위험을 찾아다니기도 한다. 그래야 위험이 무엇인지 또 어떻게 피할 수 있는지를 배울 수 있기 때문이다. 이러한 반직관적 습성을 가리키는 임상적이고 환기적인 용어가 따로 있는데, 바로 '포식자 탐색predator inspection'이다.[5]

위험을 과소평가하는 인간 청소년과 마찬가지로 동물 청소년 역시 위험을 제대로 감지하고 판단할 수 있는 경험이 충분하지 않은데, 이러한 경험을 축적하는 방법이 포식자 탐색이다.

원숭이올빼미에게 쫓기던 몰로수스몰로수스박쥐로 돌아가보자. 박쥐는 포식자에게 발각되었다는 사실을 인지하는 순간 구조 요청을 보낸다. 경고 신호를 들은 박쥐 대부분이 스스로를 보호하기 위해 자리를 피한다. 그러나 청소년기 또는 청년기 박쥐는 예외다. 그들은 위험을 향해 곧장 날아간다.

파나마 바로콜로라도섬에 있는 스미스소니언열대연구소의 과학자들이 박쥐의 구조 요청 소리를 녹음해 틀었더니 비슷한 현상이 관찰되었다. 연구진은 위험을 향해 돌진한 청소년기 어린 박쥐가 도움을 주기 위해 이와 같은 행동을 하는 것은 아니라고 결론을 내렸다. 청소년기 박쥐의 이런 행동은 이타심에서 비롯된 행동이라기보다는 주변을 살펴보는 탐색 비행에 가깝다. 탐색 비행은 가장 크고 치명적인 위협이자 포식자인 올빼미에 대한 정보를 수집하기 위해서다. 무엇이 어른 박쥐를 두려움에 떨며 경고 신호를 울부짖게 만들었는지 궁금한 것이다.

포식자 탐색에도 또래 압력이 결정적인 역할을 한다. 좀더 노련한 또래와 무리를 이루는 것이야말로 가장 최적의 안전 학습 훈련이다. 한 연구에서 피라미에게 포식자인 강꼬치고기 모형을 보여주었다.[6] 그러자 홀로 헤엄치던 피라미는 강꼬치고기 모형을 피해 다녔다. 하지만 피라미를 무리로 옮겨주자 조금씩 다가가 강꼬치고기 모형을 자세히 탐색했다.

피라미들은 강꼬치고기 모형을 살펴보며 새로운 지식을 얻어 원래 무리로 돌아갔다. 그러고 나서 피라미의 행동이 완전히 달라졌다. 주변에 더 관심을 기울였고 더 경계했다. 무분별하게 먹이를 먹던 행동도 더욱 신중해졌으며 더 활동적으로 움직였다. 더는 포식자에 무지하지 않았다. 새로운 경험을 한 피라미가 아직은 미숙한 무리로 돌아온 뒤 무리 내에서도 놀라운 일이 벌어졌다. 아무것도 모르던 다른 피라미들이 포식자 탐색을 마친 피라미처럼 행동하기 시작했다. 직접 포식자를 보지 않고도 경험을 쌓고 무리로 돌아온 또래로부터 지식을 얻은 것이다. 이는 위험을 무릅쓰고 살아남은 피라미와 시간을 보낸 덕분이었다.

여러 연구에서 어류, 조류, 유제류의 포식자 탐색 행동을 살펴보았다. 호리호리한 몸의 톰슨가젤은 팔짝팔짝 뛰며 배고픈 치타에게 다가갔고 호기심 많은 미어캣은 코브라의 사정거리 안에 모여들었다.[7] 또 캘리포니아해달은 백상아리 주변을 빙글빙글 돌며 헤엄쳤다. 저마다 방식은 다르지만 포식자 탐색 행동을 하는 모든 동물에는 3가지 공통점이 있다. 첫째, 청소년기 동물일수록 포식자 탐색 행동을 할 가능성이 크다. 둘째, 포식자 탐색은 위험해 탐색자가 목숨을 잃기도 한다. 당연한 말이지만 청소년기 동물이 가장 취약하다. 톰슨가젤을 조사한 연구 결과를 살펴보니 치타를 탐색하기 위해 가까이 다가간 청소년 톰슨가젤은 417번에 한 번꼴로 공격이나 죽임을 당했다. 이와 달리 어른 가젤은 10배 이상 안전했는데, 5000번에 한 번꼴로 잡아먹혔다. 셋째, 위험천만한 포식자 탐색에서 살아남은 동물은 장기적으로 더 안전해진다.

여러 종에 걸쳐 관찰되는 포식자 탐색 행동은 매우 유용하고 의미 있는 전략이다. 만약 모든 포식자 탐색이 죽음으로 끝났다면 이러한 행동을 하는 동물이 없었을 것이다. 포식자 탐색이 그나마 안전한 까닭은 먹잇감이 성큼 다가오면 포식자 대부분이 후퇴하거나 자리를 떠나기 때문이다. 그러나 인간이 아닌 어린 동물에게 포식자 탐색은 특별한 의미가 또 하나 있다. 포식자 탐색은 청소년기 동물에게 주변 환경에 도사리고 있는 위험에 대한 매우 중요한 정보를 제공한다. 이러한 행동을 통해 청소년기 동물은 포식자와 직접 대면하는 기회를 얻는다. 계산된 위험인 셈이다.

동물에게서 관찰되는 포식자 탐색 행동의 핵심이 현실 세계에 존재하는 위험을 학습하는 것이라면, 준비가 덜 된 상태에서 어른의 활동에 관심을 보이는 인간 청소년 역시 포식자를 탐색하는 중이라고 볼 수 있다. 포식자 탐색의 장점을 다양하게 적용할 수 있다는 점을 이해해야 여러 종에 걸쳐 이 같은 행동이 관찰되는 이유와 그 기능을 알게 된다. 또 이러한 이해가 뒷받침되어야 왜 인간 역시 포식자 탐색 행동을 하는지 파악할 수 있다.

청소년기에 나타나는 위험 추구 성향이 전적으로 개성을 드러내려는 반항 섞인 시도라고 볼 수는 없다. 게다가 위험 추구 성향을 무조건 경계해야 하는 것도 아니다. 청소년기 동물은 위험에 제 발로 다가가 적을 탐색한다. 반드시 조심하라고 주의를 받은 포식자도 예외가 아니다. 10대가 위조 신분증을 소지하거나 야밤에 몰래 집을 빠져나와 술집이나 클럽으로 향하는 것이 이러한 성향 때문일 수 있다. 앞서 청소년기를 겪었던 조상이 그랬던 것처럼 청소년기 동물은 부모와 무리가 가장 경계하는 포식자를 일부러 찾아다니기도 한다.

미국에서 공포 영화는 엄청난 관객 수를 끌어모으는데 다른 장르에 비해 관람객의 평균 연령이 낮다. 소름 끼치는 범죄 실화든 목숨을 내놓고 타야 하는 롤러코스터든 섬뜩하고 폭력적인 것을 향한 청소년들의 병적인 흥미와 관심은 오늘날 인간에게서 보이는 일종의 포식자 탐색 행동이자 사회 학습 행동이다. 공포 매체에 대한 호기심을 인류학적 관점에서 해석한 사회과학자들은 이러한 행동을 현대 청소년의 성장 과정 중 일부라고 설명해왔다. 가상 위험 앞에서 청소년들은 차분함을 유지하고 적절히 대응하며 어른스럽게 자제하는 능력을 또래에게 보여준다. 이처럼 용기를 과시하는 행동은 세계 곳곳의 성인식에서도 보인다. 수마트라 멘타와이섬의 소녀들은 이를 날카롭게 가는 고통스러운 과정을 거친다. 또 아마존에 사는 사테레마우에족의 소년들은 피부를 따갑게 무는 독개미를 잔뜩 넣은 장갑을 손에 끼고 10분 동안 견뎌야 한다.[8] 이 의식에서 핵심은 두려움 앞에 눈 하나 깜짝 않고 버티는 것이다.

공포 매체를 향한 청소년기의 관심은 다른 동물의 반포식 전략과 관련된 것일 수도 있다. 포식자 행동 시퀀스를 유발하지 않도록 놀람 반사를 억누르는 방법을 익힌다면 자신을 보호하는 데 도움이 될 것이다. 그러나 청소년이 범죄나 공포, 성인 콘텐츠에 일반적으로 흥미를 느끼는 진짜 이유는 우리가 사는 세상의 위험을 학습하고자 하는 본능 때문일 가능성이 가장 크다.

컴퓨터나 영화 스크린, 이어폰이나 지면을 통해 청년은 연쇄 살인마, 대량 학살자, 기후 재앙, 약물 중독, 테러 등 동시대인들이 마주하고 있는 주요 두려움과 대면한다. 몰입형 비디오게임에 열광하는 청소년과 치타나 올빼미에게 접근하는 청소년기 동물이 과연 다를까? 이러한 시뮬레이션 게임은 현대 사회의 10대에게 총이나 폭탄, 고문, 바늘 그리고 초고속 자동차 사고 등으로 인한 죽음을 간접적이지만 가까이에서 경험하는 기회를 제공한다.

포식자 탐색 행동 덕분에 위협을 직접 경험하지 않고도 배울 수 있다. 성인 세계의 현실을 향한 청소년의 관심은 순수함의 상실보다 안전 지식을 배우는 기회가 될 것이다.

사냥꾼은 하루아침에 만들어지지 않는다

"청소년기 수컷은 비실비실하고 상태가 좋지 않으며 작은 상처도 입은 듯했다. 엉덩이 부분이 자루따개비로 뒤덮여 있는 것으로 보아 바다에서 오랜 시간을 보냈음을 알 수 있었다."[9] 통제하기 힘든 청소년기 레오파드바다표범에 관한 설명이다. 주인공은 2006년 9월 남극의 둥지를 떠나 독립했지만 생존에 실패한 수백 마리의 레오파드바다표범 중 한 마리다.

우르술라 또래의 펭귄을 괴롭히기 전 레오파드바다표범은 방어 능력이 없는 보드랍고 사랑스러운 새끼 시절을 보낸다. 레오파드바다표범도 다른 포유류와 마찬가지로 따뜻하고 포근한 어미 곁에서 보살핌을 받으며 자란다. 어미는 새끼를 안전하게 보호하고 살아가는 데 필요한 것들을 가르친다. 시간이 지남에 따라 어린 새끼 바다표범은 미숙하고 나약하며 포식자에 무지한 청소년기에 접어든다. 처음에는 삶의 4가지 핵심 기술을 전혀 모른다. 경험이 없어 불리한 데다 몸집까지 큰 레오파드바다표범이 안전을 도모하고 사회 서열에 적응하고 또 성적으로 소통하고 스스로를 지키는 방법을 배우기란 결코 쉽지 않다. 포식자에게 굴복하는 펭귄, 박쥐, 가젤, 흰꼬리사슴처럼 먹잇감을 사냥하는 레오파드바다표범, 올빼미, 치타, 여우, 늑대 역시 경험이 부족한 와일드후드 때 치명적인 위험에 노출된다. 몸집은 커도 아는 것이 별로 없기 때문이다.

청소년기 레오파드바다표범의 운명은 우리에게 흥미로운 생태학적 사실을 알려준다. 포식 행위가 파괴와 죽음을 초래하지만 와일드후드 때 동물을 위협하는 가장 무시무시한 적은 바로 굶주림이다. 사냥 방법을 학습하지 않는 레오파드바다표범은 청소년기에 살아남을 수 없다. 우르술라나 다른 야생 펭귄도 마찬가지다. 청소년기 포식자와 피포식자에게 굶주림은 공동의 적이다. 이 책의 4부에서 살펴보겠지만 굶주림을 해결하는 능력은 당장 눈앞의 상황부터 다가올 미래까지 생존을 좌우한다. 손수 구한 첫 먹이와 마지막 식사 사이의 매 순간이 이 능력에 달려 있다. 따라서 와일드후드 때 먹이를 찾고 사냥하는 방법을 반드시 익혀야만 한다.

동물은 배가 고플수록 더 많은 위험을 무릅쓴다. 동물들이 은신처를 벗어나 밖으로 나오는 이유가 바로 굶주림 때문이다. 더 나은 먹잇감을 찾는 방법을 모른다면 영양가 없는 저급한 음식을 먹어야 한다. 무리 내 강하고 나이 많은 동물이 좋은 먹이를 독차지할 때도 마찬가지다. 동물들은 독이 든 먹이를 모르고 먹기도 한다. 그리고 대개 청소년기 동물이 가장 배고프다.

지금까지 우리는 포식자에 관해 알아보았다. 그런데 우르술라를 추적하는 펭귄 연구의 초점이 레오파드바다표범을 피하는 방법이 아니라는 사실을 알면 당신은 놀랄지도 모르겠다. 실제로 해당 연구는 뿔뿔이 흩어져 독립하는 어린 펭귄이 어떻게 그리고 어디에서 스스로 먹이를 찾는 요령을 배우는지를 중점적으로 살펴보았다. 연구진이 관찰한 바와 같이 분산은 "먹이를 찾는 행동을 해본 적이 없다는 것을 고려할 때 높은 사망률을 보이는 시기"이다.[10] 클레멘스 퓌츠의 연구진은 "경험이 부족한 킹펭귄은 시간이 지나면서 서서히 먹이 찾기를 배운다"라는 결론을 내렸다. 다시 말해 혼자 힘으로 먹이를 구하는 요령을 익혀야 한다는 것이다. 흥미롭게도 펭귄은 어른이 아닌 또래로부터 먹이 찾기 기술을 배운다. 우르술라와 탄키니, 트라우델을 비롯한 청소년기 동물들은 스스로 길을 개척하고 혼자서 먹이를 찾는 방법을 배우기 위해 집을 떠난다. 다 자란 어른 동물과 먹이를 두고 경쟁하기 전에 이들은 먼저 또래와 함께 훈련에 매진한다. 퓌츠는 "어린 펭귄들은 반드시 배워야 한다. 잠수도 배워야 하고 먹이를 찾는 방법도 배워야 한다. 숨을 참거나 수면 위로 올라가는 등 생리적 기술도 익혀야 한다"라고 했다.

비록 레오파드바다표범에게 쫓기는 신세지만 사실 펭귄은 훌륭한 사냥꾼이다. 그러나 노련한 솜씨로 물고기를 낚아채거나 크릴새우를 퍼 올리려면 장시간 연습해야 한다. 자신과 다른 펭귄을 위해 먹이를 구하는 실력 있는 어른 사냥꾼은 하루아침에 만들어지지 않는다.

모든 끝은 새로운 시작

우르술라가 바다에 뛰어들었을 때 부모의 심정이 어땠을지 우리는 알 길이 없다. 생태학자이자 펭귄 전문가인 빌 프레이저가 관찰한 바에 따르면 부모 펭귄은 자식이 둥지를 떠나는 동안 고개조차 들지 않는다고 한다.[11]

그런데 생각해보면 태어나서 처음으로 집을 떠나 모험에 나서는 어린아이처럼 우르술라도 한때는 엄마와 아빠와 함께 살았다. 우르술라는 그야말로 부리에서 부리로 먹이를 받아먹으며 부모 옆에 딱 붙어 먹성 좋은 바닷새와 추위로부터 안전하게 몸을 피했다. 그러던 어느 날 바다에 뛰어들어 헤엄쳐 나가야 하는 순간이 찾아왔다. 분명 그 사이 무슨 일이 있었다. 우리가 아는 한 우르술라의 부모는 "우리 딸을 봐! 분명 잘 해낼 거야!"라고 말하는 듯한 대견한 눈빛으로 둥지를 떠나는 우르술라를 지켜보지도 않았고, "저 코너에서는 좀더 붙었어야지"라며 운전을 배우는 자녀에게 잔소리하는 부모처럼 우르술라의 점프 실력을 꼼꼼하게 살펴보지도 않았다. 무엇보다 우르술라의 부모는 집을 떠나는 다 큰 아이에게 손을 흔들며 기대와 상실감에 빠지는 우리 인간과는 정반대였다. 물가에 서서 털로 뒤덮인 우르술라의 어깨가 바다를 향해 꿈틀거리는 것을 멍하니 바라보지도, 점점 작아지는 우르술라의 모습을 눈에 담지도, 심장이 쪼그라드는 것을 느끼며 머릿속으로 '조심해'라는 말을 조용히 되뇌지도 않았다.

양육의 고통스러운 진실은 자식이 신경 쓰고 보호해야 할 시기를 지나는 순간 부모는 자식의 운명을 거의 통제하지 못한다는 것이다. 부모에게는 자식을 영원히 보호할 정신적 그리고 신체적 힘이 없다. 청소년기 동물이 위험에서 안전해지려면 오히려 위험이 있는 곳으로 몸을 던져야 한다는 모순이 이러한 진실을 더욱 분명히 해준다. 실제로 자식을 너무 오랫동안 보호하느라 포식자나 위험, 죽음 등을 배울 적절한 학습 시기를 놓친다면 동물이나 인간 부모는 할 수 있는 최악의 실수를 저지르는 것이나 다름없다.

과잉보호를 받고 자란 동물은 어른으로서 안전감을 갖는 데 필요한 기술을 습득하지 못한 채 성장한다. 위험을 직접 경험할 기회를 박탈당한 어린 동물은 불리한 상황에 처하게 된다. 성장 과정은 위험하다. 그런데도 부모와 자식은 위험을 있는 그대로 받아들여야 한다. 그렇지 않으면 포식자에 무지한 어른으로 자라는 더욱 심각한 결과로 이어질 수 있다.

인간은 자식을 계속 돌보고 보호하느냐 아니면 지원을 중단하고 독립의 기회를 제공하느냐를 두고 진지하게 고민하게 된다. 두 선택지 사이에서 혼란과 때로는 재앙에 가까운 갈등을 겪기도 한다. 과잉보호와 방임이라는 서로 상충하는 양육 충동은 뿌리 깊은 보편적 현상으로 경험은 제한적이나 몸은 다 자란 청소년기 자녀의 특징에 상응한다. 자녀를 키우는 인간 부모가 동물의 삶에서 얻을 만한 교훈이 있다. 모든 상황에 부합하는 정확한 보호 수준은 알 수 없으며 오히려 보호의 이상적인 수준은 개체의 강점과 약점 그리고 주변 환경에 맞게 정해야 한다는 것이다.

예컨대 포식자가 들끓는 매우 위험한 상황이라면 동물 부모는 새끼가 다 자란 후에도 지속해서 보호한다. 또 자원이 부족하면 일부 동물 부모는 이미 성인기에 접어든 새끼에게 잘 곳과 먹이를 제공한다. 이와 달리 주변이 안전하거나 자원이 넉넉하다면 지속적인 보호와 공급은 불필요할뿐더러 어린 새끼가 풍족한 환경을 이용하기에 최적화된 어른으로 성장하는 데 되레 방해가 된다. 양육 기간 연장과 자립심 기르기에 관해서는 4부에서 좀더 자세히 살펴볼 예정이다.

사우스조지아섬의 2007년도 킹펭귄 졸업식에 축하 연사는 없었다. 우르술라의 부모는 생필품 꾸러미를 챙겨주거나 격려의 말을 건넬 수 없었다. 만약 할 수만 있었다면 그들을 비롯해 많은 동물 부모는 포식자에 무지한 새끼에게 해줄 말이 정말 많았을 것이다. 아마 동물 부모는 이런 말을 하지 않았을까.

"첫째, 넌 정말 놀라운 존재야. 또 나이도 어리지. 청춘은 마치 자석처럼 관심을 끌어모은단다. 그만큼 적의 눈에 띄기 쉽지. 둘째, 넌 순진하고 무방비 상태야. 경험이 부족하면 목숨을 잃을 수도 있는데, 이러한 위험은 새로운 환경일수록 더욱 치명적이란다. 셋째, 너에게는 선택지가 있어. 지나칠 정도로 조심하거나 피하거나 포식자가 자주 출몰하는 장소에서 벗어날 수 있어. 잠재적 포식자에 관해 최대한 많이 알고 자신을 잘 돌보면 위험을 피할 수도 있단다. 기회를 노리는 포식자를 보면 하던 일을 멈추고 무익함 신호를 보내 멀리 쫓아내렴."

마지막으로 동물 부모가 새끼에게 이렇게 말한다고 생각해보자. "친구를 사귀렴. 숫자가 많은 무리는 안전해. 친구의 올바른 행동과 그릇된 실수를 보면서 많은 것을 배울 수 있단다."

2007년 12월의 그 일요일, 우르술라는 보란 듯이 점프해 바다로 뛰어들었다. 그러고는 목숨을 걸고 헤엄쳤다. 과연 첫날 무사히 살아남았을까? 퀴츠는 그 답을 알고 있다. 그렇다. 우르술라는 무사히 위험을 극복했다. 탄키니와 트라우델도 마찬가지다. 통계적으로 보면 무리의 3분의 1은 안타까운 죽음을 맞는다. 하지만 세 마리의 동물 모두 첫 번째 시도에 안전하게 레오파드바다표범을 통과했다. 퀴츠는 전자 추적 장치를 통해 이후 3개월 동안 우르술라가 지나간 곳을 빠짐없이 볼 수 있었다. 우르술라는 곧장 먹이가 충분한 남극에서 살짝 떨어진 남쪽으로 향했다. 우르슬라는 하루에 10km가량을 헤엄쳤다. 다른 청소년기 펭귄과 무리를 이루어 움직였는데, 또래와 함께 물고기나 크릴새우를 사냥하는 방법을 배웠다.

3개월 후 우르술라의 신호가 완전히 사라졌다. 우르술라에게 무슨 일이 있었는지 알 길이 없지만 퀴츠는 아마도 무선 송신기의 수명이 다했을 것으로 생각했다. 더는 포식자에 무지하지 않은 우르술라는 성년으로 접어드는 시기를 향해 성공적인 첫발을 뗐다. 친구와 함께 잠수하며 먹이 사냥법을 배우는 킹펭귄은 대개 4~5년 동안 남극해를 돌아다니며 경험을 쌓은 후 짝을 만나 새끼를 낳는다.

청소년기 펭귄뿐만 아니라 모든 종의 어린 청년에게 발달 과정은 드넓은 바다처럼 흥분과 위험으로 가득하다. 이들은 생물학적으로 위험을 과소평가하고 심지어 충동적으로 위험을 무릅쓰게끔 되어 있다. 만약 물속으로 뛰어들지 않는다면 다 자란 어른으로서 살아가는 데 꼭 필요한 경험을 쌓을 수 없다. 하지만 경험에는 대가가 따른다. 와일드후드에 보이는 안전의 모순이다. 경험이 부족하면 목숨을 잃는다. 미숙하다는 이유로 모든 것을 잃을 수 있는 위험한 세상에서는 현명하게 접근해야 생명을 보장받을 수 있다. 새끼는 부모와 또래로부터 배울 수 있는 모든 것을 흡수한다. 무엇보다도 환경에 대해 알아야 한다. 그런 다음 적당한 시기가 되면 바닷속으로 몸을 던져야 한다.

2부 지위

인간과 동물은 반드시 지위 서열에 적응해야 하는데, 대개 지위가 높으면 유리하다. 와일드후드 동안 집단의 규칙을 배우는 것은 인간과 동물들의 배고픔과 안전, 배척과 용인, 고립과 조화를 결정한다.

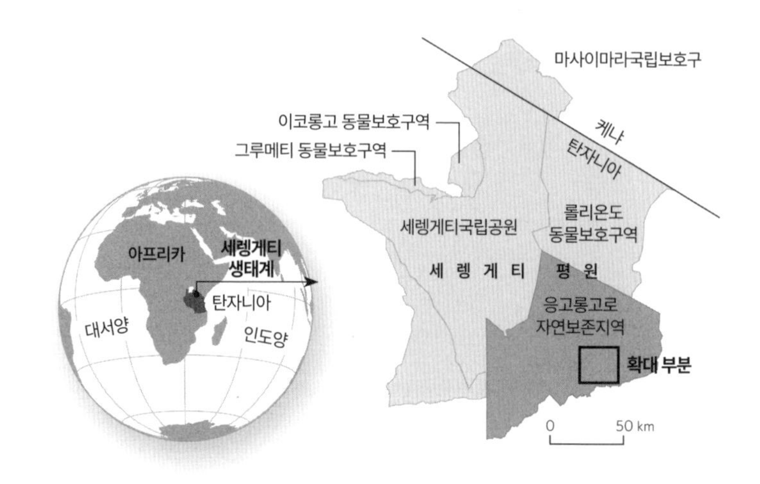

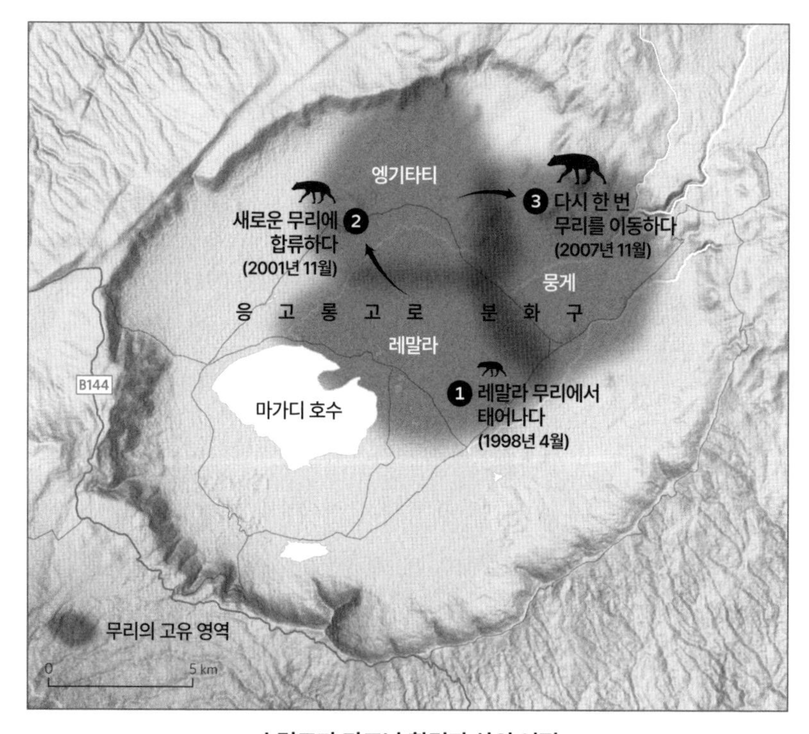

슈링크가 타고난 환경과 삶의 여정

6.

보이지 않는 저울

래브라도리트리버 강아지와 코알라 새끼를 합쳐놓은 듯한 생김새에 번들거리는 검은 털과 반짝이는 눈동자를 가진 슈링크는 여느 새끼 하이에나와 다를 바 없이 태어났다. 단, 한 가지만은 달랐다. 슈링크는 태어날 때부터 오른쪽 귀 모양이 이상했다. 살짝 구부러져 있어 바깥쪽 가장자리가 하트 모양으로 접혀 있었다. 독특한 귀 덕분에 슈링크는 삐딱하고 개성 있어 보였다. 슈링크는 오른쪽 귀 때문에 특별해졌다.

객관적으로 보았을 때 슈링크는 다른 하이에나와 조금도 다르지 않았다. 슈링크는 1998년 탄자니아 응고롱고로 분화구에서 서식하는 점박이하이에나 무리 중 서열이 낮은 어미에게서 태어났다. 그래서 슈링크의 서열도 낮았다. 원래라면 슈링크는 존재감 없이 세상에 태어나 무리 내 서열 밑바닥에서 평생 고생하다 아무 관심도 받지 못한 채

초라한 죽음을 맞이해야 했다. 하지만 상황은 다르게 전개되었다. 슈링크는 의지가 강하고 카리스마가 넘치는 데다가 창의적이기까지 해서 운명의 방향키를 반대쪽으로 틀며 엄청나게 불리한 상황에 맞섰다. 그 결과 슈링크는 지구상에서 가장 엄격하고 공격적으로 지위 서열을 지키는 하이에나 사회에서 살아남았다.

태어날 때부터 슈링크는 수컷 하이에나로서 서열상 가장 밑바닥이었다. 하이에나 무리는 철저히 모계사회다. 태어날 때부터 서열이 높은 암컷이 어미의 사회적 지위를 물려받는다.[1] 수컷 역시 어미의 서열을 물려받지만 다른 무리에 합류하면 그 지위를 상실한다. 따라서 하이에나 세계에서 서열의 가장 밑바닥은 항상 수컷 아웃사이더가 차지한다.

하이에나는 세상에 나오는 순간부터 무리 속 자신의 위치를 쟁취할 준비가 되어 있다. 하이에나는 경쟁자를 잘 보기 위해 육식동물 중 유일하게 눈을 뜬 채로 태어난다.[2] 이빨도 다 자란 상태라 상대방을 물 수 있다. 운 좋게도 첫 숨을 들이마시는 순간부터 슈링크는 이미 전투태세를 갖추고 있었고, 덕분에 어미 뱃속에서 나오자마자 기다리고 있던 쌍둥이 누나를 상대할 수 있었다. 먼저 태어난 쌍둥이 누나가 상대적으로 유리했다. 곧 벌어질 싸움에 대비하기 위해 최대한 재빠르게 어미의 젖을 먹고 있던 누나는 슈링크를 보자마자 달려들었다. 두 남매는 어미의 젖에서 최적의 위치를 선점하기 위해 서로를 할퀴며 싸웠다.

우리는 독일 베를린에 있는 라이프니츠동물원·야생동물연구소 생물학자 올리베르 회너에게서 슈링크의 이야기를 전해 들었다.[3] 회너와 동료 동물학자들은 1년 중 대부분을 탄자니아에서 보내며 하이에나의 사회 행동을 탐구하는 현장 연구를 20년 넘게 진행해왔다. 이들의 점박이하이에나 프로젝트는 동물 행동을 살펴보는 다른 연구와 달리 침습하지 않는데, 하이에나의 행동과 상호작용을 추적하기 위해 야생동물을 만지거나 움직임을 방해하지 않는다.[4] 전자 감시 기기 없이 오로지 현장에서 자세히 관찰한 결과에만 의존한다. 물론 유전자 검사 도구나 촬영 장비와 같은 기술은 활용한다. 하지만 기본적으로 관찰 접근 방식을 채택한 것은 연구진이 그만큼 하이에나가 무리를 지어 사는 동물이라는 점을 잘 이해하고 있다는 뜻이다. 연구진은 하이에나의 신체적 특징을 매우 자세히 관찰한다. 점박이 무늬 패턴이나 상처, 귀가 잘린 모양 등을 보고 각 하이에나를 구분한다. 또한 하이에나의 성격과 습성을 기록하고 매일, 매년 어떻게 달라지는지 그리고 생애 주기와 세대에 걸쳐 어떻게 변화하는지 살펴본다. 1996년부터 축적된 연구 데이터는 이제 수천 마리에 달하는 하이에나에 관한 정보를 담고 있다.

회너에 따르면 1998년 4월 슈링크가 태어났을 당시 마푸타라는 이름의 젊고 아름다운 여왕이 무리를 다스리고 있었다. 마푸타는 어미가 사자의 공격을 받고 갑작스레 죽은 뒤 우두머리 자리를 물려받았다. 그때 마푸타는 다 자란 것도 아니었고 그렇다고 무리 내에서 가장 힘이 세거나 노련한 것도 아니었다. 하지만 마푸타는 기회를 놓치지 않았다. 결단력과 매력을 겸비한 마푸타는 권력을 향한 본능이 있었다. 어미로부터 물려받은 권력을 바탕으로 마푸타는 자신의 언니와 가까운 친척들과 손을 잡았고 덕분에 무리에 속한 다른 하이에나를 견제할 수 있었다. 마푸타가 왕좌에 오르자 무리 구성원은 알아서 자신들의 서열을 정리했다.

마푸타는 여왕으로서 모든 일에 우선권을 가졌다. 무리와 함께 사냥한 누를 먹을 때 마푸타가 먼저 먹었다. 이와 달리 서열이 낮은 하이에나는 고기 몇 점만 먹어도 운수 좋은 날이었다. 비바람과 불청객을 피할 수 있는 아까시나무 아래 가장 좋은 잠자리도 마푸타가 먼저 차지했다. 서열이 높은 여느 동물들과 마찬가지로 더 많이 먹고 더 잘 자는 것은 마푸타의 특권이었다. 마푸타는 힘이 센 언니와 조카를 비롯해 연대를 지지하는 무리 내 뛰어난 전사들의 보호를 받았다. 보통 하이에나 우두머리는 짝짓기 상대를 제일 먼저 고르고 출산이 다가오면 보금자리도 가장 먼저 선택한다.

이와 달리 슈링크의 어미 베바는 무리 내에서 마푸타와 정반대 위치에 있었다. 평생을 서열 밑바닥에서 보냈다. 높은 서열의 암컷과 그 새끼에게 괴롭힘을 당했고 사회 집단의 가장자리로 밀려났다. 무리와 함께 사냥한 먹이를 먹는 순서도 가장 나중이었다. 자신의 위치를 잘 알고 있었던 베바는 최소한의 먹이와 보호, 피신처를 얻는 것 외에 다른 일에는 상관하지 않았다.

1998년 봄 회너는 평소보다 스트레스를 받은 듯한 베바의 모습을 발견했다. 베바는 쌍둥이를 임신한 상태였는데, 그중 한 마리가 바로 슈링크다. 우연인지 몰라도 같은 시기에 마푸타도 왕족이 될 새끼를 임신 중이었다. 마푸타의 새끼는 왕권과 더불어 어미의 높은 서열을 물려받아 다른 하이에나는 꿈도 못 꿀 이점을 누리며 살아갈 예정이었다. 한 마리는 여왕의 새끼였고 다른 한 마리는 빈민의 새끼였다. 이제 곧 세상의 빛을 보게 될 이 새끼 하이에나 두 마리가 서로 얽히고설키게 된다. 그러면서 슈링크의 청소년기와 운명이 완전히 달라진다.

페킹 오더

때는 1901년이었다. 당시 여섯 살짜리 소년은 부모님이 여름 동안 빌린 노르웨이 오슬로에 있는 시골집 뒷마당에서 놀고 있었다. 소년은 똑똑하고 침착하며 직관력이 뛰어났다. 시골집에서 닭들을 관찰하며 시간을 보내던 소년은 닭 한 마리 한 마리에게 이름을 지어주었다. 그리고 저마다 다른 닭들의 개성과 성향을 외웠다. 이렇듯 세심했던 소년은 여름이 끝나고 닭들을 두고 떠나야 할 시간이 되자 매우 힘들어 했다. 그리고 겨우내 닭 무리를 떠올렸다.

이듬해 봄이 되자 소년은 닭을 키우자며 엄마를 졸랐고 엄마는 소년의 소원을 들어주었다. 외동아들의 응석을 받아준 것일 수도 있고 길고 긴 노르웨이의 여름 동안 아들에게 할 일을 만들어주고 싶었던 것일 수도 있다. 아니면 과학에 대한 흥미를 북돋아주거나 책임감을 길러주고 싶었는지도 모른다. 이유야 어찌 되었든 소년은 닭을 돌보며 또 한 번의 여름을 보냈다.

해가 바뀔 때마다 여름이 되면 소년은 점점 더 많은 수의 닭을 키우기 시작했다. 그렇게 몇 년이 흘렀고 그동안 소년은 닭을 관찰하며 수백 시간을 보냈다. 소년은 세세한 부분까지 놓치지 않았다. 닭들이 먹는 모이의 종류와 양 등을 시간순으로 정리했고 알을 낳을 때마다 빠짐없이 기록했다. 매일 날씨를 확인하여 기후 변화가 암탉에 어떤 영향을 미치는지 조사했다. 소년이 무엇보다 가장 큰 흥미를 느끼며 좋아한 일은 닭들 사이의 관계를 그림으로 표현하는 것이었다. 소년은 닭들의 서열이 어떻게 변화하는지를 보여주는 복잡한 삼각형과 도표를 몇 장이고 그렸다. 또 어느 닭이 아프고 어느 닭이 건강한지 그리고 닭의 건강 상태가 무리의 단합과 불화와 어떤 관련이 있는지 하루도 빠지지 않고 관찰했다.

열 살이 되던 해 소년은 나중에 페킹 오더pecking order(쪼는 순서, 즉 우열 순서)라고 명명한 특이 현상을 목격했다.[5] 이후 시간이 흘러 1992년 토를레이프 셸데루프 에베는 28세의 나이로 독일 심리학 저널 〈심리학 잡지Zeitschrift für Psychologie〉에 "닭의 사회적·개별적 심리학에 대한 기여Weitere beiträge zur sozial-und individual psychologie des haushuhns"를 게재하며 그동안의 연구 결과를 공식적으로 발표했다. 오늘날에도 토를레이프의 논문은 강력하고도 오래된 생물의 서열과 지위가 어떻게 구축되는지 이해하는 데 기초 지식을 제공한다. 무리의 서열을 정리하기 위해 닭은 본능적으로 알고 있는 과정을 따랐다. 그리고 이를 열 살짜리 소년이 관찰하고 기록했다.[6] 코끼리와 너구리에서부터 어류, 파충류, 조류까지 모두 이 과정에 따라 서열을 확립한다. 인간이 서열을 정하는 데도 이 과정이 작용하는데, 특히 와일드후드에 가장 활발하게 작용한다.[7]

와일드후드는 앞으로 동물이 살아가면서 갖게 될 지위를 배우고 확고히 하는 시기다. 이 시기에 어린 동물의 서열이 어떻게 매겨지고 평가되느냐에 따라 현실에서 사회적 위치와 소속감이 결정되며 이는 평생 지속된다.[8] 평가 기준 중 일부는 노력해도 바꿀 수 없는 것들이다. 태고난 배경이나 환경처럼 말이다. 하지만 어떤 지위는 학습하거나 개발할 수도 있으며, 드물게는 바뀔 수도 있다.

청소년을 포함한 모든 동물은 몸집이나 힘, 외모나 매력 등을 기준으로 삼아 서로를 평가하고 판단한다. 나이와 건강 상태, 번식 가능성도 평가에 반영된다. 수영 실력, 비행 실력, 전투 실력과 같은 신체 능력도 과시하고 경쟁한다. 성숙한 어른 대열에 합류하기 위해 노력하는 과정에서 청소년기 동물은 가족이나 친구, 경쟁자에게 있는 힘을 꼼꼼하게 재고 따진다. 청소년기 동물은 미래에 누릴 기회를 좌우할 사회적 집단에 들어가기도 하고 퇴짜를 맞기도 한다. 이 시기에 동물은 엄청난 압박에 시달린다. 이는 어쩌면 당연한 것일지도 모른다. 많은 것이 걸려 있기 때문이다.

여러 종에 걸쳐 어른이 된다는 것은 평가를 시작하는 시기로 접어든다는 것이나 마찬가지다.

지위는 중력이다

지위, 서열, 위치, 평판, 계급, 신분, 위신 등 이러한 모든 개념을 통틀어 인기라고 부른다. 요즘 아이 중 몇몇은 이를 가리켜 '적합성relevance'이라고 솔직하게 표현하는데, 매우 정확한 표현이다. 어떤 용어를 쓰든 집단 내 개인의 위치를 뜻하는 사회 계급은 정체성에 엄청난 영향을 준다.[9]

인간은 사회 계급이 곧 정체성을 결정하지만 동물은 조금 다르다. 하지만 인간이나 동물이 세상에서 어떻게 존재하느냐에 사회 계급이 미치는 영향이 엄청나다는 점만은 분명하다. 사회 계급으로 먹느냐 먹히느냐가 결정된다. 후손의 여부 역시 사회 계급에 따라 달라질 수 있다. 동물은 무리에서 소외당하거나나 배척당하지 않기 위해 고통을 감내하고 먹이를 포기하며 성적 활동을 단념하고 동료를 배신한다. 사회적 동물에게 지위는 중력이나 다름없다. 너무나도 강력해서 벗어날 수 없다. 게다가 눈에 보이지 않는다. 지위는 어디에나 존재하는 힘이며 세상을 헤쳐 나아가는 방식과 다른 동물을 대하는 태도를 결정한다.

자연에서는 무리 내 서열이 낮을수록 인생이 고달픈 반면 서열이 높은 동물은 먹이나 영역 등의 자원에 더 쉽게 접근할 수 있다. 전략적으로 동지를 모으거나 적에 대응하는 방법, 또래에 주의를 기울이거나 구경꾼을 무시하는 요령을 익히지 못한 동물은 잠재적 자원과 보금자리, 짝짓기 상대를 구하는 데 어려움을 겪는다.

예를 들어 닭장 안에서 서열이 가장 높은 수탉은 새벽을 알릴 특권을 갖는다.[10] 우두머리 수탉이 '꼬끼오' 하고 울기 전까지 서열이 낮은 닭들은 아무리 소리를 내고 싶어도 꾹 참아야 한다. 무리에서 우세한 지위를 뽐내는 암컷 햄스터는 자기보다 서열이 낮은 햄스터의 배아가 착상되지 못하게 막는다.[11] 그런가 하면 서열이 높은 가재는 수온이 약 24도인 완벽한 환경을 선점하지만 서열이 낮은 가재는 온도가 더 높거나 낮은 물속에서 생활해야 한다.[12] 우두머리 전서구는 가장 높은 횃대를 차지한다.[13] 또 서열이 가장 높은 물고기는 산소가 충분하고 물고기 배설물이 적은 가장 앞쪽에서 헤엄친다.[14] 이와 달리 서열이 낮은 물고기는 뒤쪽으로 밀려나 정반대의 경험을 한다.

단지 안락의 문제가 아니다. 계급의 맨 밑바닥으로 떨어진다는 것은 종신형이나, 때에 따라서는 사형 선고가 되기도 한다. 서열이 높은 동물은 무리에서 안전한 위치를 특권처럼 누리므로 포식자에게 공격당하거나 포획당하거나 잡아먹힐 가능성이 상대적으로 낮다. 회색숭어물고기는 서열이 높을수록 무리에서 안쪽에 자리한다. 포식자와 멀리 떨어져 가장 안전하기 때문이다. 늘 그런 것은 아니지만 서열이 낮은 물고기는 '위험 영역'인 가장자리로 내몰린다.[15] 계급이 낮은 동물은 흔히 포식자의 존재를 탐지하기 위해 주의를 경계하는 데 더 많은 시간을 할애한다. 따라서 상대적으로 잠을 덜 잘 수밖에 없고 눈을 붙인다고 해도 푹 잘 수 없다. 한마디로 동물은 서열이 높을수록 안전해지고 낮을수록 위험해진다.

동물은 무리 생활을 통해 여러 이득을 누린다.[16] 주변을 살필 눈이 더 많고 수적으로 우세하기 때문에 한 마리 한 마리가 감당해야 할 포식자로 인한 위험이 줄어든다. 또 자원과 정보를 공유함으로써 더 효율적으로 움직일 수 있고 더 많은 먹이를 먹을 수 있다. 무리 생활은 어린 동물을 가르치고 성장시켜 자신의 책임을 다하게 한다. 이렇듯 여러 마리의 동물이 한자리에 모일 때는 쉽게 알아볼 수 있는 사회적 구조와 규칙이 있어야 갈등을 줄일 수 있는데, 서열은 체계적이고 생산적으로 무리를 운영하는 데 중요한 역할을 한다.

서열이 높은 동물에게는 가장 먼저 먹이나 영역, 짝짓기 상대, 안전한 보금자리를 선택할 수 있는 혜택이 돌아간다. 이들은 자신의 위치와 특권을 지키기 위해 최선을 다한다. 무리 내에서 자신의 위치를 아는 것은 생존에 굉장히 중요해서 동물의 뇌는 매초 올라가거나 내려가는 자신의 사회적 위치를 재빠르게 파악한다.[17] 동물은 뇌에서 신경화학 메시지를 전달받고 변동된 서열에 따라 행동을 조정한다. 우리가 아는 한 인간을 제외한 모든 동물은 이러한 신경화학적 '지위 신호'를 유해하거나 유쾌하거나 그 사이의 무언가로 받아들인다. 하지만 인간은 동일한 신경화학적 지위 신호를 감정으로 인식한다. 실제로 우리의 감정 체계는 지위를 파악하는 생리를 기반으로 하고 있다. 이러한 성향은 사회적 위치 변화가 곧 새로운 기회 또는 인생의 끝을 의미했던 지위에 민감한 동물 조상에게서 물려받은 것이다.

사회적 서열의 복잡성을 이해하지 못한 동물은 더 나은 계급으로 올라갈 기회를 놓치기 마련이다. 자신의 지위를 제대로 이해하지 못하면 공격이나 부상, 죽임을 당하기 쉽고 집단에서 쫓겨날 수도 있다. 사회적 동물은 지위를 높일 기회를 찾기 위해 일상에서 일어나는 일들의 세세한 부분까지 빼놓지 않고 관찰한다. 동시에 크나큰 재앙, 즉 지위 하락을 사전에 감지하고 예방하기 위해 주의를 기울인다.

지위 하락을 신속하게 감지하는 것은 생존의 기본이다.

천사의 서열

셸데루프 에베가 어린 시절 닭 무리에서 페킹 오더를 관찰하기 수백 년도 전에 유럽의 신학자는 천사의 서열을 구분했다.[18] 복잡한 서열(영어로 서열이나 위계를 뜻하는 하이어라키hierarchy는 신성함을 의미하는 그리스어 히에로스hieros와 규칙을 의미하는 아르키아arkhia에서 유래한다)을 그림으로 옮겼는

데, 가장 위에는 근엄한 치천사와 지천사가 있고 가장 아래로는 대천사와 천사가 있다. 치천사에게 주어지는 혜택 중에는 하나님 가까이에 앉는 영광이 포함되었다. 이와 달리 낮은 단계의 천사는 주로 훨씬 덜 고귀한 인간사를 관리하며 시간을 보냈다. 이처럼 서열이란 타인과 비교한 개인의 우세 또는 열세한 지위를 나타내는 조직적 체계로 정의할 수 있다.

셸데루프 에베는 페킹 오더가 알아서 신속하게 결정된다는 사실을 발견했다. 새로운 닭이 무리에 들어오면 알아차리지 못할 만큼 빠르게 서열이 재결정되었고 모든 닭은 예전과 달라진 자신의 위치를 인식했다.[19] 서열 변동이 일어나는 아주 짧은 시간이 지나면 닭들은 다시 평온하고 효율적인 무리로 돌아갔다(또는 돌아간 것처럼 보였다). '쪼는 순서'라는 말 그대로 닭은 부리를 사용해 무리의 서열, 즉 페킹 오더를 유지했다. 서열이 가장 높은 닭은 무리에 있는 모든 암탉을 부리로 쫄 수 있었다. 우두머리 바로 아래에 있는 2인자는 서열이 가장 높은 닭을 제외한 나머지 모든 암탉을 마음껏 쫄 수 있었다. 서열이 세 번째로 높은 닭은 자신보다 지위가 높은 두 마리의 닭을 제외한 나머지를 쫄 수 있었다. 이러한 선형적 서열은 가장 밑바닥까지 이어졌다.

동물 세계의 서열 구조는 그 종류가 다양하다. 독재나 연합 형태일 때도 있고 삼각형 모양으로 이루어지기도 한다. 안정적인 서열도 있고 유연한 서열도 있다. 인간을 비롯한 동물 대부분은 선형적 서열을 이룬다. 인간은 마음속 깊은 곳에 내재한 선천적 능력이 있는데, 이를 통해 자신의 서열과 위치를 파악한다. 동물행동학자 마크 베코프에 따르면 "우리 같은 사회적 동물은 선천적으로 스스로를 서열화하도록 만들어진 존재로, 누군가는 꼭대기로 올라가고 누군가는 바닥으로 내려가며 나머지 집단 구성원은 중간을 차지한다."[20]

서열이 동물의 삶에 어떤 결정적 영향을 미치는지 알아보기 전에 먼저 대개 같은 뜻으로 쓰이지만 사회과학자와 동물행동학자는 구분하는 두 단어를 이해해야 하는데, 바로 '계급rank'과 '지위status'다.

동물의 계급은 무리 내 절대 위치로 매우 객관적으로 평가된다. 이와 달리 지위는 객관적 척도가 아니다.[21] 지위는 계급에 대한 '인식'을 의미한다. 지위는 다른 구성원의 생각과 결정에 따라 달라진다. 지위와 계급이 같은 경우도 있지만 늘 그렇지는 않다. 인간 세상에서 그 예를 찾아볼 수 있다. 엄청난 부자라고 알려졌지만 실제 자산이 소문보다 훨씬 적은 가족을 살펴보자. 이들의 계급(보유한 돈)은 지위(가족의 부에 대한 사람들의 인식)보다 낮다.

집단에 속한 모든 동물은 저마다 계급과 지위가 있다. 무리나 떼, 집단의 엄청난 다양성이 보장되는 이유다. 하지만 훈련받지 않은 인간의 눈에는 이런 서열이 잘 안 보이기도 한다.

이행적 계급 추론

찌르레기 떼를 떠올려보자. 찌르레기 수천 마리가 거대한 떼를 이뤄 노을이 번지는 하늘을 빙빙 돌며 날고 있다. 우리 눈에는 포대 자루에 담긴 땅콩처럼 구분할 수 없는 한 덩어리로 보인다. 하지만 찌르레기 떼는 한 마리 한 마리의 찌르레기로 이루어져 있다. 수컷도 있고 암컷도 있다. 어른이 된 지 몇 년이 지난 찌르레기도 있고 경험이 부족한 청소년 찌르레기도 있다. 사람마다 생김새와 키가 모두 다르듯이 찌르레기도 마찬가지다. 다부진 녀석이 있는가 하면 호리호리한 녀석도 있고 긴 녀석이 있는가 하면 짧은 녀석도 있다. 관절도 뻣뻣한 녀석이 있고 유연한 녀석이 있다. 성격도 침착하거나 신경질적이거나 저마다 다르다.

이게 다가 아니다. 나이나 성별, 크기 외에도 싸워본 경험, 운동능력, 외모와 매력, 세심함 등 이력이 새마다 모두 다르다. 성욕도 차이가 있는데, 적극적인 성생활을 하는 새도 있고 큰 관심이 없는 새도 있다. 동물행동학자들은 이제 바퀴벌레나 비둘기와 같이 우리가 등한시하는 동물들이 보이는 성적 대담성과 내향성까지 주기적으로 측정하고 있다.[22] 그리고 여기에 부모 새의 지위, 사회적 관계, 태어난 순서, 삶의 경험 등이 더해져 한 마리 새의 개성이 완성된다. 뉘엿뉘엿 해가 지는 들판 위로 속도를 내기 시작하는 찌르레기 떼는 날아다니는 서열도표나 마찬가지다. 저마다 서열이 다른 찌르레기들이 떼를 이뤄 날고 있다.

멸치, 순록, 종달새, 보노보 등도 마찬가지다. 이들은 모두 무리를 이루고 서열을 정한다. 그리고 서열을 정하는 사회적 힘으로 그 서열을 탄탄하게 유지한다.

동물은 이행적 계급 추론transitive rank inference을 통해 모르는 상대방의 지위 관계를 유추할 수 있다. 이행적 계급 추론이란 "A의 계급이 B보다 높고 B의 계급이 C보다 높으면, A의 계급이 C보다 높다"라는 결론에 도달하는 과정을 말한다.[23] 슈링크를 예로 들어보자. 만약 슈링크가 누나와의 싸움에서 패배하고 새로운 하이에나와의 싸움에서 누나가 지는 것을 보았다면, 슈링크는 자신의 계급을 새로운 하이에나보다 낮다고 인식한다. 슈링크는 새로운 하이에나와 직접 싸우지 않고도 자신의 서열을 정확하게 파악하는 것이다.

이행적 계급 추론은 직접적인 충돌과 부상 위험을 최소화고 평화를 유지하는 행동적 지름길이다. 우두머리 암탉이 매번 다른 닭을 쪼지 않아도 힘과 지배력을 과시할 수 있는 까닭은 이행적 계급 추론에 있다. 단 한 번의 목 놀림이나 울음소리, 털 새우기로 피 흘리는 실제 전투를 대체한다. 우두머리 참새는 눈에 보이지 않을 정도의 미세한 털의 움직임만으로 새 모이통에 모인 다른 참새를 쫓아버린다. 우두머리 대왕고래는 위협적인 존재감만으로 번식지에서 여동생과 사촌의 생식계통 기능을 정지시킨다. 우두머리 고양이는 눈을 살짝 가늘게 뜨는 것만으로 잔뜩 긴장한 서열 낮은 고양이를 재빠르게 도망가게 한다. 우세한 동물은 지위 신호를 보내는 방법을 알고 열세한 동물은 그 신호가 무슨 의미인지를 이해한다.

포유류, 조류, 어류 모두 이행적 계급 추론을 통해 무리 내에서 각자의 위치를 결정한다.[24] 수억 년간 진화하며 서로 분리된 종들이 이런 동일한 능력을 보이는 까닭은 그만큼 사회적 관계를 빠르게 인지하는 것이 사회적 동물에게 오래전부터 매우 중요한 삶의 기술이었기 때문이다. 와일드후드 동안 청소년은 사회적 뇌 체계가 강화되는데, 이행적 계급 추론은 청소년이 무리에서 자신의 위치를 파악하는 한 방법이다. 어린 동물들 사이에서 놀이로 여겨지던 행동들은 힘, 기량, 인내심을 경쟁하는 기준이 된다. 모든 칭찬을 인정으로 이해하고 모든 무시를 거부로 받아들이는 매우 민감한 신경 회로로 인간 청소년은 자신이 서열상 어디에 있는지 세심하게 주의를 기울인다. 사회적 지위의 중력은 인간 청소년의 행동뿐만 아니라 감정에도 영향을 미친다. 현실 세계에서든 가상 세계에서든 서열의 변동은 청소년과 청년의 희열과 절망 또는 그 중간에 해당하는 감정을 유발한다.

공중보건 자료에 따르면 지금까지 21세기는 외로움과 단절이 빠르게 확산하는 시기였고 특히 청소년 사이에서 이러한 현상이 두드러졌다.[25] 불안과 우울은 흡연과 영양부족과 함께 전 세계적으로 시급한 건강 문제로 간주되고 있다. 부모와 교육자는 청소년이 학교에서 학업을 평가하는 시험들로 엄청난 압박에 시달리고 있다고 지적한다. 정신과 의사는 유전자 변화나 호르몬 변화, 뇌의 신경화학적 변화가 원인이라고 설명한다. 경제학자와 국회의원은 지정학과 세계 경기 침체가 문제의 원인이라고 주장한다. 사람들은 하나같이 소셜 미디어를 탓한다. 이 모든 요소는 나이를 막론하고 스트레스와 정신적 괴로움을 유발한다. 그러나 우리는 단순한 감정 기복에서부터 더 심각한 우울증 등 청소년과 청년이 느끼는 고통의 근본적인 이유를 오래전부터 동물의 서열을 결정해온 사회적 관계에서 찾을 수 있다고 본다.

우리는 동물의 서열과 개인적 감정을 연결해서 살펴봄으로써 특히 청소년이 집단 내에서 자신의 위치에 따라 왜 비참해지거나 의기양양해지는지 알 수 있었다. 지위에 대한 집착은 너무나도 자연스러운 습성이다. 그리고 좋은 위치를 차지하고 싶다는 열망을 바탕으로 서열을 형성하는 일은 하기 싫다고 빠질 수 있는 게임이 아니다. 따라서 서열의 규칙을 아는 것은 중요하다.

흙수저 하이에나

응고롱고로 분화구에서 서식하는 점박이하이에나의 임신 기간은 약 100일이다.[26] 베바는 출산이 임박하자 다른 어미들과 마찬가지로 외딴 장소로 옮겨갔다. 무리와 멀리 떨어진 영역 가장자리에서 베바는 진통을 시작했다. 쌍둥이를 임신했기에 분만의 위험도 2배였다. 하지만 이미 출산 경험이 있었던 베바는 다행스럽게도 무사히 새끼를 분만했다. 베바는 딸과 아들 슈링크를 낳으며 아무런 상처도 입지 않았다.

비슷한 시기에 몇 킬로미터 떨어진 전용 소굴에서 마푸타 여왕 역시 새끼를 낳고 있었다. 첫 출산이었기에 베바보다는 분만이 더 어려우리라 예상했다. 하이에나의 산도는 유난히 좁고 탄성이 없어 첫 출산 과정에서 많은 새끼가 질식으로 목숨을 잃는다. 하지만 다행히 여왕의 새끼도 건강하게 태어났다. 다만 수컷이었다. 회너와 연구진은 새로 태어난 왕자에게 '메레게시'라는 이름을 붙여주었다.

메레게시는 금수저를 물고 태어난 덕분에 남다른 혜택을 누리며 풍족한 삶을 살 운명이었다. 서열이 높은 부모를 둔 다른 새끼들처럼 메레게시도 부모의 더 나은 영양 상태로 뱃속에서부터 혜택을 받았다. 메레게시의 어미는 여왕으로서 가장 먼저 먹이를 먹을 수 있는 특권을 누렸으므로 더 많은 양의 젖을 만들어냈다. 여왕의 젖은 영양분도 풍부했다.

저절로 힘이 나는 묘약이나 다름없을 만큼 에너지가 풍부한 젖을 빨 때마다 메레게시는 혜택받지 못한 하이에나 새끼들보다 한 발짝씩 앞서나갔다. 양질의 젖을 더 많이 먹을 수 있기에 서열이 높은 집안에 태어난 하이에나는 다른 새끼들보다 성장 속도가 빠르다. 그래서 젖도 비교적 빨리 뗀다.[27] 보통은 수유기가 2년 정도지만 금수저를 물고 난 새끼들은 9개월 정도면 어미젖을 뗀다. 탁월한 영양 섭취 덕분에 서열이 높은 부모를 둔 하이에나는 그렇지 않은 하이에나보다 생후 1년 생존율이 높다.

태어나자마자 부모로부터 받은 뛰어난 영양 상태가 유리한 발판이 되는 상황은 하이에나만의 이야기는 아니다. 스라소니 새끼는 어미의 젖을 독차지하는 녀석들이 우세하게 성장한다.[28] 서열이 높은 어미 카나리아는 열세한 어미보다 테스토스테론이 더 많은 알을 낳아 경쟁력이 뛰어난 새끼가 태어난다.[29] 어란의 호르몬 수치도 서열에 따라 달라지며 이는 이제 막 부화한 치어의 사회적 지위에도 영향을 미친다.[30] 우세한 암컷 피라미가 낳은 알에 더 많은 테스토스테론이 들어 있어 이 알에서 부화한 새끼는 열세한 피라미의 새끼보다 높은 지위를 차지할 가능성이 크다.

응고롱고로 분화구 어딘가에 있는 베바의 굴에서 슈링크는 또 하나의 불이익을 마주해야 했다. 베바의 젖은 메레게시가 먹는 마푸타의 젖에 비해 묽고 영양분도 없었다. 양도 매우 적은 데다가 쌍둥이에게 젖을 물려야 했다. 그렇게 슈링크는 태어나는 순간부터 모든 것이 불리했다. 수컷이었고 둘째였다. 어미는 무리에서 서열이 낮았다. 어미의 젖은 상태도 좋지 않았고 양도 부족했다. 어미의 뱃속에서 충분한 영양분을 공급받지 못했기에 슈링크는 날 때부터 몸집도 작고 약했다. 간발의 차이로 먼저 태어나 젖을 더 많이 먹은 누나가 갓 태어난 슈링크를 공격했다. 슈링크는 단 두 마리로 이루어진 집단에서 난생처음으로 서열을 겪었다. 그리고 이미 슈링크는 밑바닥으로 밀려났다.

7.

집단의 규칙

태어난 지 2주가 지난 어느 날 아침 슈링크는 목 뒤쪽에 어미의 이빨을 느끼며 눈을 떴다. 몸을 꿈틀거려보았지만 어미는 슈링크의 목덜미를 꽉 물고 새끼 시절을 보낸 유일한 보금자리에서 슈링크를 꺼냈다. 베바는 덜렁대는 새끼를 입에 문 채 아직 동이 트지 않은 하늘 아래를 걸어갔다. 마침내 베바가 발걸음을 멈추고 슈링크를 바닥에 내려놓자 슈링크는 주변의 움직임을 감지했다. 쌍둥이 누나가 근처에 있는 것 같았지만 낯선 하이에나들의 존재도 느껴졌다. 칭얼거리는 소리와 으르렁거리는 소리가 들리는 듯했다. 어미는 슈링크를 내려놓은 후 총총걸음으로 자리를 떠났다.

슈링크는 알 리 없었지만 발달의 다음 단계인 공동생활을 시작하는 첫날이었다.[1] 점박이하이에나 새끼는 어미나 형제자매와 생후

2~3주 정도를 보낸 다음 여러 마리가 함께 사는 굴로 옮겨져 무리의 다른 새끼들과 지내게 된다. 공주와 왕자부터 가장 서열이 낮은 부모를 둔 새끼까지 모두 이곳에서 생활한다. 슈링크와 누나 그리고 마푸타 여왕의 아들 메레게시도 이 굴로 이끌려왔다. 하이에나 공동 유치원이나 다름없는 이곳에서 새끼들은 사회적 관계를 넓히며 한층 폭넓은 전체 무리 안에서 자신의 서열을 파악해나간다.

여러 마리가 함께 사는 굴에서 어린 하이에나들은 수없이 많은 낮과 밤을 어른의 간섭이나 통제 없이 보낸다. 하루에 한두 번 어미들이 새끼에게 젖을 물리기 위해 찾아오긴 하지만 그 외에는 새끼들끼리 서로 싸우고 놀며 함께 자유롭게 돌아다닌다.

늘 배고프고 영양부족 상태인 쌍둥이의 끊임없는 요구에서 벗어난 베바는 안도감을 느낄 새도 없이 전혀 다른 어려움과 맞닥뜨렸다. 새끼들이 이 새로운 단계에 접어들자 베바는 무리의 가장자리에서 얼마 되지 않는 먹이를 찾고 자신을 지키느라 애써야 했고 그러다 보니 다른 어미들처럼 자주 유치원에 들를 수 없었다. 그나마 굴에 찾아와서도 새끼들에게 아낌없이 주지 못했다. 젖을 물리기 위해 주기적으로 굴을 찾았지만 굶주린 새끼 두 마리를 먹이기에는 젖이 턱없이 부족했다. 목마르고 배고픈 슈링크는 어미가 굴에 올 때면 누나에 밀려 구석에 있기 일쑤였다.

이와 달리 마푸타 여왕은 하루에도 몇 번씩 굴을 찾았다. 메레게시는 흘러넘치는 마푸타의 젖을 부족함 없이 먹었다. 또 마푸타는 메레게시에게 먹일 고기를 가져왔는데, 서열이 낮은 어미들은 꿈도 못 꿀 일이었다.

이 시기를 관찰한 현장 연구진에 따르면 슈링크와 쌍둥이 누나, 메레게시 왕자를 비롯해 나머지 또래 새끼들에게 함께 사는 굴에서의 처음 며칠은 아마도 매우 두려웠을 것이라고 한다. 어미가 떠난 뒤 하이에나 새끼들은 매사에 확신이 없었고 쉽게 겁먹었다.[2] 바람에 흔들리는 풀도 지나가는 곤충도 움직이는 모든 것이 공포의 대상이었다. 하지만 곧 굴에 있던 새끼들은 불안하고 두려움에 떠는 대신 도전하고 공격하기 시작했다. 물론 장난스러운 싸움이었다. 이런 장난기 넘치는 싸움에서도 어린 하이에나는 동물 집단에서 서열을 결정하는 보편적인 특성에 따라 승리나 실패를 경험했다.

서열이 결정되는 과정

무리 내에서 동물의 지위와 계급이 결정되는 과정은 종에 따라 다양하다. 그러나 자연에서 흔히 볼 수 있는 몇 가지 보편적인 특성이 있다. 동물의 서열에 영향을 미치는 공통 기준을 하나씩 알아보자.

크기

여러 동물 사회에서 신체 크기는 서열을 가늠할 수 있는 주요 요소다. 조류에서부터 어류에 이르기까지, 또 갑각류에서부터 포유류에 이르기까지, 심지어는 거미들 사이에서도 몸집이 클수록 서열이 높다.[3] 일부 동물에게는 크기가 그렇게 중요하지 않다. 하이에나 암컷은 가족이나 사회적 관계가 몸무게보다 더 큰 영향을 미친다.[4] 하이에나 수컷 역시 신체 크기보다는 가족이나 사회적 관계나 나이가 더 중요하다.

나이

많은 동물이 나이가 들수록 서열상 위로 올라간다.[5] 야생 조랑말, 아프리카코끼리, 흰바위산양, 미어캣, 침팬지, 큰돌고래, 인간이 이러한 동물에 해당한다. 아직 성장 중인 동물은 크기와 나이가 서로 연결되어 있다. 적어도 어느 정도 클 때까지는 나이가 많은 형제자매들이 대개 동생들보다 우세하다. 진학이나 사회 진출을 앞둔 학생들이 경쟁력을 키우기 위해 1년 정도 갭이어gap year나 레드셔팅redshirting을 갖고 학업이나 운동에 집중하는 것은 동물의 왕국 전반에 걸쳐 나이가 많을수록 유리하다는 데서 비롯된 관례일 수도 있다. 연장자일수록 무리의 영역을 물려받을 가능성이 크다. 무리에서 두 번째로 나이가 많은 동물은 경쟁자가 떠나거나 죽을 때까지 긴 시간을 기다렸다가 그 자리를 차지한다.[6] 이런 연장자들 덕분에 어린 동물들은 나이가 많고 경험이 풍부한 선배 동물을 지켜보면서 꼭 필요한 삶의 기술을 배울 수 있다. 슈링크에게 어린 나이는 또 다른 약점이다. 수컷 하이에나의 나이와 서열은 밀접한 관계가 있다. 서열의 사다리에서 위로 올라가려면 수컷은 몇 년을 기다려야 한다.[7] 물론 친구 혹은 동맹이 도와준다면 이야기가 달라지지만 말이다.

몸단장

매력, 심지어 육체적 아름다움도 인간이 지위를 높이는 데 도움이 된다.[8] 그런데 다윈에 따르면 동물에게도 "아름다움에 관한 취향"이 있다. 수컷 동물은 까다로운 암컷에게 자신의 매력적인 유전자와 풍족함을 광고하기 위해 화려함을 과시하는 것으로 알려져 있다. 예를 들어 홍학은 몸에 좋은 카로틴을 풍부하게 섭취해야만 주황빛이 도는 선명한 분홍색 깃털을 가질 수 있다.[9] 잠재적 짝짓기 상대는 탐스러운 깃털의 수컷을 보고 그가 최상급 새우를 주기적으로 먹는 우월한 유전자의 주인공이라고 생각한다. 하지만 희미한 잿빛 홍학은 그 반대로 여겨진다. 물론 양질의 먹이는 환경의 영향을 많이 받으므로 동물이 통제할 수 없을 때도 있다.

짝짓기 상대를 사로잡는 신체적 매력 중 일부는 동성 집단 내 서열에서 지위를 상징하기도 한다. 한 올 한 올 정교하게 곱슬거리는 흑고니의 날개 깃털은 암컷을 유혹할 뿐만 아니라 자신의 높은 서열을 다른 수컷에게 보여주는 상징이다.[10]

매력을 끌어올리고 서열을 높이는 또 다른 요소는 몸단장이다. 일반적으로 가장 단장을 잘한 조류, 어류, 영장류가 서열의 꼭대기를 차지한다. 단장을 잘한 동물이 신체적으로도 가장 건강하다. 무리의 다른 동물에게서 몸단장을 받는 것도 서열이 높은 동물이 누리는 특혜다. 셸데루프 에베는 닭들의 몸단장에 차이가 있다는 점을 발견했다. "반짝이고 윤이 나며 아름답고 깔끔한 깃털"이 달린 닭이 있는가 하면 페킹 오더의 밑바닥에 속하는 "엉망으로 구겨지고 정리가 안 되어 있으며 대개 흙이 묻어 있는 깃털"이 달린 닭도 있었다.[11]

서열이 낮은 동물은 보호나 먹이 등을 받는 대가로 서열이 높은 동물의 몸단장을 대신해주기도 하고 서열 상승을 꿈꾸며 서열 꼭대기에 있는 동물들의 주변에서 몸단장을 돕기도 한다. 조류나 어류, 포유류 무리에서 누가 누구의 몸을 단장해주는지 살펴보면 서열 관계를 파악할 수 있다. 인간 사회에서도 조금만 관찰하면 비슷한 현상이 보이는데, 몸단장과 서열이 밀접하게 연관되어 있다는 것을 알 수 있다. 인간은 사회적 몸단장의 도구로 언어를 사용한다. 칭찬과 신체적 몸단장은 비슷한 형태의 신경화학반응을 유발한다. 동물이 우두머리에게 잘 보이기 위해 털을 뽑거나 몸을 비비고 입으로 물어뜯듯 우리 인간은 찬사와 아첨을 통해 같은 목적을 달성한다. '말로 하는 몸단장'의 개념을 소셜 미디어로 확장해보면 게시물을 올리는 사람과 좋아요를 누르는 사람을 살펴봄으로써 서열을 유추할 수 있다.

몸이 깨끗하게 정돈된 높은 서열의 동물답게 우두머리 하이에나는 다른 동물보다 흉터가 적은 편이다.[12] 아마도 서열이 낮은 동물은 우세한 동물을 공격할 엄두조차 내지 못하기 때문일 것이다. 서열이 높은 하이에나는 또한 면역 체계가 뛰어나고 다른 동물에게서 몸단장도 받아 몸에 사는 기생충의 수가 적다.

성별

마지막으로 어류, 파충류, 조류, 포유류의 성별도 서열을 결정하는 요소로 작용한다.[13] 인간의 성별이 여성과 남성으로 나뉘듯 동물의 성별도 암컷과 수컷으로 구분된다. 암컷이 우세한 위치를 차지하는 동물도 있고 반대로 수컷이 높은 서열을 차지하는 동물도 있다. 알록달록한 흰동가리는 항상 암컷이 서열의 꼭대기를 차지한다. 서열이 높은 흰동가리는 많은 혜택을 누린다.[14] 암컷인 우두머리 흰동가리가 죽고 서열 맨 꼭대기 자리가 비게 되면 그 밑에 있던 수컷이 위로 올라가기 위해 암컷으로 성별을 바꿀 정도로 높은 서열이 주는 이익은 엄청나다. 수컷이 암컷으로 성전환하는 데 약 40일이 걸린다. 이 과정에서 수컷의 몸집은 2배로 커지고 고환 조직은 난소로 바뀐다.

특정 동물 사회에서 암컷 혹은 수컷이 우세한 자리를 차지하는 까닭은 여럿인데, 생물학적인 영향도 있겠지만 먹이의 양과 포식자의 개체 수 등 환경적 조건도 영향을 미친다.

성별이나 나이, 태어난 순서, 크기, 매력, 부모 등 유전적으로 물려받은 특징은 슈링크가 바꿀 수 없는 것들이다.

하지만 그렇다고 가능성이 전혀 없는 것은 아니었다. 선천적으로 타고나기도 하지만 학습을 통해 유리하게 사용할 수도 있는 행동은 동물의 서열을 결정하는 데 상당한 역할을 한다. 경험을 통해 효과가 증명된 행동 기술은 슈링크에게는 생존의 열쇠였다.

서열이 높은 동물과 어울리다

슈링크와 같은 점박이하이에나는 같은 배에서 나온 형제자매와 많은 시간을 보낸다. 그러나 친족과 함께하지 않을 때는 서열이 같거나 더 높은 동물들과 어울리기 좋아한다.

개코원숭이와 마카크, 버빗원숭이 등 다양한 영장류와 인간은 서열이 낮은 동료보다 서열이 높은 사회 동료를 선호한다.[15] 말이나 젖소들 무리에서 지위는 소속과 우정에 엄청난 영향을 끼친다. 서열이 높은 젖소는 외양간에서 비슷한 위치에 있는 소들의 옆 칸을 선택하며 줄지어 걸어갈 때도 자신이 속한 일당의 뒤를 서둘러 따라간다. 동물의 계급은 동맹이나 짝짓기 상대에게 매력을 뽐낼 수 있는 요소가 된다. 예컨대 수컷 들소는 중간 또는 하위 서열에 속하는 암컷에게는 큰 관심을 보이지 않는다. 무리에서 서열이 높은 암컷을 짝짓기 상대로 더 선호하기 때문이다. 서열의 사다리에서 높은 자리를 차지한 동물은 서로서로 가깝게 지낸다. 따라서 모두가 부러워하는 동물과 함께 서 있거나 풀을 뜯고 주변을 어슬렁거리는 것만으로도 지위가 올라갈 수 있다.

지위가 높은 동물과 어울리는 습성과 힘 있는 친구들을 내세우며 느끼는 기쁨은 생물학적 본능이다. 이는 인기 있는 친구들이 참석한 파티에서 찍은 자신의 사진을 소셜 미디어에 올리거나 유명 정치인 또는 연예인과 함께 찍은 사진으로 선반을 채우는 우리의 행동을 설명해준다. 우리가 성공한 사람의 추천서를 받고 대화 도중에 유명인의 이름을 들먹이고 인기가 많은 학생이나 동료와 점심을 먹는 것도 같은 이유에서다. 지위가 높은 사람과 함께 어울리는 행동은 지위 상승에 매우 효과적이다. 유명한 기업이나 학교, 승률이 좋은 스포츠팀, 가장 인정받는 군대나 정부 기관에 들어가고 싶어하는 인간의 심리에는 이런 어울림의 힘이 바탕에 깔린 것이다.

지위 상징

인기 있는 무리와 어울리는 것 외에 지위를 과시하기 위해 일종의 소품을 달고 다니기도 한다. 우아한 털이나 화려한 깃털, 근사하고 정교한 뿔, 불편할 만큼 기다란 꼬리 등은 주인의 부와 명예를 입증하는 증거들이다. 고급스러운 털가죽과 아름다운 피부를 가꾸는 데 많은 시간과 에너지가 소모된다. 또 으리으리한 뿔처럼 거추장스러운 야생의 액세서리를 달고 다니려면 손이 많이 간다. 동물학자들이 "지위 상징"이라고 부르는 지위 신호는 다른 동물들에게 "나는 특별해"라는 메시지를 전달한다.[16] 지위 상징은 동물의 우월한 유전자와 탄탄한 사회적 배경 그리고 몸단장에 가용할 수 있는 풍족한 자원을 과시한다. 인간이 지위를 유지하는 데 쏟아붓는 시간과 돈을 생각하면 가진 게 없는 동물이 종종 가짜 지위 상징을 휘날리며 서열상 위로 올라가기 위해 애쓴다는 사실이 놀랍지 않다. 싸움에서 커다란 집게 하나를 잃어버린 농게는 당연히 서열이 급락한다.[17] 새로운 집게가 자라도 무게가 가벼워 싸움에서 이기기 힘들 것이다. 그런데도 새로 자란 집게를 흔들며 마치 진짜 집게인 양 다른 농게를 속일 수 있다. 상대방에게 지목당해 진짜 싸워야 하는 상황이 벌어지지 않는 한 농게는 예전보다 훨씬 약한 가짜 집게를 흔들며 서열 사다리를 다시 오를 수 있다.

하버드대학 피바디고고학박물관 메소아메리카 전시홀로 가보자.[18] 옥을 정교하게 깎아 만든 머리 동상이나 재규어 모양의 도자기 그릇 옆에 엄지손톱만 한 금 펜던트가 전시되어 있다. 우리는 사회적 지위를 보여주는 유물을 찾던 중 박물관에서 이 펜던트를 발견했다.

펜던트와 함께 나란히 놓인 물건들은 고대 마야문명기 후반 엘리트들이 소중하게 간직하던 것이다. 이 시기 마야인들은 왕위를 세습하고 웅장한 크기의 공공 건축물을 지었으며 천문학 관련 개념을 발달시켰다.

1000~4000년 전 마야인들은 오늘날의 우리나 1998년의 슈링크 무리만큼이나 지위에 집착했다.[19] 펜던트가 이를 보여주는 좋은 증거다. 금에는 청년의 옆모습이 부조되어 있는데, 이 젊은 남자의 머리에는 태양처럼 퍼져나가는 듯한 머리 장식이 올려져 있다. 이러한 머리 장식은 대개 재규어나 매처럼 숭배하는 짐승을 본떠 화려한 새 깃털들로 꾸민다. 마야인의 머리 장식은 높은 서열을 보여주는 물건이었다. 평민은 머리 장식을 쓰는 것이 금지되었다. 청년은 허리춤에 화려하게 장식한 방패와 하차hacha라고 부르는 장식용 돌도끼의 몸체를 두르고 있다. 하차는 고대 마야문명기 의례였던 피츠pitz라는 구기 종목에 쓰였다고 알려져 있다. 피츠 선수들은 대개 엘리트였고 이들의 경기를 지켜보기 위해 수천 명의 사람이 아레나처럼 생긴 경기장으로 모여들었다.[20] 오늘날 여러 대학과 마찬가지로 마야문명도 운동선수를 높이 샀는데, 특히 지성과 아름다움을 겸비한 운동선수가 승승장구했다. 여러 상징으로 미루어볼 때 펜던트의 청년은 당시 사회에서 명예를 누렸던 게 확실하다. 이 청년은 8세기판 하이즈먼 트로피 수상자였을 테고 그의 모습이 조각된 펜던트는 아마도 엘리트 구성원의 장례를 치를 때 쓰였을 것이다.

주로 마야문명을 연구해온 인류학자이자 고고학자인 스티븐 휴스턴의 《축복받은 길The Gifted Passage》에 따르면 마야 사회에서 청년은 잠재적 상속자로서 특히 지위가 높았다.[21] 마야 도자기나 상형문자, 벽화에 청년의 모습이 자주 등장한다. 마야 사회에서 상류층 엘리트들은 중심가에 있는 커다란 집에서 살며 당시 유행하는 멋진 옷과 액세서리를 착용하는 등의 특권을 누렸다. 또 이들은 주기적으로 고기를 먹고 초콜릿을 마셨다. 이는 평민이라면 평생 한 번 받을까 말까 한 진귀한 대접이었다.

마야 사회에서 귀족은 풍족한 음식과 안락함, 사치품을 누렸지만 대신 한 가지 불이익이 따랐다. 마야의 여러 씨족 집단은 전쟁 시 지켜야 하는 규칙이 있었는데, 귀족은 전투에서 선봉에 서야 했다.

하이에나 무리의 여왕도 마찬가지다. 하이에나 우두머리는 다른 무리와 싸우거나 사자들로부터 무리를 지켜야 할 때 가장 먼저 자신의 목숨을 내놓아야 한다.[22] 사자에게 죽임을 당하는 것은 하이에나 우두머리의 통치 기간이 끝나는 가장 흔한 이유다. 우두머리가 숨을 거두는 순간은 극적이고 폭력적이다. 이때 서열상 명확한 승계 관계는 하이에나 무리가 질서를 유지하는 데 도움이 된다. 모두가 무리에서 자신의 서열을 정확하게 알고 있으므로 차기 우두머리이자 서열상 2인자인 공주나 왕자가 우두머리의 죽음 이후 곧바로 빈자리를 메꾸며 승계 과정이 매끄럽게 마무리된다. 회너를 비롯한 하이에나 전문가들은 하이에나 무리가 권력 이양을 당연하게 받아들이는 것을 관찰했다. 심지어 피로 얼룩진 전투에서 암컷이 죽자 아직 승리를 거두기 전인데도 딸이 어미의 자리를 대신했다.

지위를 나타내는 몸짓과 소리

열세한 동물은 신체적으로도 사회적으로도 더 큰 위험에 노출될 수밖에 없으므로 더 예민하고 소심하고 초조해한다. 서열이 낮은 늑대는 불안한 시선을 보내며 복종을 표시하는 몸짓을 한다.[23] 어깨를 축 늘어뜨린 채 고개를 푹 숙이고 입술을 핥는다. 반대로 서열이 높은 늑대의 몸짓은 훨씬 단호하다. 불필요하게 움직이지도 않고 눈을 깜빡이지도 않는다. 무리 내 구성원을 뒤쫓거나 입을 벌리고 달려드는 등 대담하고 적대적인 행동을 할 가능성도 크다.

빠르면 생후 4주부터 슈링크는 하이에나의 지위를 나타내는 몸짓언어를 배웠을 것이다. 메레게시처럼 서열이 높은 동물은 꼬리를 꼿꼿이 세우고 귀를 쫑긋 세우는 방법을 배우겠지만, 서열이 낮은 동물은 꼬리는 다리 사이에 두고 귀는 뒤로 젖히며 이빨은 드러내고 머리는 아래로 숙이라고 배운다.[24] 의례적으로 치러지는 환영식에서 이러한 행동을 함으로써 서열 관계가 명확하게 정리되고 친밀함이 강화된다.

높은 지위를 나타내는 인간의 몸짓을 살펴본 연구에서도 비슷한 결과가 나왔다. 지위가 높은 사람은 자세가 편안하고 시선이 흔들리지 않는 데 반해 지위가 낮은 사람은 불필요한 움직임을 보이거나 눈동자가 가만히 있지 않았다. 지위가 높은 사람은 언어를 통해서도 자신의 위치를 표현했는데, 말하는 속도가 빠르고 자신감이 넘쳤으며 발음도 명확했다. 또 상대방의 말을 끊는 행동도 더 자주 보였다.

프란스 드 발은《내 안의 유인원》에서 인간의 목소리에는 지위 신호가 담겨 있으며 감지하기 어려울 정도로 미묘하지만 직관적이라면 바로 이해할 수 있을 정도로 매우 강력하다고 했다.[25] 드 발은 인간의 목소리 높낮이가 서열에서 어떤 위치에 있는지를 보여주는 "무의식적인 사회적 악기"라고 설명한다. 우리는 누구나 자신만의 목소리 톤이 있다. 하지만 드 발에 따르면 "대화가 진행되는 동안 사람들의 목소리 높낮이가 하나로 모인다." 여러 사람이 대화를 하더라도 시간이 지나면 목소리 톤이 통일된다는 것이다. 드 발은 "항상 지위가 낮은 사람이 자신의 목소리 톤을 조정한다"라고 설명한다. 드 발은 책에서 이런 현상을 증명하기 위해 TV 토크쇼 〈래리 킹 라이브〉를 예로 들었다. "진행자 래리 킹은 언론인 마이크 월러스나 원로 배우 엘리자베스 테일러처럼 저명인사가 출연자로 나오면 출연자에 음색을 맞춘다. 하지만 그 반대면 출연자가 래리 킹의 음색에 맞춘다."

목소리 톤이 높은 어린 청소년은 종종 관심을 끌기 위해 큰 소리로 이야기한다. 청소년기 남성은 변성기가 찾아오고 목소리가 낮아지면서 집이나 교실에서 지위가 달라지기도 한다.

점박이하이에나는 독특한 발성으로 잘 알려져 있다.[26] 스타카토처럼 짧고 톤이 높은 콧방귀 소리 또는 깔깔거리는 웃음소리 때문에 '웃는 하이에나'라는 별명이 붙여졌다. 오랫동안 독특한 웃음소리는 모든 하이에나의 특징으로 여겨져왔으나 이는 낮을 서열을 나타내는 신호로 드러났다. 열세한 하이에나가 서열이 높은 무리 구성원과 소통할 때 내는 소리다. 2008년 버클리의 정신생물학자들이 음향학 콘퍼런스에서 발표한 내용에 따르면 점박이하이에나의 독특한 웃음소리는 "허약하고 순종적인 동물이 흥분하거나 자리를 떠나야 할지 말아야 할지 고민할 때 내는 소리다. 예를 들어 사냥한 먹잇감을 두고 자신의 차례를 기다리다가 서열이 높은 동물이 쫓아내려고 하면 순종적인 동물이 이런 소리를 낸다."

대개 서열이 낮은 하이에나가 독특한 웃음소리를 내지만 모든 하이에나는 다양한 소리를 낸다. 그중 하나는 처음에는 낮게 시작했다가 점점 높낮이가 들쑥날쑥해지는 커다란 울음소리로 멀리까지 전달된다. 하이에나마다 자신만의 울음소리가 있다. 따라서 회너와 같은 과학자는 이러한 울음소리로 하이에나를 구분하기도 한다. 특히 버클리의 정신생물학자들이 연구한 결과에 따르면 "무리를 옮겨 다니는 수컷은 여러 번 울음소리를 내서 새롭게 합류하고자 하는 무리에서 거부당하지 않게 자신의 도착을 조심스럽게 미리 알린다."

슈링크는 울음소리를 포함해 가능한 모든 수단을 동원할 작정이었다. 서열이 높은 동물과 어울리기, 지위 상징, 몸짓언어, 목소리 외에도 청소년기를 거치며 슈링크가 개발할 수 있는 또 다른 자산이 있었다. 바로 사회적 뇌 네트워크다.

사회적 뇌 네트워크

인간을 비롯한 사회적 동물에게는 자신의 서열을 정확하게 파악하는 것이 무엇보다 중요하다. 어류, 파충류, 조류, 포유류의 뇌에는 사회적 인식과 기능을 전담하는 특화된 뇌세포와 뇌 영역이 있다. 이러한 뇌 체계를 하나로 묶어 사회적 뇌 네트워크social brain network라고 부른다.[27]

포유류의 사회적 뇌 네트워크는 서로 연결된 6개의 뇌 영역으로 나뉘어 있다.[28] 항공사의 기내 잡지 뒤편에 실린 지도를 떠올려보자. 이 지도는 항공사 운행 노선을 보여준다. 불빛으로 표시된 주요 공항과 곡선을 보면 전 세계에서 이착륙하는 비행기를 한눈에 볼 수 있다. 이제 우리의 뇌가 전 세계이고 사회적 뇌 네트워크가 6개의 주요 공항으로 이루어져 있다고 생각해보자. 이 공항들은 서로 연결되어 교류한다. 시각적 입력, 저장된 사회적 기억, 공포 연상, 호르몬 정보, 대처 행동, 논리적 의사 결정이 모두 6개의 주요 영역을 통해 처리된다.

다른 사람과 있거나 다른 사람을 생각할 때마다 우리의 사회적 뇌 네트워크가 활성화된다. 그리고 이를 통해 우리가 상대방의 표정을 읽고 몸짓언어를 이해하고 감정 상태를 평가하고 목소리 톤을 해석하는 데 도움을 준다. 사회적 뇌 네트워크 덕분에 우리는 주변의 분위기를 파악하고 물건을 판매하며 언제 자리를 피하거나 도망쳐야 하는지 알 수 있다. 우리의 일상에서 사회적 뇌 네트워크의 중요성은 아무리 강조해도 지나치지 않다. 사회적 뇌 네트워크가 제대로 발달하지 않으면 자폐 스펙트럼 장애와 같은 뇌 또는 사회적 기능 손상으로 이어질 수 있다.[29] 뇌 손상으로 사회적 기능을 제어하는 사회적 뇌 네트워크가 약화하기도 한다. 부적절한 상황에서 웃거나 공공장소에서 성적 행동을 하거나 공감 능력이 떨어지거나 평소와 다르게 분노를 표출하는 것 모두 뇌종양 또는 뇌 손상으로 사회적 뇌 네트워크가 제 기능을 다 하지 못하는 환자에게서 나타나는 증상이다.

우리는 사람 외에도 고양이나 개, 새, 말 등과 같은 동물의 행동을 이해하고 이들과 교감한다. 이는 사회성이 발달한 인간과 동물이 공통 조상에서 갈라져 나왔음을 의미한다. 개는 사회적 뇌를 이용해 반려동물 공원에서 자신의 서열을 파악하고 주인과 가족들 사이에서 자신의 위치를 확인한다.[30] 개와 인간의 소통을 살펴본 최근 연구에서 감정이 섞인 서로의 목소리를 들었을 때 사회적 뇌의 동일한 부분이 활성화되는 것으로 나타났다. 노련한 여기수가 말의 감정 상태를 읽을 수 있듯 말 역시 여기수의 기분을 파악할 수 있다. 한마디로 인간과 말의 사회적 뇌가 상호작용한다는 것이다.

서열 지도

신생아의 사회적 뇌는 준비를 모두 마치고 아직 입성하지 못한 사회적 세계를 누빌 시간을 얌전히 기다린다.[31] 생후 몇 달 만에 신생아는 다른 아기를 보고 사교적으로 웃고 쳐다보고 관찰한다. 생후 6개월이 되면 주변 사람을 구분하고 특정 인물을 선호한다. 9개월에 접어들면 타인과 함께하는 행동에 참여한다. 생후 1년이 지나면 힘과 우세함을 연관 지어 인식하고 종속 관계를 정확하게 구분하기 시작한다. 그리고 두 살이 되면 함께 노는 영아들 사이에서 서열이 생긴다. 이렇듯 갓난아기 때부터 시작되는 상호작용의 결과에 따라 어린 시절의 선형적 서열이 확립된다.

아이가 자라는 동안 놀이 시간에 그리고 놀이터에서 서열 정리가 계속된다. 마치 지도 제작자처럼 머릿속에 자신과 또래가 등장하는 서열 지도를 그린다.[32] 네 살이 되면 지위가 높은 또래를 구분하고 이런 친구들을 선호해 함께 놀고 싶어하는 경향이 명확하게 나타난다.

이들은 또래 중 우두머리가 무엇을 하는지에 관심을 기울이고 그를 지켜보며 많은 시간을 보낸다. 서열이 높은 또래에게 특별히 관심을 가지는 행동은 어른이 되어서도 지속되는 특성이다. 가십으로 가득한 잡지나 파파라치가 성행하는 이유도 이러한 특성 때문이다.

어른 레서스원숭이도 어른 인간과 비슷한 행동을 한다. 레서스원숭이는 화면에 등장하는 서열이 높은 원숭이를 지켜보기 위해 좋아하는 달콤한 주스를 포기한다.[33] 하지만 서열이 낮은 원숭이가 화면에 등장하면 레서스원숭이는 관심조차 기울이지 않는다. 연구진이 주스를 더 많이 주며 겨우 설득해야 아주 잠깐 집중할 뿐이다.

인간과 동물이 와일드후드에 접어들면 사회적 능력의 발달이 매우 중요해진다. 삶에서 사회적 뇌 네트워크가 가장 활성화되는 시기도 바로 청소년기다. 유니버시티 칼리지 런던의 신경과학자 사라 제인 블레이크모어는 영상화를 비롯한 다양한 기법을 활용해 청소년의 의사 결정과 위험을 무릅쓰는 경향에 미치는 사회적 또래의 영향력을 입증했다. 연구 결과에 따르면 어른이나 아동과 비교해 "청소년은 사회성이 더 뛰어나다. 게다가 청소년은 어른이나 아동보다 더 복잡하고 확실하게 또래와 서열 관계를 형성하고 또래의 인정이나 거절을 더욱 민감하게 받아들인다."[34] 로렌스 스타인버그는 청소년 뇌는 인지 조절 능력이 아직 미숙하고 보상에 더욱 민감하게 반응하므로 이 시기에 또래 집단의 영향력은 더욱 큰 힘을 발휘한다고 설명한다. 스타인버그와 연구진이 발표한 결과에 따르면 "또래와의 관계가 가장 중요한 시기가 바로 청소년기다."[35]

교내 식당이나 교실, 파티, 직장으로 걸어 들어가는 순간 어렸을 때부터 형성되기 시작한 청소년의 사회적 뇌 네트워크는 입력으로 활기를 띠기 시작한다. 사회적 뇌 네트워크에 연결된 6개의 뇌 영역을 모두 사용해 사회적 환경을 판단한다. 시각교차앞구역에는 시각적 데이터가 전달된다.[36] 최대한 정확한 평가를 위해 위아래로 훑어보며 정보를 모으거나 기록한다. 중뇌는 모욕이나 무시당했던 기억을 불러온다. 뇌에서 두려움을 담당하는 편도체는 공포 또는 극심한 무서움의 감정 신호를 보낸다. 시상하부에서 코르티솔 같은 스트레스 호르몬이나 옥시토신 같은 진정 호르몬이 분비되고 측면 격만에서 활발한 스트레스 대처 행동을 유발한다. 전전두엽피질에서 이 모든 활동을 제어한다. 전전두엽피질은 판단, 결정, 완화 계획에 관여한다. 6개 영역이 서로 메시지를 주고받는 동안 뇌는 바쁘게 움직인다. 청소년은 이를 통해 서열을 이해하고 적응하기 위해 무엇을 해야 하는지 판단한다. 그런데 이러한 과정은 매일 온종일 반복된다. 인간에서 물고기까지 사회적 뇌 네트워크가 있는 모든 동물이 서로 교류할 때마다 뇌는 이러한 과정들을 숨 가쁘게 처리한다.

와일드후드에 일어나는 전반적인 뇌 재편성 과정 중에서 사회적 뇌 네트워크의 발달이 가장 중요하다. 사회적 뇌 네트워크가 자리잡는 동안 청소년이 겪는 경험은 평생 기억에 남는다. 청소년기에 경험한 매우 모욕적이거나 흥분했던 순간을 회상하는 보편적 능력을 보면 이를 알 수 있다. 또한 청소년기에 자리잡은 서열에 대한 인식은 내면화되기도 한다. 우정과 사업, 정치, 사회적 교류 등을 처리하는 성인의 뇌는 민감한 청소년기에 형성되며 청소년기에 그린 서열은 성인이 된 이후에도 머릿속에 그대로 남기도 한다. 청소년기가 거의 끝날 때

쯤이면 사회적 뇌 네트워크 발달은 대부분 완료된다.[37] 이런 사회적 뇌 네트워크는 길을 안내하는 하늘의 별자리처럼 어른이 되어 사회적 지형을 헤쳐 나가는 데 길잡이 역할을 한다.

지금은 보잘것없더라도

지배 서열은 여러 동물 무리에서 공통으로 나타나며 공격, 폭력, 무력 등의 위협을 통해 형성되고 규제된다. 지배 서열은 인류 역사와 현대 생활의 일부다. 지배 서열은 국가처럼 여러 사람이 모인 커다란 집단을 통제하기 위해 쓰이기도 하고 배우자처럼 한 사람을 제어하기 위해 쓰이기도 한다. 독재나 군사 점령, 교도소, 신체적 학대 관계 등이 그 예다.

그러나 인간들 사이에서는 물리적인 힘보다 덜 폭력적인 개인의 능력에 따라 지위가 결정되기도 한다. 만약 특정 집단에서 기술이나 특성, 노하우 등의 자질을 가치 있게 여긴다면 이를 갖춘 사람은 이른바 '명성'을 얻을 수 있다. 무력이나 협박 없이 상대방이 자발적으로 존중을 표할 때 명성이 있다고 말할 수 있다.[38] 매카서상MacArthur Geniuses 이나 아카데미상 수상자, 인기 유튜버, 말랄라 유사프자이, 요요마, 조앤 롤링, 당신이 가장 좋아하는 올림픽 선수들은 모두 '명성이 높은' 인물들이다. 이들은 그동안의 과학적, 예술적, 인도적 업적이나 운동 실력에 대한 대중의 존경을 거름 삼아 높은 지위를 차지한다. 명성을 얻는 데 유명세나 부는 필요 없다. 포기하지 않고 방아쇠를 당기는 명사 수, 세상에서 제일 맛있는 브라우니를 굽는 취미 제빵사, 탁월한 물병 돌리기 기술을 자랑하는 3학년 학생, 승소율이 높은 변호사, 임신 성공률이 남다른 난임 클리닉 의사, 우는 아이를 단번에 진정시키는 삼촌 등과 같이 우리는 다양한 형태의 명성을 가치 있게 여긴다.

인간 사회의 서열에서 우월성과 명성은 서로 밀접하게 연결되며, 역사에서 반복적으로 드러나듯이 둘 다 권력과 통제의 도구로 쓰일 수 있다. 청소년은 이 둘의 차이점을 이해해야 한다. 청소년기 발달 과정에서 중요한 순간이 되면 우월성과 명성 사이에 균형이 바뀌기 때문이다. 초등학교와 중학교 그리고 고등학교 저학년 시기에 인기를 결정짓는 기준은 키, 외모, 나이, 운동 실력, 부모의 재산 등으로 대부분 개인이 통제하거나 바꿀 수 없는 것들이다. 그러나 청소년기 중반에 접어들면 능력에 따라 서열(명성)이 형성된다. 학생들이 자신의 능력이나 자질이 가치 있게 평가되는 집단을 찾는 "적소適所 찾기"라는 과정도 시작된다.[39] 이로 인해 청소년의 지위가 올라가기도 한다. 능숙함이란 곧 능력을 뜻하기도 한다. 음악이나 학업을 예로 들 수 있다. 그런가 하면 정치나 기괴한 영화, 패션, 스포츠, 비디오게임 등 공통의 관심사에 관한 방대한 지식 역시 능숙함으로 간주된다.

고등학교에서 인기를 얻는 데 필요한 전형적인 특징이 부족한 학생들일수록 이와 같은 능숙함을 기반으로 한 명성 서열을 환영한다. 그래서 점차 시간이 흐르면 청소년은 인기를 기반으로 한 서열에서 벗어나 능력에 따라 등급이 정해지는 집단으로 이동한다. 이런 까닭에 이 시기에 어려움을 겪는 청소년들에게 "앞으로 더 나아진다"라고 조언하곤 한다.

능력에 따라 등급이 정해지는 명성 서열을 통해 환경이 지위에 미치는 영향을 살펴볼 수 있다. 환경은 바뀌고 예전에는 보잘것없다고 평가되던 자질이 한순간 중요해진다. 이전 세대에 괴짜라 불리던 사람들이 이제 앱 디자이너나 컴퓨터 프로그래머가 되었다.

인간 아기와 마찬가지로 새끼 하이에나는 태어날 때부터 사회적 뇌 네트워크를 가지고 있다. 이 사회적 뇌 네트워크는 적절한 시기에 활성화되면서 복잡하고 포악한 사회 영역을 헤쳐 나갈 것이다. 그리고 이는 슈링크에게 매우 잘 된 일이었다. 여러 면에서 불리한 점이 많은 슈링크는 알고 보니 뛰어난 사회성을 지니고 있었기 때문이다.

8.

우두머리의 자식

300만 년 전 현재 탄자니아 지역에서 무시무시한 화산이 폭발해 정상이 붕괴하고 남은 잔해가 지금의 응고롱고로 분화구다. 응고롱고로란 '커다란 구멍'이라는 뜻이다. 오늘날 초록색 풀로 뒤덮인 칼데라와 비옥한 땅, 마르지 않는 강이 무성한 초목과 다양한 동물에게 삶의 터전을 제공하고 있다.

그러나 1998년 슈링크에게 이곳은 결코 파릇파릇한 놀이터가 아니었다. 새끼들이 함께 생활하는 굴에서 슈링크는 힘든 시간을 보냈다. 다른 새끼와의 교류는 곧 싸움을 의미했다. 또래와 놀려고 시도해 보았지만 오히려 슈링크를 공격했다. 작고 어린 데다 수컷이었던 슈링크는 모두에게 괴롭힘을 당했다. 심지어 다른 새끼의 어미들도 애꿎은 슈링크를 나무랐다.

서열의 대물림

여러 마리가 함께 사는 굴에서 생활하는 몇 달 동안 새끼 하이에나의 서열이 바뀌었다.[1] 처음에는 나이, 크기, 생김새, 성별 등과 같이 흔히 동물의 서열을 결정하는 요소들이 기준이 되었다. 그러나 생후 4개월이 되자 거의 선형에 가까운 서열 관계가 성립되었다. 서열이 높은 어미를 둔 새끼가 맨 꼭대기를 차지했다. 그리고 그 밑으로 어미의 서열 순서대로 새끼의 서열이 매겨졌다. 나이나 크기, 성별, 생김새와는 상관없이 어미의 서열이 반영된 것이었다. 가장 지위가 높은 어미를 둔 하이에나가 가장 위로 올라갔다. 바로 다음은 서열이 두 번째로 높은 하이에나의 새끼에게 돌아갔다. 세 번째도 마찬가지였다. 그렇게 밑바닥에 닿을 때까지 어미의 서열에 따라 새끼의 서열이 결정되었다. 여왕의 아들 메레게시는 당연히 서열의 맨 꼭대기에, 슈링크는 서열의 가장 아래에 놓였다.

하이에나의 서열 변동은 "모계 서열 대물림"이라고 부르는 강력하고 오래된 현상의 결과다.[2] 일종의 '금수저 효과'로 모계 서열 대물림에 따라 서열이 높은 어미의 딸과 아들은 높은 지위와 특권을 누리게 된다. 야생동물의 서열이 신체적 능력이나 경쟁에서의 승리가 아니라 친족이나 출신 배경에 따라 정해진다는 사실이 의외일 수도 있다. 피는 물보다 진한다는 족벌주의가 인간에게만 해당되는지 알았는데 말이다.

그러나 생각해보면 그렇게 놀라운 일이 아니다. 진화적 측면에서 성공이란 새끼가 살아남아 번식 활동을 하는 것이다. 따라서 성공을 거둘 가능성을 한층 더 높여주는 유리한 이점을 자식에게 물려주고 싶은 부모의 마음은 어찌 보면 당연하다. 모계 서열 대물림은 실력만으로는 최고의 자리에 오를 수 없는 새끼를 둔 서열이 높은 부모를 위한 보험이나 마찬가지다.

하이에나 무리는 능력을 중요시하지 않는다. 새로운 새끼가 태어나면 암컷이든 수컷이든 자동으로 어미보다 한 단계 낮은 서열이 주어진다. 무리의 모든 하이에나가 이러한 규칙을 잘 알고 있으며 새로 태어난 새끼의 자리를 마련하기 위해 서열을 하향 조정한다. 이는 일등석 표를 가진 어린아이가 먼저 비행기에 탑승할 수 있게 어른이 비켜서주는 우리의 사회적 관습과 같다.

하이에나만 서열을 대물림하는 게 아니다. 또 모계 서열만 대물림되는 것도 아니다. 붉은사슴에서부터 일본원숭이에 이르기까지 서열이 높은 부모를 둔 행운아는 모두가 부러워하는 위치를 손 하나 까닥하지 않고 물려받는다.[3] 향유고래와 집돼지, 야생거미원숭이를 비롯한 수많은 동물 우두머리의 자식에게 서열은 특권을 넘어 권리이며 이후에는 삶의 방식이 된다.[4]

서열이 높고 힘 있는 집안의 자식은 부모의 사회적 관계망도 물려받는다.[5] 이를 물려받은 자식들은 이미 자리잡은 어른들의 연줄을 유리하게 활용할 수 있다. 어린 조류와 어류, 포유류는 부모의 친구들과도 교류하며 자란다. 확장된 사회 관계망 속에서 사회성을 기르는 것이다. 게다가 부모가 친한 자식들끼리 교배하는 일도 흔하다.

특히 조류와 같이 암컷과 수컷이 부모 역할을 동일하게 분담하는 동물은 수컷의 서열이 높은 것이 새끼의 지위 상승에 도움이 된다.[6]

하지만 새끼를 돌보는 책임이 주로 어미에게 있는 포유류는 수컷보다 암컷의 서열이 자식의 신분에 더 많은 영향을 미친다. 탄자니아 곰베 국립공원에 서식하는 침팬지를 상대로 청소년들 사이의 갈등을 살펴본 연구진에 따르면 "어미가 상대방 어미보다 서열이 높을수록 새끼가 이길 확률이 높았다."[7] 이 어린 침팬지들은 "우리 아빠가 너희 아빠 이길 수 있어"가 아니라 "우리 엄마가 너희 엄마보다 힘세거든"이라고 말하며 서로 티격태격 싸울 것이다.

금수저 만드는 하이에나

모든 어미 하이에나는 새끼의 일에 간섭하려 하지만 서열이 높은 우세한 어미의 입김이 가장 세다. 슈링크의 어미 베바처럼 서열이 낮은 하이에나는 상대방을 몸으로 막아 갈등을 해결하려고 하거나 문제 해결보다는 상황이 종료되기를 바라며 무리의 주의를 다른 곳으로 돌린다. 하지만 이러한 어미의 노력이 무용지물인 경우가 많은데, 대개 효과가 없는 회유 전략을 쓰기 때문이다.[8] 소극적으로 개입했으니 결과가 만족스러울 리 없다. 하이에나 세계에서 베바와 같은 어미들이 새끼의 사회적 지위가 위험하다는 사실을 모르지 않는다. 어쩌면 어미는 어렸을 때 갈등을 해결하는 방법을 배운 대로 했을지도 모른다. 새끼를 대신해 더욱 적극적으로 나섰다가는 서열이 높은 어른 동물로부터 처벌받을 수도 있다는 두려움 때문에 소극적인 개입을 선택한 것일 수도 있다.

이와 달리 서열이 높은 어미는 주저하지 않는다. 새끼의 경쟁자에게 그대로 돌진해 바로 공격한다. 이러한 행동을 통해 무리의 하이에나들에게 자신의 새끼가 우월하다는 것을 보여줄뿐더러 새끼에게 힘을 행사하는 방법이나 공격적인 행동을 가르친다.

어미가 직접 시범을 보이고 새끼는 승리의 기쁨을 학습한다. 이렇게 어미와 새끼가 한 팀을 이루어 몇 번 시도한 다음에 어미는 뒤로 물러난다. 잔인한 새엄마의 행동을 그대로 따라 하는 신데렐라의 새언니처럼 어린 하이에나 새끼는 직접 공격하기 시작한다. 주변에 부모나 동맹이 없어 쉽게 이길 수 있거나 반격할 가능성이 거의 없는 또래를 목표물로 삼는다.

어미의 개입이 항상 성공하는 것은 아니다. 미시간주립대학의 하이에나 전문가 케이 홀캠프는 종종 높은 서열을 타고난 새끼 암컷 중에는 이 지위를 감당할 "능력이 부족한" 새끼도 있다고 설명한다.[9] 이 경우 어미가 노력한다 해도 새끼는 끝내 높은 지위를 물려받지 못한다. 하지만 그렇다고 해서 이 새끼가 무리를 떠나거나 서열 밑바닥으로 떨어지는 것은 아니다. 이러한 하이에나는 대개 서열 중간 위치에서 편안하고 안락하게 살아간다. 지배력을 과시하는 행동에 에너지를 쏟지 않아도 무리가 사냥한 먹잇감을 먹을 수 있고 포식자로부터 보호도 받는다.

새끼가 스스로 도전하는 것을 보면서 어미는 점점 더 손을 떼고 필요할 때만 도움을 준다. 그러면서 슬슬 다른 어미들을 모아 서로의 청소년 새끼들을 도와주는 연대를 형성한다. 도움을 줄 어른이 없는 어린 하이에나는 강인한 어미와 어른 하이에나로 구성된 연대의 지지를 받는 경쟁자를 이길 수 없다. 도전장을 내민 하이에나는 사회적 실패가 더 많은 사회적 실패를 불러오는 "패자 효과"를 경험할 가능성이 크다.[10] 실패를 거듭하는 새끼 하이에나는 마침내 자신보다 서열이 높은 새끼에게 도전하는 일을 아예 멈추게 된다. 패자 효과는 다음 장에서 더 자세히 살펴볼 예정이다.

어미와 어른 하이에나로 이루어진 연대의 든든한 지원을 받으며 혼자서도 또래를 괴롭히는 방법을 익힌 높은 서열 출신의 암컷 하이에나는 이제 다음 가르침을 배우게 된다. 바로 서열이 낮은 어른 하이에나를 상대로 자기주장을 내세우는 것이다. 누군가는 괴롭힘이라 할 수도 있지만 말이다. 이번에도 어미가 먼저 시범을 보이며 점차 성장하는 딸에게 싸움 걸기를 전수한다. 시간이 지나면 서열이 낮은 어른 하이에나와 이를 지켜보는 무리 전체는 자신들이 나이나 경력, 크기가 앞선다 해도 그 서열이 우두머리의 딸보다 낮다는 사실을 깨닫는다. 결국 무리의 다른 하이에나들은 우두머리가 그 자리에 없어도 그 딸의 위치를 인정하고 존중하게 된다.

케임브리지대학 행동학자 팀 클러턴 브록이 진행한 연구 결과를 보면 이러한 영장류 동물의 훈련 행동을 명확하게 이해할 수 있다.[11] 연구진은 스리랑카 숲속에서 과일을 채집하는 마카크 중 서열이 낮은 어른 암컷 한 마리를 관찰했다. 어른 암컷 원숭이가 양 볼 가득 먹이를 집어넣고 있는데 갑자기 나이도 어리고 몸집도 작은 원숭이가 나타났다. 서열이 높은 어미의 아들이었는데, 위에서 툭 하고 내려오더니 나이 많은 암컷 원숭이의 아랫입술로 손을 가져갔다. 그러고 나서 새끼 원숭이는 나이 많은 암컷 원숭이의 입술을 기어코 끌어당겨

입속으로 손을 집어넣더니 반쯤 씹은 과일을 꺼냈다. 하위 어른 원숭이는 아무 반항도 없이 자신이 찾은 먹이를 순순히 내주었다. 모계의 배경이 강력한 이 우세한 새끼 원숭이의 뜻대로 하지 않으면 처벌받을 수도 있음을 어른 원숭이는 알고 있었기 때문이다. 서열이 높은 어미는 50m 떨어진 나무에 앉아 모든 과정이 예상대로 진행되는지 잠자코 지켜보았다.

포유류 동물의 세계에서만 어미의 개입이 관찰되는 것은 아니다. 또 모든 어미의 개입 과정이 공격적이거나 신체적 폭력이 가해지는 것은 아니다. 예컨대 영장류와 조류, 어류 중에는 부모가 자신의 새끼를 도울 수 있는 무리 내 다른 어른 동물에게 선물을 준다. 이 선물은 음식의 형태일 수 있다. 또는 몸단장을 해주는 행동으로 보답하기도 한다. 바다에서 지위가 낮은 청줄청소놀래기는 산호초 속에서 살며 다른 어류의 기생충을 먹는다. 개코원숭이들은 자신보다 서열이 높은 원숭이의 털을 입이나 손으로 골라준다. 이러한 행동을 통해 동물들은 새끼의 사회적 지위를 공고히 하거나 한 단계 높일 수 있다.

모계 서열 대물림과 어미의 개입은 슈링크와 같은 청소년기 하이에나에게는 쓰디쓴 알약이다. 인간을 비롯한 다른 동물 종도 살다 보면 때때로 이 쓰디쓴 알약을 삼켜야 한다. 남다른 실력과 명석한 두뇌, 강인한 신체, 철저한 준비성을 모두 갖춰도 상대방이 좋은 집안에서 태어난 이른바 금수저라면 매우 어려운 싸움이 될 수 있다. 강한 어미를 둔 다른 동물처럼 서열이 높은 하이에나의 딸들은 눈에 보이지 않는 이점을 누린다. 이 딸들은 영양분을 충분히 공급받았기에 면역력도 높을 것이며, 원하는 것은 손에 넣으라고 배웠기 때문에 공격적이거나 자신의 마음대로 하는 경향이 있을 수도 있다. 이 딸들에게는 더 많은 기회가 주어졌을 것이고 실수해도 보호받았을 것이다. 게다가 이들은 대개 어렸을 때부터 부모에게서 다른 하이에나를 괴롭히는 방법과 지지 않는 방법을 노골적으로 배웠을 것이다.

어류와 파충류, 조류, 포유류 무리에서 우두머리의 자식들을 볼 수 있다. 이들은 태어날 때부터 많은 이점을 누리며 특정 방식으로 행동하도록 배운다. 그리고 와일드후드가 시작되면 그동안 배운 행동을 실전에서 시도한다. 따라서 동물의 청소년기는 부모로부터 물려받은 이점의 영향을 많이 받는다.

인간 사회에서 영아기와 유아기 때는 계급의 상대적 차이가 보이지 않는다. 하지만 청소년기에 접어들면 계급, 지위, 서열, 위치가 분명해진다. 모든 동물이 청소년기에 마주하는 어려움 중 하나는 좋지 않은 조건에서 태어난 동물에게 불리하게 설계된 어른의 세계에 적응하는 것이다. 자연 생태계에서 부모의 계급이 대물림되는 것과 타고난 특권을 누리는 것을 이해해야 인간 세계에서 일어나는 일도 이해할 수 있다.

평평한 운동장은 없다

동물 세계에서 부모가 자식에게 물려주는 특권 중에는 영역도 포함된다. 부모가 물려주는 영역은 운이 좋은 동물이나 인간에게 매우 유용하고 강력한 자산이다. 인간이 왕권을 세습하듯 안전하고 자원이 풍부한 부동산을 가진 부모 밑에서 태어난 유리한 유럽비버는 부모가 죽고 나면 영역뿐만 아니라 그 안에 포함된 댐을 비롯한 각종 구조물까지 모두 물려받는다.[12] 청소년기 우는토끼와 붉은여우, 어치 역시 부모가 죽으면 영역을 물려받는다.[13] 그런가 하면 헌신적인 어미 북방청서는 자신의 모든 영역을 청소년기 새끼에게 물려주고 다른 보금자리를 찾아 중년의 여정을 떠난다.[14] 그런데 이때 새끼가 영역을 지킬 준비가 덜 된 상태라면 스스로 방어할 힘이 생길 때까지 부모 중 누군가의 보호를 받을 수 있다.

자연에 평평한 운동장이란 존재하지 않는다. 일부 동물만 누리는 특권의 오랜 뿌리는 어디서나 찾아볼 수 있다. 들소, 새, 곰 중에서도 특권을 누리는 개체가 있다. 특권을 누리는 곤충은 무리에서 1등급 구역에서 생활하고 특권을 누리는 굴은 안락하고 안전하며 더욱 편안한 잠자리를 차지한다. 꽃이 핀 들판에서도 특권을 누리는 식물을 발견할 수 있다. 강력한 꽃 '부모'를 둔 튤립은 햇빛이 잘 들고 흙이 축축한 곳에서 자란다. 깊은 숲속 나무 밑동에 서식하며 특권을 누리는 송로의 평탄한 삶은 친족 또는 근처에 있는 버섯류의 질투 섞인 원망과 선망의 대상이 된다.

특권의 힘은 매우 미세한 단계에서도 영향력을 발휘한다. 어떤 개별 세포는 다른 세포보다 더 유리하다. 예를 들어 고무지우개 크기의 악성 종양 안에는 수십억 개에 달하는 세포가 한정적인 자원을 두고 서로 경쟁한다.[15] 제비 떼와 마찬가지로 종양 안에 있는 각 세포는 각자의 장점과 약점을 지닌 개체다. 혈액 공급에 더 잘 접근할 수 있는 일부 세포는 이를 이용해 자기 복제를 시도한다. 또 종양 한가운데 자리잡은 세포는 화학 치료나 면역 치료로부터 안전하다. 발달 초기부터 스트레스에 시달리는 세포가 있는가 하면 비교적 수월하게 발달하기 시작하는 세포도 있다. 암이 전이되는 이유를 설명하는 여러 가설 중 하나는 부족한 자원으로 한계를 느낀 세포가 고향이라고 할 수 있는 원래 종양을 떠나 더 나은 푸르른 초원을 찾는 것이라고 설명한다. 전이에 대한 또 다른 가설로는 포식자 T세포의 괴롭힘에 못 이겨 원발암에서 멀리 떨어진 곳으로 도주하는 것이라는 주장도 있다.

인간이 그러하듯 오로지 태어난 곳에 기대 개체 모두가 다른 집단보다 유리한 동물이 있다. 어쩌면 혈통보다 환경이 운명을 결정짓는 경우가 더 많을지도 모른다. 별 볼 일 없는 하이에나들이 모인 오합지졸도 무성한 풀과 풍부한 먹이, 사자가 드문 환경만 뒷받침된다면 가뭄이나 기근을 겪고 있거나 밀렵 지역에서 서식하는 힘이 세고 똑똑한 하이에나 무리보다 훨씬 더 풍족한 삶을 살 수 있다.

슈링크는 불리한 조건을 가졌지만 응고롱고로 분화구 밖에서 살아가는 또래 하이에나에 비하면 훨씬 나은 상황이었다. 하이에나 무리에서 쌍둥이가 태어나면 대개 한 마리는 먹이를 전혀 먹지 못해 굶주림으로 목숨을 잃는다. 하지만 응고롱고로 분화구에서만은 예외다. 한 연구에 따르면 $1km^2$당 219마리에 달하는 먹잇감이 있을 정도로 응고롱고로는 1년 중 수개월 동안 먹잇감이 넘쳐난다.[16] 하지만 근처 세렝게티에서 생활하는 빈곤한 하이에나는 $1km^2$당 겨우 3.3마리인 먹잇감을 두고 피 터지게 싸운다. 생존율은 환경에 의해 결정되는 특권과 밀접하게 연결되어 있다. 세렝게티에서는 쌍둥이가 둘 다 살아남기 힘든 반면 응고롱고로에서는 대부분 두 마리 모두 무사히 살아남는다. 쌍둥이보다 더 보기 힘들지만 세쌍둥이도 응고롱고로에서는 생존한다는 회너의 연구 결과도 있다. 따라서 슈링크가 응고롱고로에서 태어난 것은 일종의 특권이다.

운명을 넘어

인간이 누리는 특권의 동물적 뿌리는 눈에 잘 띄지 않아도 찾는 방법만 안다면 금방 발견할 수 있다. 진화적 관점에서 보면 특권은 타당하다. 동물 부모는 자식이 특권을 누리기를 바란다. 자원과 안전이 보장되어야 생존 가능성이 커지고 번식 기회가 많아지기 때문이다. 일부 동물에게는 노력하지 않아도 주어지는 이 같은 이점의 유무가 사회적 교류에 영향을 미친다.

우리는 인간 사회가 실력을 중요시한다고 생각하기 때문에 청소년에게 노력하면 좋을 일이 생길 것이라고 말한다. 하지만 실상은 특권이 주어질수록 사회에서 수월하다. 대학에 입학할 때 부모가 동문이면 더 유리한 평가를 받기도 하고 인턴직이나 직장을 찾을 때 힘 있는 연줄이 있으면 더 쉽게 기회가 돌아온다. 전 세계의 청소년이 실력보다는 건강, 환경, 가족, 재산, 인종, 성별 등 젊은 시절 주어진 조건이 평생을 좌우하는 세상에 입성한다. 그리고 특권은 청소년기를 훌쩍 지나서까지 영향을 미친다. 특권은 청소년이 가난하게 살아갈 것인지, 깨끗한 물을 구할 수 있는지, 신체적으로 안전할지 등을 결정한다. 게다가 생식과 관련된 의료 서비스를 받는 것도 교육 기회도 직업 선택도 특권에 달려 있다.

개별 암세포에서부터 야생동물에 이르기까지 자연 세계에서 특권의 힘은 보편적으로 나타난다. 그렇다고 해서 인간 사회를 계급으로 계층화하고자 이런 이유를 드는 것은 타당하지도 않을뿐더러 정당화될 수 없다. 오히려 그보다는 오래전부터 동물이 보여온 특권 행동을 현대 인간을 위한 통찰의 계기로 삼아야 한다. 처음에는 마주하는 사실들이 우리를 불편하게 하고 우울하게 할지라도 말이다.

오로지 전투 승패로만 서열을 결정하는 동물이 있다.[17] 하지만 이러한 동물도 승리를 거두는 과정에서 여러 세대에 걸쳐 다양한 특권을 누려온 상대방과 경쟁해야 한다. 잘 모르는 사람의 눈에는 동등한 동물들이 벌이는 공정한 싸움처럼 보일 것이다. 하지만 특권은 어디에나 존재하며 결과를 좌우한다. 자연에서 눈에 보이지 않는 특권의 힘을 이해하면 청소년과 청년의 삶에 특권이 얼마나 큰 영향을 미치는지 알 수 있다. 와일드후드 때 빈번하게 행해지는 경쟁과 평가가 실력을 기준으로 하는 것처럼 보일 수 있다. 하지만 특권의 원시적, 내재적 본질은 훨씬 더 얽히고설킨 혼란을 빚어낸다.

하늘을 나는 비행기를 만들려면 우리는 먼저 중력의 법칙을 이해해야 한다. 감염을 예방하는 항생제를 개발하려면 병원균이 질병을 어떻게 옮기는지를 연구해야 한다. 공정 사회를 성공적으로 구현하려면 자연 세계의 특권을 드러내고 이해하는 것이 무엇보다 중요하다.

자연에서 특권의 힘은 강력하지만 매번 예외 없이 청소년의 운명을 좌우하는 것은 아니다. 앞서 살펴본 것처럼 기후 변화나 질병 발생 등과 같이 예상치 못한 일들로 환경이 바뀌면 그동안 불리했던 점들이 오히려 유리하게 작용하기도 한다. 특권에서 비롯된 걸림돌에 부딪힌 청소년과 청년은 상황이 바뀌길 기다리는 대신 스스로 변화를 추구함으로써 주변 환경을 재조정할 수 있다. 일부에게는 환경 변화가 긍정적인 결과를 가져오기도 한다.

올리베르 회너는 서열이 낮은 점박이하이에나는 서열이 높은 하이에나에 비해 기존의 사회적 환경에서 벗어나 다른 장소에서 쉽게 새롭게 시작할 수 있다고 한다. 실제로 어렸을 때 경험한 고난과 역경 덕분에 서열이 높은 하이에나보다 훨씬 더 유연하게 행동할 수 있다. 미어캣과 야생 기니피그를 관찰한 연구 결과를 보면 청소년기에 겪는 힘든 경험이 인내와 혁신으로 이끈다.[18] 서열이 높은 암컷 하이에나는 대개 굴 안에 머문다. 안전하게 먹이를 먹을 수 있고 굳이 밖으로 나가서 먹이를 찾을 필요가 없기 때문이다. 반대로 서열이 낮은 암컷과 수컷은 보금자리를 벗어나 멀리까지 사냥을 나가며 새로운 영역을 가장 먼저 발견한다. 이에 대해 회너는 우리에게 다음과 같은 말을 해주었다.

> 관찰 결과 서열이 낮은 암컷은 비어 있는 새로운 영역으로 거처를 옮긴 후 훨씬 더 성공적으로 생활했다. 온전한 생태계에서 주인 없는 텅 빈 지역은 사실 찾기 매우 힘들지만, 그래도 희망은 있다. 질병이나 다른 일이 발생할 수 있기 때문이다. 일례로 케냐에서 밀렵꾼들이 무리 전체를 독살하면서 영역이 완전히 비어버린 곳도 있었다. 서열이 낮은 암컷은 새 영역으로 옮겨와 행복하게 살았다. 원래 무리에 있을 때보다 훨씬 더 행복한 삶이었다.

태어난 곳과 가지고 있는 자원, 집안 배경은 모든 동물의 삶에서 중요한 역할을 한다. 하지만 이러한 요소가 늘 운명을 좌우하는 것은 아니다. 어려운 어린 시절을 보낸다고 해서 반드시 목숨을 잃지는 않는다. 오히려 더 강인해지기도 한다. 새로운 동맹을 형성하거나 경쟁에서 승리할 수 있다. 환경이 변할 수도 있다. 적당한 동기와 특권이 어떻게 작용하는지에 대한 지식과 약간의 운만 있다면 태어날 때와 전혀 다른 삶을 살 수 있다.

물론 결코 쉬운 일은 아니다. 슈링크도 곧 깨닫게 될 테지만 말이다.

9.

지위와 기분

1950년대 심각한 우울증에 빠진 다섯 명이 있었다.[1] 각각 미망인과 은퇴한 경찰, 기업 임원, 가정주부, 대학교수였다. 1950년대 미국에서 우울증은 흔한 일이었다. 하지만 이 다섯 명이 앓고 있던 질병은 정신 질환이 아니었다. 이들은 우울증 증상이 나타났을 당시 고혈압 치료를 받고 있었다. 그리고 다섯 명 모두 레세르핀이라는 약을 복용 중이었다. 레세르핀은 모노아민이라는 신경전달물질의 수치를 떨어뜨려 혈압을 낮추는 약이다. 그런데 떨어진 모노아민 수치가 환자 다섯 명의 가라앉은 기분과 관련이 있는 듯 보였다. 〈뉴잉글랜드저널오브메디슨〉은 이 환자들의 사례를 소개하며 레세르핀 복용을 중단하자 우울증이 개선되고 평상시 기분으로 회복되었다고 언급했다. 이 연구는 정확하지 않았지만 모노아민이 부족해 우울증이 생긴다고 하는 유의미

한 모노아민 가설을 탄생시켰다.[2]

이 연구가 발표되고 60년 동안 모노아민 가설과 관련하여 수많은 후속 연구가 진행되고 정교화되었으나 한 가지 사실만은 변하지 않았다. 복잡하고 복합적인 우울증의 원인을 모노아민이라는 하나의 분자 집단의 문제로 환원할 수 없지만 분명한 것은 모노아민이 인간의 기분에 매우 중요한 역할을 한다는 사실이다. 그렇다면 가장 잘 알려진 모노아민은 무엇일까? 아마도 세로토닌이라는 신경전달물질일 것이다. 이 세로토닌 수치를 조절하기 위해 프로작, 셀렉사, 렉사프로, 팍실, 졸로프트와 같은 선택적 세로토닌 재흡수 억제제가 항우울증 약으로 쓰인다.[3] 인간 뇌의 특정 영역에서 세로토닌 수치가 올라가면 기분이 나아진다는 사실이 수년간 입증됨에 따라 오늘날 환자들은 안심하고 선택적 세로토닌 재흡수 억제제를 복용하고 있다.

이제 동물 세계에서 관찰되는 전혀 다른 지식에 관해 알아보자. 갓 태어난 바닷가재는 자유롭게 헤엄치는 조그마한 애벌레에 지나지 않는다.[4] 그 어디에서도 나중에 크면 변신할 엄청난 집게가 달린 전사의 모습이나 행동을 전혀 찾아볼 수 없다. 하지만 바닷가재는 생후 3개월이 지나면 작지만 어른의 겉모습을 갖춘 청소년으로 변신하기 시작한다. 이후 청소년기 바닷가재는 수년에 걸쳐 나이를 먹고 몸집이 커지는 동안 숨어서 생활한다. 그리고 6~8년 정도 지나면 어른 바닷가재와 크기가 비슷한 청소년이 된다. 이때 청소년기 바닷가재는 하이에나나 인간처럼 서열에 따라 스스로를 분류하기 시작한다. 닭이 페킹오더를 정하는 과정과 비슷하게 야생의 바닷가재도 거의 싸움을 하지 않고 서열을 결정한다. 다른 바닷가재의 행동을 관찰하거나 오줌 냄새를 맡으면서 누가 자신보다 위고 아래인지 파악하고 기억한다. 서열이 높은 바닷가재는 자신보다 밑에 있는 바닷가재의 다리나 더듬이를 잡아 굴에서 쫓아낸다. 그러면 열세한 녀석은 꼬리를 위아래로 움직이며 순순히 물러난다. 바닷가재의 태곳적 조상은 거대한 산불이 지구촌을 뒤덮은 시기에 처음으로 지구상에 출현했다. 이후 3억 6000만 년 동안 바닷가재는 소규모 접전을 통해 서열을 정리해왔다.

그런데 이 모든 것을 바꿀 수 있는 물질이 있다. 갑각류의 계급 관계를 연구해온 과학자들은 서열이 낮은 노르웨이바닷가재에게 이 물질을 공급하면 열세한 동물이 보이는 행동을 덜 한다는 것을 발견했다.[5] 이들은 다른 바닷가재의 도발에 덜 도망쳤다. 그 대신 서열이 낮은 바닷가재에게서는 쉽게 볼 수 없는 전투 의지를 보였다. 게다가 이 바닷가재들은 '메랄 스프레드meral spread'(상대방을 위협하는 자세로 몸의 앞쪽을 들어 올리고 집게를 사납게 흔드는 행동)와 같이 서열이 높은 바닷가재들이 하는 특유의 행동과 자세를 보이기 시작했다. 다시 말해 물질 외에 주변 환경에서 변한 것은 아무것도 없었는데도 이 바닷가재들은 서열이 상승한 것처럼 행동했다.

가재를 상대로 한 비슷한 연구에서도 같은 결과가 나왔다.[6] 열세한 가재에게 똑같은 물질을 주었더니 싸움을 걸어오거나 협박을 당해도 도망가지 않았다. 이는 지위 상승을 암시하는 행동이었다. 실제로 싸워서 이길 필요가 없었다. 자세와 행동만으로도 이들은 우위를 선점할 수 있었다. 바닷가재와 마찬가지로 가재의 또래 역시 이들의 서열이 올라간 것처럼 행동하기 시작했다. 서열에 대한 인식이 곧 진짜 서열로 자리잡았다. 어류와 포유류에서도 비슷한 효과가 나타났다.

이 물질을 투여하면 서열이 낮은 동물은 우세한 동물처럼 행동했고 집단 내에서도 그에 따라 대우를 받았다.

이 강력한 물질이 바로 세로토닌이다. 동물에서 세로토닌은 사회적 지위, 특히 서열의 오르내림과 관련된 뇌 활동에 결정적 역할을 한다. 사람의 감정 기복에도 세로토닌이 중요하게 작용한다. 이 2가지 사실은 동물행동학자의 연구와 인간 정신과 의사의 연구가 밀접하게 연결되어 있음을 시사한다. 즉 기분 조절과 동물의 지위 사이에 연결고리가 존재한다는 것이다.

화학적 보상과 처벌

사회적 지위 하락은 모든 사회적 동물이 흔히 겪는 일이다. 누구든 언젠가는 꼭대기에서 내려와야 한다. 우리는 사회적 뇌 네트워크와 이행적 계급 추론과 같은 뇌 체계를 통해 지위 변화를 파악하는 방법과 생존 가능성을 높이는 행동을 권장하는 신경화학 메시지(지위 신호)를 전달하는 방법을 살펴보았다. 그런데 지위 신호를 전달받으면 어떤 '기분'이 들까? 인간을 제외한 동물에게서는 적절한 답을 얻을 수 없다. 그러나 서열이 낮은 동물의 행동을 관찰하는 과학자들은 동물이 말을 할 수 있다면 그렇게 좋은 기분은 아니라고 대답할 것이라고 한다.

20세기 초 토를레이프 셸데루프 에베는 의인화와 객관적 정밀 조사를 자유롭게 조합해 서열이 높은 새가 "무한한 권력"의 자리에서 내려오면 "마음에 깊은 우울증을 느끼고 보잘것없어지며 날개와 고개는 축 처진다"라고 묘사했다.[7] 왕위에서 쫓겨난 새는 "신체적 부상은 보이지 않았지만 온몸이 마비되는 현상"을 보였다. 셸데루프 에베에 따르면 권력을 빼앗긴 새가 "오랫동안 절대 권력자"로 무리를 지배했을 경우 이러한 반응이 더욱 심각하게 나타났으며 극단적 신분 하락은 "대부분 치명적인 결과를 가져왔다."

다른 조류학자들도 동일한 현상을 관찰했다. 20세기 영국 동물학자 윈 에드워즈에 따르면 영역 경쟁에서 패배한 후 지위가 하락한 스코틀랜드붉은뇌조는 종종 "침울해하다가 죽었다."[8] 만약 사람이었다면 우울증이라는 진단을 받았을 것이다. 무엇이 붉은뇌조의 우울증을 유발했을까? 답은 사회적 지위 하락이다.

40년 전 조류학자이기도 했던 벨기에의 한 정신과 의사는 평소 흥미롭게 관찰하던 새들의 행동에서 자신의 환자들과 비슷한 점을 발견했다. 알베르트 데마렛은 영역이 있는 새가 뽐내듯 어깨를 으쓱거리며 걷는 것을 관찰했다.[9] 이를 보고 데마렛은 환자가 기분이 좋을 때 으스대며 걷는 행동을 떠올렸다. 이와 달리 우울증 환자는 다른 새의 영역 안에 몰래 숨어든 새처럼 행동했다. 이런 새들은 살금살금 걸어 다니거나 종종걸음으로 걸어 다녔고 큰 소리를 내지 않았으며, 특히 노래를 삼갔다.

모두가 선망하며 보호받는 자리를 잃었을 때, 즉 무리의 우두머리에서 위험한 가장자리로 내몰렸을 때의 기분을 새에게 물어보는 일은 불가능하다. 물고기나 도마뱀 또는 인간을 제외한 포유류에서도 마땅한 답을 들을 수 없는 것은 마찬가지다.

하지만 우리는 사람에게는 물을 수 있다. 모욕, 굴욕, 금전적 손실, 연애 실패 등 지위를 하락시키는 모든 경험은 우리의 기분까지 떨어뜨린다. 이런 경험은 우리를 슬프게 만든다. 민망할 수 있는 상황이나 말을 상상하는 것만으로도 엄청난 고통이 밀려온다. 지위 하락이라는 극단적 상황에서 느껴지는 괴로움은 말로 표현할 수 없을 정도로 고통스럽다. 그래서 이러한 고통에서 벗어나기 위해 약물을 남용하거나 자해를 하는 등 극단적 선택을 하는 사람들도 있다.

우리가 살면서 겪는 감정들은 어쩌면 인간만이 느끼는 것일 수도 있다. 그러나 인간이 아닌 다른 동물에게도 정서적 뇌가 있다. 인간의 감정을 좌우하는 여러 뇌 작용과 화학물질은 우리가 다른 동물과 공유하는 뇌의 보상 체계에서도 관찰된다. 이러한 체계는 전형적인 당근과 채찍 방식을 기반으로 한다. 아주 단순하게 말하면 생존을 돕는 행동에 대한 보상으로 즐거움을 느낀다. 우리 몸은 도파민이나 세로토닌, 옥시토신, 엔도르핀처럼 신경화학물질로 이루어진 묘약을 내보내며 '잘했어! 매우 훌륭한 행동이었어. 앞으로도 계속하면 더 자주 좋은 기분을 느낄 수 있어'라고 말한다.[10]

이와 달리 코르티솔이나 아드레날린과 같은 유해한 신경화학물질이 분출되면 기분이 우울해진다. 이로 인한 불쾌한 감정은 기쁨을 북돋는 신경전달물질이 회수되면서 더욱 악화한다. 다른 동물들이 이러한 과정을 어떻게 느끼는지는 어쩌면 영원히 알 수 없을지도 모른다. 하지만 적어도 인간은 이를 가리켜 기분이 안 좋아진다거나 슬프다고 표현한다. 화학적 질책으로 자극받은 동물은 자신의 위치를 회복하고 상승시키기 위해 행동을 바꾼다.

지위가 오르면 동물의 생존 가능성도 덩달아 올라간다. 지위가 올라가면 동물은 화학적 보상을 받는다. 그래서 지위가 올라가면 기분이 좋아지는 것이다.

하지만 반대로 지위가 떨어지면 생존 가능성 역시 떨어진다. 지위가 떨어지면 동물은 화학적 처벌을 받는다. 그래서 지위가 떨어지면 기분이 나빠지는 것이다.

최근에 아놀(도마뱀)과 푸른띠망둑어, 바닷가재, 가재, 무지개송어 등을 대상으로 지위와 세로토닌의 관계를 살펴보는 연구가 진행되었다.[11] 연구 결과는 세로토닌과 지위의 관련 가능성을 제시한다. 세로토닌은 동물의 기분을 제어하지 않지만 다른 신경전달물질처럼 동물의 지위 변화를 나타낸다고 한다.

지위와 기분 사이의 연결 고리는 청소년과 청년의 행동과 감정 기복, 불안, 우울감을 해석하는 매우 강력한 렌즈 역할을 한다. 사람들 앞에서 모욕당하는 등 심각한 수준의 지위 하락으로 자살에 더 취약해질 수 있다. 지위 서열을 잃는 것은 문자 그대로 매우 고통스러운 일이다. 성장기를 사회적 서열의 맨 밑바닥에서 보내는 것 또한 고통스럽기는 마찬가지다.

와일드후드를 지나고 있는 청소년은 사회적 지위에 더욱 민감해지고 사회적 통증을 극단적으로 경험한다.[12] 이 2가지가 동시에 일어나면서 우울증으로 이어지기도 한다. 사회적 통증은 매우 괴롭다. 결코 가볍게 생각할 문제가 아니다. 따라서 청소년에게 다른 사람의 생각을 왜 그렇게 신경 쓰냐고 묻는 것은 무신경할뿐더러 어쩌면 굉장히 무식한 행동일지도 모른다. 인간에서부터 하이에나와 바닷가재에 이르기까지 모든 사회적 동물 청소년이 골몰하는 일이란 지위에 대한 단서를 찾기 위해 주변을 둘러보고 집중을 기울여 배우는 것이다. 기쁨이든 슬픔이든 지위의 변동에 따라 생기는 감정을 생생히 온몸으로 느끼는 것 또한 청소년에게는 너무나도 당연한 일이다.

사회적 통증

지위 하락과 함께 걷잡을 수 없이 커지는 부정적 기분의 기저에는 우리가 '사회적 통증'이라고 부르는 감정이 깔렸다. UCLA 신경과학자 나오미 아이젠버거는 사회적 통증을 광범위하게 연구해왔다. 나오미 아이젠버거는 소외와 신체적·정서적 통증의 연관성을 연구하는 데 초점을 맞추고 있다.

한 연구에서 아이젠버거와 연구진은 청소년에게 사회적 소외에 관한 인터넷 시뮬레이션 게임을 하게 한 다음 뇌 영상을 촬영했다.[13] 아이젠버거의 연구 결과는 신체적 고통과 정서적 고통이 같은 신경 통로를 공유한다는 사실뿐만 아니라 청소년이 사회적 소외를 특히 고통스러워한다는 점을 입증해냈다. 다시 말해 서열을 의식하지 못하는 부모의 눈에는 납득할 수 없는 10대의 행동에도 이유가 있다는 것이다. 청소년에게 소외감은 너무나도 고통스럽기 때문이다.

아이젠버거는 또한 사회적 통증과 아편제 중독이나 과다 복용 사이에 존재하는 연관성을 살펴보았다.[14] 약물 사용과 남용은 청소년과 청년이 마주한 가장 심각한 건강 문제 중 하나로 대개 부담이 엄청난 사회적 분류 과정에 청소년이 처음으로 진입하며 시작하게 된다.[15]

사회적 뇌 네트워크가 지위 하락이나 사회적 통증에 가장 민감해지는 시기이므로 괴로움을 마비시키고자 중독성 있는 약물에 손대는 것일지도 모른다.

아이젠버거는 관련 연구를 통해 미국에서 타이레놀이라는 브랜드로 잘 알려진 아세트아미노펜이 신체적 통증뿐만 아니라 사회적 통증을 완화하는 데도 효과적임을 보여주었다.[16] MRI를 보면 알 수 있듯이 사회적 소외로 인한 통증은 신체적 통증과 연관된 뇌 영역과 신경통로를 활성화하는데, 아세트아미노펜은 뮤 오피오이드 수용체mu-opioid receptors를 활성화해 통증을 줄인다. 뮤 오피오이드 수용체는 대마초의 유효 성분인 테트라하이드로칸나비놀에도 활성화된다.

청소년은 사회적 통증에 무뎌지기 위해 스스로 약을 찾는다. 하지만 마약이나 술, 담배는 통증 완화를 넘어 마치 지위가 올라간 듯한 기분을 청소년에게 안겨주기도 한다. 또래 집단에 어른스러운 인상을 주기 때문이다. 앞서 살펴본 것처럼 나이가 많을수록 서열상 유리하다.

사회적 지위 하락이 엄청난 사회적 통증을 유발한다는 사실을 고려할 때 어른들은 청소년들과 지위에 관해 솔직하게 터놓고 이야기하는 것도 생각해볼 수 있다. 오랜 진화의 세월 동안 뿌리 깊게 자리잡은 인기와 지위에 여러 10대 청소년이 집착한다. 그러므로 기분이 어떤지 직접 묻기보다 인기와 친구들과의 관계를 이야기하다 보면 자연스럽게 청소년이 겪고 있는 사회적 통증에 관한 얘기를 들을 수 있을 것이다.

승자 효과와 패자 효과

여러 새끼가 함께 사는 굴에서 생활한 지 약 8개월이 지나면 슈링크와 쌍둥이 누나, 메레게시 왕자를 비롯한 또래들은 좀더 독립적인 다음 성장 단계로 접어든다. 이제 스스로 먹이를 찾고 무리의 다른 어른 하이에나와 관계를 형성하기 시작한다. 비교적 나이가 많은 청소년 하이에나가 되었으므로 서열과 관련해 어른의 개입으로부터 자유로우리라 생각할 수도 있다. 하지만 오히려 이 시기에 어미의 개입이 한층 더 심해진다.

서열이 높은 어미는 계속해서 새끼들 사이의 갈등에 대신 나선다.[17] 혼자서 싸움을 할 수 있을 만큼 새끼가 컸는데도 어미의 간섭은 여전하다. 서열이 높은 어미 하이에나는 딸이나 아들이 먹이를 가장 먼저 먹을 수 있게 자신보다 밑에 있는 하이에나를 옆으로 밀친다. 또 나이 많은 어른 하이에나와 자신의 새끼 사이에 싸움이 벌어지면 황급히 달려가 도와준다.

마푸타 여왕의 개입은 가장 좋은 먹이와 잠자리, 인기 있는 친구 등 메레게시가 원하는 모든 것을 얻도록 도왔을 뿐만 아니라 잔인한 패자 효과로부터 메레게시를 보호했다. 모든 어미 하이에나는 패자 효과를 본능적으로 알고 있다. 한번 승리를 거두면 그 후로도 계속 승리할 가능성이 크지만 한번 패배하고 나면 비슷한 패턴이 계속 반복되어 이후에는 연패의 사슬을 끊을 수 없다. 따라서 어미는 아직 성장 중인 청소년이(혹은 뇌가) 더 높은 서열에 익숙해질 수 있게 패자 효과는 피하고 승자 효과를 극대화하며 새끼를 훈련한다.

승리하는 경험을 쌓기 위해 손쉬운 목표물을 설정해 연습한다. 청소년은 목표물이 되어 서열이 높은 동물의 학대를 받기도 한다.[18] 신체적으로나 행동적으로 차이가 나는 서열이 낮은 동물 역시 처음부터 목표물이 될 수 있다. 도움을 줄 동맹이나 연대가 없다면 최적의 목표물이 된다. 목표물이 된 동물은 자주 또는 때에 따라 끊임없이 사회적 패배를 맛본다.

쥐의 사회적 패배를 연구한 결과 싸움에서 한번 지고 나면 그다음 싸움에서 질 가능성이 더 큰 것으로 나타났다.[19] 다음 싸움에서 덜 공격적으로 행동하기 때문이다. 이런 식으로 패배의 경험이 쌓이면 패자 효과로 인해 서열이 낮은 동물은 결국 시도조차 하지 않고 포기해버린다. 이런 동물은 다른 동물과 어울리려 하지 않는다. 서열 다툼을 비롯해 모든 사회적 교류를 거부한다. 연구에 따르면 이 같은 현상은 바닷가재들 사이에서도 관찰된다.[20]

목표물이 되면 슈링크처럼 지위가 낮은 청소년기 동물은 잘 놀라고 주변을 경계하며 늘 신경이 곤두서 있다. 내세울 지위가 없으면 친구도 사귈 수 없다. 친구가 없으면 지위를 얻기도 유지하기도 힘들다. 만약 서열이 낮은 하이에나가 열세 살짜리 인간 청소년이었다면 분명 우울감을 토로했을 것이다.

심각한 우울증 증세를 보이는 청소년과 청년은 무가치감과 무력감, 절망감을 느낀다고 얘기한다.[21] 무엇을 해도 기분이 나아질 것 같지 않으며 그 무엇도 도움이 안 될 것 같은 생각이 든다고 말한다. 이는 어류와 조류, 포유류, 갑각류에게서 관찰되는 패자 효과의 정의와 정확하게 일치한다.

싸움에서 진 바닷가재와 하이에나가 자신의 기분을 말로 표현할 수 있다면 역시나 무가치감(서열이 높은 공격자에 비해 보잘것없는 자신의 서열), 무력감(나서서 도와줄 또래가 없는 상황), 절망감(어차피 이길 수 없는데 애쓸 필요가 있을까)을 느낀다고 설명할 것이다.

《정신장애 진단 및 통계 편람》은 무가치감을 우울증의 주요 증상으로 꼽으나 다른 자료에서는 절망감을 꼽기도 한다.[22] 1935년 셸데루프 에베는 닭과 관련된 또 다른 연구 결과를 발표했는데, 서열이 낮은 닭은 "곧 다가올 절망감 때문에 의기소침"해 보이지만 서열이 높은 닭은 "만족스러운 공격으로 인해 기쁨"을 표출한다고 묘사했다.[23]

위험한 서열 관계에서 벗어날 줄 아는 성인과 달리 청소년과 청년은 이러지도 저러지도 못한 채 전전긍긍한다. 학교에서 놀림 받거나 괴롭힘을 당해도 의무적으로 학업을 이어나가야만 하고, 자신이 무시당할 수 있는 동네나 가족과 사회적 혹은 금전적으로 얽혀 있는 경우가 많기 때문이다. 아니면 청소년과 청년은 적어도 자신이 위험한 서열 관계에서 벗어날 수 없다고 느낀다.

모든 것을 다 가진 듯 보이는 청소년과 청년도 슬픔에 빠진다. 경우에 따라 심각한 우울감을 느끼기도 한다. 내적으로 인식하는 나라는 사람과 타인이 보는 내 모습이 완전히 다를 수 있다. 청소년기에 겪는 사회적 경험은 자신의 지위에 대한 관점을 형성한다. 이때 형성된 관점은 종종 성년이 되어서도 지속된다. 그래서 성공한 어른으로 성장하더라도 청소년기에 경험한 사회적 패배의 쓴맛이 오랫동안 남아 행복과 성취감을 반감시키기도 한다.

일부 행동이 동물 사이의 서열에 변화를 가져온다고 하면 부모나 교사, 정신건강 전문가, 10대들이 관심을 보일지도 모르겠다. 서열의 안정성을 주제로 하는 연구 결과를 살펴보면 개별 물고기나 원숭이를 집단에서 분리한 다음 나중에 다시 합류시키면 서열이 뒤바뀌고 새로운 계급이 생겨나기까지 했다.[24] 인간 세계에서도 비슷한 예가 있다. 여름 방학을 마치고 학생들이 학교로 돌아오면 예전과는 서열이 달라지는 것을 볼 수 있다. 가장 밑바닥에서 고통을 받다가 서열이 올라간 학생에게는 좋을 일이다. 겪어본 사람이라면 잘 알겠지만 청소년기에는 집단 활동에 빠지는 것만으로도 서열이 바닥으로 떨어지기도 한다.

물리적인 공간을 넓히는 것 또한 고정된 서열을 유연하게 만든다. 2014년 늦여름 캐나다 서스캐처원으로 여행을 떠난 우리는 프린스앨버트국립공원의 탁 트인 방목장에서 여름 내내 마음껏 돌아다니다 커다란 울타리로 옮겨진 들소 무리를 볼 기회가 있었다. 거대하고 아름다운 생명체들에 둘러싸여 낮은 그렁거림을 들으며 질척거리는 들판을 지나 터덜터덜 걷고 있는데 어느 순간 들소 무리가 구유를 향해 일제히 움직이더니 질서 정연하게 줄을 서는 모습이 눈에 들어왔다.

들소들이 구유 앞에 한 줄로 선 순서는 무작위가 아니었다. 서열이 높은 소가 제일 먼저 물을 마셨고 그 뒤로 계급에 따라 물 마시는 순서가 정해졌다. 우리는 수의과대학과 낙농장에서 소들이 서열에 따라 평화롭게 줄지어 선 채 착유실로 향하는 비슷한 모습을 본 적이 있었다. 물론 가장 우세한 소가 앞장섰다.

서스캐처원에서 들소를 돌보는 수의사는 물 마시는 서열은 들소 무리가 공간이 한정된 외양간에서 지내는 늦여름이나 겨울에 주로 관찰된다고 말했다.[25] 그러나 봄이 찾아오면 광활한 초원이 펼쳐진 국립공원에서 생활하기 때문에 서열이 느슨해진다. 탁 트인 호수에서 우세한 소와 열세한 소가 함께 물을 마신다. 단순히 야외로 나가는 것만으로도 엄격한 서열이 완화된다. 핵심은 자원이 부족할수록 서열이 엄격히 지켜지며 충분한 개인 공간은 소중한 자원이라는 사실이다.

그러나 물리적인 공간이 개선되거나 청소년이 위험한 집단에서 벗어난다고 해도 자신의 지위가 낮다고 생각하는 자기 인식은 오랫동안 지속될 수 있다. 대개 저학년은 매우 정확하게 자신의 지위를 인지한다. 하지만 우울증 증세를 보이는 10대를 연구한 바에 따르면 자신의 지위를 또래가 바라보는 것보다 훨씬 낮게 생각하는 것으로 나타났다.[26] 많은 청소년이 자신의 낮은 지위에 대한 인식을 내면화하고 있었다. 이런 패자 효과는 다른 사람과의 실제 경쟁에서 처음 시작된다. 경쟁에서 진 사람의 마음에 패자 효과는 오랫동안 남게 되며 패자는 시도도 하기 전에 이미 졌다고 생각하게 된다. 패자 효과는 곧 정체성이 되어버린다. 영원히 지워지지 않는 자국으로 남아 내면화되는 것이다. 특히 서열이 확립되고 사회적으로 시도해보고 뇌 재편성이 일어나는 와일드후드에 이 효과가 극대화된다.

괴롭힘의 3가지 형태

청소년이 우울증에 걸리는 예상 가능한 요인 중 하나는 괴롭힘이다. 괴롭힘을 당한 경험이 우울증이나 불안증 발병과 관련이 있다는 사실이 여러 연구를 통해 입증되었다.[27] 2005년 28개국 11세, 13세, 15세 청소년을 대상으로 괴롭힘을 당한 경험을 조사한 결과 리투아니아 소년이 가장 높은 비율을 보였고 스웨덴 소녀가 가장 낮은 비율을 보였다.[28] 청소년보건대책위원회 산하 괴롭힘 방지 특별 부서를 두고 있는 미국 국립보건원에 따르면 미국의 9~12학년 학생 중 20% 정도가 괴롭힘의 피해자가 되어본 적이 있다고 답했다.[29] 국립보건원은 괴롭힘을 "타인 또는 집단이 행사하는 원치 않는 공격적 행동"이라고 정의한다. 주먹으로 치거나 발로 차고 미는 것과 같은 신체적 괴롭힘도 있고 물건을 숨기거나 훔치고 망가뜨리는 등의 행동으로 나타나는 괴롭힘도 있다. 또한 말로도 피해자를 괴롭힐 수 있다. 욕하기, 놀리기, 소문이나 허위 사실 퍼뜨리기 등이 그 예다. 강압적이거나 간접적인 괴롭힘도 있는데, "피해자의 말을 일부러 무시하거나 소외감을 주는 행동과 다른 사람에게 피해자를 괴롭히라고 부추기는 행동"을 말한다.

지난 10년 동안 우리는 괴롭힘에 대한 수많은 지식을 쌓았다. 그러나 인간 사회에서 관찰되는 괴롭힘의 복잡성을 완전히 이해하려면 동물 세계에서 괴롭힘의 역할과 형태를 반드시 살펴봐야 한다.[30] 동물행동학자가 오래전부터 동물의 서열에 관해 알고 있던 지식을 인간 행동에 적용함으로써 괴롭힘에 대한 오늘날의 인식을 근본적으로 개선하고 이러한 행동을 교정하는 방법을 찾을 수 있기 때문이다. 우리는 인간과 동물에 관한 다양한 분야를 넘나들며 동물들 사이에서 인간과 관련 있는 괴롭힘의 3가지 형태를 파악할 수 있었고, 이를 '과시형,' '일치형,' '분풀이형'으로 구분했다.

과시형 괴롭힘

동물 사이에서 관찰되는 괴롭힘의 가장 중요한 목적은 대부분 지위 확보와 유지다. 자신의 지위를 지키는 데 적극적인 서열이 높은 동물은 힘을 과시하기 위해 다른 동물을 괴롭힌다. 가해자 자신의 높은 서열을 재확인하고자 전체 무리에게 선보이는 공개 쇼인 셈이다. 여기서 기억해야 할 것은 지위는 인식의 문제라는 점이다. 따라서 지위를 얻고 지키기 위해 가해자는 관객이 필요하다. 대개 그렇듯이 만약 구경꾼이 개별적으로 혹은 집단적으로 보여주는 힘의 과시를 인정하고 받아들이면 가해자는 계속해서 지배자 역할을 한다.

과시형 가해자는 희생양을 매우 신중하게 고른다. 사회적 관계를 맺은 또래나 힘이 비슷한 경쟁자는 피하고 지위가 낮은 비교적 수월한 동물을 선택한다. 동물과 인간의 괴롭힘에 차이가 있다면 인간의 경우 공격성이 항상 물리적인 것은 아니라는 점이다. 모욕으로 정신적 피해를 가하겠다는 협박 역시 과시형 무기가 될 수 있다.

하이에나와 영장류 등 여러 동물의 예를 통해 살펴보았듯이 수컷도 암컷도 과시형 가해자가 될 수 있으며 이들의 부모 역시 괴롭힘 가해자다. 이런 부모 밑에서 과시형 가해자는 대부분 어렸을 때부터 권력을 손에 쥐고 반항하는 동물은 협박, 으름장, 과잉 반응 등 수단을 가리지 않고 제압하라고 배운다. 일찍부터 시작되는 가해자 교육은 자기 강화적이다. 지배적으로 행동할수록 서열이 높다고 인식되는 것이다. 이렇게 목표물을 향해 공격성을 드러내는 것은 어린 가해자에게는 연습의 장이자 다른 동물들에게는 교육의 장이 된다. 무리 내 다른 동물들은 점점 강해지는 젊은 엘리트 동물과 비교할 때 점차 하락하는 자신의 위치를 목격하게 되기 때문이다.

과시형 가해자는 두렵고 예측하기 어려운 존재다. 자신의 힘을 항상 드러내고 싶어하기 때문이다. 만약 무리가 흥미를 잃으면 가해자는 관객 효과를 위해 주저 없이 더 약한 동물을 희생양으로 삼을 것이다.

무리 내 세대를 망라하는 지배 세력은 공동체의 지지 없이 해체하기 매우 힘들다. 놀랍게도 공동체는 종종 부모에서 자식으로 세습되는 괴롭힘을 오히려 부추기는 방향으로 행동한다. 주로 우세한 집안에 잘 보이려는 서열이 낮은 부모로 이루어진 나이 많은 동물들이 연대해 직접 손을 더럽히기도 한다. 서열 상승을 꿈꾸며 자신들과 위치가 비슷한 청소년기 동물을 못살게 구는 것이다. 구경꾼은 자신도 피해자가 될지 모른다는 두려움 때문에 가해자에 맞서기를 꺼린다. 또 괴롭힘을 당하는 동물이 집단의 지위를 떨어뜨리거나 위험에 빠뜨릴 수 있기에 자신과는 다르다고 생각한다. 구경꾼이 개입을 꺼리는 이유는 다르다고 판단되는 개체를 배척하는 오래된 집단의 성향 때문일 수도 있고 특이 효과의 영향일 수도 있다.

일치형 괴롭힘

우리는 슈링크가 '독특하게' 생긴 귀 때문에 지위가 낮은 것인지 궁금했다. 슈링크는 귀가 살짝 접혀 다른 하이에나와 조금 달리 보였다. 올리베르 회너는 독특한 귀는 슈링크의 서열과 관련이 없다고 설명했다. 그래서 우리는 회너에게 독특하게 생긴 귀가 성격이나 청력 등 다른 곳에 영향을 미치지는 않았는지 물었다. 회너는 그럴 가능성은 모두 매우 희박하다고 강조하며 아직 관련 연구가 진행되지 않았으므로 단정해서 말할 수는 없다고 덧붙였다. 하지만 하이에나의 서열과 귀의 건강 상태는 연관이 있다는 회너의 설명에 우리는 적잖이 놀랐다. 회너는 "주도권을 잡은 암컷이 서열이 낮은 하이에나보다 귀 상태가 훨씬 좋다"라고 말했다. 회너의 설명에 따르면 하이에나는 싸울 때 상대방의 귀를 노리므로 위험에 노출된 이 기관이 갈기갈기 찢어지거나 완전히 떨어져 나가도 놀랄 일이 아니다. 필요할 때 귀를 이용해 복종을 표시할 수 없는 하이에나는 사회적으로 불리하다. 회너는 귀가 잘려나간 횟수와 서열 사이에 연관성만 발견했을 뿐 인과관계를 발견한 것은 아니라고 설명했다.

우리는 가해자가 다름을 기준 삼아 목표물을 찾는 것을 보아왔다. 이와 마찬가지로 어린 청소년이 외모 때문에 괴롭힘을 당하는 것을 자주 볼 수 있다. 이러한 괴롭힘은 신체 조건이나 행동이 다른 또래를 일부러 소외시키거나 창피를 주거나 대놓고 무시하는 등 다양한 방법으로 이루어진다. 2018년 비영리단체 유스트루스가 발표한 보고서에 따르면 중학생의 40%가 괴롭힘을 당한 경험이 있으며 그중 외모로 인한 괴롭힘이 가장 많았다.[31] 이러한 괴롭힘은 대개 힘과 지위를 손에 쥐려고 노력하는 과시형 가해자의 소행이다.

그런데 자신과 다른 상대를 목표로 하는 또 다른 괴롭힘이 있다. 일치형 가해자는 왕따, 즉 사회적 배척을 무기로 피해자를 위협한다. 과시형 가해자와는 목적이 근본적으로 다르다. 일치형 가해자는 자신의 지위를 보여주거나 향상하기 위해 남에게 공격성을 드러내지 않는다. 그 대신 의식적이든 그렇지 않든 일치성을 위협하는 존재를 제거함으로써 자신과 무리를 보호하고자 한다. '눈에 띄는' 구성원과 함께 있으면 원치 않는 관심을 끌 수 있기 때문이다.

과시형 가해자처럼 일치형 가해자 역시 오래된 진화적 뿌리를 가지고 있다. 1부에서 살펴보았듯이 어류나 조류, 포유류 무리 중 생김새나 행동이 다른 구성원이 있으면 포식자에게 공격당할 위험이 더 커진다. 반포식적 행동의 하나인 특이 효과는 어떤 식으로든 남들과 다른 구성원에게 집단 전체가 등을 돌리는 것을 말한다. 개성 있는 색을 띠고 이상한 행동을 하는 동물 주변에 서 있거나 헤엄치고 날아다니다가는 위험에 노출될 수 있다. 가까이 있다는 이유만으로 손쉬운 목표물이 될지도 모른다는 두려움 때문에 때로는 목숨을 걸고 독특한 동물 곁에서 벗어나기 위해 애쓴다.

인간은 무리나 떼를 지어 살지 않지만, 인간 역시 동물 집단에서 볼 수 있는 몇 가지 전형적인 행동을 한다. 개인이 자신을 다른 위험에 처하게 할 수 있는 사람, 즉 무서운 사회적 낙오자를 피하려고 하기 때문에 '순응형 괴롭힘conformer-type bullying'이라는 특이 효과가 나타날 수 있다.

중학생이나 고등학생 괴롭힘 가해자는 괴롭힘당한 피해자의 차이점을 지적하며 일치에 대한 집단의 선천적 선호도를 드러낸다. 실제로 피해자가 남들과 다른 경우도 있지만 부풀려지거나 아예 사실이 아닌 경우도 있다. 성적 소문이나 동성애 혐오적 비방이 흔히 쓰이는 술책이다. 가해자는 피해자의 지위를 박탈하고 거리를 두기 위해 남들과 다른 점을 강조한다. 사회학자는 이러한 과정을 가리켜 '타자화othering'라고 부른다.[32] '타자화'된 대상은 그 순간부터 집단의 도움과 지지를 얻지 못한다. 게다가 집단적 괴롭힘이 발생하기도 한다. '타자화'될지도 모른다는 두려움이 다른 집단 구성원에게 일치를 중요시하게 한다. 이는 청소년뿐만 아니라 어른의 세계에서도 마찬가지다.

청소년 가해자와 마찬가지로 일부 정치지도자 역시 타자화와 특이 현상의 밀접한 관계를 본능적으로 이해하고 이를 매우 영리하게 이용한다. 예컨대 나치 독일은 유대인을 티푸스를 퍼뜨리는 해충처럼 보이게 만들었고 르완다 후투족은 선전 활동을 통해 투치족을 병에 걸린 바퀴벌레로 취급했다.[33] 타자화의 대상이 된 소수집단은 집단 전체의 안전을 위협하는 존재로 인식되었다.

분풀이형 괴롭힘

무섭고 두려운 가해자가 실은 피해자라는 인식도 있다. 어쩌면 괴롭힘 가해자는 부족한 자신감에서 비롯된 불만을 다른 대상에게 표출하는 것일지도 모른다. 그러나 대개 괴롭힘은 서열이 높은 동물이 서열이 낮은 동물에게 힘을 과시하기 위해서 행해진다(그 반대의 경우는 거의 없다). 따라서 우리는 가해자인 동시에 피해자가 행하는 괴롭힘을 따로 분풀이형으로 구분했다.

과시형 괴롭힘이 자신감에서 비롯된다면 분풀이형 괴롭힘은 불안과 두려움에 뿌리를 두고 있다. 이러한 형태의 괴롭힘이 인간 사이에서 어떻게 나타나는지 이해하려면 먼저 개의 사례를 살펴보는 것이 도움이 된다.

워싱턴대학 동물행동학자 제임스 하는 저술 활동을 하며 40년이 넘도록 동물의 행동을 해석하고 문제 행동을 보이는 반려동물과 주인을 돕고 있다. 제임스 하는 우리에게 아무런 예고도 없이 시작되는 개의 공격성에 관해 설명해주었다. 원래 얌전하게 행동하던 개도 불안함을 느끼면 이런 공격성을 표출한다. 주인이 엄하게 혼내거나 지나치게 통제할 때도 마찬가지다. 특히 무섭게 느껴지는 사람에게 잔뜩 겁을 먹은 개는 종종 큰 소리로 짖거나 달려들거나 물기도 한다. 그러나 정작 공포를 주는 대상을 직접 공격하는 일은 절대 없다. 대신 죄 없는 구경꾼을 공격하는데, 대개 가족 중에 어린이나 몸집이 작은 동물이 피해를 본다.

이와 같은 행동은 제임스 하가 "기폭제 축적trigger-stacking"이라고 부르는 현상 때문에 더욱 악화된다. 기폭제 축적이란 평소 불안함을 유발하는 기폭제가 계속 축적되면서 공격하는 것 외에는 달리 방법이 없다고 느끼는 상황을 가리킨다. 개에게 불안 기폭제는 커다란 폭죽 소리나 천둥소리처럼 흔하고 예측 가능한 것일 수도 있고 하루 중 특정 시간이나 익숙하지 않은 냄새 등 눈에 잘 보이지 않고 파악하기 어려운 것일 수도 있다. 그런데 이 기폭제가 쌓이면 개가 느끼는 불안이 심해지고 어느 순간 공격성이 밖으로 표출된다.

분풀이형 가해자는 힘이나 압박을 받으면 어쩔 줄 몰라 한다. 그래서 지나치게 엄격한 규칙은 이들의 두려움과 불안함을 오히려 증폭시키고 가해자의 공격성은 더욱 심해진다. 말 행동 전문가 로빈 포스터는 "두려움을 벌주면 안 된다"라는 말을 자주 한다.[34] 겁에 질린 동물은 자신이 벌받는 상황과 이유를 제대로 이해하지 못할뿐더러 지나친 벌은 두려움과 공격성을 잇는 연결 고리를 더욱 강화하기 때문이다. 분풀이형 괴롭힘이 특히 매우 민감한 발달 시기인 청소년기에 나타나면 동물들은 살면서 겪는 자연스러운 불안도 공격적으로 해결해 이는 습관으로 자리잡을 수 있다. 갑자기 공격성을 드러내는 개는 두려움과 공격성을 연관 짓도록 조건화된 것이다. 제임스 하의 설명처럼 개는 "겁이 날 때 공격적으로 행동하면 무서운 것이 사라진다"라고 배운 셈이다.

개의 이러한 문제 행동은 주로 사회성 부족이 원인이라고 제임스 하는 지적한다.[35] 중요한 발달 시기에 강아지가 사람과 충분히 교류하지 못한 것이다. 동물 보호소에서 생활하는 개가 불안으로 인한 공격성을 습득할 위험이 가장 크다. 그중에서도 청소년기에 동물 보호소로 들어온 개가 가장 위험하다. 제임스 하는 동물 보호소에서 지내는 동안 다른 개에게 공격당하면 "사육장 개 증후군"에 시달릴 수 있다고 말한다. 이런 개들은 두려움으로 인한 공격성이 너무 깊이 몸에 배어 입양이 어렵다. 청소년기에 심하게 벌을 받거나 고립이나 공격을 당한 개는 평생 다른 개와 함께 키우기 어려운 문제 행동을 보일 가능성이 크다. 이러한 동물 대부분은 약물 치료를 받거나 회복하기를 바라는 긍정적이고 인내심 강한 주인을 만나더라도 행복하고 차분한 삶에 정착하지 못한다.

핵심은 청소년기처럼 발달 과정에서 중요한 시기에 불안에 시달리기 시작하면 불안은 더 오래, 더 깊이 자리잡거나 뇌와 유전적 변화를 초래하는 등 악화되기 쉽다는 것이다.

지위와 학습 능력

지위와 기분 사이의 연관성을 다른 영역에도 적용할 수 있다. 괴롭힘을 당하는 피해자가 되면 사회적 지위가 낮아지는데, 이는 불리한 상황으로 이어지기도 한다. 쥐를 실험한 연구 결과를 보면 지위가 떨어지면 학습에 어떤 영향을 미치는지 알 수 있다.[36] 먼저 총 18마리의 쥐를 대상으로 미로 학습 능력을 시험했다. 그런 다음 3일 동안 다른 쥐와 한 공간에 몰아넣고 서열이 정해지도록 했다. 다시 미로 학습 능력을 시험했더니 서열이 높은 쥐는 실력이 향상된 데 반해 서열이 낮은 쥐는 정반대였다. 승자 효과로 서열이 높은 쥐의 테스토스테론 수치가 올라가면서 학업 성과가 개선된 것일 수 있다. 혹은 서열이 낮은 쥐의 스트레스 호르몬 수치가 올라가면서 학습 능력이 떨어진 것일 수 있다. 이유가 무엇이든 서열이 낮은 쥐의 저하된 학습 능력과 시험 성적은 지위 다툼이 일어나는 교실과 학교에서 공부하려 애쓰는 청소년과 연관 가능성이 있다.

레서스원숭이를 살펴본 한 연구는 지위가 다양한 방법으로 재능을 펼치거나 무언가를 배우는 과정을 방해할 수 있음을 보여주었다.[37] 연구진은 원숭이를 두 집단으로 분류했다. 첫 번째 집단은 어미의 서열이 높은 금수저 원숭이들로만 모아두었고 두 번째 집단은 서열이 낮은 원숭이들로만 모아두었다. 그러고는 두 집단 모두에 일련의 실험을 진행했다. 먼저 낯선 상자에서 땅콩을 꺼내는 능력을 평가했다. 그런 다음 땅콩이 들어 있는 색칠한 상자와 돌이 들어 있는 색칠한 상자를 구분하는 데 걸리는 시간을 쟀다. 또 원숭이가 획득한 땅콩의 총 개수도 세었다.

원숭이 실험은 2가지 다른 조건에서 진행되었다. 먼저 분류한 집단에 따라, 즉 서열에 따라 실험을 진행했다. 그다음에는 전체 집단이 지켜보는 가운데 실험을 진행했다. 지위가 높은 어미를 둔 원숭이는 두 조건에서 모두 탁월한 성적을 거두었다. 하지만 서열이 낮은 원숭이는 자신보다 서열이 높은 원숭이가 없을 때만 능숙하게 과제를 해냈다.

해당 연구는 서열이 낮은 원숭이가 일부러 실력을 발휘하지 않았다고 결론을 내렸다. 원숭이가 의도적으로 자신의 능력을 '끌어내린' 것이다. 서열이 높은 동물과의 갈등과 공격 위험을 최소화하는 복종 행동의 전형적인 예다. 이와 같은 반응은 인간의 사회적 뇌에도 이미 내재해 있다. 연예인이나 괴롭힘 가해자가 옆에 있을 때 대화에 집중해본 적이 있거나 경쟁자가 지켜보는 가운데 정신을 집중해야 하는 일을 해본 적이 다면 이러한 효과의 강력함을 이해할 수 있을 것이다.

모든 교사와 학생이 지위의 차이에 따라 학습이나 학업 성과가 방해받을 수 있다는 것을 이해해야만 한다. 똑똑한 아이가 개념을 잘 이해하지 못해 애를 먹는 초등학교 교사뿐만 아니라 내용은 완벽하게 숙지하고 있지만 시험 성적이 좋지 않은 학생을 지도해야 하는 중학교 또는 고등학교 교사에게 특히 유용할 것이다. 또 인종이나 성별, 사회경제적 수준에 따라 구성원을 차별하는 학교 동아리나 모임에서도 관련 논의가 이루어져야 한다. 이러한 집단이 만든 서열 때문에 소외된 학생은 학습 능력과 학업 성과가 저하되고 심지어 미래에 주어질 기회도 박탈당한다.

10.

친구의 힘

괴롭힘을 당하는 모든 청소년이 우울증을 겪는 것은 아니다. 몇몇 청소년은 괴롭힘으로 인한 스트레스를 비교적 잘 감당한다. 인간의 경우 괴롭힘으로 받는 스트레스를 완화해주는 주요 요인 중 하나가 동맹과 친구다. UCLA에서 청소년 괴롭힘을 전문적으로 연구해온 야나 유보넨에 따르면 "친구의 힘은 엄청나다. 친구가 한 명이라도 있으면 애초에 피해자가 되거나 괴롭힘을 당할 위험이 줄어든다. 게다가 피해자가 받는 고통도 곁에 친구가 있으면 완화된다."[1]

회너 역시 하이에나에게도 친구와 동맹이 매우 중요하다고 말한다. "친구가 몇 명인지에 따라 사회적 지위가 유지된다."

슈링크는 선천적으로 불리한 어린 시절을 보냈다. 하지만 여럿이 함께 사는 굴에서 다른 하이에나와 어울리는 슈링크의 모습을 관찰한 회너와 연구진은 매우 흥미로운 점을 발견했다. 슈링크는 "사회적 연대 산책"이라는 행동에 특출한 재능을 보였다.[2] 사회적 연대 산책이란 우리가 친구에게 커피 한잔을 하자고 하거나 즉석 농구 게임을 제안하는 것과 같다. 이러한 하이에나의 애교 섞인 행동을 '우정 산책'이라고 통칭하기도 한다.

회너의 설명처럼 "수컷 두 마리가 만나 '간단히 여행이나 다녀오자'라고 결정"하는 것이다. 회너는 다른 수컷에게 다가가는 슈링크와 이내 몸을 부딪치고 꼬리를 자신 있게 세운 채 종종걸음으로 함께 사라지는 두 하이에나의 모습을 설명하면서 웃음기와 애정 가득한 목소리를 감추지 못했다. 슈링크와 친구는 흥미로운 볼거리나 냄새가 없는데도 몇 미터에 한 번씩 걸음을 멈추고 신중하게 풀줄기 냄새를 맡았다. 하이에나가 우정 산책 중에 냄새를 맡는 행동은 우리가 다른 사람들과 어울리기 위해 날씨나 스포츠나 정치에 관해 짧게 담소를 나누는 것과 같다. 하이에나의 우정 산책은 몇 시간 동안 계속된다. 두 친구는 가끔 가던 길을 멈추고 서서 냄새를 맡으며 수다를 떤다. 어른 하이에나 역시 같은 행동을 한다. 이는 어른 하이에나가 사회적 유대감을 유지하기 위해 실제로 가장 많이 쓰는 방법이다. 슈링크처럼 청소년기에 우정 산책을 많이 한 어린 하이에나는 다 자란 이후에도 수월하게 사회적 관계를 쌓는다.

다른 하이에나와 우정을 쌓는 기술과 먼저 다가가서 친밀감을 형성하는 적극성은 슈링크의 가장 큰 장점이었다. 회너는 성격이나 기질이나 기회의 차이가 사교성에 어떤 영향을 미치는지는 연구하지 않았다. 하지만 한 가지 분명한 점은 와일드후드 때 친구에게 호감을 얻고 우정을 쌓는 방법을 배워야 한다는 것이다. 물론 이러한 기술은 저절로 습득되는 게 아니다. 청소년은 연습을 통해 친구를 사귀는 요령을 익혀야 하며 애착 형성의 바탕이 되는 주고받기를 반복해야 한다. 특히 또래 관계는 친족 관계보다 중요하다. 청소년이 서로 친구 사귀기를 연습하는 방법은 바로 놀이를 통해서다.

싸우지 않는 방법을 배우는 싸움 놀이

자연은 거대한 놀이터다. 어류에서부터 파충류, 조류, 포유류에 이르기까지 수많은 새끼 동물이 강과 목초지, 바다와 하늘을 누비고 다닌다. 독일의 철학자이자 심리학자인 카를 그로스는 1898년 자신의 책에서 "동물은 어리고 장난기가 가득해서 놀이를 하는 것이 아니다. 앞으로 살면서 해야 할 일들에 준비하기 위해, 개인적인 경험을 보충하기 위해 놀이를 하는 것이다"라고 했다.[3]

그로스의 말로 놀이가 지루하게 느껴지기도 하지만 '앞으로 살면서 해야 할 일들'은 여러 동물과 인간이 하는 놀이 행동의 기본 토대다. 어린 포식자의 놀이는 사냥과 많이 닮았다. 놀이를 통해 언젠가는 스스로 먹이를 찾는 데 필요한 미행, 급습, 할퀴기를 연습한다. 대개 부모는 '장난감'을 새끼에게 가져다주며 이러한 행동을 부추긴다.[4] 예컨대 어린 레오파드바다표범은 다친 펭귄을 가지고 놀고 새끼 미어캣은 공격 능력을 잃은 전갈을 장난감으로 삼는다.

생태학자 고든 버가트는 서발이라고 불리는 야생 아프리카고양이의 "낚시 놀이"를 소개한다.[5] 서발은 "사냥한 생쥐나 쥐를 나무 그루터기 밑이나 구멍 안에 풀어준 다음 앞발로 다시 낚아 올린다. 먹잇감의 등에 난 털을 조심스럽게 잡고 집어 올린 후 틈 주변으로 가져온다. 먹잇감이 구멍 안으로 들어가지 않고 도망가도 그대로 내버려 둔다. 그러다가 앞발로 먹잇감을 구멍 안으로 밀어 넣은 다음 다시 꺼내기를 반복한다."

청소년기 범고래는 파도를 타고 모래사장까지 다가와 먹잇감을 재빨리 낚아챈 후 다시 바다로 미끄러져 돌아가는 어른 범고래를 흉내내고 놀며 혼자서 해안가 근처까지 헤엄치는 방법을 배운다.[6] 청소년기에 이러한 훈련을 받은 범고래는 나중에 커서 더욱 훌륭한 사냥꾼이 될 뿐더러 사냥 기술도 더 빨리 습득한다.

3부에서 자세히 살펴볼 구애 행동 역시 어른이 되었을 때 적절히 행동하고 성공적으로 짝짓기를 하려면 청소년기에 학습을 시작해야 한다. 흰머리독수리는 짝짓기하기 전에 공중에서 죽음의 소용돌이라고 하는 참혹하고 때로는 치명적인 춤을 춘다.[7] 이러한 사전 의식을 미리 익히기 위해 청소년기 독수리는 서로를 향해 돌진해 발톱을 부딪친다. 공중에서 조준한 목표물을 와락 잡아채는 이런 실제 훈련을 통해 나중에 짝짓기 상대의 발을 움켜잡고 휘둘러야 할 때를 대비한다.

권투경기를 하듯 주먹을 주고받는 캥거루나 박치기를 하는 어린 숫양의 싸움은 가장 손쉽게 구분할 수 있는 놀이 행동이다. 호주의 웜뱃과 타이거주머니고양이는 서로를 쫓거나 몰래 미행하기도 하고 레슬링을 하기도 한다.[8] 붉은목왈라비는 뛰어넘기, 잡기, 할퀴기, 주먹으로 치기, 발로 차기 등 21가지에 달하는 행동으로 싸움 놀이를 한다.

우리의 눈에 동물들의 싸움 놀이는 포식자에 맞서기 위한 자기 방어를 미리 연습하는 것처럼 보일 수 있다. 안전하게 자신을 지키기 위한 훈련이라고 생각하기 쉽다. 하지만 실제로 자기방어와 싸움 놀이는 다르다. 싸움 놀이는 자기방어가 아닌 다른 목적을 위한 싸움에 어린 동물을 준비시키는 것인데, 바로 집단 내 서열 싸움이다. 그러나 주목할 점은 기니피그에서 꼬리감는원숭이에 이르기까지 어렸을 때 또래와 소란스러운 난투를 벌인 새끼 동물이 공격적인 전사로 자라는 경우는 거의 없다는 사실이다. 오히려 서로 뒹굴면서 이들은 좋은 친구가 된다. 또 어른이 된 이후에 사회적 서열에 훨씬 더 잘 적응한다. 놀이를 통해 어린 새끼는 해를 가하지 않고 갈등을 협상하는 방법을 배운다. 그리고 서열이 낮은 순종적인 동물은 서열이 높은 동물에게 행동이 마음에 들지 않는다는 메시지를 전달하는 요령을 익힌다.

매사추세츠대학 애머스트캠퍼스의 생물학자 주디스 구디너프에 따르면 "지배적 역할을 경험해보지 못한 새끼 원숭이는 성장 후 지나치게 순종적인 태도를 보일 수 있지만 복종적 역할을 경험해보지 못한 채 성장한 원숭이는 다른 원숭이를 괴롭히는 가해자가 될 수 있다. 싸움 놀이를 통해 청소년기 동물은 상대방의 의도를 읽는 방법을 배울 수 있다. 상대방의 행동이 허풍인지 아니면 의욕을 보이는 것인지를 알게 되는 것이다. 이와 같은 사회적 인지 기술이 신체적 기술보다 중요할 때도 있다."[9]

우리는 슈링크가 싸움 놀이를 했는지 궁금했다. 회너는 우두머리 암컷을 포함한 모든 하이에나가 싸움 놀이를 통해 지배와 복종을 배운다고 대답했다. 회너의 설명에 따르면 여왕 하이에나는 다른 무리의 영역을 침범하곤 한다. 허락 없이 들어온 침입자는 그곳의 주인인 하이에나 무리에게 반드시 복종해야 한다. 회너는 "하이에나라면 복종을 표시하는 방법을 알고 있다. 이는 생존의 핵심이다. 복종을 표시하지 않으면 매우 세게 두들겨 맞을 수 있다"라고 덧붙였다. 복종을 표시하는 신호는 대부분 와일드후드 초기에 또래와의 싸움 놀이를 통해 배운다.

어린 흰꼬리사슴 수컷은 암컷과 수컷이 섞인 무리에서 여름 내내 '놀이'를 하며 무리 생활의 규칙을 배우고 또 배운다.[10] 여름이 시작될 무렵에 모든 연령대의 수컷이 뿔 갈이를 한다. 뿔이 자랄 때까지 취약한 상태로 기다려야 하는데, 그동안 무리 지어 생활함으로써 포식자로부터 안전하게 지낼 수 있다. 생각해보면 무리 내에 들어오기 전에 총을 문 앞에 두는 것과 마찬가지다. 무기가 없어야 아무도 다치지 않고 싸움 놀이를 할 수 있다.

흰꼬리사슴을 비롯한 여러 동물이 싸움 놀이를 하는 이유는 단순히 포식자를 물리치기 위해서도, 자원이나 짝짓기 상대를 두고 서로 경쟁하기 위해서도 아니다. 싸움 놀이의 보이지 않는 목적은 서로 싸우지 않는 방법을 배우기 위해서다. 안정적인 동물 집단의 구성원은 싸우거나 충돌하지 않는다. 싸움 놀이는 어린 동물이 사회적 서열 내에서 각기 다른 위치를 이해하는 데 도움이 된다.[11] 게다가 싸움 놀이를 통해 더욱 유연하고 안정적인 그리고 효과적이고 생산적인 우두머리로 성장할 수 있다.

사회적 동물에게는 싸움 놀이를 대체할 훈련이 없다. 인간 청소년과 청년은 지속적인 서열 분류와 재분류를 다양한 방식으로 연습할 수 있다. 단체 운동과 연극, 음악을 통해 안정적인 환경에서 외모나 체구, 힘, 집안 배경이 아닌 실력으로 지위 변화를 경험할 수 있다. 싸움놀이는 청소년이 주변에서 전개되는 상황을 조금씩 통제하며 서열 안에서 움직일 수 있게 한다. 현명한 코치와 안무가, 지휘자라면 제자에게 주인공 역할과 조연 역할을 번갈아 맡길 것이다.

큰 위계 내에서 작은 위계 서열을 만드는 것도 인간의 청소년기에 벌어지는 치열한 서열 분류 전쟁에서 살아남는 전략이다. 인턴십 프로그램 등에 참여해 집단 내에서 서열이 낮은 구성원이 되어보는 것도 성숙할 수 있는 소중한 경험이다. 중학교 3학년인 아이와 비교적 성숙한 고등학교 3학년 학생 사이의 또래 리더십 관계도 마찬가지다. 다른 집단에서 높은 서열에 올라가보는 것도 매우 교육적인 경험이다. 학교나 지역 사회, 온라인 등에서 여러 집단에 소속되는 경험을 통해 청소년은 사회성을 기를 수 있다. 그리고 이와 함께 청소년이 이 시기에 겪는 어려움을 좀더 쉽게 견딜 수 있게도 해준다.

동물은 주로 몸을 써서 놀이를 한다. 사슴, 원숭이, 코끼리, 하이에나는 머리 냄새를 맡거나 뿔을 비비고 술래잡기를 하거나 연대 산책을 한다. 이에 반해 요즘 10대들이 하는 가상 놀이가 과연 신체적 놀이를 대체할 적절한 대안이나 유사품인지 생각해볼 필요가 있다. 자라서 어른이 되었을 때 친구를 사귀는 데 필요한 사회성을 기르려면 동물들에게는 신체적 접촉이 필수다. 여러 플레이어가 참여하는 비디오 게임은 신체적 움직임은 필요 없지만 청소년이 전 세계 곳곳의 사람들과 교류하고 소통하게 한다. 대개 게임의 가상현실에도 서열이 존재하는데, 플레이어마다 다양한 위치가 주어진다. 다른 사람과 함께하는 가상 비디오게임은 혼자 하는 게임과는 완전히 다르다. 이러한 게임은 근본적으로 사회 경험의 한 종류로 많은 플레이어가 직접 얼굴을 마주하고 게임할 때와 똑같은 혜택들을 제공한다. 비디오게임이 꼭 사회적 고립을 초래하는 것은 아니라는 새로운 연구 결과가 발표되기도 했다.[12] 하지만 다른 연구 결과를 살펴보면 게임 중독은 사회성 발달에 부정적 영향을 미친다는 것을 알 수 있는데, 어느 정도 예측 가능한 부분이다. 비디오게임에 중독된 청소년은 협동심, 책임감, 이타심, 감정을 표현하는 능력 등 사회성이 전반적으로 부족하다.

평가 과부하

야생동물 청소년은 또래 인류보다 2가지 측면에서 유리하다. 동물도 부담이 큰 시험과 이로 인한 스트레스에 시달리기는 하지만 이러한 평가의 시기는 시작과 끝이 분명하다. 놀이기, 번식기, 이동기가 모두 정해져 있다. 그러나 오늘날 청소년은 숨 돌릴 틈이 없다. 인터넷 덕분에 가능해진 소셜 미디어에는 비수기가 존재하지 않는다.

그뿐만 아니라 야생동물 청소년은 눈앞에 보이는 상대와 경쟁한다. 슈링크는 낮에는 태어난 무리 구성원에게 자신의 가치를 증명하고 밤이 되면 응고롱고로에서 서식하는 8개 무리에서 자신의 상대적 서열을 고민하느라 뜬눈으로 지새울 필요가 없었다. 또한 세렝게티 주변에 있는 12개 무리 역시 신경 쓰지 않아도 괜찮았다. 나아가 유럽과 아메리카, 호주, 아시아의 국립공원과 동물원에서 생활하는 다른 모든 하이에나 무리도 슈링크와는 아무런 관계가 없었다. 슈링크는 하이에가 아닌 자칼이나 사냥개, 늑대, 레오파드바다표범으로서의 삶을 고민할 필요도 없었다.

하지만 소셜 미디어를 이용하는 우리 청소년은 경쟁 상대를 제대로 알 수도 없고 경쟁 상대에게서 벗어날 수도 없다. 요즘 시대의 소셜 네트워크는 모두를 아는 것이 불가능할 정도로 광대하다. 그래서 위협적이든 친절하든 나와는 동떨어진 삶을 사는 연예인이나 정치인이 주변에 있는 사람처럼 느껴지기도 한다. 이들의 지배력이나 위신은 실제 일상과는 전혀 관계가 없는데도 말이다. 물론 이는 우리가 처음 겪는 문제는 아니다. 도시가 형성되고 통신, 라디오, TV 기술이 발달하면서 이러한 문제가 불거져왔다. 따라서 인터넷이 초사회적이고 자기인식이 강한 현대인들 사이에 경쟁을 조장하고 있다고 보기는 어렵다. 그러나 소셜 미디어 덕분에 오늘날 10대가 비교하고 경쟁해야 하는 또래의 수가 전례 없이 늘어난 것만은 분명하다.

나와 다른 사람을 비교하는 것은 비단 인간만의 습성이 아니다. 앞에서 살펴보았듯이 사회적 뇌 네트워크는 동물이 사회적 정보를 처리하고 해석하고 적절한 반응을 보이도록 돕는다. 사회적 뇌 네트워크의 주요 기능은 다른 동물과 비교해 자신을 정확히 평가하게 돕는 것이다. 하지만 이 기능은 끊임없이 평가받는 동물이 아니라 주기적으로 평가를 경험하는 동물에서 진화했다. 현대인의 삶에서 평가는 영구적인 요소로 자리잡았으며 대개 와일드후드가 진행되기 훨씬 전에 시작된다.

대부분에게 청소년기는 끊임없이 분류되고 계속해서 등급과 순위가 매겨지는 포악한 토너먼트다. 처음 청소년기가 시작되는 중학교는 가차 없는 평가 구역으로 청소년의 신체적·정서적 생활의 모든 부분에 등급이 매겨진다. 체형과 건강, 외모, 운동 능력, 식습관, 성적 표현, 성적 경험, 사회적 적응력, 학업 성과, 사교성, 물질적 부 등이 심판대에 오른다. 이러한 요소는 언제나 어린 청소년의 주요 관심사였다. 하지만 지금처럼 지속적이고 공개적인 측정 도구를 우리 문화가 나서서 제공한 적은 없었다.

청소년 학생은 온종일 또래, 교사, 부모, 교수, 상사, 학우들로부터 평가에 시달린 후 집으로 돌아온다. 예전에는 집이 서열을 벗어던질 수 있는 일종의 안식처였다. 하지만 이제 노트북과 휴대폰이라는 직통선로를 통해 청소년은 자신의 방에서도 사회적 분류를 당한다. 식탁에서 저녁을 먹거나 자동차로 이동할 때도 공부할 때도 TV를 보거나 게임을 할 때도 책을 읽거나 휴식을 취할 때도 마찬가지다. 밤이 되어도 반짝이는 디지털 기기의 화면을 통해 서열 측정 지표가 진동하고 평가는 계속된다.

21세기 소셜 미디어의 등장과 함께 감당하기 힘들 정도로 비정상적인 양의 평가가 이루어지고 있다. 사회적 뇌 네트워크가 모두 처리하기에는 역부족이다. 우리는 청소년기 사회적 뇌 네트워크가 거의 24시간 지속되는 평가 때문에 포화 상태가 되고 이로 인한 불안 증세와 고통을 표현하고자 '평가 과부하'라는 새로운 용어를 만들었다.

평가 과부하를 진화생물학자들은 불일치 질환이라고 부른다. 불일치 질환은 우리의 몸과 마음이 진화한 고대 환경과 현대 환경이 불일치하는 데서 비롯한다.[13] 그 대표적 예가 오늘날 비만이라는 역병이다. 인간과 동물의 신진대사 체계는 식량이 부족한 환경에서 진화했다. 그래서 현대와 같은 칼로리 과잉의 환경과 그 옛날 식량이 부족했던 환경 사이의 차이가 비만을 유발하는 것이다.

청소년기에 증가하는 스트레스와 불안감 역시 일종의 불일치 질환이라고 볼 수 있다. 사회적 뇌 네트워크는 경쟁을 간헐적으로 경험하는 포유류 집단에서 진화했다. 그러나 시험 성적이나 운동 성과는 물론 이제는 소셜 미디어에서의 순위까지 평가받는 현대 청소년의 삶은 사회적 뇌 네트워크를 마비시킨다. 아마도 칼로리 과잉과 같이 평가 과부하는 현대 인간 세계에서만 관찰되는 현상일 것이다. 평가 과부하는 아직 어린 사회적 동물이 그동안 겪었던 그 어떤 경험보다도 강렬하고 지속적이다.

평가 금지 구역

진화적 불일치 문제를 해결하는 가장 좋은 방법은 우리 몸의 생물학적 설계와 환경이 일치하도록 재조정하는 것이다. 이를 위해서는 우리 몸의 생물학적 설계나 행동을 진화하기 시작한 이전 환경 조건으로 되돌려야 한다. 비만이라는 불일치는 과잉 섭취 식품을 줄이고 제철 음식을 먹어 재조정할 수 있다. 그렇다면 평가 과부하는 어떻게 해야 할까? 청소년에게 평가로부터 자유로운 시간을 주면 된다. 청소년이 점수나 순위의 홍수 속에서 허우적대도록 방치하는 대신 평가 금지 구역이라는 구명 밧줄을 그들에게 던져주는 것이 어른의 역할이다. 판단이나 비판 금지 구역이나 공간, 시간을 지정하면 된다. 이를 휴식 장소, 재충전 공간, 쉬어가는 구역 등으로 부르는 대신 원래 목적을 고려해 지위 보호구역이라고 부를 수 있다.

지위 보호구역이란 청소년이 비경쟁적인 운동을 하거나 즐거움을 위해 책을 읽거나 소셜 미디어의 방해 없이 혼자 쉴 수 있는 공간을 말한다. 지위 보호구역은 청소년과 아직 발달 중인 사회적 뇌 네트워크가 서열로부터 잠시 해방될 수 있게 한다. 청소년이 직접 마주하는 현실 속 서열과 각종 화면을 통해 경험하는 가상의 서열로부터 놓여나는 것이다. 청소년의 삶에서 평가는 정상적인 과정이자 중요한 요소다. 그러나 평가 과부하는 질병과 괴로움을 초래한다.

사람과 사람이 나누는 우정은 삶에 꼭 필요한 요소지만 여러 동물 종에 걸쳐 나타나는 사회적 뇌 네트워크의 본질 덕분에 우리 청소년은 동물과의 관계를 통해서도 우정과 비슷한 효과를 얻을 수 있다. 말, 개, 고양이 등과 같은 반려동물들은 예상치 못한 방식으로 사람에게 반응하는 정교한 사회적 뇌 네트워크를 가지고 있다. 반려동물이 인간의 정신 건강에 긍정적인 영향을 미친다는 사실이 알려지면서 애니멀테라피(동물 매개 치료)가 주목받고 있다. 보조 홀스테라피스트로서 인정을 받은 캐시 크루파는 〈뉴욕타임스〉와의 인터뷰에서 이렇게 말했다.[14]

> 말은 눈앞에 있는 사람이 교도소에 다녀왔는지 혹은 학습 장애가 있는지 전혀 신경 쓰지 않는다. 바로 이 순간에 당신의 모습과 행동을 보고 평가한다. 그리고 말 앞에서 얼마든지 두려워해도 된다. 두렵다는 사실을 감추지만 않

는다면 말이다. 말이 겁에 질린 꼬마에게 다가가 꼬마의 가슴에 머리를 대는 것을 본 적이 있다.

필라델피아에 있는 비영리단체 핸드투포Hand2Paw는 똑같이 상처받기 쉬운 취약 계층의 청소년과 동물 보호소의 동물을 연결해준다.[15] 핸드투포의 설립자는 펜실베이니아대학의 19세 학생으로 대학 2학년 때 타지 생활을 하며 사회적 관계를 갈망한 경험이 있었다고 한다. 사람과 동물의 교류로 사람도 동물도 사회적 구제를 받는다. 이 프로그램을 통해 핸드투포의 청소년 자원봉사자들뿐만 아니라 이들이 돌보는 떠돌이 개와 고양이도 얻는 게 많다. 동물 보호소의 개와 고양이는 자원봉사자들의 손길을 받으며 인간과 유대감을 쌓고 사회성을 기를 기회를 갖는다. 그 덕분에 사육장 개 증후군을 어느 정도 막을 수 있어 입양 가능성도 커진다.

서열은 평생 가지 않는다

슈링크처럼 불리한 어린 시절을 보낸 하이에나는 대개 평생 불행에 시달린다. 그렇지 않으면 굶주림으로 또는 포식자에 의해 일찍 생을 마감한다. 하지만 슈링크는 다른 하이에나와는 달랐다. 유전자와 환경, 태어난 사회적 배경에 의해 마련된 운명의 길을 힘없이 걸어가지 않았다. 슈링크의 이야기는 단 한 번의 범상치 않은 결정으로 완전히 바뀌었다.

어느 날 배고픔에 대담해진 탓인지 슈링크는 무리에서 가장 힘있는 하이에나 마푸타 여왕에게 곧장 다가가 도움을 요청했다. 마푸타가 단칼에 거절하자 슈링크는 다시 도와달라고 부탁했다. 이번에도 마푸타는 슈링크의 부탁을 들어주지 않았다. 하지만 슈링크는 포기하지 않고 계속해서 부탁하고 또 부탁했다. 그렇게 며칠이 지나자 어느 순간 마푸타의 마음이 누그러졌는데, 올리베르 회너는 지금까지도 그 이유를 완전히 이해하지 못하고 있다. 슈링크의 의지와 평소답지 않은 마푸타의 묵인이 만나자 어린 하이에나의 삶이 달라졌다.

슈링크가 부탁한 것은 마푸타의 젖이었다. 그리고 마푸타는 슈링크에게 젖을 물렸다.

몇 주 동안 슈링크와 메레게시, 즉 거지와 왕자는 나란히 앉아 마푸타의 젖을 빨았다. 영양분이 풍부한 데다 양도 많은 마푸타의 젖을 먹은 슈링크는 하루가 다르게 건장하고, 회너의 표현처럼 '잘생긴' 하이에나로 성장했다.

하이에나가 다른 새끼를 품는 것은 매우 드문 일이다. 왜 마푸타 여왕이 마침내 승낙했는지 아마 영영 알 수 없을 것이다. 하지만 회너는 카리스마와 사회적 지능, 투지를 모두 갖춘 슈링크와 마푸타가 특별한 관계를 형성했다고 설명했다. 하이에나로서 슈링크의 매력도 크게 기여했지만, 사회적 계층 이동은 궁극적으로 슈링크가 쌓은 강력한 연대와 끈기, 상황 대처 능력 그리고 무엇보다 운이 합쳐진 결과였다. 회너는 기회가 찾아왔을 때 이를 알아보고 포착하는 방법을 슈링크가 알고 있었다는 점이 가장 중요하다고 말했다. 다른 수컷과의 우정 산책, 엎치락뒤치락하는 놀이, 역할 바꾸기는 슈링크에게 사회적으로 소중한 교훈인 다른 하이에나와 어울리는 방법을 가르쳐주었다.

마푸타와 동맹을 맺는 순간부터 슈링크를 둘러싼 모든 것이 바뀌기 시작했다. 더 많은 영양분을 섭취하고 지위가 높은 동물들과 어울릴 수 있었다. 다른 무리 구성원과 부딪치는 일이 생기면 마푸타가 나서서 슈링크를 보호했다. 슈링크가 이미 습득한 뛰어난 사회성 기술에 이러한 요소가 더해진 덕분에 이동할 시기가 찾아왔을 때 다른 무리에서 더욱 좋은 위치를 확보할 수 있었다. 슈링크는 이제 인기 있는 짝짓기 상대가 되었고 여러 새끼를 낳았다. 시간이 흐르고 난 뒤 슈링크는 다시 한 번 보금자리를 떠나 세 번째 무리에 합류했다. 이때도 슈링크의 사회성 기술이 빛을 발했다.

슈링크의 이야기가 반전 없는 해피 엔딩이라고 생각하기 전에 고려해야 할 사실이 있다. 모두가 슈링크의 급부상을 반긴 것은 아니다. 지위 변동에는 종종 희생이 뒤따른다. 슈링크는 자신을 구하기 위해 어미와의 관계를 희생했다. 슈링크가 마푸타에게 자신을 받아달라고 조르고 알랑거리고 또 당당히 요구하는 동안 슈링크의 어미는 새끼를 놓치지 않으려고 필사적으로 노력했다. 회너에 따르면 베바는 "슈링크가 마푸타의 젖을 먹으러 갔다는 사실을 달갑지 않아 했다. 심지어 마푸타의 곁에서 슈링크를 데리고 오려고도 했다. 하지만 슈링크는 고집을 꺾지 않았다."

역사가 흐르는 동안 인간이 고통스럽거나 부끄러운 과거, 때로는 사랑했지만 어쩔 수 없었던 과거를 잊으려고 애써온 것처럼 슈링크도 제대로 새끼를 보살피지 못하는 어미를 잊어야 했다. 자신의 생존을 향한 기회가 어미와 복잡하게 얽혀 있다는 사실을 알아차린 것이다. 그래서 슈링크는 운명을 운에 맡긴 채 자리를 털고 일어났다.

매일 전 세계의 사람들이 태어날 때부터 주어진 환경과 열망하는 환경 때문에 고군분투한다. 역사가이자 작가인 타라 웨스트오버가 그런 사람 중 하나다. 웨스트오버는 자서전《배움의 발견》에서 아이다호 시골에서 생존주의자의 딸로 태어나서 자란 어린 시절을 되짚는다.[16] 웨스트오버의 아버지는 공교육을 신뢰하지 않았다. 그래서 웨스트오버는 17세가 될 때까지 학교 교육을 전혀 받지 못했다. 그 대신 와일드후드를 "아버지의 폐차장에서 일하거나 독학한 약초상이자 산파였던 어머니를 위해 허브를 끓이며" 시간을 보냈다.[17] 대학 진학을 결심한 웨스트오버는 독학으로 공부를 하기 시작했고 마침내 브리검영대학을 우등으로 졸업한 뒤 케임브리지대학에서 역사학으로 박사 학위를 받았다. 당연히 하이에나와 인간의 동기부여는 크게 다르다. 하지만 슈링크와 마찬가지로 웨스트오버가 보여준 남다른 배짱과 용기는 그녀의 기질과 관점 덕분이었다. 이에 대해 웨스트오버는 〈런던타임스〉와의 인터뷰에서 "고집과 자기주장, 약간의 공격성 등 이제는 내 성격의 일부라 여겨지는 것들" 때문이라고도 했다. 같은 인터뷰에서 웨스트오버는 가족과 연을 끊는 것에 대해 이렇게 설명했다. "여러분은 사랑하는 누군가에게 작별 인사를 고할 수도, 매일 그리워하는 누군가가 지금은 내 삶의 중요한 일부가 아니라는 점에 안도할 수도 있다."[18]

토를레이프 셸데루프 에베의 청소년기와 성인기는 긍정적으로 전개되지는 않았다.[19] 사회성 기술이 부족했던 셸데루프 에베는 자신의 학문적 성과를 적극적으로 알리지 못했고 결국 학계의 사다리도 오르지 못했다. 셸데루프 에베는 이름을 알리기 위해 고군분투했다. 그는 동물의 서열에 관한 연구를 개척했다고 봐도 무방하지만 자신의 삶에서 우열을 탐색하는 데는 이렇다 할 소질이 없었다.

슈링크의 이야기는 특권과 환경, 개체의 주체적 행동이 어떻게 인간 청소년과 청년의 운명을 형성하는지에 관해 많은 것을 알려준다. 슈링크의 삶은 어미의 삶과 비슷하게 전개될 가능성도 분명 존재했다. 사회 집단의 맨 밑바닥으로 밀려나 조롱당하거나 시달리고 빼앗기거나 위험에 노출된 채 살아갔을지도 모른다. 하지만 태어난 대로 살라는 법은 없다. 어린 하이에나를 비롯한 여러 동물 종의 어린 새끼들이 흔히 손발이나 발톱, 지느러미로 자신의 미래를 쥐고 개척해나간다.

지구상에서 행복하게 살아가려면 먼저 우울한 현실들을 받아들여야 한다. 자연에 평평한 운동장은 존재하지 않는다. 실제로 부모가 서열을 물려주고 새끼를 돕기 위해 간섭, 개입하는 것을 쉽게 볼 수 있다. 서열을 어떻게 인식하느냐에 따라 기분이 달라진다. 집단 내에서 내가 어떤 위치에 있다고 생각하는지에 따라 불안감과 우울감에 시달리거나 유대와 행복을 느낄 수 있다. 동물은 서로를 괴롭히고 어른은 청소년을 괴롭히지만 자라면서 상황은 좋아진다.

동물이 사회성 기술을 발달시키는 것은 서열의 유익한 점은 강화하고 해로운 점은 둔화하는 가장 좋은 방법이다. 태어난 환경은 바꿀 수 없지만 그런 삶을 감당하게 하는 핵심 요소가 바로 사회성 기술인 것이다. 따라서 사회성 기술을 길러야 한다.

금수저를 물고 태어나지 않은 데다 무리나 교실에서 낮은 지위로 생활하는 것이 끔찍하게 느껴지더라도 훈련과 끈기 그리고 약간의 운만 뒷받침된다면 지위는 바꿀 수 있다고 슈링크는 말할 것이다. 슈링크가 응고롱고로 분화구에서 경험한 것처럼 말이다.

3부 성

인간과 동물은 구애의 언어를 바르게 해석하고 욕구와 자제 사이에서 적절한 균형을 유지하는 방법을 와일드후드 단계에서 반드시 배워야 한다. 인간과 동물은 구애의 언어나 신호를 바탕으로 동의에 의한 성관계나 강요에 의한 성관계를 갖게 된다.

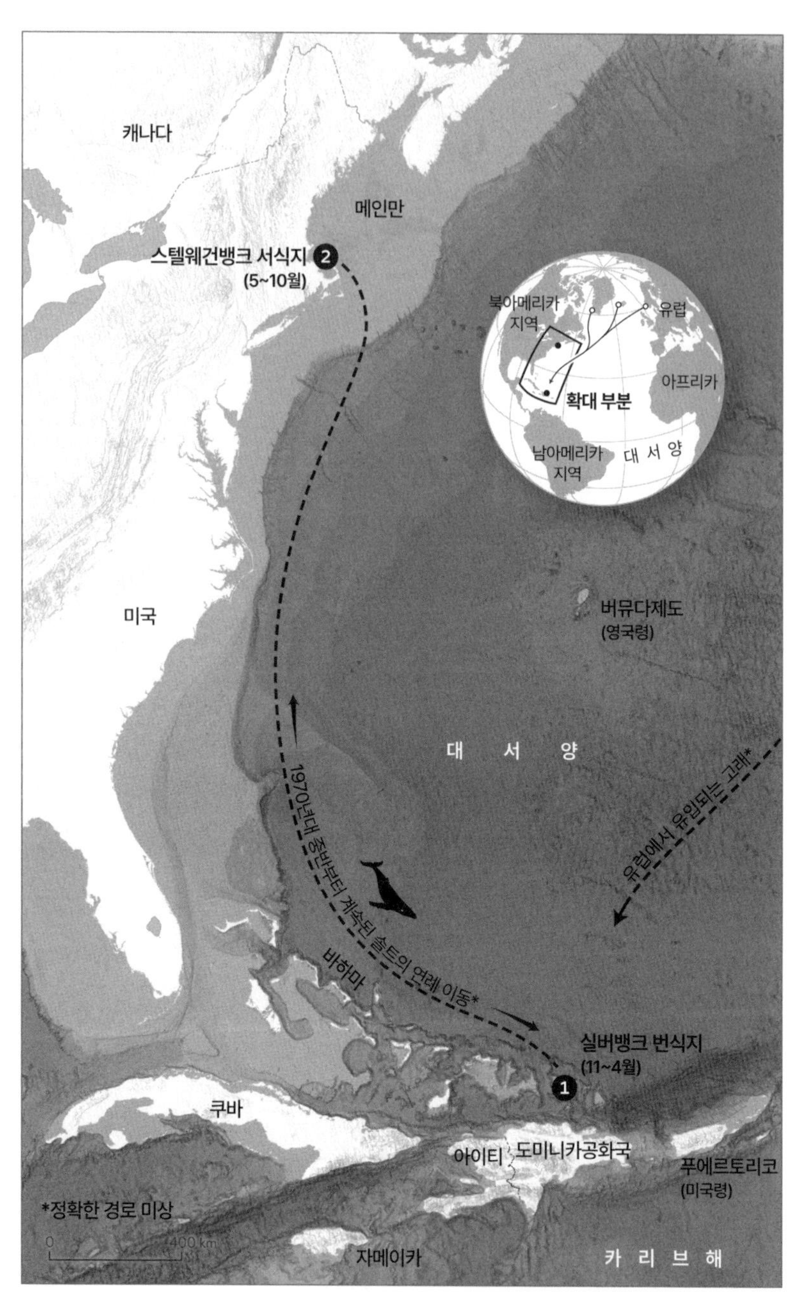

사랑의 언어를 배우는 솔트

11.

동물의 연애

스텔웨건뱅크의 암컷 우두머리는 1970년대부터 매년 여름을 케이프코드 앞바다에서 보낸다. 대개 5월부터 10월까지 이곳에서 머무는데, 이 존재감 넘치는 암컷 지도자는 늘 한발 앞서 도착한다. 첫째 주 또는 둘째 주까지 보금자리에 정착하고 싶기 때문이다. 이곳에 익숙한 암컷은 먹이를 구하기에 최적의 장소에 자리를 잡는다. 암컷 우두머리는 오래된 친구나 지인들과 인사를 나누고 그간의 소식을 전한다. 종종 또 다른 암컷이 그녀와 동행한다. 열네 번의 여름이 지나는 동안 암컷 우두머리는 해마다 갓 태어난 새끼를 데리고 이곳을 찾았다. 암컷 우두머리를 호위하는 수컷의 모습은 보이지 않았다.

스텔웨건의 암컷 우두머리는 바로 혹등고래다. 잿빛 등지느러미 위로 보이는 커다란 흰색 흉터는 소금물이 딱딱하게 굳은 것처럼 보여 몇십 년 동안 해양 연구원들과 대중이 이 혹등고래를 '솔트'라는 애정 어린 이름으로 불러왔다. 솔트를 비롯해 수천 마리가 속해 있는 초대형 혹등고래 무리는 뉴잉글랜드, 노르웨이, 그린란드, 캐나다 등과 맞닿아 있는 북대서양에서 주로 서식한다. 그리고 겨울이 되면 솔트 무리는 남쪽으로 수천 킬로미터 떨어진 카리브해에 있는 실버뱅크 번식지로 이동한다.

적어도 청소년이었던 1976년부터 솔트는 해마다 실버뱅크와 스텔웨건뱅크를 오갔다. 가장 처음 메인만을 향해 북쪽으로 헤엄쳐 올라갔을 당시 갓 태어난 새끼였는데, 카리브해에서 태어난 후 어미의 호위를 받으며 스텔웨건뱅크로 헤엄쳤다. 이제 증조할머니 나이를 넘어선 솔트는 잘 기록된 혹등고래 가계도의 대모 역할을 맡고 있다. 솔트는 매년 카리브해를 오가며 동선을 따라 안전하게 지내는 방법을 완전히 익혔다. 암컷들 사이에서 오랜 친구 관계와 무리 내 안정적 서열을 보면 알 수 있듯이 솔트는 사회성 기술도 탄탄하다.

하지만 솔트가 지구상에서 보낸 50여 년의 세월에는 주목할 만한 게 따로 있는데, 솔트의 수많은 자식과 그 자식들의 자식들과 나아가 증손자들이 힌트다. 영화 〈타이타닉〉의 우아하지만 강단 있는 여주인공 로즈처럼 솔트도 그 인생을 들여다보면 볼수록 자신감 넘치고 모험 가득한 사랑을 해왔다는 것을 알 수 있다. 솔트의 삶은 유혹과 거절, 열망과 열정으로 가득했다.

안전하게 자신을 보호하고 서열을 탐색하는 것과 마찬가지로 짝짓기 상대를 찾고 고르는 일 또한 동물이 반드시 배워야 하는 필수 기술이다. 야생동물이 신체적으로 가능한 순간 서둘러 짝짓기를 시도

한다고 생각할 수도 있다. 그저 본능에 충실할 것이라고 말이다. 그러나 놀랍게도 현실은 다르다. 사람들이 생각하는 것보다 훨씬 더 인간의 경험과 닮았다. 우선 자연계 전반에 걸쳐 사춘기를 완료하는 시점과 번식을 시작하는 시점 사이에 시차가 뚜렷이 존재한다. 일종의 대기 시간이라고 볼 수 있다. 성적으로, 행동적으로, 정서적으로 성숙한 어른이 되는 데는 시간이 걸린다. 그래서 야생동물은 아주 어렸을 때부터 성교육을 받는다. 성교육 과정은 주로 교미 행위 자체보다는 의사소통에 초점을 맞춘다. 한창 성장 중인 동물은 반드시 자신의 욕구를 표현하는 동시에 다른 동물의 욕구를 읽는 요령을 익혀야 한다.

이러한 성교육은 와일드후드 때 더욱 절실해진다. 솔트가 성적으로 성숙해지기 시작한 때는 1978년 말부터였다. 빌보드 핫 100에 아바와 비지스가 오르고 극장에는 〈그리스〉와 〈미지와의 조우〉가 걸렸을 때 어린 고래는 도미니카공화국의 따뜻한 카리브해에서 첫사랑을 찾았다.

마밀라피나타파이

열정과 자제 사이에서, 열망과 따끔한 거절 사이에서 갈팡질팡하게 만드는 연애는 본질적으로 불확실성이 섞인 욕구다. 잘 둘러보면 지구 어디에서나 연애의 기운을 느낄 수 있다.

뉴욕 북쪽에 자리한 공원에서 흰머리독수리 두 마리가 마주 보고 돌진하더니 공중에서 서로의 발톱을 맞잡은 채 피겨스케이팅 선수처럼 빙글빙글 돌며 땅으로 떨어진다.[1] 추락 직전에 서로의 발톱을 놓고는 다시 하늘 높이 질주한다. 그러고는 둘은 다시 엉기기 시작하며 또 한 번 완벽한 죽음의 소용돌이를 만들어낸다.

한편 호주 열대우림에서는 박쥐 중 가장 몸집이 큰 날여우박쥐 두 마리가 서로를 향해 괴성을 내지른다.[2] 수컷이 당나귀처럼 크게 울자 암컷 역시 소리를 지른다. 그러고는 날개를 펄럭이며 수컷을 내쫓거나 발목을 잡고 가까이 당겨 호감을 표시한다.

버지니아주 그레이슨카운티의 한 시냇가에서는 도롱뇽 두 마리가 서로 "꼬리를 치켜들고 걷기" 자세를 취한다.[3] 암컷의 리드에 따라 느린 동작으로 추는 양서류식 탱고다. 대개 암컷이 수컷의 꼬리 위로 올라가기 전에 "머리 맞대고 흔들기" 동작을 하는데, 허공에 입맞춤을 날리는 것과 비슷하다. 도롱뇽 두 마리가 서로 마주 보고 반대편 뺨이 닿도록 고개를 양옆으로 까딱거린다. 최근까지 과학자들은 수컷 도롱뇽만 구애 행동을 한다고 생각했다. 그러나 몇 년 전 한 수의학과 학생이 도롱뇽을 더욱 자세히 관찰한 결과 수컷과 암컷 모두가 하는 양방향 구애 행동임이 밝혀졌다.

부엌 싱크대 위 바나나를 놓아둔 그릇 안에서는 두 마리의 초파리가 처음 만나 흥분과 호기심을 감추지 못하고 있다.[4] 수컷이 다리로 암컷을 툭 건드린다. 그러자 암컷은 화학적 신호와 행동 신호를 동시에 보낸다. 수컷은 관심 없다는 메시지를 받으면 다른 짝짓기 상대를 찾아 미련 없이 자리를 떠난다. 하지만 암컷이 호감을 표시하면 두 초파리는 짝짓기 행동을 시작한다. 둘은 노래를 부르거나 상대방을 쫓아가기도 하고 날개를 세차게 파닥인다. 시적 감각이 충만한 사람이 이를 본다면 마치 한 편의 연극을 보는 것 같았다고 할 수도 있다.

동물학자들은 과학적 용어를 사용해 동물의 번식 레퍼토리를 표현하는데, 시적 감각은 전혀 찾아볼 수 없는 경우가 많다. 어느 학술지에 실린 한 논문은 구애 행동을 "여러 시각적·후각적·미각적·촉각적·청각적 신호를 사용하는 의식 절차상의 복잡한 행동이자 적절한 상대를 유혹하기 위한 정교한 운동신경의 결과물"이라고 설명해놓았다.[5]

주체가 초파리이든 인간이든 앞서 살펴본 모든 행동과 '정교한 운동신경의 결과물'의 목적은 구애다. 구애 행동은 동물이 짝짓기 상대를 고르도록 도와준다. 동물은 구애 행동을 통해 관심 또는 무관심을 표현한다. 대부분은 구애 의식의 일반적인 패턴을 따르지만 사적이고 은밀한 행동을 하는 동안 내면의 감정과 경험은 감격, 거절, 활기, 고통, 상처, 기쁨 등 제각각이다. 구애는 상호 간의 욕구를 복잡하게 표현하고 또 평가하는 과정이다.

구애 행동은 본능에서 시작되더라도 학습과 경험을 토대로 형성된다. 동물이 사회적으로 성숙하는 과정에서 자리잡게 되는 행동이다. 또 이러한 구애 행동은 익히는 데 시간이 걸릴 수 있다. 동물 대부분은 사춘기를 벗어난 이후 구애 행동을 완벽하게 익힐 때까지 짝짓기를 미룰뿐더러 몇몇은 사회적 성장이 특정 수준에 도달하기 전에는 잠재적 짝짓기 상대를 혐오에 가까울 정도로 싫어하기도 한다.

이런 모습은 우리의 청소년과 비슷하다. 인간 청소년은 몸은 성적으로 성숙해졌지만 사회적·정서적 지식이 부족해 자신의 몸을 어떻게 다뤄야 할지 모른다. 오늘날 미국의 중고등학교에서 하는 정규 성교육은 대부분 임신이나 질병 등 육체적 행위에 따르는 결과에만 초점을 맞추고 있다. 이는 일면 현명한 접근법이다. 어린 청소년이 자신의 건강을 돌보도록 지도해야 하기 때문이다. 성관계는 동물에게도 위험할 수 있다. 야생동물은 성관계 상대가 여럿이고 피임할 수 없으므로 때에 따라 치명적인 성병에 걸릴 수 있고 실제로 걸리기도 한다.[6]

그러나 자연에서 성관계의 신체적 위험성을 알리는 교육은 성공적인 와일드후드를 보내는 데 크게 도움이 안 된다. 그보다는 구애 방법과 잠재적 짝짓기 상대가 보내는 신호를 읽는 요령을 가르치는 정교하고 간접적인 교육이 훨씬 더 효과적이다.

동물은 서로를 알아보고 관심을 표시하고 상대방의 관심을 파악하고 앞으로 일어날 일을 결정하는 방법과 같은 여러 복잡한 행동을 꼭 배워야 한다. 그리고 동물은 이러한 행동을 실제 짝짓기를 시도하기 훨씬 전부터 연습하기 시작한다.

다시 한번 분명히 말하자면 성관계에 필요한 신체적 기술을 이야기하려는 게 아니다. 우리가 살펴보고자 하는 것은 구애 행동의 연습과 훈련이다. 즉 눈빛 교환과 끄덕임, 고개 젖히기, 정교한 색채로 몸단장하기 등 수천 개에 달하는 미세하게 조정된 독특한 움직임이자 잠재적 짝짓기 상대가 반응하도록 유도하는 움직임에 관해 말하려는 것이다. 구애 훈련은 흥분과 자제 사이에서 적절한 균형 찾기를 배우는 과정이다. 동물들은 '좋아'라는 표현만큼이나 상대에게 명확하고 단호하게 '싫어'라고 하는 신호를 보내는 요령을 배우게 된다. 일부 동물 종은 생식적으로 성숙하는 과정이 몇 년씩 걸리기도 하는데, 분명 인간도 여기에 해당한다.

무릇 성교는 쉽지만 사랑은 어려운 법이다.

예를 들어 어린 암컷 혹등고래 한 마리가 수컷 혹등고래에게 호감을 보인다고 해보자. 이제 암컷은 무엇을 할 수 있을까? 수컷에게 헤엄쳐서 다가가 바로 짝짓기를 시도해야 할까? 물론 아니다. 그렇다면 수컷 역시 암컷을 원하고 있는지 어떻게 확인할 수 있을까? 암컷과 수컷은 서로를 향한 관심과 짝짓기에 대한 동의를 어떻게 표현할 수 있을까?

아직 어린 두 마리 고래 사이에 오가는 성적 의사소통은 매우 복잡하면서도 섬세하다. 티에라델푸에고섬에 사는 야간족의 말 중에는 마밀라피나타파이mamihlapinatapai라는 단어가 있는데, 두 고래가 처한 상황을 정확하게 설명해준다.[7] 야간어에는 상황별로 어색함을 표현하는 단어가 따로 있었다. 음식을 먹을 때, 목욕할 때, 카누의 노를 저을 때, 창 손잡이를 만들 때, 심지어 나무를 오를 때의 어색함을 뜻하는 단어가 모두 달랐다. 마밀라피나타파이의 정확한 정의에 대한 의견은 분분하지만, 대략 "서로를 원하는 두 사람이 상대방이 먼저 행동해주기를 바라지만 정작 자신은 무엇을 해야 할지 감을 잡지 못할 때 나누는 눈빛이나 표정"을 가리킨다. 미숙한 두 사람이 서로 다음 단계로 넘어가기로 하는 어색하면서도 흥분되는 순간을 설명할 때 마밀라피나타파이만큼 완벽한 단어를 찾기 어렵다.

그러나 수천 킬로미터에 달하는 광활한 바다에서 사랑을 찾으려는 고래에게는 이 순간까지 도달하는 것 자체가 엄청난 도전이다. 이와 같은 도전에 선뜻 나선 혹등고래는 적어도 믹스테이프가 등장한 이후 인간 청소년이 써온 로맨틱한 방법을 그대로 사용한다. 바로 음악을 활용하는 것이다.

고래가 부르는 발라드

1978년 말 어느 날, 카리브해 실버뱅크 해양보호구역의 따뜻한 바다에서 바순 소리처럼 낮은음으로 웅웅거리는 소리가 파도 밑으로 울려 퍼졌다. 커졌다 작아지기를 반복하며 바닷물 사이로 퍼져나간 울음소리는 같은 음운구도 없이 20분 넘게 이어졌다.

전 세계 혹등고래 번식지에서는 40~50톤의 짐을 실은 트랙터 트레일러 정도의 무게가 나가는 성인기 수컷들이 함께 모여 독특한 멜로디와 강약 조절, 화려한 기교까지 소화해야 하는 복잡한 노래를 합창한다. 혹등고래의 노래는 한 곡당 20~30분 정도인데, 여러 곡으로 이루어진 콘서트는 몇 시간이고 계속된다. 고래 생물학자들이 관찰한 이 노래 마라톤은 거의 하루하고도 반나절이 지나서야 끝이 났다. 혹등고래의 후렴구는 격조 높은 가보처럼 한 세대에서 다음 세대로 전해진다. 시간이 지남에 따라 노래의 본질은 일정하게 유지되지만 조금씩 변형되기도 한다. 오래전부터 불러온 발라드 외에 창작한 멜로디를 넣어 새로운 곡을 만드는 고래도 있다. 이런 노래는 미리 리허설을 해야 하는데, 고래들은 구간을 나누고 중간중간 멈춰가며 한 번에 조금씩 음을 익힌다. 배울 것이 정말 많은 만큼 어린 혹등고래가 훌륭한 가수가 되기까지는 몇 년이 걸린다.

혹등고래 합창에 관한 연구는 1978년에 본격적으로 시작되었다.[8] 하지만 50년이 지난 지금도 사람들을 즐겁게 만드는 이 놀라운 고래의 능력을 둘러싼 미스터리는 여전히 풀리지 않은 채 남아 있다. 수컷 혹등고래가 노래를 부르는 이유는 다양하게 알려져 있다. 다른 고래에게 자신의 영역에서 나가라는 경고의 신호로 또는 친절하게 먹잇감이 어디에 있는지 알려주기 위해서나 번식기에 잠재적 짝짓기 상대를 찾기 위해서 노래를 부른다고 한다.

혹등고래의 남다른 노래 실력과 관련해서는 찬사만 있을 뿐 음이탈에 관한 언급은 거의 없다. 하지만 고래의 노래에 귀를 기울이는 해양생물학자들은 이따금 노래를 못하는 고래를 잡아낸다. 목소리가 너무 가늘거나 음정이 틀리기도 하며 노래 구절의 순서나 위치를 까먹기도 한다. 이런 부족한 노래 실력을 과학자들은 '비정상aberrant'이라고 표현한다. 그리고 이러한 노래를 부르는 고래를 '비정상 가수'로 분류한다.

그러나 하와이대학의 혹등고래 전문가는 이 가수들을 비정상이라고 결론 내릴 수 없다고 생각했다.[9] 루이스 허먼은 이들은 그저 경험이 부족한 것일 수도 있다고 한다. 그렇다면 이 비정상 가수들이 아직 레퍼토리를 다 익히지 못한 청소년 고래일 가능성도 있을까?

허먼과 연구진은 하와이 바다로 나가 노래하는 수컷 혹등고래 87마리의 나이를 측정했다. 모든 수컷이 성인기 고래일 것으로 예측했다. 이 연구가 진행되기 전까지 일반적인 견해는 다 자란 수컷이 경쟁자를 줄이기 위해 어린 수컷은 합창단에 들어오지 못하게 막을지도 모른다는 것이었다. 하지만 허먼은 합창단원 대부분이 어른 고래이지만 15%가 청소년기 고래라는 사실을 발견했다. 허먼의 연구에 따르면 나이가 어린 고래는 함께 사랑 노래를 부르자는 어른 고래의 제안을 받아 합창단에 들어온다. 도대체 왜 나이가 많은 고래 무리는 혈연관계도 아닌 전도유망한 침입자를 허락하는 것일까?

당연히 이득을 보는 쪽은 어린 수컷들이었다. 어른 수컷 고래들과 함께 합창하는 소중한 경험을 쌓을 수 있기 때문이다. 교향악단 맨 뒷줄에서 한 달간 연습할 기회를 얻은 주니어 바이올린 연주자처럼 청소년기 고래는 노련한 가수들의 모든 것을 흡수했다. 정교한 테크닉을 가까이에서 관찰하고 레퍼토리를 익힐 수 있었으며 자신만의 프레이징도 시도해볼 수 있었다. 아주 오래전부터 전해져 내려온 노래를 배우기에 더할 나위 없이 완벽한 기회였다. 어린 고래는 연습을 통해 폐활량을 늘리고 숨을 더 오래 참는 힘을 길렀다. 노래에 아름다움을 더하는 체력을 강화할 수 있었다. 하지만 합창단 인턴십이 마냥 재미를 위한 것만은 아니었다. 이 기간에 어떤 모습을 보이는지에 앞으로의 가수 경력이 달려 있었다.

나이가 많은 수컷이 잠재적 경쟁 상대인 어린 고래의 실수를 용인한 이유에 대해 허먼은 경험은 부족해도 청소년기 고래가 합창단에 있으면 더 풍부한 성량으로 노래할 수 있다는 가설을 세웠다. 합창 소리가 클수록 더 큰 음파를 만들어 물속 멀리까지 퍼져나갔고 그 결과 더 많은 숫자의 암컷 고래가 흥미를 느껴 수컷의 노랫소리에 귀를 기울였다.

고래가 훌륭한 가수로 성장하기까지는 몇 년이 걸린다. 어른 고래와 함께 구애의 노래를 연습하며 시간을 보내는 것은 구애 교육의 한 형태다. 고래가 짝짓기 방법을 구체적으로 배운다는 증거는 없지만 다른 고래로부터 사랑의 노래를 배워야 한다는 것은 분명하다.

노래 부르기는 다양한 동물 종의 구애 행동 중 핵심적 비중을 차지한다. 청소년기 동물이 꼭 필요한 보컬 훈련을 받는 가장 흔한 방법은 바로 나이 많은 가수에게서 배우는 것이다. 노래하는 박쥐 종은 어린 박쥐에게 개인 교사를 붙여 연애에 능숙한 어른처럼 노래하도록 기교를 가르친다.[10] 명금류는 선배의 음악 교습을 통해 이성을 유혹할 때 쓰는 멜로디를 한층 더 듣기 좋게 가다듬는다.[11] 암컷 새도 수컷 새와 마찬가지로 노래를 배운다. 지난 몇 세기 동안 암컷 새는 간과된 채 수컷 새의 구애와 조류의 이성애에만 초점을 맞춘 연구가 진행되어왔다.

먼바다에는 혹등고래 외에도 짝짓기 상대를 유혹하는 음유시인이 또 있다. 레오파드바다표범은 수컷과 암컷 모두가 드넓은 바다 먼 거리까지 노래가 들리도록 큰 목소리로 짝을 찾는다.[12] 번식기가 되면 외로운 레오파드바다표범은 하루 중 많은 시간을 노래하며 보낸다. 그러나 어느 날 갑자기 레오파드바다표범의 입에서 화음과 가사가 흘러나오는 것은 아니다. 생후 약 1년 정도가 되면 청소년기 수컷 레오파드바다표범은 노래 연습을 시작한다. 본격적으로 번식을 하려면 앞으로 4년을 기다려야 하는데도 말이다. 연습하는 동안 수컷은 체력이 강해지면서 목소리는 더 깊고 풍부해지며 노래의 완성도도 향상된다. 청소년기 수컷과 암컷은 모두 연습하는 과정에서 중요한 사회 규칙을 학습한다. 잠재적 짝에게 성적 의도를 전달하는 신음이나 딸각 소리, 비브라토, 가성 등을 언제 쓰면 되는지를 배워나간다.

오랜 세월 동안 인간 역시 노래로 성적 욕구에 불을 붙이는 습성을 잃어버리지 않았다. 음악 산업에서도 마찬가지다. 비욘세는 이를 누구보다 잘 알고 있다. 프린스도 엘비스도 시나트라도 모두 이 사실을 알고 있었다. 목소리는 매우 강력한 최음제다.

수많은 조류와 몇몇 포유류에서는 외이를 통해 들어온 관능적이고 자극적인 노래가 청각 피질을 활성화하고 뇌 사이를 튕기듯 통과하면 흥분을 유발하는 호르몬이 연속으로 분비된다.[13] 프랑스 연구진은 구체적으로 "섹시한 악절"을 찾아냈는데, 여기에 수컷 카나리아의 훌륭한 노래 실력이 더해지면 수컷의 욕구에 암컷이 반응하도록 자극한다.[14]

카나리아, 비둘기, 앵무의 수컷이 부르는 노래는 실제로 배란을 유도할 정도로 자극적이다. 〈캐나다 동물학 저널Canadian Journal of Zoology〉에 실린 글에 따르면 "노래는 배란을 유도하는 기능을 한다"라고 하는데, 특히 번식기가 제한적이거나 멀리 떨어져 있는 동물들이 이에 해당한다.[15] 혹등고래를 연구하는 과학자들은 수컷 합창단의 웅장하고 울림이 깊은 음파가 먼 곳에 있는 암컷 혹등고래에게 닿으면 서로의 위치를 파악하는 데 도움이 될 뿐만 아니라 배란을 촉진한다는 가설을 세웠다. 그렇다고 암컷의 생식 기능 자극이 노래의 유일한 목적이라고 할 수는 없다. 혹등고래의 노래는 외로운 수컷의 관심을 끌 수도 있다.[16] 노래를 듣고 찾아온 수컷 고래는 꼬리지느러미로 수면을 치거나 물 밖으로 솟구쳐 오르는 행동을 하는데, 이는 수컷 사이의 동맹이나 사회적 지위, 우정을 의미하거나 아니면 3가지 모두를 의미한다.

좋아하는 가수가 오직 나만을 위해 콘서트를 열고 내가 가장 좋아하는 노래를 반복해서 불러주는데, 그 노랫소리가 트랙터 트레일러 87대에 실린 스테레오 증폭기에서 흘러나온다고 상상해보자. 그러면 카리브해에서 처음으로 짝짓기 시기를 경험한 솔트가 받은 인상을 가늠해볼 수 있을 것이다. 몸이 쉽게 반응하고 흥분하는 청소년 솔트는 수컷의 노래를 들으려고 귀를 기울이며 헤엄치다가 합창 소리를 들었다. 무언가 꿈틀거리는 것을 느낀 솔트는 노래가 들리는 쪽으로 몸을 돌려 질주했다.

12.

구애 행동 학습

1994년에 개봉한 디즈니 애니메이션 〈라이온 킹〉에는 중반쯤에 10대의 사랑 이야기가 등장한다.[1] 굉장히 노골적이지만 마무리 짓지 않은 채 다른 장면으로 전환된다. 적어도 스크린 안에서 10대의 불장난은 미수에 그친다.

어렸을 때부터 친구였던 사자 심바와 날라는 몇 년 동안 교류가 뜸하다가 다시 만났다. 사춘기는 지났지만 아직 어른은 아닌 두 사자는 의심할 여지 없이 와일드후드를 지나는 중이다. 심바는 멋있는 갈기를 자랑하고 날라는 맵시 있는 몸매와 매력적인 눈매가 인상적이다. 엘튼 존이 감미로운 목소리로 부르는 〈캔 유 필 더 러브 투나잇Can You Feel the Love Tonight?〉이 울려 퍼지는 동안 고양잇과 동물 청소년 두 마리는 폭포에서 즐겁게 뛰놀고 빈터에서 레슬링을 하며 하루를 같이 보낸다. 해 질 녘에는 저녁노을로 붉게 물든 들판 사이를 껑충거리며 뛰어다니기도 하고 서로 얽힌 채 언덕 아래로 데굴데굴 굴러가기도 한다. 언덕 아래에서 두 사자의 몸이 포개지자 갑자기 장난기는 온데간데없이 사라지고 완전히 다른 기운이 그 자리를 가득 채운다. 날라가 심바의 뺨을 핥더니 초록색 잔디밭에 비스듬히 눕고는 눈을 가늘게 뜨고 턱을 내린 채 친구를 지그시 바라본다. 두 주인공은 서로 코를 비빈다.

두 사자의 애정 행각을 보여주는 장면은 한창 자라나는 청소년이 다음에 벌어질 일을 궁금해하는 타이밍에 전환된다. 이어서 미어캣 티몬과 허풍쟁이 혹멧돼지 품바가 등장해 이제 심바에게 여자 친구가 생겼으니 삼총사는 끝이라는 내용의 코다를 부른다. 전체관람가 등급을 받으려면 급히 화면을 전환해야 했을 것이다. 그러나 청소년의 성적 행동이 성관계 직전에 멈추는 일은 실제 자연에서 일어나는 상황과 크게 다르지 않다. 야생에서 살아가는 청소년기 수컷 사자와 암컷 사자가 심바와 날라처럼 싸움 놀이를 하거나 구애 행동을 할 수 있다. 하지만 늘 곧바로 번식을 시도하지는 않는다. 즉 신체적으로는 성숙해도 아직 성관계를 갖지 않는 것이다.

몸이 다 자란 야생동물 청소년이 반드시 왕성한 성생활을 하는 것은 아니라는 사실은 예상외로 중요하다. 인간만 그럴 것 같지만 동물 세계에서도 비슷한 모습을 볼 수 있다. 상황에 따라 사춘기에 접어들어 생물학적으로 성적 능력을 갖추는 순간 바로 번식을 시작하는 동물도 있다. 이런 일부를 제외하면 어류에서부터 조류, 파충류, 포유류에 이르기까지 여러 동물은 사춘기가 끝난 후 몇 달이나 몇 년 후에, 심지어는 몇십 년 후에 첫 경험을 한다.

그러나 자연을 주제로 하는 영화를 보면 그렇지 않다. 성인 남성이 만든 장르이자 여전히 제작자 대부분이 남성인 야생 다큐멘터리는 수십 년 동안 대중이 야생동물에 관한 정보를 얻는 가장 대표적인 매체로 자리잡았다.[2] 재미는 있지만 오해의 소지가 다분한 영상은 렌즈 앞에 있는 야생동물의 습성만큼이나 카메라 뒤에 있는 인간의 문화와 특징을 고스란히 담고 있다.

기린, 여우, 나무늘보, 암컷 들꿩 등 나오는 주인공은 달라도 다큐멘터리 영화는 일반적으로 짝짓기를 간절히 바라는 수컷이 관심 없는 척 내숭을 떠는 암컷을 쫓아다니는 장면과 마침내 수컷의 매력에 굴복한 암컷의 모습을 보여준다. 또는 모든 수컷이 깐깐한 암컷 판정단 앞에서 필사적으로 경쟁하는 모습이 화면에 담기기도 한다. 이런 장면에서 암컷들이 원하는 것은 대개 같다. 최고의 보호자이자 부양자가 되어줄 가장 힘이 센 수컷이다. 이와 같은 전형적인 비유는 극히 일부 모습에만 초점을 맞추고 있을뿐더러 그마저도 정확하지 않다. 반복에 반복을 거듭해도 이런 고전적 수법은 그야말로 미흡하고 때로는 부정확하다. 또한 곧바로 침대로 뛰어드는 사람을 가리켜 우리가 흔히 '짐승처럼 행동한다'라고 모욕하는 것도 마찬가지다.

다큐멘터리를 제작하는 남성의 시각이 지나치게 반영된 것 외에도 야생 다큐멘터리는 대부분 성인 중심적이었다. 다 자란 것처럼 몸집이 크고 성적으로 활발한 듯 보인다고 해서 어른 야생동물이라고 단정 지을 수 없다. 야생 다큐멘터리는 자신 없고 미숙하며 몸을 사리는 청소년기 동물의 성생활을 잘 다루지 않는다. 아마도 수많은 청소년기 동물이 실제로는 순결을 지킨다는 사실이 TV 프로그램의 소재로는 적합하지 않은 모양이다.

실제 야생에서 청소년기 동물은 성생활에 매우 소극적인 태도를 보인다. 무리 내에서 더 나이가 많고 더 서열이 높은 구성원의 방해로 짝짓기를 못 하거나 번식기가 여러 차례 지나는 동안 둥지에서 나오지 않고 짝짓기 기회를 포기하는 청소년기 동물의 모습은 야생 다큐멘터리에 거의 등장하지 않는다. 청소년기 암컷 고릴라는 성적으로 성숙한 후에도 계속해서 어린아이처럼 놀고 행동한다. 그래서 다 자란 수컷은 청소년기 암컷을 잠재적 짝짓기 상대로 보지 않는데, 이런 모습은 화면에 비치지 않는다. 야생에서 일어나는 동물 간의 사회성 연습, 가령 특정 역할이나 행동을 미리 연습하고 테스트하는 모습은 카메라에 담기지 않는 것도 있다. 성생활을 달가워하지 않거나 꺼리는 청소년기 동물의 모습도 볼 수 없다.

그렇다고 야생동물이 인간처럼 첫 경험의 시기를 알아서 결정하는 것은 아니다. 지금까지 알려진 바에 따르면 오직 인간만이 도덕성과 종교, 문화적 규범이 모호하게 얽혀 있는 성적 행동의 장단점 사이에서 의식적으로 균형을 찾는 능력을 갖추고 있다.

도덕성과 종교, 대중문화가 동물의 첫 경험에 영향을 미친다고 볼 수는 없지만 주변 환경은 분명 큰 역할을 한다. 호르몬 분비와 밀접한 연관이 있는 일광과 번식기는 성행위에 대한 준비와 욕구를 좌우한다.[3] 먹잇감의 양과 주변에 있는 포식자의 개체 수 또한 청소년기 동물이 성적으로 왕성해지는 시기에 영향을 준다. 먹이를 구하기가 어렵거나 포식자가 늘어나는 시기에 에너지를 낭비하고 새끼의 생존 가능성이 희박한 출산은 논리적으로 타당하지 않다. 기다리는 것이 더 나은 전략이 될 수 있다. 예를 들어 남극물개는 대개 네 살이 될 무렵부터 신체적 성숙함을 보이기 시작한다. 그러나 물고기나 오징어와 같은 먹잇감이 줄어들거나 포식자 범고래의 개체 수가 많아지면 일곱 살이 될 때까지 번식을 미루기도 한다.[4]

같은 무리에 있는 동물 역시 시작을 앞둔 성생활과 짝짓기 기회에 엄청난 영향을 미칠 수 있다. 여러 종에 걸쳐 나이가 많고 지배력이 강한 동물이 어린 청소년에게 사실상 순결을 강요한다. 서열이 높은 수컷과 암컷의 위협적인 행동은 서열이 낮은 청소년기 또는 청년기 동물의 생식계통 기능을 완전히 정지시켜버린다. 원래라면 번식할 준비가 된 동물의 성적 행동과 짝짓기가 지연되는 것이다. 서열이 낮으면 스트레스에 노출되기 마련이고 높은 수치의 스트레스 호르몬은 생식능력을 저하한다. 노랑개코원숭이와 미어캣에서부터 햄스터와 두더지에 이르기까지 서열이 높은 암컷 포유류는 서열이 낮은 개체에게 겁을 주어 일시적 불임, 착상 실패, 유산 등을 일으킨다.[5] 서열이 높은 한 쌍만 번식하는 늑대 무리에서는 오줌에 들어 있는 페로몬이 서열이 낮은 수컷과 암컷의 성욕을 억제한다.[6] 절대 권력을 쥔 이 한 쌍은 임신 기간뿐만 아니라 태어날 새끼에게도 더 많은 자원이 돌아가게 하려고 번식 기회를 독식한다. 야생 보르네오오랑우탄은 한 번에 한 마리의 수컷에게만 짝짓기 권한을 부여한다.[7] 선택받은 수컷만이 지배력의 상징인 커다란 볼주머니를 갖는다. 이에 반해 청소년기 수컷의 볼은 지위가 상승할 때까지 커지지 않는다. 사춘기가 10년 동안 계속되는 수컷 향유고래는 열다섯 살쯤 되어야 성적으로 성숙해진다.[8] 그러나 20대에 들어선 이후에야 비로소 활발한 성생활을 시작하는데, 그전까지는 서열이 높은 수컷의 견제 속에 번식 기회를 빼앗긴다. 향유고래처럼 수명이 긴 수컷 코끼리 역시 사춘기가 길며 이때 신체적으로 성숙해지지만 20대 후반, 심지어는 30대가 되어서야 번식을 시작한다.[9] 그 이유는 향유고래와 같다. 생식 능력이 있는 청소년기 수컷이 짝짓기를 원할 수도 있고 종종 시도하기도 한다. 하지만 서열이 낮고 사회적 경험이 부족해 번식 기회가 제한된다.

이른 성 경험이 위험한 이유

첫 경험 시기는 동물의 앞날에 너무나도 많은 영향을 미친다. 첫 경험이 늦으면 나이가 들어 신체적으로 다부져지고 사회적으로도 노련해져 더 좋은 짝짓기 상대가 될 수 있고 더 좋은 부모가 될 수 있다. 너무 이른 나이에 새끼를 낳으면 요령과 자원이 부족해 제대로 거둘 수 없다. 자신을 돌볼 능력이 없는 부모 밑에서 태어난 새끼는 대부분 고생하거나 죽는다. 예컨대 수정란을 입속에서 부화시키는 물고기, 즉 마우스브리더들은 처음에는 알을 삼켜버리는 경우가 흔하다.[10] 또 난생 처음 어미가 된 양은 새끼를 받아들이는 데 더 오래 걸린다.[11] 경험이 없는 어미 불곰과 어미 고릴라의 새끼 역시 목숨을 잃을 가능성이 크다. 한 연구 결과에 따르면 처음으로 출산한 일본원숭이 중 40%가 새끼를 버린다.

경험이 없는 상태에서 일찍 새끼를 낳은 암컷은 새끼뿐만 아니라 자신의 생존을 위해 고군분투해야 한다. 아직 덜 성숙한 청소년의 임신은 산모와 아기 모두에게 위험한 선택이다. 어린 암컷 포유류에게는 수유라는 육체적 고통이 안 그래도 힘든 시기를 더욱더 어렵게 만든다. 나이가 얼마 안 된 맨드릴개코원숭이에게서 태어난 새끼는 성장 속도가 비교적 느리다.[12] 마모셋원숭이와 레서스원숭이도 어미가 어리면 젖도 적고 새끼의 몸집도 더 왜소하다.[13] 어린 사바나개코원숭이의 첫 새끼는 나이가 더 많은 어미 밑에서 태어난 새끼보다 몸무게가 덜 나간다.

인간도 마찬가지다. 마거릿 스탠턴이 학술지 〈최신 인류학Current Anthropology〉에 기고한 글에 따르면 "인간 사회 전반에 걸쳐 산모의 나이가 15세 이하일 때 임신은 부정적 결과로 이어질 확률이 높다."[14] 세계보건기구의 보고서에도 10대 산모는 미숙아를 낳을 가능성이 크다고 나와 있다.[15] 이는 나중에 건강상 문제로 이어지기도 하는데, 유아 사망률이 높고 시청각 장애나 지적장애, 뇌성마비 등과 같은 심각한 질병을 앓을 위험성이 크다. 게다가 10대 산모가 낳은 아이는 나이가 더 많은 산모에게서 태어난 아이보다 가난한 삶을 살거나 자신의 부모처럼 조기 임신할 확률이 높다. 산모에게도 조기 임신은 엄청난 희생과 고통이 따른다. 세계보건기구에 따르면 전 세계적으로 15~19세 소녀의 주요 사망 원인은 임신·출산 합병증이다.

인간과 동물 중 청소년과 청년은 대개 사회적 지위가 낮다. 따라서 번식 활동을 시작한 청소년기 부부는 그다지 바람직하지 않은 더욱 위험한 영역의 가장자리로 쫓겨나기도 한다. 서열이 낮은 청소년기 또는 청년기 부모 새는 먹이를 구하기가 어렵고 포식자가 득실대는 열악하고 외진 곳에서 둥지를 틀고 새끼를 돌봐야 할 수도 있다.[16] 특히 나이가 어린 부모 새는 포식자를 쫓아본 경험이 전혀 없으므로 처음으로 낳은 알들은 어미의 몸에서 나오는 순간부터 더 큰 포식 위험에 노출된다.

조기 성 경험과 그로 인한 심리사회적 위험은 여러 다른 동물에서도 관찰된다. 말 사육사는 아직 사회성이 완전히 발달하지 않은 종마와 암말이 짝짓기하면 평생 지워지지 않는 트라우마가 남을 수 있으며 성 기능에 문제가 생길 수도 있다는 사실을 잘 알고 있다.[17] 태어난 지 1년 정도 된 새끼나 수망아지의 이른 성 경험은 어른이 된 수마의 기질에 영향을 미친다. 특히 첫 경험을 할 때 "못된 암말"에게 혼이 난 적이 있는 수마는 더 그렇다. 꼬리를 휘두르며 끽끽거리는 공격적인 태도를 보이는 못된 암말은 이제 막 발달하기 시작한 미숙한 수망아지의 성 기능에 타격을 입힐 수 있다. 어린 수마가 커갈수록 암말과의 경험이 쌓이면서 이러한 위험은 줄어든다.

사육되는 말은 인간이 짝짓기 시기를 정한다. 인간은 개개인이 성생활과 성적 표현을 온전히 스스로 결정한다. 하지만 안타깝게도 현실에서는 그렇지 않은 경우가 종종 있다. 강요로 첫 경험을 한 청소년이 전 세계적으로 우려스러울 정도로 많다.[18] 이는 남성과 여성 피해자 모두에게 평생 부정적 영향을 미친다. 이들은 우울증, 자해, 약물 남용 등의 증상을 흔히 겪는다. 게다가 엎친 데 덮친 격으로 피해 청소년은 학업에 어려움을 겪는다. 결과적으로 미래에 더 큰 고난을 마주할 위험이 커지는 것이다.

조기 임신의 위험과 더불어 성 경험이 늦어짐에 따라 얻을 수 있는 장점이 점점 더 호소력을 얻고 있다. 지난 20년 동안 전 세계 곳곳에서 10대 청소년의 임신과 출산이 꾸준히 감소해왔다.[19] 비교적 부유한 현대 사회에서는 출산을 미룰수록 미래의 안전을 극대화하고 자녀에게 더 많은 기회를 제공할 수 있다는 인식 때문에 출산 시기가 늦어지는 추세다. 물질 자원에서부터 사회자원과 교육 자원에 이르기까지 부모가 충분한 시간 동안 더 많은 자원을 확보해야 자녀는 좋은 직업을 얻을 기회와 근사한 집과 뛰어난 의료 서비스를 누릴 수 있다.

사실 오늘날 많은 청소년과 청년이 임신 방지와는 전혀 관계없는 이유로 첫 성관계 시기를 미루고 있다. 하버드대학에서 미국 청소년 3000여 명을 대상으로 연구를 진행한 결과 지난 25~30년 동안 그 어느 때보다 더 많은 수의 학생이 성 경험이 없는 채로 고등학교를 졸업하는 것으로 나타났다.[20] 경제적 조건이나 디지털 기술의 등장과 함께 생겨난 새로운 형태의 사회적 교류 등과 같은 여러 가지 요인들이 10대의 성생활에 영향을 미쳤을 것이다. 하지만 해당 연구는 학생들이 정서적으로 자신을 보호하기 위해 성관계를 미룬다고 설명한다. 상처받고 싶지 않은 것이다.

성 경험이 늦어지는 것은 또 다른 중요한 기능을 한다. 생식 능력 발달이 완료되는 시점과 실제로 성관계를 시작하는 시점 사이 몇 주나 몇 달, 몇 년 동안 청소년은 더 많은 교육을 받는다. 청소년은 이 시간 동안 자신이 속한 동물 종의 짝짓기 문화와 전통에 따라 사랑을 나누는 방법을 배우고 사회성을 기를 수 있다.

연습, 연습 또 연습

급한 우회전 탓에 우리가 타고 있던 트럭이 바퀴 자국이 깊게 팬 경사면에 부딪힌 뒤 조그마한 언덕 꼭대기에 멈춰 섰다. 발밑으로 샛노란 들꽃으로 뒤덮인 녹색 들판이 펼쳐졌다. 작은 골짜기 아래 호수가 있었는데, 물가를 따라 사불상 무리가 서성거리고 있었다.[21] 한 번도 들어본 적이 없는 동물 종을 오하이오주 콜럼버스에서 30분 정도 떨어진 더와일즈에서 직접 만난 것이다. 더와일즈는 면적이 40km^{2}에 달하는 자연보호구역이자 사파리 공원이다.

사불상의 원래 서식지는 중국이나 지금은 야생에서 멸종되었다. 세계에서 가장 규모가 큰 사불상 무리가 더와일즈에서 살고 있는데, 1995년 고작 15마리였던 개체 수가 오늘날 60마리까지 늘어났다. 하루 동안 우리를 안내하던 수의사가 호수 건너편을 가리키며 사불상 무리가 오후 시간을 보내기 위해 어떻게 자리를 잡았는지 설명해주었다.

먼저 비교적 나이 든 청소년기 수컷 서너 마리가 가장 멀리 떨어진 호숫가에서 함께 모여 구부정하게 서 있었다. 트럭을 세운 위치와 조금 더 가까운 곳에는 이제 막 부드러운 뿔이 자라기 시작한 어린 청소년기 사불상 무리가 있었다. 이들은 마치 수영장 파티에 온 중학생들처럼 물속을 들락날락하며 뛰어다니고 있었다. 나이대가 다양한 암컷 무리가 그 옆에 자리 잡고 있었다. 몇몇은 호수 기슭에 편안하게 누워 귀를 털고 있었고 몇몇은 물속에서 첨벙거리고 있었다. 임신한 암컷도 보였고 가까이에 새끼가 있는 어미 사불상도 보였다. 그리고 우리와 가장 가까운 호수 맨 끝자락에서는 무리의 우두머리가 마치 왕처럼 주변을 천천히 살피고 있었다.

다른 모든 성인기 수컷 사불상처럼 우두머리 수컷의 머리 위에 올라앉은 삐쭉삐쭉하게 가지 친 굵고 커다란 뿔이 마치 거대한 바구니처럼 보였다. 뿔이 얼마나 큰지 작지만 단단한 나무가 정수리 위로 솟아오른 듯했다. 그러나 눈길을 사로잡는 뿔보다 우리를 더 놀라게 한 것은 뿔을 다루는 수컷의 행동이었다. 녀석은 호숫가 주변을 뿔로 휘젓거나 물속에 뿔을 담가 수초와 풀 등의 식물로 뿔을 장식했다. V 자 모양의 골마다 마치 새집처럼 뭉쳐 있는 화려한 식물 리본에서 물이 뚝뚝 떨어졌고 진흙이 묻은 나뭇잎 뭉텅이와 엉성하게 뭉친 줄기가 우스꽝스러운 장식처럼 뿔을 감싸고 있었다. 이런 '뿔 장식하기'는 여러 남아시아 사슴들에게서 흔히 관찰되는 행동이다.

남다른 뿔 장식이 생물학적으로 도움이 된다면 어떤 도움이 되는지 아무도 모른다. 하지만 장식이 화려할수록 번식 상대로서 인기가 높아진다. 공작새의 화려한 꽁지깃 펼치기처럼 독특하고 눈에 띄는 뿔 장식은 잠재적 짝짓기 상대에게 자신의 성적 능력과 더 중요한 사회적 성숙을 과시하는 것 외에 직접적인 기능은 없다고 알려져 있다.

우리는 관찰을 통해 우두머리 수컷이 자신의 성숙을 알리기 위해 뿔 말고도 또 다른 전략을 활용한다는 사실을 알 수 있었다. 우두머리 수컷은 몸 색깔이 무리 내 다른 사슴들과 달랐다. 암컷과 나이가 어린 수컷의 몸은 구운 식빵과 비슷한 갈색이었지만 우두머리는 짙은 초콜릿색을 띠었다. 진짜 털 색깔이 달라서가 아니었다. 우두머리 수컷이 진흙과 자신의 오줌을 몸통에 발랐기 때문이었다. 이는 사불상이 보이는 성적 신호 중 하나다. 우리는 또한 다 자란 수컷이 나팔 소리와 같은 특유의 울음소리를 낸다는 점을 발견했다. 그뿐만 아니라 다 자란 수컷은 화려하게 장식한 뿔을 자랑하기 위해 머리를 좌우로 움직이며 으스대듯 걸었다.

호수 끝자락에 있는 청소년기 사불상도 성숙을 온몸으로 표현하는 우두머리 수컷의 외모를 흉내 냈지만 완벽하게 소화하기에는 아직 역부족이었다. 청소년기 사불상의 뿔에도 얼마 안 되는 이끼 띠가 둘려 있었는데, 우두머리 수컷의 바로크식 휘장과는 차원이 달랐다. 어린 사불상의 몸통은 여전히 어미 또는 나이 어린 형제자매와 비슷한 연한 갈색이었다. 몸집이나 뿔의 크기가 어른 사슴과 비슷한 것으로 보아 사춘기의 신체적 변화는 이미 겪은 듯했다. 하지만 아직 와일드후드를 지나는 중인 청소년기 사불상은 다 자란 사슴이 갖춰야 할 조건인 사회 경험이 부족했다. 여름이 다음 계절을 향해 서서히 전진할수록 이들은 뿔 장식과 나팔 소리, 진흙이나 오줌 묻히기에 더욱더 능숙해져 마침내 우두머리 수컷에 도전할 만큼 강해지고 자신감도 충만해질 것이다. 그러나 아직은 아니다. 지금은 호수와 가장 멀리 떨어진 곳에 무리 지어 서서 관찰하고 기다리고 연습할 때다.

뉴기니와 호주 북부에서 서식하는 바우어새는 짝짓기 상대를 유혹하기 위해 수컷이 만드는 정교하고 화려한 둥지 때문에 조류학계에서는 전설로 통한다.[22] 그러나 물속에서 노래를 배우는 고래와 뿔을 장식하는 사불상처럼 바우어새도 하룻밤 사이에 탄탄하고 매력적인 둥지를 만드는 요령을 익힐 수 없다. 청소년기와 청년기 바우어새는 둥지 만들기 달인을 1년 또는 그 이상 지켜보며 배운다. 수많은 시간을 관찰하면서 보낸 다음 그보다 더 많은 시간을 연습에 정진하며 자신의 기량을 갈고닦는다. 여기서 그치지 않는다. 들킬 위험이 없을 때면 멘토의 둥지에서 연습하며 수많은 시간을 보낸다. 이 과정을 거친 바우어새는 잘 훈련받은 매력적인 짝짓기 상대로 거듭난다. 전략적인 수습생처럼 이 수컷 바우어새는 매우 똑똑해서 열심히 배운다. 게다가 어른 새를 대체할 준비가 될 때까지는 선배의 기분을 거스르지 않을 만큼 요령이 넘친다. 수컷 바우어새는 대여섯 살이 되면 신체적으로 번식할 수 있으나 어른 새의 깃털이 자라는 일곱 살이 될 때까지 기다린다. 깃털이 성숙할 때까지 번식을 미루는 것은 조류식 레드셔팅이라고 볼 수 있는데, 청소년기 새와 청년기 새가 질투가 심한 어른 수컷에게 공격당할 걱정 없이 더 튼튼하게 성장하고 경험을 쌓을 수 있게 도와준다.[23] 다시 한번 말하지만 야생동물들은 의식적으로 성생활을 미루는 게 아니다. 그보다는 특정 환경적 신호와 사회적 신호에 자동으로 반응하는 것이다. 수컷 바우어새는 독특한 구애 행동을 배우고 연습하는 데 더 많은 시간을 투자하는 것이 궁극적으로 암컷을 둥지로 유혹해 짝짓기에 성공하는 데 유리하다.

사랑이 예전 같지 않다지만

수천 년 동안 사불상과 바우어새는 똑같은 기초 행동을 통해 이성에게 호감을 표시해왔다. 이와 달리 인간의 구애 행동은 경제적 부담과 문화적 변화 그리고 성적 요구와 기대에 대한 새로운 이해를 바탕으로 세대마다 달라진다. 현대 청소년과 청년의 연애는 여러 면에서 과거

조상들의 연애와 전혀 딴판이다. 나이 차이가 크지 않은 윗세대의 연애와도 완전히 다르다.

컬럼비아대학 공중위생학 교수 제니퍼 허시는 결혼을 문화인류학적으로 살핀 《현대의 사랑Modern Loves》에서 "전 세계적으로 젊은이들은 일부러 부모 또는 조부모와 정반대의 위치에 선다"라고 한다.[24] 현장 연구를 통해 허시는 멕시코와 나이지리아, 파푸아뉴기니의 연애 규범과 구애 소통 방식이 변화했다는 사실을 입증했다.

허쉬는 "멕시코 시골에 사는 젊은 남녀는 벽에 난 틈을 통해 비밀스럽게 속삭임을 주고받는 부모 세대의 구애 방식을 따라 하는 대신 광장에서 손을 잡고 걸어 다니거나 마을 디스코장의 어두운 구석에서 함께 춤을 추기도 한다"라고 하면서 다음과 같이 설명을 이어나간다.

> 파푸아뉴기니의 훌리족은 과거에 남녀가 각자의 숙소에서 따로 지내던 것과 달리 젊은 부부가 대개 함께 생활한다. 그들은 거주하는 곳을 '가족이 함께 사는 집'이라고 부르며 서로 사랑하는 부부가 '현대적'이고 '기독교적'인 생활 방식으로 산다고들 말한다. 나이지리아에서는 여전히 결혼을 통해 신랑과 신부 두 사람뿐만 아니라 친족 집단 간에도 관계가 형성된다는 인식이 강하다. 하지만 적어도 연애만은 젊은 남녀가 자신들의 현대적 특성을 드러내는 기회로 변모했다.

2012년 피바디고고학박물관 전시회에 대평원 지역 인디언 전사의 예술 작품이 걸렸는데, 19세기 라코타 지역에서 서로에게 관심을 표현하고자 했던 남녀들 어떻게 했는지 그 풍습을 엿볼 수 있었다.[25] 그림에서 두 남녀는 커다란 붉은 담요를 두르고 위로 머리만 삐죽 내민 채 서로 얼굴을 가까이에 대고 서 있었다. 입을 연결하는 점선이 두 사람이 대화하는 중임을 알려주었다. 작품 안내판에는 이렇게 적혀 있었다. "여성에게 구애하고자 하는 젊은 남성은 저녁 시간에 물을 길으러 가는 여성과 대화를 시도한다. 여성이 긍정적으로 호응하면 남성은 양털로 만든 2인용 구애 담요courting blanket로 여성을 감싼다."[26] 커다란 담요에 덮인 두 사람은 임시로 만든 공간 안에서 보호자인 부모나 다른 공동체 구성원의 눈을 피해 이야기를 나누고 서로의 관심사에 관해 알아간다.

청년들은 디지털로 한층 더 개선된 21세기 연애 방식을 보고 오히려 어느 정도 사생활이 보장되는 구애 담요를 그리워할지도 모르겠다. 적어도 연애 관계를 시작하는 규칙이 좀더 명확하다고 생각할 수 있다. 나이 많은 세대가 청년들의 유행을 못마땅하게 바라보는 것은 고대 그리스 이전부터 계속되어왔다. 하지만 지금 성적 행동에 지각변동이 일고 있는 가운데 흥미롭고 특별한 시기를 지나고 있는 우리 청소년은 자신의 성생활을 이해할 충분한 능력이 없는 것처럼 느껴진다. 물론 그렇게 느낄 수도 있다. 그러나 지금까지의 현상을 더 간단하게 설명할 방법이 있다. 바뀐 것은 성에 대한 청소년들의 불확실한 태도와 10대 성생활과 관련한 어른들의 우려가 아니다. 문제는 젊은 남녀가 준비되었을 때 사랑을 나누도록 도와주는 복잡하지만 솔직한 의사소통 방법을 현대 사회의 성인도 잘 모르거나 다음 세대에게 알려주지 않는 것이다.

10대들의 인생 코치 신디 에틀러는 CNN에 출연해 청소년이 더

욱 안전하게 성장하려면 성교육이 사회 행동까지 다뤄야 한다는 의견을 밝혔다.[27]

> 10대는 약탈자가 어떻게 행동하는지 등을 포함해 사회적·정서적·행동적 주제에 관해 더 많은 정보를 얻고 싶다고 말한다. 아는 사람이 원치 않는 부적절한 방식으로 접근할 때 어떻게 해야 하는지를 알고 싶어하는 것이다. 금기시되는 주제들에 대해 어떻게 말을 꺼낼지, 그러니까 이런 상황에서 정확하게 무슨 말을 해야 하는지 알고 싶어한다.

이 같은 메시지를 심리학자 리처드 와이스보드는 다르게 해석한다.[28] 와이스보드는 수많은 21세기 청소년과 청년이 사랑을 배우고 싶어한다고 생각한다. 이성 관계를 시작하고 끝맺는 방법과 이별을 극복하는 방법, 상처받지 않는 방법 등에 대한 지도를 원한다고 와이스보드는 주장한다.

오늘날 만연해 있는 여성 혐오나 성차별적 비하를 두고 와이스보드는 성을 대하는 우리의 태도가 "건잡을 수 없게" 되었다고 하며 건강한 이성 관계를 주제로 더 많은 대화를 하는 것만으로도 이러한 부정적 견해를 누그러뜨릴 수 있다고 말한다. 와이스보드에 따르면 "이성 관계는 우리 모두가 연습해야 한다. 마음에 상처를 받거나 안 좋게 끝나기도 하지만 경험을 통해 배우는 것도 있다. 우리는 솔직하게 그리고 친절하게 연애하는 방법을 배울 수 있다. 이는 어른이 된 후 성숙한 관계를 형성할 때 도움이 된다."

와이스보드는 10대가 건강한 이성 교제를 연습할 수 있는 가장 좋은 방법은 타인과의 관계에서 동등하게 서로 주고받는 법을 배우는 것이라고 말한다. 여기에는 애정을 바탕으로 하는 다정함과 실연의 아픔도 포함된다. 사랑에 관한 롤 모델은 TV나 영화, 고전이나 현대 소설에서 찾을 수 있다. 호주 출신 작가 저메인 그리어는 "도서관은 첫 경험을 하지 않고도 순수함을 잃을 수 있는 곳이다"라고 말하기도 했다.

인간에게 책이나 영화를 비롯한 매체들은 성에 대한 사회 학습의 중요한 부분이다. 제인 오스틴이 쓴 《오만과 편견》에서 두 주인공 엘리자베스 베넷과 피츠윌리엄 다시가 자신들의 필요와 욕구를 추구하는 것과 부모와 공동체의 기대를 따르는 것 사이에서 균형을 찾아나가는 여정을 지켜보면서 독자는 큰 즐거움과 설렘을 느낀다. 오스틴의 원작 소설을 읽든 2005년에 개봉한 키이라 나이틀리와 매튜 맥퍼딘 주연의 동명 영화를 보든 이야기의 재미는 똑같다. 이야기의 매력은 역사를 뛰어넘는다. 르네 젤위거와 콜린 퍼스(마크 다시 역) 주연의 〈브리짓 존스의 일기〉는 《오만과 편견》을 모티브로 한 헬렌 필딩의 동명 소설을 영화화해 크게 성공을 거두었는데, 이를 봐도 이야기의 힘을 알 수 있다. 연애의 기본, 즉 욕구와 불확실성 사이의 균형은 옷이나 머리 모양이 바뀌어도 바뀌지 않는다.

솔트가 어른 고래로 성장할 무렵 수평적 위치에 있는 인간 청소년들은 책을 열심히 읽으며 비슷한 경험을 탐구했다. 1975년 출판된 주디 블룸의 소설 《포에버》는 대학 진학을 앞둔 18세 소녀 캐서린과 같은 동네에 사는 소년 마이클이 첫 경험을 하기까지의 이야기를 담고 있다. 《포에버》는 대표적인 청소년 문학 작품으로 자리잡았지만, 10대의 성생활을 묘사하는 장면 때문에 미국도서관협회가 1990년부터 작성해온 '비권장 도서 목록'에 이름을 올렸다.[29] 스테파니 메이어의 뱀파이어 소설《트와일라잇》과 스티븐 크보스키의《월플라워》, 존 그린의《알래스카를 찾아서》 등도 목록에 포함되었다. 미국도서관협회는 1876년 도서관 사서들을 중심으로 설립된 단체로 포용과 지적 자유를 지지한다.[30] 미국도서관협회에 따르면 비권장 도서로 접수되는 책 중 청소년과 관련 있는 성적 내용에 대한 불만이 폭력이나 도박, 자살, 악마 숭배를 크게 앞지르는 것으로 나타났다.[31]

청소년이 읽거나 보는 책이나 영화는 성을 포함해 삶에 대한 인식에 영향을 미친다. 하지만 다행스럽게도 행동을 좌우하지는 않는다. TV 드라마 〈섹스 앤 더 시티〉를 보고 자란 밀레니얼 세대도 확신이 없는 캐리나 열정적인 사만다, 이성적인 미란다, 고지식한 샤롯을 유일한 기준으로 삼아 미래의 성생활을 결정하지는 않는다. 청소년은 책이나 스크린에 등장하는 인물들이 성을 경험하고 때로는 실수하는 모습을 보면서 성과 관련해 선택하는 방법을 간접적으로 배울 수 있다. 또한 다양한 인간의 성생활을 접하면서 청소년은 자신이 느끼는 성적 끌림과 충동을 더 잘 이해하게 된다.

동물 역시 사회 학습이 매우 중요하며 또래의 행동이 청소년기 동물에게 많은 영향을 끼친다.[32] 이러한 습성은 특히 영장류에서 두드러진다. 동물 청소년은 읽을 수 없지만 볼 수 있다. 그래서 어떠한 행동이 성공할 때와 실패할 때를 관찰하고 배운다. 게다가 와일드후드에 겪는 성과 관련한 조기 경험은 인간과 동물 모두에게 평생 지속된다.[33]

야생동물의 성교육은 검열을 거치지 않는다. 현대 청소년이 즉각적으로 그리고 지속해서 접할 수 있는 생생한 영상이나 사진도 마찬가지다. 합법이든 불법이든 인기 있는 콘텐츠를 홍보하는 이들은 자신들의 상품이 자극적이고 중독적일수록 돈벌이가 된다는 사실을 잘 안다. 1980년대 마리화나 재배 농가에서 2~5배 더 강력한 대마초를 생산하며 큰 성공을 거둔 것처럼 오늘날 포르노물은 더욱 노골적이고 구하기 쉽다. 대개 이전 세대에서는 상상조차 할 수 없을 정도로 많은 청소년이 포르노물을 접하고 있으며 이제 청소년의 삶의 일부가 되었다. 성에 대한 노출은 청소년기 야생동물의 지극히 자연스러운 일부다. 그러나 강렬하고 과장된 성적 이미지에 끊임없이 노출되는 것을 정상적인 경험이라 할 수는 없다.

야생동물 청소년은 당연히 영화나 TV를 볼 수 없다. 대신 여러 방법을 통해 구애 행동을 직접 볼 수 있다. 짝짓기에 관해 잘 알고 있는 어른 동물의 행동을 관찰하는 것은 성생활을 비롯해 욕구를 표현하고 상대방의 반응을 이해하는 방법을 배우는 가장 좋은 길이다. 다시 강조하지만 단순히 성관계를 지켜보는 게 목적이 아니다. 욕구에 대한 표현을 주고받는 방법을 이해하는 것이 핵심이다.

짝짓기 나무

마다가스카르 우림에는 포사라는 육식동물이 살고 있다. 포사가 궁금하다면 몸은 표범처럼 늘씬하고 얼굴은 귀가 동그란 곰 인형처럼 생긴 동물이 뱀처럼 날렵한 움직임으로 나무에 몸통을 감은 채 울버린의 맹렬함과 집중력으로 먹잇감을 쫓고 있다고 떠올려보면 된다. 포사는 생김새만큼이나 구애 행동도 독특하고 특이하다.

독일의 진화생물학자 미아 라나 뤼르스의 설명처럼 포사 공동체는 커다란 나무들을 골라 짝짓기 나무로 지정한다.[34] 짝짓기 상대를 구하는 암컷은 특별한 짝짓기 나무의 가지 위로 올라가 구애의 울음소리를 낸다. 암컷의 울음소리가 숲을 따라 퍼져나가면 멀리 있던 수컷 포사들이 다가와 나무 위로 올라오며 짝짓기 의사를 표현한다. 마법의 머리카락으로 만든 사다리만 없을 뿐 라푼젤의 이야기와 똑 닮았다. 짝짓기에 관심 있고 조건도 갖춘 암컷이 민첩하고 열정적인 수컷을 유혹하는 포사의 짝짓기 과정에서도 동화적 요소를 찾아볼 수 있다.

번식할 준비가 된 수컷만 암컷의 울음소리에 반응하는 것은 아니다. 짝짓기 나무를 찾아온 구혼자 중에는 어린 수컷도 있다. 이들은 먼저 나무에 오르기 위해 아우성치는 어른 경쟁자들을 지켜본다. 어느 날 뤼르스는 짝짓기 나무 아래 앉아 소란스러운 광경을 기록으로 남기고 있었다. 그런데 갑자기 청소년기 수컷 두 마리가 달려오더니 나이가 많은 동물의 행동에 엄청난 관심을 보이며 나무 아래에서 서성거렸다. 뤼르스가 앉아 있던 의자 위로 올라오기도 하고 멀찌감치 떨어졌다 다시 다가오기를 반복했다. 하지만 어린 수컷은 절대 나무 위로 올라가지 않았다. 수컷 포사가 짝짓기 나무 위로 올라간다는 것은 성적 욕구를 의미한다. 그런데 청소년기 수컷 두 마리는 아직 준비되지 않은 상태였다. 학교 댄스파티에 참가한 6학년짜리 남학생이나 나이트클럽에 막 들어선 고등학생처럼 어린 수컷은 옆에서 지켜볼 뿐이었다.

짝짓기 나무는 단순히 성관계를 맺는 장소가 아니다. 구애 행동을 학습하는 곳이기도 하다. 암컷 포사도 나이가 더 많은 공동체 구성원에게서 구애 행동을 배운다. 뤼르스는 어미와 암컷 새끼가 나란히 짝짓기 나무로 오는 모습을 관찰한 적이 있다. 암컷 새끼가 나무 위로 올라가 울음소리를 내는 동안 어미는 땅에서 기다렸고 심지어 낮잠을 청하기도 했다. 시간이 지나도 찾아오는 수컷이 없자 새끼가 나무에서 내려왔고 어미와 함께 돌아갔다.

뤼르스에게 어미 포사가 어린 새끼를 짝짓기 나무까지 데려다주고 또다시 집으로 데리고 간 진화적 또는 사회적 이유를 물었다. 뤼르스는 포사의 행동이 어미에서 딸에게로 전달되는 "오래된 전통이자 일종의 사회 학습"으로 보인다고 대답했다. 뤼르스가 관찰한 바에 따르면 진화적 측면에서 볼 때 많은 것이 달린 실제 순간을 경험하기 전에 어미로부터 짝짓기 체계를 배워두는 편이 딸에게 유리하다. 짝짓기 나무에 올라 울음소리를 내는 전통적인 짝짓기 의식과 그에 따른 수컷의 반응을 미리 연습하고 익힌다면 신체적으로 더 안전하면서 번식 결과도 더 만족스러운 첫 경험을 하게 될 것이다.

뤼르스는 딸이 독립하기 직전 시기에 어미도 번식 중이라면 합의를 바탕으로 하는 짝짓기 과정, 즉 어미가 욕구를 표현하고 상대를 평가한 후 다음 행동을 결정하는 과정을 직접 관찰할 수 있다고 덧붙였다. 이는 첫 경험을 시작하는 어린 암컷에게 더 많은 것을 알려준다.

어른 동물의 구애 능력은 새끼의 향후 성적 행동을 좌우한다. 부모를 통해 새끼는 건강하고 성숙한 관계를 직접 관찰하고 습득한다.

부모와 다른 성 정체성

포사에게 와일드후드는 성을 유연하게 경험하는 독특한 시기다.[35] 암컷은 생후 12개월이 되면 초기 청소년기에 들어선다. 이에 따라 신체적·행동적 변화가 나타나는데, 더욱 남성적으로 변한다. 특히 어른 수컷의 생식기와 비슷하게 생긴 작은 부속기관이 생긴다. 청소년기 암컷의 남성화는 두세 살 사이에 절정에 다다른다. 성숙한 어른이 되고 나면 다시 암컷의 생김새와 행동으로 돌아간다. 수컷 포사는 정반대다. 혼자서 생활하거나 사냥하는 수컷이라면 더더욱 암컷처럼 보이기도 한다. 점박이하이에나, 두더지 등 특정 영장류를 포함한 포유류와 조류, 어류에서도 여성화와 남성화 사이의 일시적 변화가 관찰된다.

인간 청소년은 성 정체성이 부모와 다를 때 큰 어려움을 겪는다. 10대를 응원하고 이들의 고민을 공감하는 어른도 익숙하지 않은 성적 취향과 욕구 표현에는 대부분 무지하다. 앤드루 솔로몬은《부모와 다른 아이들》의 첫 장에서 이러한 형태의 부모와 자녀 사이의 단절을 언급한다.[36]

> 정체성은 한 세대에서 다음 세대로 전해진다. 그래서 자녀들은 적어도 어느 정도 비슷한 특성을 부모와 공유한다. 이를 수직적 정체성이라고 한다. 속성과 가치는 DNA뿐만 아니라 공유된 문화적 규범을 통해 여러 세대에 걸쳐 부모에게서 자녀에게 대물림된다. 예를 들어 민족성은 수직적 정체성이다. (…) 그러나 종종 부모와는 다른 특성을 선천적으로 또는 후천적으로 가지고 태어나면 또래 집단에서 정체성을 습득하기도 한다. 이를 수평적 정체성이라

고 한다. (…) 동성애자는 수평적 정체성이다. 동성애자 대부분은 이성애자 부모 밑에서 태어난다. 성적 취향이 또래의 영향을 받아 결정되는 것은 아니지만 이들은 가족이라는 울타리 밖에 있는 문화를 관찰하고 그 문화에 참여함으로써 동성애자라는 자신의 정체성을 깨닫는다.

성 정체성이 부모와 다른 청소년은 가족이 아닌 다른 집단으로부터 성적 표현을 배워야 한다. 생물학적 성을 인정하지 않거나 LGBTQIA(레즈비언, 게이, 양성애자, 트렌스젠더, 퀴어, 간성, 무성애자) 청소년은 비슷한 성적 취향이나 수평적 정체성을 가지고 있는 또래와의 교류가 정보를 주고받는 중요한 수단이 된다.

어미나 무리의 다른 고래로부터 사회 학습을 한 솔트는 아마도 고래의 구애 행동을 어느 정도 이해한 상태에서 첫 경험을 했을 것이다. 어렸을 때 어미와 함께 헤엄치며 해마다 수컷 혹등고래의 합창을 들었을 것이다. 그리고 어미의 반응을 관찰했을 것이다. 어쩌면 짝짓기 무리(앞으로 좀더 자세히 살펴볼 예정이다)의 흥분을 공감하거나 모두의 관심을 받는 가장 인기 있는 암컷의 기분을 살짝 들여다보았을지도 모른다.

솔트는 2~10세까지 사춘기를 겪으며 이 시간을 혼자 또는 다른 청소년기 고래와 함께 보냈을 것이다. 앨버트로스를 비롯해 펭귄, 코끼리, 수달 등 여러 동물 청소년은 무리 지어 움직인다. 이들의 주요 관심사는 대개 먹잇감을 찾고 사냥하는 기술 연마나 포식자로부터 살아남기다. 청소년기 혹등고래라면 범고래가, 청소년기 킹펭귄이라면 레오파드바다표범이 포식자일 것이다. 이러한 청소년기나 청년기 동물의 성생활은 대개 번식으로 이어지지 않는다.

10년 정도의 시간 동안 솔트는 겨울 번식 철에 수컷의 노랫소리를 들으면서도 아무런 욕구를 느끼지 못해 반응할 생각도 하지 않았을 것이다. 그러다 어느 겨울 모든 것이 바뀌기 시작했다.

13.

첫 경험

순록 1만 마리가 엄청난 굉음을 내며 들판을 가로질러 이동하는 모습이나 멸치 500만 마리가 마치 석유가 유출된 것처럼 보일 정도로 커다랗게 번져나가며 헤엄치는 모습을 보면 그 안에 있는 한 마리 한 마리의 포유류와 어류가 저마다 나이도 성별도 몸집도 다르다는 사실을 쉽게 잊어버린다. 무리나 집단, 떼의 다양성에는 이성을 이끄는 매력과 욕구도 포함된다. 모든 암컷 순록이 무조건 수컷이라면 가리지 않고 짝짓기를 원하는 것은 아니다. 수컷 찌르레기도 무리 속 모든 암컷에게 호감을 느끼지 않는다. 물고기에게도 수의학에서 '파트너 선호도'라고 부르는 습성이 있다.

우리는 이를 가리켜 화학반응이라고 한다.

사불상이 뿔 장식 기술을 연습하는 더와일즈의 오하이오 호수에서 트럭을 타고 가면 멀지 않은 곳에 치타 무리가 살고 있다. 원래 서식지인 아프리카에서 점점 치타의 개체 수가 줄고 있는 가운데 더와일즈는 이 날렵한 고양잇과 동물의 품종개량을 위임받은 세계 9개 센터 중 한 곳이다. 이는 전 세계 동물원 및 보호구역과 그 밖의 전문 자문가들이 모여 멸종 위기에 놓인 동물의 유전적 다양성을 개선하기 위해 수립한 종보존계획Species Survival Plan의 일환이다.[1]

우리가 더와일즈를 방문한 날 치타 사육사들은 어려움을 겪고 있었다. 서류상 천생연분인 치타 두 마리가 어찌 된 영문이지 연애할 생각이 전혀 없어 보였기 때문이다. 수컷은 암컷에게 다가갈 마음이 조금도 없어 보였다. 암컷 역시 수컷에게는 눈길조차 주지 않았다. 암컷과 수컷 사이에 화학반응이 없었다. 대왕판다와 느시, 페럿, 하이에나 외에도 유제류 품종개량 전문가들은 이와 비슷한 경험을 한다. 나이와 경험 면에서 두 동물 모두 번식에 적합한데도 잠재적 짝짓기 상대로서 서로 교감이 전혀 없는 상황에 부딪힌다. 한 동물원 생물학자는 "수컷과 암컷이 처음으로 만나는 순간에 일이 잘 안 풀리는 경우도 있다"라고 설명한다.

수의학자는 가축의 경우 우리가 '분위기'라고 부르는 요소가 완벽하게 조성되어야 한다는 점을 발견했다. 지나치게 궂은 날씨는 성적 관심을 억제할 수 있다.[2] 종마는 바닥이 미끄럽거나 지켜보는 구경꾼이 너무 많으면 흥미를 잃는다. 그런가 하면 특히 밤에 성적으로 흥분하는 기미를 자주 보이는 소는 시간대가 중요하다.

전 세계적으로 새끼 판다와 새끼 치타의 개체 수를 늘리는 것이 당신의 직업이라면 짝짓기 욕구를 결정하는 암컷과 수컷 사이의 독특한 끌림을 어떻게든 만들어내야 하는데, 이는 매우 좌절감을 안겨주는 일이다. 하지만 상대방에게 무언가를 주기를 원하는 동물이 마찬가지로 받은 대로 돌려주기를 원하는 짝을 만난다면 화학반응은 삶에서 가장 흥분되는 경험이 될 것이다.

화학반응은 끌림과 욕구라는 복잡한 감정으로 이루어져 있다. 와일드후드에는 이와 같은 감정을 가장 감당하기 어렵고 종잡을 수 없다. 지위에 대한 인식을 형성하는 신경생물학적 반응이나 동물의 방어기제를 만들어내는 두려움 인지와 마찬가지로 구애의 신체적·행동적 하부구조도 여러 종에 걸쳐 공통으로 나타나며 경험을 통해 청소년별로 고유하게 개인화된다.

솔트는 당연히 말로 기분을 표현할 수 없다. 하지만 다른 동물과 비슷한 신체적 경험과 생물학적 경험을 한다. 솔트의 첫 상대가 누구였는지 우리는 알 길이 없다. 그러나 한 가지만은 확실하다. 솔트와 상대 사이에 화학반응이 일어났다는 것이다. 노르웨이에서 온 고래였을 수도 있고 고향이 캐나다인 고래였을 수도 있다. 또는 솔트처럼 매년 번식 장소로 이동하는 그린란드 고래였을 수도 있다. 그랬다면 솔트의 첫 상대도 새끼 때부터 어미와 함께 카리브해의 번식지와 먹잇감이 많은 북쪽 바다 사이를 헤엄쳐 오갔을 것이다. 수컷 고래 역시 성장하면서 어른 고래가 부르는 구애의 노래를 들었을 수 있다. 또는 몇 년에 걸쳐 먹이를 잡고 포식자를 피하며 사회성을 기르기 위해 대서양을 여행하는 청소년기 고래 집단 중 한 마리였을지도 모른다. 그러다 어느 날 어른 수컷 고래 합창단에 초청을 받아 오래된 노래를 배우고 또 자신만의 소절을 만들었을 것이다.

합창 소리를 들은 솔트는 계속해서 귀 기울이며 수컷 무리로 다가갔다. 충분히 가까워진 후 솔트는 음악을 온몸으로 즐기며 노래의 정확성과 창의력을 평가했다. 어떤 수컷이 가장 매력적인지 고민하면서 말이다. 번식지에 다가왔다는 것은 솔트가 짝짓기에 어느 정도 흥미를 느꼈음을 의미한다. 하지만 아직 완전히 마음먹었다고 보기는 어렵다.

어쩌면 첫 상대의 남다른 리듬이 솔트의 눈길을 사로잡았는지도 모른다. 혹은 매력적인 음성이 바닷속 깊이 잠수할 수 있는 늠름한 수컷이라는 인상을 주었을 수도 있다. 솔트는 여름 내내 노르웨이, 캐나다, 그린란드에서 크릴새우를 배불리 먹은 상대가 정확히 표현할 수는 없어도 건강하고 먹잇감을 구하는 데 탁월하다고 생각했을지도 모른다.

어떤 이유에서건 솔트는 첫 짝짓기 상대를 자신의 '에스코트'로 선택했다. 암컷이 수컷을 선택할 때 보내는 신호는 아직 정확하게 밝혀지지 않았다. 가슴지느러미로 수컷을 철썩 때린다는 연구자도 있고 신호를 보낸다는 연구자도 있는 등 혹등고래 연구자들 사이에서 의견이 분분하다. 방법이야 어찌 되었든 솔트는 짝짓기 의사를 밝혔고 솔트의 선택을 받은 수컷 역시 호감을 표시했다. 그렇게 해서 아주 오래 전부터 계속되어온 과정이 시작되었다.

혹등고래 구애 의식에서 이어지는 행동은 고래 관찰에 나선 사람들에게 정말 흥미롭고 재미있는 볼거리다. 매우 신이 난다는 여행객과 노련한 과학자들의 후기가 말해주듯, '소란스러운 무리' 또는 좀더 과학적으로 '경쟁하는 무리'라고 묘사되는 이 장면은 지구상에서 가장 놀랍고 웅장한 행동 중 하나다. 실버뱅크에서 수십 년간 고래 관찰 투어를 운영해온 선장 둘은 자신들이 운영하는 웹사이트에서 이렇게 묘사했다.[3]

> 먼저 짝짓기 의사가 있는 암컷이 가장 적합한 상대를 찾는다. 이 수컷을 '에스코트'라고 부른다. 만약 암컷의 선택받지 못했지만 자신이 더 좋은 상대라고 생각하는 수컷이 있다면 에스코트와 암컷을 떨어뜨리기 위해 방금 탄생한 새로운 커플에게 다가간다. 이 고래를 가리켜 '도전자'라고 부른다. 도전자가 한 마리 이상일 때 '소란스러운 무리'가 만들어진다. 모든 수컷이 암컷의 옆자리를 차지하기 위해 팽팽하게 경쟁한다.
>
> 일반적으로 소란스러운 무리는 3~6마리의 수컷으로 이루어지는데, 실버뱅크에서는 최대 24마리 이상의 고래로 구성된 무리를 만날 수 있다. 암컷이 선두에 서서 헤엄치면 수컷 무리가 뒤따르며 암컷 옆자리를 차지하기 위해 겨룬다. 정해진 거리와 시간은 없다. 고래들은 장시간 동안 수 킬로미터를 헤엄친다. 경쟁은 신체적 충돌로 이어진다. 수컷들은 부리처럼 툭 튀어나온 주둥이로 상대방을 밀치고 들이받거나 턱 바닥에 있는 뾰족한 '다듬이뼈'로 찌른다. 또 지느러미와 가슴지느러미로 서로를 철썩 때린다. 턱을 움직여 소리를 내거나 울음을 내뱉기도 하고 꼬리를 수면 위로 힘차게 내리치기도 한다. 경쟁자를 위협하기 위해 돌진하거나 물 밖으로 솟구쳐 오르기를 시도하며, 심지어 다른 고래가 오랫동안 숨을 못 쉬어 힘이 빠지도록 물속에서 잡고 있기도 한다. 이 과정에서 많은 고래가 다친다. 상대방 몸에 붙어 있는 따개비에 긁혀 턱이나 지느러미에 깊은 상처가 나는 일이 흔하며 피부가 까져 피가 흐르는 것은 기본이고 등지느러미 연골이 부러지기도 한다.

경쟁하는 태평양혹등고래 무리를 사진으로 찍은 적이 있는 수중 사진작가 토니 우는 이 멋진 광경을 "가슴지느러미로 가차 없이 때리고 사방에는 거품이 일고 서로 몸과 꼬리를 세게 부딪치고 코로 물을 내뿜는 혼란의 도가니"라고 표현했다.[4] BBC 자연 역사 시리즈 〈라이프〉의 카메라맨 로저 문스는 통가혹등고래의 비슷한 모습을 촬영했는데, 현장 한가운데서 받은 느낌을 "마치 고속도로 중앙에 서 있는 것 같은 엄청난 기분"이라고 묘사했다.[5]

고래 짝짓기 전문가에 따르면 시끌벅적하고 간혹 폭력적으로 보여도 주도권을 쥔 암컷이 속도를 조절한다. 암컷은 자신이 원하는 대로 짝짓기를 허락할 수 있고 수컷에게 요구하거나 요청할 수 있다. 수컷은 달리기에 참여함으로써 자신의 의사를 밝힌다. 경쟁에 참여하지 않는 수컷은 짝짓기에 관심이 없다고 간주한다.

경쟁하는 고래 무리의 행동은 몇 시간 동안 힘겹게 지속되기도 한다. 그러다가 암컷이 상대를 골라 짝짓기를 시작하면서 순식간에 끝난다. 전 세계 곳곳에서 소란스러운 고래 무리가 관찰되지만 놀랍게도 고래가 실제로 교미하는 것을 본 과학자는 거의 없다. 이는 아마도 고래가 교미하는 데 30초밖에 걸리지 않기 때문일 것이다.

2010년에 한 사진작가가 태평양혹등고래 한 쌍이 교미하는 장면을 목격했다고 한다.[6] 통가 근방에서 소란스러운 고래 무리를 발견한 사진작가는 거대한 수컷 두 마리가 결투를 벌이는 동안 암컷은 더 작고 어린 수컷과 옆에서 조용히 짝짓기를 했다고 당시 상황을 전했다. 뉴스에서는 암컷의 짝짓기를 가리켜 "짧고 부드러운"이라고 표현했다.

어설픈 첫 구애

야생생물학자는 성적 미숙함을 단번에 알아차린다. 대개 행동이 과장되고 타이밍도 엉망진창이기 때문이다. 상대방을 유혹하는 기술이나 올라타는 행동이 어설프고 조준에 실패하기도 한다. 그런데도(혹은 어쩌면 그래서) 펭귄에서부터 말에 이르기까지 다양한 동물이 경험이 없는 암컷과 수컷의 성적 미숙함을 어느 정도 용인한다고 여러 동물 전문가는 설명한다.

나방처럼 보잘것없는 아주 작은 동물도 첫 경험을 한다. 나방의 성생활에 관해서 생각하는 사람은 많지 않을 것이다. 그러나 신기하게도 나방 역시 고래나 사람처럼 부족하고 미숙한 상태에서 처음으로 성관계를 한다. 이는 곤충학자 이력이 있는 도서관 사서가 미국 미네소타 주의 한 옥수수밭에서 진행한 흥미로운 연구 덕분에 알게 된 사실이다.

섀넌 패럴은 조명나방의 구애 행동을 연구 중이었다.[7] 성 경험이 없는 나방이 필요하여 252마리의 숫처녀와 숫총각 나방을 연구실에서 직접 키웠다. 그리고 성적 노출을 차단하기 위해 수컷과 암컷을 분리했다. 섀넌 패럴은 첫 경험을 할 때 나방이 어떻게 행동하는지 궁금했다. 특히 구애 행동에 일정한 패턴이 있어서 모든 나방이 똑같은 순서를 반복하는지 아니면 처음 하는 개체별로 행동이나 장식이 다른지 확인하고자 했다. 다른 여러 나방이나 나비, 곤충과 마찬가지로 조명나방도 예상외로 복잡한 행동을 거쳐 짝짓기 상대를 평가하고 욕구를 전달한다. 곤충학자는 이를 '부채질하기,' '빙빙 돌기,' '절하기,' '무릎 꿇기,' '껴안기' 등 다소 서정적으로 표현한다.

패럴의 연구는 농무부의 지원을 받아 진행되었는데, 구애 춤을 추는 나방의 별난 행동보다는 이 같은 행동을 멈추는 방법에 더 관심이 많았다. 조명나방은 유럽옥수수좀으로도 악명이 높으며, 매년 수백만 불에 달하는 피해를 준다. 농무부는 화학물질을 이용한 해충 방제 외에 다른 대안을 찾고자 했다. 나방의 번식을 억제해 피해가 퍼져나가는 것을 막기 위해 구애 행동을 멈추는 방법을 알아야 했으므로 패럴의 연구를 지원한 것이다.

패럴은 번식 경험이 있는 어른 나방은 성적 호감과 욕구를 매우 일관된 방식으로 표현한다는 것을 관찰했다. 정해져 있는 패턴에 따라 행동한 것이다. 이와 달리 초보 나방은 제멋대로였다. 초보 나방들은 구애 행동이 제각각 달랐다. 하지만 시간이 지나고 경험이 쌓이면서 어느 정도 행동이 일정해졌다. 첫 경험을 한 나방이 마밀라피나타파이(교감하고 싶은 욕구는 있지만 어떻게 시작해야 할지 모르는 감정)를 느꼈는지는 알 수 없다. 하지만 패럴의 연구는 나방의 첫 시도가 어설프고 실수투성이라는 점을 보여주었다. 암컷과 수컷 모두 서로의 신호를 잘못 이해하거나 아예 무시했다. 성 경험이 전혀 없는 나방에게 화음처럼 여러 층으로 구성된 구애 행동을 익히는 것은 매우 어려운 과제였다. 이는 성 경험이 없는 인간도 마찬가지다.

짝짓기 행동의 주체가 무지개송어든 아놀이든 흰머리독수리이든 인간이든 성관계는 거의 비슷한 패턴으로 이루어진다.[8] 다만 각 종과 개체마다 다른 점이 있다면 또는 각자의 아름다움과 독특함을 부여하는 요소가 있다면 그것은 성행위 자체가 아니라 욕구와 교감을 표현하는 독특한 행동이다.

지구상 모든 동물 종에게 첫 경험은 둘 중 하나다. 서투르거나 달콤할 수 있고 흥분되거나 부끄러울 수 있으며 은밀하거나 위협적일 수 있다. 물론 성관계가 일정한 패턴을 바탕으로 하는 행동이라고 해서 첫 경험의 무서움이나 흥분이나 즐거움이 줄어드는 것은 아니다. 첫 경험을 하는 순간 아이와 어른 사이의 경계선을 넘는 듯한 감정을 느끼는 사람도 있다. 성 경험은 부모와 자식 간의 관계를 떨어뜨려놓기도 한다.[9] 아무것도 달라진 게 없어도 마치 모든 게 바뀐 것처럼 느껴진다.

솔트가 바닷속에서 어떤 첫 경험을 했는지 정확히 알 수 없다. 마찬가지로 35년 후 솔트의 열네 번째 경험도 알 수 없다. 솔트가 가장 처음 접한 고래 무리의 소란스러움은 길었는지 아니면 짧았는지, 경쟁자가 여럿이었는지 아니면 한두 마리였는지, 수컷을 선택했는지 아니면 선택하지 않았는지는 모두 깊은 바닷속 미스터리로 남을 것이다.

평생 일부일처제를 지키는 동물이 있을까?

청소년기 동물의 여정이 시작되는 순간 개인마다 다른 특별한 경험이 펼쳐진다. 각자 성장 과정이 다르듯 청소년기 경험도 천차만별이다. 그리고 각기 다른 경험이 모여 개인적인 성적 특성이 형성된다. 경험을 토대로 두려움에 반응하는 내면의 갑옷이 다 다른 것처럼 말이다. 어떤 동물은 짝짓기가 끝난 후 숨을 고르며 애정 표현을 하거나 서로를 만지는 등 일정 기간 함께 머문다.[10] 남아메리카에서 서식하는 티티

원숭이는 짝짓기 후에 서로 꼬리를 엮어 교감한다.[11] 지속 기간이 짧든 한 계절이든 평생이든 이러한 행동을 가리켜 '암수의 짝 결속'이라고 부른다.

같은 한 쌍이 이러한 행동을 반복적으로 하는 것을 과학자들은 '일부일처제적 짝 결속 유지'라고 하는데, 장기적 관계의 때로는 흥미롭고 때로는 지겨운 정서적 노동을 매우 과학적이고 임상적으로 표현했다. 동물의 연애 그리고 일부일처제라고 하면 늘 등장하는 질문은 다음과 같다. 인간을 제외한 동물도 평생 짝을 이룰까?

서로에게 헌신하며 몇십 년 동안 지속되는 결혼은 인간 문화에서는 자주 볼 수 있지만 동물 세계에서는 흔한 일이 아니다. 금혼식과 같은 기념일을 축하하는 동물은 거의 없다. 고니와 매를 비롯한 몇몇 새들이 평생 한 마리 상대와 짝짓기를 하는 일부일처를 유지한다.[12] 또는 번식기 동안 짝을 유지하다가 해가 바뀌면 다른 짝을 찾는 동물도 있다. 그러나 대부분 동물의 짝짓기 형태는 일부일처제와 거리가 멀어 생물학자들이 문란하다고 할 정도다.

해마의 사촌 격인 실고기는 평생 한 마리와 짝짓기하는 것으로 유명하다.[13] 암수 실고기는 매일 의례적으로 아침 인사를 나눈다. 아침마다 암컷과 수컷이 같은 장소에서 만나 간단한 헤엄 동작을 하는데, 등을 구부리거나 수평으로 수영하기도 하고 수직으로 까닥거린다. 몇 분 동안 서로 인사를 나눈 두 마리는 각자 갈 길을 떠나 다음 날 아침에 다시 만난다. 실고기는 자신의 짝하고만 아침 인사를 나눈다. 번식 활동을 하지 않는 비산란기에도 아침 인사를 빼먹지 않는다. 주디스 구디너프에 따르면 "아침 인사의 목적은 오로지 산란기를 대비해 짝과의 유대감을 유지하는 데 있다."

친자 확인 유전자 검사로 밝혀진 바에 따르면 평생 한 상대와 관계를 하는 실고기와 달리 암컷 혹등고래는 다양한 상대와 짝짓기를 한다. 1979년 번식기가 끝난 후에 솔트와 짝은 아마도 각자의 길을 갔을 것이다. 솔트는 친족들과 함께 스텔웨건뱅크로 돌아갔다. 그리고 솔트의 상대는 자신의 무리와 함께 노르웨이나 캐나다, 그린란드 등 원래 여름을 보내는 곳으로 돌아갔을 것이다.

만약 나중에 두 고래가 다시 만난다면 결과는 또 짝짓기하거나 둘 사이에 불꽃이 더는 튀지 않거나 둘 중 하나일 것이다. 그러나 처음 두 고래가 느꼈던 화학반응과 서로 구애하며 얻은 경험은 앞으로의 짝짓기에 도움이 되는 중요한 자양분이 된다. 아주 오래전부터 지구상 모든 동물이 욕구와 불확실성에 잘 대처할 수 있게 길잡이 역할을 해온 구애는 수천 킬로미터 떨어진 두 고래를 한 쌍으로 만나게 해주었다.

이와 같은 놀라운 행동은 다른 여러 동물에서 관찰된다. 구애 행동을 완벽하게 숙지하려면 자신의 성적 취향을 정확히 이해하고 표현할 수 있어야 한다. 또 상대방의 관심을 가늠해야 한다. 그리고 무엇보다 서로 행동을 조화롭게 일치시키는 방법을 배워야 한다. 아직 나이가 어린 동물이 반복적인 연습을 통해 이러한 단계를 익힌다면 결국 짝짓기 상대와 서로 성적 관계를 맺자는 합의에 이를 수 있다. 동물 간의 합의를 인간 행동에 비유하자면 동의다.

14.

동의와 거절

미국 보스턴에 있는 신경생물학 연구실에서 후드 차림에 운동화를 신은 대학원생들이 컴퓨터 앞에서 키보드를 두드리거나 현미경 안을 들여다보고 있었다. 작업대 위에는 비디오 모니터가 달렸는데, 모니터마다 검은색 배경에 미세하게 깜빡거리는 하얀색 동그라미가 줄지어 그려져 있었다. 그런데 가까이 다가가서 보니 초파리가 기어 다니고 있었다. 우리는 뇌의 오래된 동기부여 체제를 연구하는 마이클 크릭모어와 드라가나 로굴랴를 방문 중이었다.[1] 두 부부 과학자의 끈끈한 연대감이 느껴지는 연구실에서 우리는 얼마 지나지 않아 초파리가 서로를 쫓아다니거나 빙빙 날아다니고 몸단장을 하는 모습을 볼 수 있었다. 로굴랴와 크릭모어는 우리에게 초파리의 행동 하나하나를 설명해주었다.

1000억 개에 달하는 인간의 신경세포와 비교할 때 신경세포가 10만 개 정도인 초파리의 뇌는 훨씬 작고 간단하며 동일한 충동을 자극하는 연구를 하는 데 인간과 다른 포유류의 신경 체계보다 수월하다. 이런 초파리를 이용해 로굴랴와 크릭모어는 여러 개의 신경 회로 중에 수면, 음식물 섭취, 공격성을 통제하는 체계를 연구하고 있다.

두 사람의 연구를 보면 수컷과 암컷이 어떻게 성적 논의를 통해 합의에 이르는지 이해하는 데 도움을 준다. 로굴랴와 크릭모어는 수컷 초파리의 "구애 통제 센터"를 발견했다. 약 20개의 신경세포로 이루어진 특별 집합체로 짝짓기 행동 통제를 전담한다. 흥미롭게도 이 20개의 신경세포는 초파리가 욕구를 행동에 옮기도록 유도하는 데 그치지 않는다. 구애 통제 센터는 '정지' 신호와 '계속' 신호 둘 다를 전달받고 통제한다. 뇌의 이 영역이 흥분과 억제의 밀고 당기기를 적절히 조절하며 수컷의 행동을 제어한다.

짝짓기 상대를 물색 중인 수컷 초파리가 있다고 가정해보자. 욕구는 있는데 눈앞에 있는 암컷이 자신에게 관심이 있는지 확신이 없다. 흥분과 억제 사이에 존재하는 갈등을 없애고자 하는 의지, 즉 욕구와 불확실성 사이에서 균형을 찾으려는 의지가 다음 행동을 결정한다. 수컷 초파리의 구애 행동은 암컷의 다리를 툭툭 치는 것으로 시작한다. 초파리 다리는 페로몬을 감지할 수 있는 아주 작은 수용기로 뒤덮여 있다. 페로몬이란 공기로 운반되는 냄새 분자를 말하며 같은 종의 동물 간에 정보를 화학적으로 전달한다. 수컷은 암컷의 다리를 툭 치면서 상대의 흥미를 가늠할 수 있는 화학적 힌트를 얻는다. 수컷과 비교하면 암컷의 신경 회로는 아직 본격적으로 연구되지 않았지만 미국

케이스웨스턴리저브대학의 연구진에 따르면 암컷은 수컷과 비슷한 19개의 신경세포로 이루어진 뇌 영역을 통해 수컷에게 성적 호기심을 느끼는지 아닌지를 결정한다.

암컷 초파리는 자신에게 호감을 보이는 수컷을 발견하면 구애 통제 센터를 통해 흥분과 억제 수준을 판단하고 비교한다. 구애의 의사소통은 양방향이다. 그러나 항상 짝짓기로 이어지는 것은 아니다. 잠재적 짝짓기 상대가 아직 성숙하지 않았거나 별로 내키지 않아 보일 때 혹은 너무 어리거나 너무 나이가 많아 보일 때 초파리는 더 강한 억제 신호를 주고받는다. 실제로 로굴랴와 크릭모어는 짝짓기 시도의 절반 이상인 56%가 이 단계에서 멈춘다는 것을 발견했다. 수컷이 암컷의 다리를 건드린 이후에 서로 "고마운데 사양할게"라고 말하는 셈이다. 반면 다리를 툭 친 이후 44%는 다음 단계, 즉 특유의 쫓기, 노래 부르기, 날개를 떨며 춤추기 등의 구애 행동을 한다.

보상 추구와 관련 있는 것으로 잘 알려진 뇌 화학물질 도파민이 이토록 복잡한 전 과정을 담당한다. 초파리에서부터 혹등고래와 인간에 이르기까지 다양한 동물에게서 분비되는 물질인 도파민은 자극을 유발하고 욕구를 제어한다. 만약 잠재적 짝짓기 상대도 자극을 받은 상태라면 도파민이 촉진한 흥분이 본격적인 활동을 시작한다. 도파민이 더 많이 분비될수록 초파리는 억제에 덜 민감해진다.

로굴랴와 크릭모어는 도파민이 구애 행동을 도와 실제 짝짓기를 성사시키는 매우 핵심적인 신경전달물질임을 확인했다. 몇몇 초파리는 구애를 시작했다가 중간에 포기해버리는데, 분석 결과 도파민 수치가 낮았다. 반면 도파민 수치가 높은 초파리는 구애 행동을 계속했다.

도파민의 힘과 작동 방법을 설명하기 위해 크릭모어는 신경생리학자 올리버 색스의《깨어남》에서 나오는 이야기를 들려주었다.[2] 빈에 망명 온 'B 할머니'는 긴장증 상태인 것처럼 보였다. 의식은 있었지만 몇십 년 동안 정서적 무관심이 심각해지면서 무반응 증상까지 나타났다. 색스는 도파민을 의심했다. 어쩌면 B 할머니의 몸이 도파민을 만들거나 처리하는 능력을 상실한 것일 수도 있다고 생각했다. 색스는 L-도파라는 도파민 생성에 중요한 역할을 하는 아미노산을 투여했다. 치료를 시작한 지 일주일 후 B 할머니가 반응을 보였다. 말을 많이 하기 시작했다. 색스에 따르면 "병에 가려져 전에는 전혀 볼 수 없었던 지능과 매력, 유머 감각을 보였다." B 할머니는 색스에게 L-도파를 투여받기 전에는 '비인간'처럼 느꼈다고 말했다. B 할머니는 색스에게 이렇게 말했다. "그 어떤 것도 신경 쓰지 않게 되었어요. 아무런 감정을 느낄 수 없었어요. 부모님의 죽음조차 슬프지 않았죠. 행복과 불행이 어떤 기분인지 잊어버렸습니다. 좋았는지 나빴는지 물어본다면, 둘 다 아니었어요. 아무것도 아니었어요."

크릭모어의 설명에 따르면 도파민은 동기를 유발한다.[3] 행동의 직접적인 원인이 되지는 않지만 외부 자극에 '예'인지 '아니오'인지 결정한다. 무엇보다 도파민은 한번 시작된 행동을 계속하게 한다. 크릭모어는 줄을 당겨서 시동을 거는 엔진 잔디 깎기의 연료인 휘발유에 도파민을 비유했다. 연료통에 기름이 충분하지 않으면 줄을 많이 잡아당겨야 엔진이 켜진다. 게다가 시동이 걸리더라도 오래 가지 않고 곧 멈추고 만다. 하지만 연료통에 기름이 가득 차 있으면 바로 시동이 걸리고 오랫동안 꺼지지 않는다. 도파민도 마찬가지다. 도파민은 행동을 간접적으로 유발하고 시작된 행동이 계속되도록 연료를 공급한다.

동기부여에서 도파민이 맡을 역할, 나아가 구애 행동에서 동기부여가 맡은 역할 중 핵심은 어떤 상황에서도 결정적이지 않다는 것이다. 도파민은 절대 반사적으로 작동하지 않는다. 도파민의 수치에 따라 행동이 과장되거나 완화될 수는 있지만, 도파민이 주도권을 잡고 반사적으로 행동을 제어하는 일은 없다. 크릭모어의 말을 빌리자면 초파리가 "작은 기계"가 되는 일은 절대 일어나지 않는다고 단언할 수 있다.

로굴랴와 크릭모어의 연구는 구애와 동의보다는 궁극적으로 부적절한 동기부여에 초점을 맞추고 있다. 예를 들어 중독에 대한 충동이 어떻게 욕구를 장악하는지 또는 억제가 어떻게 우울증으로 번지는지 등에 관심이 많았다. 하지만 연구 결과에서 발견한 2가지 흥미로운 점이 구애와 동의의 연결 고리를 이해하는 데 도움이 되었다. 먼저 초파리는 개인적 성욕과 잠재적 짝짓기 상대의 욕구를 모두 고려한 다음 구애 행동을 시작할지 말지를 결정했다.

성관계에 대한 초파리의 대화는 말 그대로 양방향이다.

본론을 잠시 멈추고 살펴볼 만큼 중요한 내용이다. 성관계에 대한 양방향 대화는 인간의 성적 동의를 구성하는 기본 요소다. 하지만 초파리의 행동에서 알 수 있듯이 성관계를 할지 말지를 결정하는 데 복잡하고 정교한 뇌 체계는 필요하지 않다.

다음으로 크릭모어의 설명처럼 초파리는 "반사적 기계"가 아니다. 크릭모어는 초파리가 놀라울 만큼 행동의 유연성을 보여준다고 말한다. 구애 행동이 시작된 이후에도 암수 중 한 마리가 원하지 않으면 중단하거나 변경할 수 있다.

물론 초파리의 성적 화학반응은 인간의 성적 화학반응과는 굉장히 다르다. 인간 고유의 복잡성과 섬세함 때문에 특별한 집중과 관심, 존중이 뒷받침되어야 한다.

인간과 동물의 구애 행동은 모두 역사가 오래되었다. 뇌 영역을 중심으로 작동하며 문화의 영향을 받아 형성된 것이다. 이는 곧 우리가 성적 접촉을 하는 모든 순간에 짝짓기 상대의 반응에 따라 행동하도록 준비가 되어 있다는 뜻이다. 그리고 성적 의사소통을 주고받는 방법에 대한 학습은 와일드후드 초기에 시작된다.

야생동물의 성적 의사소통

호감을 표시하고 상대방의 반응을 해석하는 생물학적 의사소통 체계는 거의 모든 성적 동물에게 있는 특성이다. 이 때문에 우리는 상대방에게 전달한 메시지가 무시당한 것인지 고민해야 한다. 동물은 구애를 생략하기도 할까? 좀더 직설적으로 말해 원치 않는 상대에게 성관계를 강요하기도 할까? 간단히 말해 대답은 그렇다이다.

동물의 성적 강요로 알려진 최초사례는 1910~1913년 스콧의 남극 탐험대에 참여했던 과학자 조지 머리 레빅이 목격한 장면이었다.[4] 조지 머리 레빅은 '폭력배' 수컷 펭귄들이 암컷 펭귄뿐만 아니라 어린 새끼에게도 성관계를 강요하는 끔찍한 장면을 목격했다. 레빅이 전한 충격적인 이야기는 당시 영국 과학 학술지에 싣기에 논란의 여지가 너무 많다고 판단될 정도였다.

이후 곤충류, 어류, 파충류, 조류, 해양 포유류, 영장류 등 다양한 동물들이 성관계를 강요하는 모습이 포착되었다. 이 책을 쓰기 위해 진행했던 초기 조사에는 과학 학술지의 체계적 문헌고찰도 포함되어 있었다. 이후 우리는 성관계를 강요한다고 묘사된 모든 동물 종을 목록으로 정리했다. 양, 칠면조, 물개, 모기물고기, 구피, 해달 등의 수컷들이 간혹 상대에게 성적 강요를 하는 것으로 나타났다.[5] 우리는 목록에 포함된 총 43개 동물 종의 계통수를 작성했다. 계통수란 선별한 동물 사이의 유전적 연결 고리를 보여주는 도식을 말한다. 그 결과 불편하지만 중요한 진실이 드러났다. 수컷이 암컷에게 강요하든 암컷이 수컷에게 강요하든 강압적인 성관계가 동물 세계 전반에 걸쳐 관찰되었다.

일부 생물학자는 인간의 성생활에 관한 통찰력을 얻고자 동물의 행동을 살펴보는 것이 적합하지 않다고 생각한다. 진화적·비교적 관점에서 보면 인간의 성적 행동을 이해하려는 초기 연구에는 일부 오류가 있기도 했고 성차별적인 가정과 발견 때문에 의미가 퇴색되기도 했다. 성관계를 강요하는 야생동물의 행동을 '자연스러운' 것으로 잘못 해석해 인간의 성폭행을 정당화하거나 핑곗거리를 제공한다는 우려의 목소리도 있었다. 동일한 종의 동물들이 다양한 이유로 또 다양한 방법으로 서로를 죽인다고 해서 인간의 살인이 용인되지는 않는다. 하지만 우리의 연구는 동물 세계에서 성관계가 얼마나 암컷과 수컷의 대화, 즉 구애의 양방향 의사소통으로 좌우되는지를 보여준다.

동물의 성적 행동을 주제로 하는 연구 결과를 보면 대부분의 성적 활동이 비강압적임을 알 수 있다. '예' 또는 '아니오' 또는 '잘 모르겠음'이라는 신호는 인식될 뿐만 아니라 대개 정확하게 이해되며 동물의 행동을 관찰한 결과를 토대로 주장컨대 '존중'된다. 성적 의사가 없는 암말은 종마가 다가오면 귀를 납작하게 만들고 쉼 없이 자세를 바꾼다. 암말은 또한 종마에게 덤비거나 물려고 하며 발로 차기도 한다. 종마 대부분은 관심 없음을 나타내는 이런 명확한 신호를 보고 뒤로 물러난다. 고양이나 개를 비롯한 다른 포유류 수컷도 암컷의 거부 표시에 비슷한 반응을 보인다. 심지어 파충류의 수컷도 암컷의 교미에 대한 수용성을 힌트 삼아 의사를 확인한다. 수컷 아마존붉은목거북은 성관계 의사를 밝히기 위해 콧구멍을 잠재적 짝짓기 상대에게 가져다 대고 깨문다.[6] 암컷 거북은 관심이 없으면 헤엄쳐 자리를 피한다. 하지만 암컷 역시 성관계를 원하면 수컷이 자신의 몸 위에 올라오도록 허락한다. 한 연구에 따르면 86%의 암컷이 성관계를 위해 접근하는 수컷을 거절했다. 그리고 놀랍게도 거절당한 수컷 중 오직 4%만 계속해서 성관계를 시도했다. 연구는 '싫어'라고 하는 암컷의 거절 표시가 대개 존중된다고 결론 내렸다.

동물에 따라 더 강압적으로 성적 활동을 하는 것으로 나타났다. 인도태평양엽낭게를 관찰한 결과 구애 행동을 아예 하지 않았으며 암컷은 모든 성관계를 거부하는 듯 보였다.[7] 암컷 붉은점영원은 다가오는 수컷의 코를 찔러 짝짓기 의사를 밝힐 수 있지만 '아니오'를 표시하는 방법은 따로 없어 보인다. 수컷은 암컷이 자리를 피해도 강제로 성관계를 한다. 어쩌면 엽낭게와 영원의 성적 의사소통이 우리 눈에는 안 보이는 것일 수도 있다. 그러나 제한된 인간의 관점에서 보았을 때 일부 동물 종에서는 성적 강요가 흔하게 일어난다.

폭력, 괴롭힘, 협박

최근까지 우리는 인간의 경우 신체적 구속이나 폭력이 있을 때만 강압적인 성관계라고 여겨왔다. 그러나 물리적 폭력 없이도 상대방이 원치 않는 행동을 강요할 수 있다는 인식이 높아지고 있다. 자연에서 일어나는 여러 형태의 강요된 성관계를 이해하려는 동물 전문가들 역시 반드시 눈에 보이는 폭력이 가해져야만 강압적인 것은 아니라는 사실에 초점을 맞추고 있다. 팀 클러턴 브록은 1995년 발표한 논문에서 동물의 성적 강요를 3가지 형태로 구분했다.[8] 첫 번째 형태는 물리적 힘을 쓰는 방식이다. 두 번째는 멈추지 않는 파멸적 괴롭힘을 멈추기 위해 피해자가 성관계를 제안하는 방식이다. 마지막으로 세 번째 형태는 실제로 물리적인 힘을 가하지는 않지만 폭력을 행사하겠다는 협박을 통해 성관계를 강요하는 방식이다.

동물은 성적 경험에 대한 자신의 감정을 말로 표현하지 못한다. 그러나 물리적 폭력이 가해진다면 이는 명백한 강압이다. 예컨대 수컷 남극물개가 킹펭귄을 깔고 앉아 힘으로 제압한 다음 강제로 교미하거나 수컷 해달이 어린 점박이바다표범을 강간한다면 이는 의심할 여지가 없이 강제에 의한 성적 경험이다.[9] 특히 점박이바다표범은 수컷 해달의 잔인한 행동으로 내부 기관에 구멍이 생겨 목숨을 잃는 일이 허다하다. 이렇듯 다른 동물 종 사이에 일어나는 강제 교미는 대개 괴롭힘이 수반되므로 강압에 의한 관계임이 명확하다. 하지만 같은 종끼리 이러한 상황이 발생해도 인간 전문가는 강압에 의한 교미와 그렇지 않은 교미를 구분할 수 있다. 주로 남반구에서 서식하는 바하마고방오리의 암컷은 교미를 원할 때와 원치 않을 때가 있다. 암컷은 쪼그리고 앉아 몸 앞면을 땅으로 밀어 짝짓기 의사를 표시한다.[10] 그런데 종종 수풀 사이에 숨어 있던 수컷이 짝짓기를 원치 않는 암컷을 잡아 강제로 교미를 한다. 암컷이 도망가면 뒤쫓아가기도 한다. 2005년 캐나다에서 연구한 바에 따르면 "바하마고방오리의 강제 교미는 정상 교미와 쉽게 구분할 수 있다. 강제 교미에서는 구애 행동을 관찰할 수 없고 반항하는 암컷을 수컷이 꽉 움켜잡거나 힘을 써서 올라탄다. 또 반항하지 않는 암컷이 짝짓기 전에 보이는 일반적인 행동인 엎드린 자세도 관찰할 수 없다."[11] 물리적 폭력을 바탕으로 한 강제 교미에 대한 묘사가 다양한 종에 걸쳐 동일하다는 점이 매우 놀랍다. 하지만 모든 강압이 노골적으로 이루어지는 것은 아니다.

물리적 폭력이 관찰되지 않기 때문에 강제가 아닌 듯 보이는 두 동물의 성관계도 만약 암컷이 괴롭힘에 의해 어쩔 수 없이 굴복한 것이라면 덜 직접적이지만 여전히 강제 성행위다. 몇몇 수컷은 교미를 원치 않는 암컷을 끈질기게 괴롭히는데, 먹이를 구하거나 먹지 못하게 방해한다.[12] 이런 행동은 돌고래, 양, 메추라기, 은연어 등에서 모두 관찰되었다. 성적으로 괴롭힘을 당하는 코끼리바다물범이나 수컷 다마사슴, 암컷 쐐기풀나비는 다시 평범한 일상으로 돌아가기 위해 어쩔 수 없이 교미에 동의한다.[13] 잘 모르는 관찰자의 눈에는 신체적 압박이나 반항의 흔적이 없으므로 강제 교미로 보이지 않을 수도 있다. 특히 몇 시간이나 며칠 전부터 괴롭힘이나 폭력을 쓰겠다고 협박하는 경우라면 더욱 알아볼 수 없을 것이다.

진화생물학자 리처드 랭엄과 인류학자 마틴 멀러는 우간다 키발레국립공원에서 서식하는 침팬지의 강제 교미를 연구했다.[14] 랭엄과 멀러는 가임기 암컷이 때때로 수컷에게 접근해 교미를 시도하는 것을 관찰했다. 그런데 아무 수컷에게나 다가간 게 아니었다. 두 사람이 관찰한 암컷은 예전에 자신에게 폭력을 행사한 적이 있는 수컷에게 접근했다.

당시 통념은 가임기 암컷 침팬지가 선호하는 수컷을 고른다는 것이었다. 하지만 랭엄과 멀러가 관찰한 암컷은 자발적으로가 아니라 어쩔 수 없이 수컷에게 접근했다. 이 암컷들은 수컷의 폭력이 무서워 먼저 수컷에게 다가갔다. 수컷은 며칠 전이나 몇 주 전부터 공격적이고 폭력적으로 암컷을 괴롭히고 위협했다. 이러한 괴롭힘은 가임기에 교미할 때 암컷이 저항하지 못하게 할뿐더러 먼저 시도하게 하기 위해서다. 이는 신체적 구속 없이도 강제 교미가 가능하다는 증거다.

교미를 위해 위협을 사용하는 행위는 사육된 고릴라에서도 관찰되었다.[15] 암컷 고릴라는 무리에서 특히 공격적인 수컷에 스스로 성적인 자세를 취했다. 수컷에게 공격당할 가능성을 줄이기 위해서였다. 인간 외 동물의 비폭력적 강제 성교에 관한 연구는 인간 사이에서 일어나는 강요와 동의를 이해하는 데 매우 유효하며 간과해왔던 부분을 분명히 해준다.

인간 역시 합의된 성관계처럼 보이지만 실제로는 그렇지 않은 경우가 있다. 2017년 전 세계를 휩쓴 미투운동은 다양한 분야에서 행해지고 있는 성적 협박과 권력 남용을 고발했다.[16] 앞서 살펴본 수컷 침팬지와 고릴라처럼 남성 상사는 힘을 악용해 감히 거부할 생각조차 못 하는 여성을 괴롭히고 강제적으로 성관계를 했다. 물리적 힘과 재정적 압박, 망신 주기 등 다양한 위협을 통해 성관계라는 목적을 달성하는 일이 빈번하게 발생하고 있다. 가정 폭력으로 집안 분위기를 험악하게 만들겠다는 위협에서부터 가족의 생계가 달린 직장에서의 협박에 이르기까지 권력 남용과 공포는 인간의 강제 성관계를 가능하게 하는 요소다.

협박과 공포는 강압을 위한 무기처럼 쓰인다. 피해자에게 다른 선택이 없기 때문이다. 협박을 당하는 사람은 이러지도 저러지도 못한다. 10대들이 행하는 강제 성관계의 가장 흔한 형태 역시 놀랍게도 비슷한 전략을 기반으로 한다. 움직이거나 도망가지 못하는 피해자를 고르는 것이다. 성범죄자를 포함한 모든 종류의 약탈자는 신체적으로 위태로운 목표물을 고른다. 술이나 마약에 취하면 저항할 수 없는데, 데이트 강간 시 약물을 사용하기도 한다. 술이나 마약에 취한 10대는 손쉬운 먹잇감이다. 따라서 약탈자에 무지한 10대에게 성 안전 교육을 할 때 술과 약물에 관한 교육은 필수다.

구애 행동의 핵심, 대화

고립되어 자란 동물은 청소년기에 적절한 훈련을 받거나 구애 행동을 학습하지 못해 성관계에도 무지하다. 예컨대 홀로 성장한 청소년기 기니피그는 사회성 연습을 해본 기니피그보다 교미할 때 더 강압적인 태도를 보였으며 성공률도 낮았다.[17] 놀이 상대 없이 자란 쥐는 성적 능력을 갖추지 못한 채 어른으로 성장한다.[18] 청소년기 아메리카밍크가 어른이 되었을 때 성적 행동을 하려면 수컷과 암컷 모두 또래와 마구잡이로 노는 과정이 있어야 한다는 연구 결과도 있다.[19] 밍크의 행동을 관찰한 과학자 제이미 알로이 달레어에 따르면 "함께 뒤엉켜서 노는 것을 가리켜 '싸움 놀이'라고 흔히 말하는데, 일부 동물 종은 '짝짓기 놀이'라고 보는 게 더 적합하다."

롤 모델이나 함께 놀 친구가 없는 환경에서 자라면 성욕이 저하될 수 있다. 코넬대학 행동학자 캐서린 하우트는 동물 행동 관련 교과서에서 "사회적 교류의 완전한 결핍, 즉 젖을 떼고 성인기에 이를 때까지 고립된 환경에서 성장하면 성적 행동은 억제된다"라고 밝혔다.[20] 혼자서 자란 멧돼지는 성욕이 낮고 교미에 큰 관심을 보이지 않는다. 다른 개와의 접촉 없이 자란 개의 경우 성욕은 정상 수준이지만 또래 강아지와 놀면서 올라타는 연습을 할 기회가 없었던 탓에 제대로 된 교미 자세를 하지 못한다.

남성의 성생활을 포함해 전반적인 건강 상태를 살펴보는 연구는 활발하게 진행된 데 반해 여성 중심의 연구는 여전히 뒤처져 있다. 여성의 사회화 효과도 "본격적으로 연구되지 않았다"라고 하우트는 설명한다. 이러한 어려움이 있었지만 하우트는 사회화가 덜 된 암컷 고양이가 수컷을 거절할 수 있다는 것을 입증했다.

청소년기에 다양한 사회적 경험에 노출되면 수용과 비수용 신호를 배우는 데 도움이 된다. 매우 명확하고 단도직입적인 의사 표시도 있지만 일부 구애 행동은 감지하기 어려울 정도로 미묘해서 사회 공동체에 참여하지 않으면 완전히 이해할 수 없다.

동물의 성적 의사소통에서 인간의 성생활과 관련해 통찰을 얻을 수 있다. 구애 행동의 핵심은 서로 표현과 평가, 응답을 주고받는 것이다. 그리고 와일드후드에 구애 행동 학습이 강화된다. 인간을 비롯한 성적 동물은 청소년기만큼 뛰어난 유연성과 열린 마음 그리고 욕구에 대한 의사소통을 배우겠다는 강한 의지가 모두 뒷받침되는 시기를 찾기 힘들다. 인간과 동물의 구애 행동은 성행위를 주제로 하는 대화라고 볼 수 있다. 대화를 통해 성관계를 할 것인지 말 것인지를 결정한다. 사실 교미를 한 동물이 둘 다 만족한 상태에서 성적 대화를 끝내는 경우는 흔치 않다. 이는 인간도 마찬가지다. 만약 대화 자체가 없었다면, 즉 구애를 위한 성적 대화가 아예 이루어지지 않았다면 성관계를 하는 두 개체 중 한쪽은 원치 않는 상황임을 뜻한다. 다시 말해 구애의 양방향 대화가 선행되지 않는 성관계는 강압적인 것이다.

동물에서 관찰된 3가지 성적 강요는 인간에게도 적용된다. 여성과 남성은 물리적인 힘과 괴롭힘, 협박에 의해 성관계를 강요받는다. 동물의 성생활과 구애 행동에 관한 연구가 성적 강제라는 인간의 심각한 문제에 당장의 해법을 제시하는 것은 아니지만 와일드후드에 성적 의사소통을 학습하는 것이 얼마나 중요한지 보여준다.

훅업 문화에 대한 오해

성에 관심이 폭발하기 시작한 청소년은 성관계에 새로울 것이 없다고 생각할 수 있다. (상대방을 제외한) 모두가 다 아는 것이라고 말이다. 동시에 10대는 성관계가 '짐승처럼' 본능적이고 선천적이며 잘은 모르지만 저절로 일어나는 일이라고 이해할 수도 있다. 그러나 조명나방 연구에서 본 바와 같이 지구상의 모든 성적 초보자는 첫 경험 때 자신이 무엇을 해야 하는지 모른다. 인간은 술과 미숙함, 잘해야 한다는 압박감이 더해지는 데다 아직 상대방의 동의 표시를 제대로 이해하지 못해 성관계가 더욱 복잡해진다.

21세기에 이러한 과정을 더욱 복잡하게 만드는 요소 중 하나가 바로 훅업hookup 문화다.[21] 미국심리학회는 훅업을 가리켜 "서로 사랑하는 사이 또는 연애 중이 아닌 상대와 하는 가벼운 성관계"라고 정의한다. 2013년 킨지연구소와 뉴욕주립대학 빙엄턴캠퍼스의 연구진이 훅업 문화에 관한 학술적 연구를 진행했는데, 젊은이들 사이의 가벼운 성관계에 대해 더 개방적이고 허용하는 방향으로 연애 문화가 바뀌고 있다고 나타났다.

연구진은 인터뷰에서 "청년 문화는 성관계를 가볍게 생각하는데, 진지한 관계보다 경험을 강조한다"라고 설명했다.[22] 연구진은 바뀐 문화를 인정하며 잠재적 성관계 상대와 대화를 계속해야 한다고 조언했다. "두 사람이 동의한 성관계를 비난하는 것도 묵인하는 것도 아니다. 그러나 이제 막 어른이 된 청년이 성관계를 시도하는 과정에서 자신뿐만 아니라 상대방의 의도와 욕구, 책임능력을 정확히 파악하고 솔직하게 이야기해야 한다고 생각한다." 연구진은 또한 이러한 변화가 청소년과 청년의 건강에 정신적으로나 정서적으로 미치는 영향을 유추하는 대신 알아야 할 점이 있다고 덧붙였다. "훅업이 사회적으로 점점 용인되는 분위기이지만 공개적으로 알려진 것만큼 가벼운 관계가 아닐 수도 있다"라는 것이다.[23]

사회학자 리사 웨이드는 대학 캠퍼스에서 "훅업 문화를 어디에서나 찾아볼 수 있다"라고 한다.[24] 리사 웨이드는 《아메리칸 훅업American Hookup》에서 훅업 문화는 "거스를 수 없는 힘이며 강제로 비집고 들어와 어디에나 존재한다. 단순히 행위가 아니라 이제는 대학 특유의 풍토로 잡았다"라고 썼다.

훅업 문화는 피할 수 없는 현실이다. 그러나 웨이드는 실제 훅업 행동 자체는 훅업 문화의 유명세에 비해 빈번하지 않다고 한다. 웨이드는 대학생이 잦은 성관계를 한다는 것은 근거 없는 이야기라고 주장한다. "대학생들은 또래의 성관계 횟수가 1년에 50회 정도라고 추측했다. 이는 실제 수치보다 25배 높다." 또한 웨이드는 대학생이 훅업 행위 자체를 자발적으로 거부할 수는 있지만 훅업 문화는 자발적으로 거부할 수 없다고 한다.

리처드 와이스보드도 이에 동의한다.[25] 와이스보드는 실제 훅업 행동이 흔치 않은 것과는 달리 우리 사회에 만연해 있다는 잘못된 인식이 있다고 설명한다. 미국심리학회의 연구 결과와 대학 캠퍼스 학생들의 응답 결과가 이러한 모순을 뒷받침한다. 와이스보드는 청년은 가장 원하는 것이 연애 감정이라고 믿는다. 타인과의 교류에 대한 욕구와 필요성을 느낀다.

훅업 행동을 하는 두 사람 간의 의사소통은 혹등고래의 소란스러운 무리나 초파리의 춤보다도 간단하다. 훅업의 핵심은 둘 다 원해서 하는 행동이라는 것이다. 결국 급하게 마무리되는 기계적인 과정으로 전락한다고 해도 당사자 모두 의사를 표시하고 해석하고 허락하는 단계가 선행되어야만 한다. 그렇지 않다면 훅업이 아니라 강제 행위다. 웨이드에 따르면 "예상외로 엄격한 한도가 존재한다. 즉흥적이지만 짜인 대본처럼 진행된다. 정리하자면 사회적 공학의 결과물이다."

최근 들어 잠재적 성관계 상대가 원하는 것을 정확하게 파악하지 못하는 이유를 둘러싼 열띤 논쟁이 벌어지고 있다. 이러한 혼란의 원인으로 미성숙, 성 기능적 부담감, 앞 세대로부터 전해져 내려오는 정보의 부재 등을 들 수 있다. 하지만 그중에서도 동의를 주고받는 의사소통을 모호하게 만드는 주범은 바로 취한 상태다. 연구자들에 따르면 술이나 약물 사용 시 훅업과 관련된 신체적·정서적 위험이 급격히 커진다. 어쩌면 술이나 약물에 취할 걱정이 없는 야생동물이 운이 좋은 편인지도 모른다.[26]

훅업 행동의 어디까지가 진실이고 어디까지가 허구인지는 아직 정확히 밝혀지지 않았다. 하지만 훅업 문화가 수많은 청년에게 기대에 부응해야 한다는 불안감을 안겨주는 동시에 청소년기 젊은이가 성에 집착하고 무분별한 성관계를 즐긴다는 잘못된 인식을 심어주고 있다는 것은 분명하다. 선정적이고 사실과 거리가 멀며 어쩌면 에피비포비아라고도 볼 수 있는 훅업 문화에 대한 오해는 인간과 동물의 성생활에 미묘하지만 강력한 영향을 미치는 사회 행동적 요소(화학반응, 구애 행동, 연애 감정)를 고려하지 않은 탓이다.

야생동물에게서 배우는 교훈

2018년까지 솔트는 35년에 걸쳐 적어도 열네 번의 번식기 동안 수컷 혹등고래의 갈망의 대상이 되어왔다. 어쩌면 그보다 더 길 수도 있다. 솔트는 먼저 자신의 마음에 들고 자신에게 호감을 보이는 수컷을 찾아 소란스러운 고래 무리와 한바탕 헤엄친 후 사람의 눈길이 닿지 않는 카리브해 어디에선가 짝짓기를 한다. 아마 솔트의 모든 짝짓기가 이 같은 순서로 진행되었다고 봐도 무방할 것이다.

쉰 살쯤 된 솔트가 숨을 쉬기 위해 수면 위로 올라올 때면 독특한 흰색 무늬 때문에 금방 알아볼 수 있다. 이제 솔트는 멀리서 수컷 혹등고래의 합창 소리가 들려오면 자신이 어떤 목소리에 끌리는지 정확히 알고 있다. 또 수컷과 함께 있을 때 호감을 표시하는 방법과 수컷의 신호에 반응하는 방법도 완벽하게 숙지했다. 성숙한 암컷이 된 솔트의 성생활이 1970년대 이제 막 성년으로 접었을 때와는 어떻게 다른지 우리는 알 길이 없다. 첫 경험에서 어떤 실수와 시행착오를 겪었는지, 어떤 기준으로 첫 상대를 골랐는지, 가장 만족스러웠던 경험은 있었는지(혹등고래의 번식과 관련된 연구 결과에 따르면 수컷과 암컷 모두 짝짓기 과정을 즐긴다고 한다), 매번 자발적으로 짝짓기에 나섰는지 등에 관해서도 영영 대답을 들을 수 없을 것이다.

앞서 살펴본 것처럼 동물의 왕국에서 구애 행동은 의사소통의 한 형태다. 일종의 언어이지만 말에 국한되지 않는다. 동물의 구애 행동은 이해와 경험을 바탕으로 하는 의사소통이다. 각자 하고 싶은 말만 독백하듯 쏟아내는 것이 아니라 상대방이 전달하는 정보를 이해하고 그에 따라 대응하는 것이 성공적인 의사소통이다.

위대한 사랑 이야기는 대개 성관계에 초점을 맞추지 않는다. 아예 성적 내용이 나오지 않는 이야기도 있다. 흥분과 동기부여, 엇갈린 신호, 마침내 서로의 마음을 확인하기까지 밀고 당기는 가슴앓이 등이 위대한 사랑 이야기의 줄거리다. 사랑 이야기에 등장하는 문제는 모두 잘못된 의사소통에서 비롯된다.

솔트가 대서양에서 벌이는 사랑의 대장정과 나방, 초파리, 밍크, 포사 등 짝을 찾고 교감하는 지구상의 모든 동물을 보며 우리가 얻을 수 있는 교훈은 다음과 같다.

첫째, 성관계를 늦추는 것이 이득일 때도 있다. 전 세계 수많은 동물이 신체적 발달이 끝난 이후에도 어느 정도 시간이 지나야 사회적으로 짝짓기를 할 준비가 된다.

둘째, 늦춰진 시간 동안 구애 행동을 배우고 연습할 수 있다. 욕구의 신호를 보내고 또 상대방의 신호를 파악하는 방법과 서로 다음 행동을 결정하는 방법 등을 배워야 한다. 자발적이고 솔직하며 상대방도 호응하는 의사소통을 바탕으로 화학반응이 일어난다.

셋째, 동물마다 상대방을 선호하는 기준이 다르며 행동의 유연성은 성생활과 성관계의 일부라는 점을 기억하자. 초파리도 작은 기계가 아니다.

넷째, 지금 이 순간에도 지구 어디에선가 서로를 탐색 중인 동물 청소년이나 청년이 있을 것이다. 이들은 아주 오래전에 멀고 먼 얼어붙은 바닷가에서 살던 사람들이 말했던 마밀라피나타파이, 즉 서로 교감하려는 욕구를 느끼며 흥분한 채로 어떻게 시작하면 좋을지 고민 중일 것이다.

4부 자립

와일드후드를 보내고 있는 몇몇 동물에게 둥지를 떠난다는 것은 곧 어른으로서의 삶이 시작되었음을 의미한다. 이와 달리 태어난 영역에 머물면서 새로운 역할이나 책임을 맡는 동물도 있다. 어느 쪽이든 청소년기 동물은 이제 자신과 누군가를 부양할 수 있다는 확신이 생긴다.

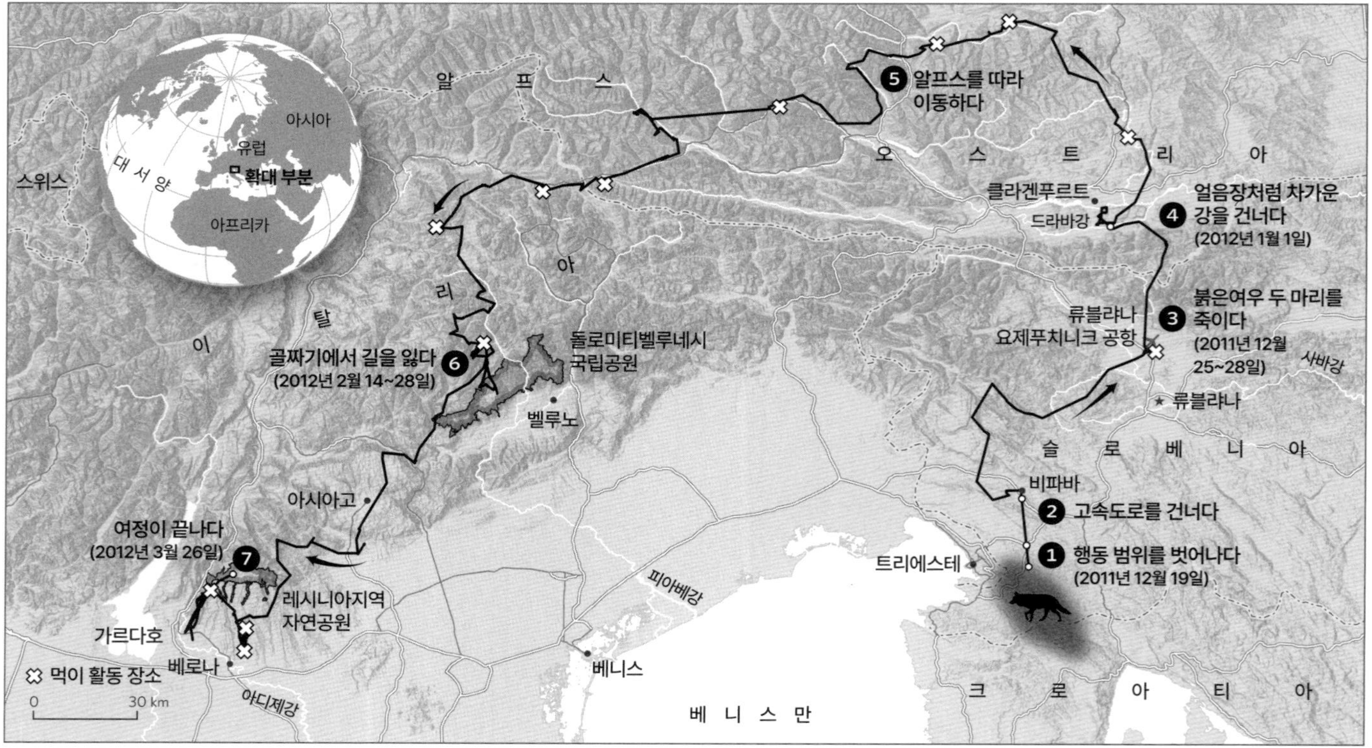

1 행동 범위를 벗어나다 (2011년 12월 19일)
2 고속도로를 건너다
3 붉은여우 두 마리를 죽이다 (2011년 12월 25~28일)
4 얼음장처럼 차가운 강을 건너다 (2012년 1월 1일)
5 알프스를 따라 이동하다
6 골짜기에서 길을 잃다 (2012년 2월 14~28일)
7 여정이 끝나다 (2012년 3월 26일)
아시아
유럽
확대 부분
대서양
아프리카
스위스
알프스
오스트리아
이탈리아
슬로베니아
크로아티아
클라겐푸르트
드라바강
류블랴나 요제푸치니크 공항
사바강
류블랴나
비파바
트리에스테
돌로미티벨루네시 국립공원
벨루노
아시아고
레시니아지역 자연공원
가르다호
베로나
아디제강
피아베강
베니스
베니스 만
먹이 활동 장소
0 30 km

슬라브츠의 홀로서기

15.

홀로서기 학습

2011년 12월 19일 이탈리아 트리에스테 외곽에 있는 슬로베니아 숲 속에서 어린 늑대 슬라브츠가 눈을 떴을 때 사방은 온통 어둠으로 가득했다. 그해 겨울밤은 유독 추웠다. 아직 해가 뜨려면 두어 시간은 기다려야 했다. 그날 아침, 슬라브츠는 떠나기로 했다. 이탈리아 알프스가 있는 북쪽으로 방향을 잡은 다음 집을 떠났다.

몇 달이 흐른 후 9700km 떨어진 미국 로스앤젤레스 근방 협곡에서 퓨마 한 마리가 동이 트기도 전에 일어났다. 퓨마는 작은 협곡을 따라 줄지어 선 저택에서 아직 자는 사람들에게 들키지 않게 메마른 개울 바닥을 따라 살금살금 내려갔다.

청소년기 늑대와 퓨마 둘 다 얼마 전까지 가족과 함께 생활했다. 더는 어린 새끼가 아닌 두 청소년기 동물은 집을 떠나기 몇 주 전부터 그동안 새끼 시절을 보냈던 장소로부터 멀리 벗어나기 시작했다. 신체적 성장은 끝났지만 아직 경험이 부족한 늑대와 퓨마는 각자 혼자 힘으로 험난한 세상을 헤쳐 나가야 했다.

늑대와 퓨마의 상반된 경험을 통해 우리는 이 시기가 인생에서 얼마나 중요한지를 알아볼 예정이다. 물론 두 동물 모두 이른 아침에 하는 이 홀로서기가 수백만 년 전부터 이어져 내려온 강력한 유산의 영향이라는 사실을 알 리 없었다. 늑대와 퓨마는 지구 곳곳에서 오래전부터 관찰되어온 너무나도 위험한 성장 단계에 들어선 것이자 동시에 수많은 청소년기 동물처럼 독립으로 떠밀리게 된 것이다. 이렇게 동물들이 접어드는 성장 단계나 시기와 더불어 독립으로 떠밀리는 현상을 '분산dispersal'이라고 한다.[1]

야생의 성장 소설

만약 청소년기 동물의 성장 소설을 쓰려고 한다면 분산을 큰 줄거리로 잡고 싶을지도 모르겠다. 분산은 시나리오 작가가 '도발 사건'라고 부르는 것에 해당한다. 어떤 행동을 촉발하는 것이다. 주인공이 떠날 여정의 전반적인 틀을 형성하는 것이 바로 분산이다. 종종 '둥지를 떠나다' 또는 '홀로서기'로 표현되는 분산은 주인공이 두려움을 마주하고 우정을 쌓고 또 사랑도 찾게 한다. 주인공은 집을 떠나 자신의 꿈을 좇는다. 스스로 운명을 시험하는 과정에서 자신의 진짜 모습을 찾는다. 이야기의 플롯상 분산만큼 완벽한 소재는 찾기 힘들다. 청소년과 청년에게 고립과 갈등이라는 시련을 준 다음 서서히 다음 성장 단계인 성인기로 이끈다.

분산 행동은 경이로울 만큼 복잡하지만 한마디로 분리되는 과정이며, 청년이 자립해서 살아가기 시작하는 순간을 말한다. 분산에 나선 청소년기 동물은 먼저 자신의 안전을 지키고 사회적으로 교류하고 먹이를 구하는 책임 전부나 일부를 도맡는다. 태어난 곳에서 서서히 멀리까지 움직이기 시작하는데, 점점 더 집에 있는 시간이 줄어들다가 영원히 집을 떠난다. 하지만 모든 동물이 분산과 함께 집을 영영 떠나는 것은 아니다. 아예 집을 떠나지 않는 동물도 있다.

현대 사회를 살아가는 전 세계 수많은 청소년과 청년은 다양한 방식으로 분산한다.[2] 직장을 구하거나 수습생이 되기도 하고 학교에 진학하기도 하고 군대나 다른 봉사 단체의 일원이 되기도 한다. 또 결혼이 분산의 순간이 되기도 한다. 재정적 자립이나 심지어 안정성만으로도 여러 청소년은 '진짜' 어른이 되었다는 기분을 느낀다. 이와 달리 어떤 청소년에게 분산은 곧 거리 생활을 뜻하기도 한다.

인간 사회에서 관찰되는 청소년의 다양한 분산 패턴은 야생에서 난생처음 보금자리를 떠나는 청소년기 동물의 여러 방식과 닮았다. 한 가지 극단적인 예로 호주주머니여우를 들 수 있다.[3] 어느 날 저녁 갑자기 자리에서 일어난 주머니여우는 태어난 굴에서 곧장 단호하게 걸어서 나간다. 그런가 하면 과장된 구걸이 인상적인 곤줄박이도 있다.[4] 이 명금류는 도무지 둥지를 떠날 생각을 하지 않아 결국 부모 새가 둥지에서 내보내기 위해 먹이 공급을 멈춘다.

세계 문학의 전통에서 대개 영웅의 길을 떠나는 주인공은 남성이다.[5] 하지만 자연 세계에서는 암수가 훨씬 평등한 편이다. 야생말과 얼룩말은 암컷이 태어난 가족을 떠나 새로운 무리에 합류한다. 인간과 가까운 영장류 보노보를 비롯해 개코원숭이와 열대박쥐도 마찬가지다. 고향을 떠나 자신의 운명을 시험하는 주인공은 암컷이다.[6] 펭귄, 고래, 미어캣, 상어, 인간 등의 청소년기 동물은 성별과 관계없이 용맹스러운 모험에 나선다. 홀로 떠나는 동물도 있고 무리 지어 헤엄치거나 날거나 달리거나 깡충거리며 세상을 탐험하는 동물도 있다. 이들은 종종 몇 년간 여정을 지속하다가 한곳에 정착해 성년의 삶을 살아가기 시작한다.

생물학자는 분산 충동이 같은 가족 구성원 간의 교잡을 방지하는 등 다양한 생물학적 이익을 가져온다고 믿는다.[7] 하지만 홀로서기에는 단점도 따른다. 첫 분산 시도는 동물의 삶에서 가장 위험한 순간이다. 난생처음 사우스조지아섬를 떠나는 어린 펭귄 우르술라의 이야기로 돌아가보자. 우르술라와 또래 펭귄은 생물학적으로 둥지를 떠날 준비를 마친 상태였다. 하지만 레오파드바다표범이라는 치명적인 장애물을 넘지 못하면 성공적인 홀로서기는 물거품이 되고 만다. 어린 동물들은 분산하며 흔히 위험을 마주하게 되고 대다수가 살아남지 못한다.

늑대 슬라브츠는 갑작스럽게 집을 떠났다.[8] 생후 16개월 된 청소년기 늑대의 목에 무선 송신기를 달고 슬라브츠라는 이름도 지어준 슬로베니아 출신 과학자 후베르트 포토치니크는 슬라브츠의 행동이 누가 봐도 명확한 분산이었다고 말한다. 포토치니크에 따르면 슬라브츠의 정처 없는 발걸음을 추적한 지 1년 정도 되던 시점에 갑자기 이 어린 늑대가 집을 떠났다. 슬라브츠와 달리 퓨마는 딱히 붙여진 이름이 없으므로 편의상 'PJ'라고 부를 것이다. PJ 역시 슬라브츠와 비슷한 충동을 느끼고 방랑을 시작했을 것이다. 청소년기 퓨마는 분산 후 새로운 영역을 찾아다니며 하루에 수십 킬로미터를 이동한다.

홀로 이동하든 무리 지어 이동하든 분산하는 청소년기 동물은 자신을 죽이거나 해를 가할 수 있는 존재를 반드시 피해야 한다. 오늘날에는 이런 위험한 존재에 자동차도 포함된다. 외부의 위험을 조심한다고 해도 평생 쫓아다니며 괴롭힐 또 다른 치명적인 위협이 존재하는데, 바로 굶주림이다. 굶주린 동물은 배불리 먹었다면 굳이 하지 않았을 위험을 무릅쓴다. 와일드후드에 관찰되는 다소 무모해 보이는 행동들은 죽음이나 굶주림을 필사적으로 피하려는 노력일 수도 있다. 좀더 정확히 말하자면 야생에서든 도시의 분주한 거리에서든 청소년과 청년은 스스로 배를 채우는 방법을 습득하지 못하면 중대한 위험에 빠지고 만다.

규칙적으로 음식을 구하는 방법, 즉 말 그대로 생계를 꾸려나가는 요령은 어린 동물에게 주어진 복잡하고 어려운 과제 중 하나다.

떠나는 방법을 배우다 : 분산 연습

대서양에 뛰어들기 전까지 킹펭귄 우르술라는 한 번도 바다 수영 훈련을 받은 적이 없었다. 연안에 몸을 숨기고 있는 레오파드바다표범의 존재도 당연히 몰랐다. 부모는 우르슬라에게 물고기 잡는 방법을 가르쳐주지 않았다. 우르술라는 정확히 수영하는 방법조차 몰랐다. 이를 가리켜 생물학자들은 '무지한' 분산이라고 부른다.

늑대 슬라브츠와 퓨마 PJ는 우르술라와 정반대였다. 경험이 없는 상태에서 홀로 세상에 나가는 대신 집을 떠나기 전에 필요한 생존 훈련을 받았다. 어렸을 때부터 부모나 다른 어른 동물로부터 과외를 받은 덕분에 '학습된' 상태에서 분산할 수 있었다.

포유류, 조류, 어류 중에는 미리 학습한 다음 분산하는 운 좋은 동물 종들이 있다.[9] 여러 단계로 나누어진 학습 과정을 거친 다음 보금자리를 떠나는 주머니여우가 좋은 예다.[10] 먼저 어미는 어린 새끼들을 번갈아 가며 어미의 등에 업는다. 그러면 새끼들은 안전하게 걸터앉은 채 포식자의 생김새와 냄새, 방어 방법 등을 익히고 먹어도 되는 음식을 구분하는 요령을 어깨너머로 배운다. 어미의 등에 업히지 못할 만큼 덩치가 커지면 '그림자' 훈련을 받는다. 본격적인 주변 탐사가 시작되는 단계로 새끼는 어미 주변을 허둥지둥 돌아다닌다. 매일매일 행동반경을 넓히는데, 늘 부모 곁으로 되돌아와 안전한 보호와 보살핌을 받는다. 다음 단계는 원정 훈련이다. 청소년이 된 주머니여우들은 각각 굴에서 가까운 나무를 골라 혼자서 하룻밤을 보낸다. 이 분산 훈련은 부모의 도움 없이 스스로 해내야 하지만 만약을 대비해 어미가 주변에서 대기한다.

호주 보전생물학자 해나 배니스터는 "주머니여우는 꽤 좋은 어미"라고 했다. "새끼가 최대한 좋은 삶을 살 수 있도록 준비시키기 때문이다." 해나 배니스터는 한 어미 주머니여우의 이야기를 들려주었다. 여러 마리의 새끼 중 유독 장남의 분산 훈련이 길어지자 어미 주머니여우는 장남을 좀더 곁에 머물게 했다. 그러고는 첫째가 홀로 설 준비가 될 때까지 옆에서 도와주었다. 인간도 와일드후드 때 분산 훈련을 한다. 집이 아닌 다른 곳에서 지내는 수학여행이나 여름 캠프, 친척 집 방문 등이 모두 분산 훈련에 해당한다.

정교하고 복잡한 사회구조를 가진 늑대의 분산 훈련 기간은 더 길다.[11] 암컷과 수컷 모두 더 집중적인 훈련을 받는다. 새끼 때부터 슬라브츠는 뼈나 깃털, 가죽 등과 같은 '장난감'을 가지고 놀며 연습했을 것이다. 살아 있는 먹잇감을 사냥하는 방법을 배우기 전에 슬라브츠와 형제자매는 장난감을 덮치며 놀고 트로피처럼 가지고 다녔을 것이다. 사춘기와 함께 높은 음으로 깽깽거리는 소리에서 낮게 짖거나 울부짖는 소리로 목소리가 변한 슬라브츠는 무리의 다른 늑대들과 억양 연습을 했을 것이다. 이는 집단 사냥에서 반드시 익혀야 할 유용한 의사소통 기술이다. 포토치니크의 설명에 따르면 그다음에 일어난 일이 하루가 다르게 성장하는 슬라브츠의 인생에 중대한 사건이었다. 슬라브츠는 아직 노련한 사냥꾼이 아니었는데도 가족 중에 사냥을 떠나는 무리에 초대받았다. 늑대 전문가 데이비드 미크는 이러한 사냥 학교를 "교양 학교"라고 부른다.[12] 사냥 학교에서 어린 늑대는 실수를 통해 배운다. 사냥을 망치더라도 아직 퍼피 라이선스가 유효해서 보호받을 수 있다. 나이 많은 늑대가 똑같은 실수를 저질렀다면 처벌받았을 테지만 말이다.

사냥 학교에서 슬라브츠는 물리적 기술을 다듬을 뿐만 아니라 사회 공동체 안에서 생활하는 데 꼭 갖춰야 하는 타협과 양보를 연습했다. 이 시기에는 가족과 함께 생활하므로 먹이를 걱정할 필요가 없었다. 물론 사냥 기술은 몰라보게 좋아지고 있었다. 학습한 상태에서 분산하는 동물은 굶주림에 최소한의 보험을 들어놓은 것이나 마찬가지다.

가족 단위로 집단생활과 사냥을 하는 늑대와 달리 퓨마는 어른이 되면 홀로 지낸다.[13] 하지만 분산 전에 퓨마는 어미와 1년 정도 혹은 때에 따라 2년까지 같이 산다. PJ가 청소년기를 한창 지날 때까지는 130kg에 달하는 노새사슴을 혼자 공격하고 죽이는 일은 불가능하다. 적당한 때가 올 때까지 어미가 사냥감을 잡아 나누어주면서 사냥하는 방법을 가르쳤을 것이다. 집에서 기르는 고양이가 새끼에게 다친 쥐나 귀뚜라미를 물어다주듯 어미 퓨마도 새끼에게 틈틈이 삶의 요령을 가르친다. PJ의 어미도 새끼의 타고난 사냥 행동을 날카롭게 만들기 위해 다친 먹잇감을 가져다주었을 것이다. 아마도 PJ는 홀로 길을 나서기 전에 새끼 사슴이나 설치류 등 작은 동물을 사냥하며 충분히 연습했을 것이다.

분산은 분명 청소년기 동물에게 신체적·사회적 스트레스를 준다. 따라서 충분한 훈련 없이 준비되지 않은 상태에서 집을 떠나는 것은 매우 위험하다. 가령 불법 포획으로 부모를 잃은 아프리카코끼리들은 적절한 훈련이나 학습을 받지 못한 상태에서 분산할 수밖에 없다.[14] 이렇게 홀로 남겨진 고아 코끼리들은 대개 먹이를 찾지 못해 굶주린다. 이들은 가르쳐줄 어른 코끼리가 없어서 사회성이 부족하고 다른 코끼리와 갈등을 빚기 쉬우며, 심지어 종종 사람과 다른 동물에게 폭력성을 드러내 죽기도 한다.

가야 할까, 남아야 할까? : 분산 미루기

분산할 나이가 된 청소년기 동물이 모두 같은 날짜에 집을 떠나는 것은 아니다. 인간과 마찬가지로 조금 꾸물거리다 출발하는 녀석도 있고 피할 수 없는 관문을 미루는 녀석도 있다. 우르술라는 보송보송한 솜털이 전부 빠지기 전에는 둥지를 떠날 수 없었다. 솜털이 있으면 수영을 할 수 없기 때문이다. 우르술라는 흑백 깃털로 된 방수복을 갖춰야만 분산에 한 발짝 더 가까이 다가갈 수 있었다.

새끼 원숭이올빼미의 독특하고 보드라운 하얀 털은 커갈수록 갈색으로 변한다.[15] 그런데 간혹 다 자란 크기의 올빼미 몸에 하얀 털이 여전히 남아 있는 것을 볼 수 있다. 새끼 옷을 아직 벗지 못한 청소년기 올빼미는 어른의 책임을 떠맡는 대신 계속해서 보호를 받고 기회를 얻는다.

자연 곳곳에서 관찰되는 미성숙의 장기화는 독립적 삶과 함께 따라오는 위험과 어려움을 지연시킨다. 홀로서기에 나선 동물은 먹이 구하기, 포식자 피하기, 새로운 지형이나 집단에 적응하기, 성관계에 도전하기 등을 해야 하는데, 어린 동물이 이러한 위험에 더 잘 대처할 수 있을 때까지 시간을 버는 것이다.

인간은 나이에 비해 어려 보이는 옷을 입거나 아기 말투를 흉내 내는 등 이미 거쳐온 초기 발달 단계로 돌아가는데, 이러한 방어기제를 퇴행이라고 부른다.[16] 무엇이 청소년의 퇴행을 유발하는지 정확히 알려지지 않았다. 그러나 털갈이를 미루는 인간을 제외한 동물의 생리학과 행동을 바탕으로 일부 환경적 요소가 청소년에게 아직 어른이 되기에 안전하지 않다는 신호를 보낸다고 유추해볼 수 있다.

분산을 미루면 번식도 미루게 된다. 다양한 종류의 새가 독립 대신 둥지에 남아 부모가 낳는 알을 보살피는 이른바 둥지 도우미 역할을 자처하기도 한다.[17] 둥지 도우미는 새로 태어난 동생들을 돌보며 먹이를 가져다준다. 번식을 잠시 중단한 나이 많은 둥지 도우미는 다음 번식기가 찾아올 때쯤이면 몸집은 커지고 경험과 지위는 높아져 더 성공적으로 번식할 수 있다. 여기에 동생을 돌본 경험까지 더해져 좋은 부모가 될 수도 있다. 게다가 둥지에 남으면 부모 새의 영역을 물려받을 가능성도 커진다.

중요한 기술을 습득하려고 일부러 홀로서기를 미루는 현명한 청소년기 동물도, 아직 준비가 덜 되었다고 생각해 꾸물거리는 청소년기 동물도 부모의 강요가 필요할 때가 있다. 수컷 늑대끼리 지배력을 과시하려는 듯 몸싸움을 하거나 꼼짝 못 하게 제압하는 행동을 하는 것을 볼 수 있는데, 생물학자는 이를 분산 전 괴롭힘이라고 설명한다.[18] 그러나 청소년기 동물이 이러한 힌트를 늘 고마워하는 것은 아니다. 어린 설치류는 계속 나아가라는 어미의 격려에 오히려 싸움을 걸어온다.[19] 새끼가 발로 어미를 때리거나 어미가 자신을 들지 못하도록 반항한다.

어미 퓨마는 자신만의 전략으로 다 자란 새끼의 분산을 유도한다.[20] 태어난 영역의 가장자리로 새끼를 데려간 다음 뒤돌아서서 왔던 길로 되돌아간다. 새끼가 따라오려고 하면 어미 퓨마는 으르렁거리거나 발로 살짝 때린다. 어미 퓨마는 또 새끼와 떨어졌을 때 다시 만나기로 한 장소에 일부러 나타나지 않기도 한다. 청소년기 퓨마는 한참을 기다리다가 마침내 어미가 오지 않으리라는 것을 깨닫는다. 한꺼번에 버려진 여러 마리의 새끼는 대부분 몇 달 동안 함께 지낸다. 무리 지어 사냥하고 자고 또 돌아다닌다. 그러다 몸집이 커지고 요령이 쌓이면 퓨마들은 각자 갈 길을 떠난다. 그러나 외둥이는 혼자 힘으로 살아남아야 한다.

잘 지낼 수 없을까?

1970년대부터 동물이 집을 떠나는 방법과 시기를 관찰해온 생물학자들에게는 연구의 중심 개념적 토대가 하나 있었다.[21] 부모와 새끼의 관심사가 늘 일치하지 않는다는 것이다. 부모는 건강한 새끼를 최대한 많이 낳고 싶어한다. 하지만 새끼는 부모의 자원을 독식하고자 한다. 이러한 차이 때문에 '부모와 자식 간의 갈등'이 발생한다. 관심과 보호, 보살핌을 두고 격렬하게 전투를 벌인다. 새끼는 가질 수 있는 모든 것에 욕심낸다. 그런데 부모는 이미 낳은 새끼와 앞으로 낳을지도 모르는 새끼를 고려해 한정된 자원을 신중하게 투자하고 배분해야 한다. 이러한 체제 안에서 부모가 제공할 의향이 있는 보살핌과 새끼가 요구하는 보살핌 사이에 해소할 수 없는 불균형이 생기고 이로 인해 새끼는 분산을 강요받는다.

부모와 자식 간의 갈등은 자식이 어떻게 그리고 언제 둥지를 떠나는지에 영향을 미친다.[22] 부모 시베리아어치는 새끼가 둥지에 더 오래 머물게 하려고 먹이를 뇌물로 주는 반면에 어미 퓨마는 사냥한 먹잇감에 거의 다 자란 아들이 가까이 다가오면 으르렁거린다. 이 민감한 시기에 청소년기 동물의 행동이 변하는 것처럼 부모의 행동에도 변화가 찾아온다. 부모와 자식 간에 갈등이 존재하든 그렇지 않든 여러 동물 종에 거쳐서 관찰되는 공통점이 있는데, 바로 분산 시기에 갈등이 최고조에 이른다는 것이다.

부모의 행동이 격려와 지지에서 무관심과 노골적인 공격으로 바뀌는 순간 새끼는 큰 충격을 받는다. 새끼는 아직 홀로서기를 할 준비가 안 되었을 수 있다. 실제로 스스로 먹이를 구하는 방법을 모르는 청소년기 동물도 많다. 날거나 뛰기, 자기방어, 어른 동물과의 교류, 친구 만들기 등 중요한 기술을 아직 완벽하게 습득하지 못했을 수도 있다. 배우긴 했지만 실전에서 활용하려면 아직 연습을 더 해야 하는 경우가 그렇다.

인간 부모 대부분은 자식이 집을 떠날 준비가 되었는지 아닌지를 구분할 수 있다. 또 어떤 부모는 반대로 자식이 떠나는 날까지 또는 그 이후에도 아직 준비가 덜 된 상태일까 봐 머리를 싸매고 걱정하기도 한다. 그래서 갈등이 생겨난다. 부모와 자식이 부딪치는 이유가 아직 어린 자식이 혼자서 감당하기에는 충분히 안전하지 않거나 요령이 부족하기 때문이라고 생각할 수 있지만, 사실 갈등은 자식이 준비되었다는 신호일 수 있다.

결정적이며 때에 따라 건잡을 수 없는 행동으로 이어지는 부모와 자식 간의 갈등을 가장 잘 보여주는 예가 스페인 도냐나국립공원에 있는 스페인흰죽지수리다.[23] 흰죽지수리를 살펴본 과학자들은 이러한 현상을 설명하는 용어를 별도로 만들었는데, 바로 "못된 부모"다.

못된 부모

스페인 해안을 따라 참나무 위로 날아오르는 커다란 갈색 독수리를 떠올려보자. 황금색 눈동자를 잽싸게 움직이며 발아래 펼쳐진 지형을 탐색하는 중이다. 그러던 어느 순간 목표물을 포착한다. 독수리는 날개를 접어 몸통에 바싹 붙이고 곤두박질치듯 내려간다. 마치 자유낙하하는 스카이다이버처럼 점점 속도가 붙는다. 점점 더 빠르게 내려가더니 목표물까지 단 몇 미터를 남겨놓고 몸을 뒤로 밀면서 날개를 펼친 다음 발톱을 세운다. 날개를 펴고 다리로 먼저 공격하는 동작을 '급습'이라고 한다. 독수리는 급습 동작 덕분에 훌륭하고 무시무시한 사냥꾼이 된다. 독수리들이 하늘에서 급격하게 내려올 때는 속도가 매우 빠르고 소리도 거의 들리지 않으며, 공격은 한 치의 오차도 허용하지 않을 만큼 정확하고 치명적이기 때문이다.

그런데 어미 독수리가 잡으려는 게 먹잇감이 아니다. 어미의 목표물은 토끼나 두더지가 아니라 바로 아들 독수리다. 아들은 몸은 다 자랐지만 아직 둥지를 떠나지 않은 채 여전히 어미에게 의존해 먹을 것을 구하고 있다. 이 어미 독수리는 먹잇감을 사냥할 때와 똑같은 동작으로 아들을 급습한다. 한 가지 다른 점은 먹잇감을 사냥할 때처럼 발톱을 뾰족하게 세우지 않는다는 것이다. 그 대신 발톱을 오므려 잡아 몽둥이 모양을 만들고는 새끼를 때려 균형을 잃게 만든다. 앉아 있는 새끼를 변형된 자세로 급습해 치더니 또 공중에서 한 번 더 때린다. 새끼는 나선형을 그리면서 떨어지다가 정신을 차린다.

이제 왜 과학자들이 "못된 부모"라고 표현했는지 그 이유를 눈치챘을 것이다. 관찰한 바에 따르면 이러한 폭력은 평생 계속되지 않는다. 그리고 그 직전까지 부모 독수리는 일반적으로 새끼에게 전혀 폭력을 쓰지 않는다. 실제로 모범적인 부모로서 평소에는 새끼 독수리가 고생하지 않고 편안하게 새 출발을 할 수 있게 보살핌과 지도를 아끼지 않는다. 독수리가 못된 부모로 변하는 유일한 순간은 바로 분산 직전 시기다.

다 자란 새끼가 둥지에서 더 오래 머물수록 스페인흰죽지수리의 못된 부모 행동은 더 심해진다. 그렇다고 아무런 예고도 없이 못된 부모 행동을 바로 시작하는 것은 아니다. 급습 행동을 하기 전에 먼저 약간 불친절하게 군다. 청소년기 동물의 요구에 관심을 주지 않는 것이다. 먹이 주는 횟수를 줄이거나 먹이를 달라고 간청해도 들어주지 않는다. 그러나 이렇게 눈치를 주어도 새끼가 알아차리지 못하면 부모 독수리는 짜증이 쌓이고 쌓여 결국 공격성이 폭발하고 만다. 부모는 새끼를 향해 전속력으로 질주하다가 간발의 차이로 몸을 틀어서 피하는 공중 괴롭힘을 통해 적대감을 드러낸다. 그러다가 머지않아 새끼와 직접 접촉하는 급습 행동에 들어간다.

며칠간 못된 부모 행동이 계속되면 결국 새끼 독수리는 눈치를 채고 둥지를 떠날 채비를 한다. 과학자들이 관찰한 바에 따르면 "스페인흰죽지수리는 부모가 먹이 배급을 차단하거나 공격적인 행동을 보임으로써 새끼의 독립을 강요한다." 아들이나 딸을 둥지 밖으로 내쫓는 것이 못된 부모 행동의 목표다. 이 외에도 못된 부모 행동이 새끼에게 주는 몇 가지 이점이 더 있다.

과학자들은 부모의 급습 행동에 이제 곧 분산할 청소년기 독수리가 대처하면서 비행을 더 잘하게 된다는 사실을 발견했다. 또 공격적으로 보이는 급습 행동은 일종의 가르침으로 새끼는 둥지를 떠나기 전 마지막으로 강도 높은 훈련을 받는 것이다. 물론 당하는 새끼는 그렇게 생각하지 않겠지만 부모의 압박은 다 자란 독수리에게 가장 중요한 신체적 기술인 달아나기를 연마하는 데 오히려 도움이 되기도 한다.

폭력을 쓰지는 않지만 인간 부모도 종종 아이의 행동이 어떤 결과에 이를 때까지 방관함으로써 중요한 삶의 교훈을 전수한다. 물론 무엇보다도 아이의 안전을 최우선으로 한다. 이를 가리켜 '엄한 사랑'이라고도 한다. 자식은 이런 방법을 통해 힘들어도 중요한 교훈을 배우고 또 나중에 부모가 자신을 늘 사랑하고 생각했음을 깨닫는다. 아파르트헤이트가 붕괴되던 1990년대 남아프리카에서 혼혈아로 태어나 성장한 코미디언 트레버 노아는 자전적 에세이《태어난 게 범죄》에서 비슷한 경험담을 공유한다.[24] 10대였던 어느 날 노아는 허락 없이 의붓아버지의 차를 몰고 나갔다가 경찰에게 잡혔고 차량 절도로 체포되었다. 노아는 일주일 동안 감옥에서 고통스러운 시간을 보내야 했다. 자신이 처한 난처한 상황을 어머니에게는 비밀로 한 채 혼자 힘으로 법적 처벌을 감당해야 했기 때문이다. 노아는 갑자기 나타나 자신의 사건을 맡아준 변호사 덕분에 보석금을 내고 풀려났다. 알고 보니 친구와 친척에게서 사건의 자초지종을 들은 노아의 어머니가 변호사를 고용하고 보석금도 내준 것이었다. 노아는《태어난 게 범죄》에서 "나는 감옥에서 보낸 일주일 동안 내가 아주 능숙하고 노련하다고 생각했다"라고 한다. "그런데 어머니는 다 알고 계셨다." 노아는 어머니가 자신에게 한 말을 기억한다. "내가 너를 위해 했던 모든 일은 다 사랑해서 그랬던 것이란다. 내가 너를 혼내지 않으면 세상이 너에게 더 큰 벌 줄 테니까. 세상은 너를 사랑하지 않아."

부모의 훈육 전략

앞서 어른이 되는 과정에서 청소년이 겪는 여러 생리적·정서적 변화를 살펴보았다. 이러한 변화는 모두 부모와의 갈등을 불러일으킬 수 있다. 분산은 부모와 자녀의 갈등을 더욱 심화하기도 한다.

자녀가 떠날 시기가 다가오면 부모는 대개 현재 자녀의 준비 상태를 점검한다. 앞으로 자녀가 혼자서 마주할 어려움을 떠올리는 것만으로도 부모는 불안을 느낀다. 특히 이미 가르쳤어야 하는 기술을 아직 자녀가 습득하지 못했을 때 걱정은 더욱더 깊어진다.

부모는 분산을 앞둔 자녀가 제때 기상하기, 뒷정리하기, 돈 관리하기 등 겉으로 보기에는 간단해 보이는 다양한 어른의 할 일을 해낼 수 있을지 우려하기 마련이다. 홀로서기를 할 시간이 다가올수록 조바심을 느끼는 부모는 딸에게 소파에 젖은 수건을 올려두지 마라, 자동차 연료 탱크를 확인해라, 예방접종을 해라 등 잔소리가 심해지고 이로 인해 다투기도 한다. 그런데 사실은 부모가 자식을 쫓아내려는 게 아니라 가르치려고 한다고 생각하면 상황을 이해하는 데 도움이 된다.

인도 벵골의 길거리 개를 대상으로 탄생부터 분산까지 어미와 새끼 무리를 관찰한 한 연구 결과는 훈육 전략의 변화를 잘 보여준다.[25] 연구진은 새끼가 어릴 때는 어미가 새끼를 대신해 집을 치운다는 사실을 발견했다. 그런데 새끼가 집을 떠나야 할 나이에 가까워지면 어미는 청소를 중단했다. 새끼가 분산하기 몇 주 전부터 어미는 서서히 청소를 그만뒀고 제멋대로인 청소년기 새끼가 스스로 청소하는 방법을 찾게 내버려 두었다.

어미 개는 또 새끼가 벵골 길거리에서 혼자서도 먹이를 찾을 수 있게 가르쳤다. 젖을 떼기 직전 어미 개는 음식물 쓰레기 조각을 집으로 가져와 젖과 함께 먹였다. 어린 개의 입맛과 후각이 다양한 영양 공급원에 적응하게 하는 훈련이다. 우리가 잘 알다시피 분산하는 청소년기 동물은 늘 배가 고프므로 이런 훈련을 미리 받으면 부모가 곁에 없을 때 절실하게 필요한 음식을 냄새로 찾는 데 도움이 된다.

죽기 아니면 까무러치기

준비되었든 안 되었든 집을 떠난다는 것은 인간에게 매우 강렬하거나 미묘한 감정을 안겨준다. 어른의 삶을 시작하면서 불안이나 흥분, 두려움, 설렘 등의 감정을 표현하는 동물은 인간이 유일하다. 그러나 동물 역시 집을 떠나는 순간에 감정을 느낄 수 있다. 팀 클러턴 브록은 동물 사회에 관한 교과서에서 무리를 떠나 새로운 가족에 합류하는 암말의 경험을 매우 감동적으로 설명한다.[26]

> 미국 네바다주 그래니트레인지의 메마른 산자락에서 무스탕 두 무리가 건조한 덤불을 뜯고 있다. 한 무리에 속한 어린 암말이 가만히 있지 못하고 계

속 움직이자 무리의 우두머리 종마가 반복해서 암말을 무리 안으로 밀어 넣는다. 무리가 구불구불한 길을 따라 움직이기 시작한다. 그런데 암말은 따라가지 않는다. 종마의 관심이 잠깐 다른 곳에 머무는 동안 옆에 있던 다른 무리의 종마가 달려 나와 문제의 암말과 무리 사이에 멈추어 선다. 그러더니 몸을 돌려 암말을 자신의 무리 쪽으로 몰기 시작한다. 첫 번째 무리의 종마가 이를 발견하고 공격하기 위해 몸을 돌리지만 이미 늦었다. 종마는 포기하고 다른 암말들이 있는 자신의 무리로 돌아간다. 단 몇 분 만에 어린 암말은 평생을 좌우할 결정을 내렸다. 안전한 부모의 품을 떠나 자신과 아무런 관계가 없는 무리에 들어가기로 한 것이다. 풀을 뜯기 좋은 장소를 두고 싸울 때 상대 무리를 본 것이 다였다는데도 말이다. 어린 암말은 무리의 우두머리 암말에게 조심스럽게 다가간다. 어린 암말이 다시 원래 무리로 돌아가지 못하게 종마가 바로 옆에서 감시한다.

말의 세계에서는 일반적으로 암컷이 다른 무리로 분산한다. 그런가 하면 버빗원숭이는 수컷이 집을 떠나고 암컷은 태어난 무리에 남는다.[27] 성적으로 성숙해지는 다섯 살쯤 되면 수컷은 주로 형제나 또래나 동맹을 맺은 원숭이와 함께 분산한다. 분산을 앞둔 어린 영장류들은 몇 달 전부터 불안해하며 내성적이고 예민한 성격으로 변한다. 버빗원숭이 전문가는 '우울증' 증세를 보인다고도 한다.[28] 자신들에게 어떤 일이 닥칠지 아직 모르지만 수심 가득한 수컷 버빗원숭이들은 앞으로 커다란 산을 넘어야 한다. 새로운 공동체를 찾으면 가장 먼저 우두머리 수컷에게 다가가 싸움을 걸어야 한다. 태어난 가족과 헤어진 후 단 몇 주 또는 며칠 만에 벌어지는 상황이다. 이 어린 수컷 원숭이들은 다 큰 우두머리 수컷에게 도전할 용기를 끌어모아야 하는 데다 매우 외교적인 방법으로 공격성을 드러내야 한다. 집단에 합류할 수 있는지는 암컷 버빗원숭이가 최종적으로 결정한다. 암컷 원숭이는 완력을 허용하지 않는다. 엄청난 훈련을 통해 사회성이 발달한 수컷 버빗원숭이만 이토록 복잡하고 어려운 미션에 성공할 수 있다. 대개 사회성 훈련이 잘된 원숭이는 싸우지 않고도 무리에 합류한다. 즉 원숭이에게도 와일드후드에 연습한 사회성이 성공적으로 독립하는 데 매우 중요하다.

로드킬

동트기 전 아침 모험을 떠나던 슬라브츠와 PJ가 어떤 기분이었는지 우리는 모른다. 생화학적으로 인간을 비롯한 포유류는 아침에는 스트레스 호르몬인 코르티솔이 활발하게 분비되면서 혈압이 상승하고 심장은 빨라진다.[29] 늑대와 퓨마 역시 우리가 흥분이라고 부르는 감정을 조금은 느꼈을지도 모른다. 점심 후 주차장에서 빠져나올 때보다 이른 새벽 자동차 여행을 가기 위해 출발할 때 더 흥분되는 그런 감정 말이다.

슬라브츠는 출발하자마자 가던 길을 멈추어야 했다. 트리에스테와 류블랴나 사이를 오가는 A-1고속도로 위로 자동차와 트럭이 질주하고 있었다.

전 세계적으로 청소년과 청년의 주요 사망 원인은 바로 교통사고다.[30] 인간은 자연의 포식자에게 잡아먹힐 일이 거의 없다. 그 대신 10대 청소년에게 가장 치명적인 존재는 바로 자동차다. 자동차 밖에 있든 운전대를 잡고 있든 위험하기는 마찬가지다. 10~20대 초반의 청소년들은 다른 어떤 연령대보다 교통사고로 가장 많이 다친다. 교통사고 사망률은 65세 이상이 가장 높다. 이 연령대의 보행자가 교통사고를 당하면 목숨을 잃을 확률이 높기 때문이다. 이와 달리 청소년과 청년은 사고율과 부상률이 훨씬 높다.

우리가 이미 알고 있듯이 자동차는 동물 개체군도 파괴한다.[31] 미국 내 동물 100만 마리가 매일 고속도로 위에서 목숨을 잃는다.[32] 우리는 도로에서 죽은 동물을 무심히 '로드킬'이라고 하지만 한 마리 한 마리 모두 털과 깃털, 내장이 있는 동물이고 생명체다. 도시가 야생의 녹지를 잠식할수록 자동차를 피해 길을 건너야 하는 어려움에 직면하는 동물들도 늘고 있다. 이제는 관용어가 되어버린 '헤드라이트 앞에 선 사슴' 중 대다수는 분산하는 청소년들이다. 안전한 부모의 품을 벗어나 난생처음 새로운 환경으로 뛰어들던 찰나 목숨을 잃는다.

경험이 없는 청소년기 동물이 자동차와 만나면 위험은 배가된다. 뉴질랜드의 순박한 푸케코도,[33] 호주의 주머니여우도,[34] 캘리포니아 허스트캐슬 근처 1번 국도 위 코끼리바다물범도,[35] 어른 미어캣에게 지뢰탐지병처럼 먼저 길을 건너라며 등 떠밀린 칼라하리사막의 미어캣도 모두 자동차로 목숨을 잃는다.[36] 심지어 북아메리카에서 멀리 떨어진 선박 항로 근처에서 자라는 청소년기 고래는 노련한 어른 고래보다 대형 선박과 바지선에 더 많이 부딪힌다.[37]

야생생물학자가 관찰한 바에 따르면 사슴이나 다람쥐 등은 경험을 토대로 더욱 안전하게 길을 건너는 방법을 학습한다. 도시에 사는 코요테 중에는 신호등을 보고 길을 건너는 요령을 터득한 녀석도 있다.[38] 자동차를 피해 길을 건너는 학습은 현대 인간이 가장 먼저 배우는 안전 수칙 중 하나다. 9세 미만 어린이가 가장 안전하며 건강 옹호자들은 14세 미만의 어린이와 청소년도 길을 건널 때 안전하게 어른의 지도를 받아야 한다고 제안한다.

자동차 밖에 있을 때의 미숙함보다 운전대를 잡았을 때의 경험 부족이 훨씬 더 위험하다. 실제로 자동차 운전은 현대 청소년의 삶에서 가장 치명적인 활동이다.[39] 초보 운전자는 다른 집단에 비해 운전 중 사망할 확률이 4배 높고 다칠 확률도 3배 높다. 이러한 위험을 제대로 인지하지 못한 초보 운전자는 음주 운전과 안전벨트 미착용 비율도 가장 높다. 운전 중 문자메시지 전송은 청소년을 포함한 모든 운전자가 하면 안 되는 위험한 행동이다.[40] 미국 도로교통안전국에 따르면 운전 중 문자메시지를 사용할 경우 교통사고 발생 확률이 정상 운전자보다 4배나 높았다. 또 2012년 발표된 보고서에 따르면 연구에 참여한 10대 운전자 중 거의 50%가 지난 한 달 동안 운전 중 문자메시지를 보낸 경험이 있다고 대답했다.[41] 실제로 자동차 사고로 목숨을 잃은 전 연령대 중 15~19세는 운전 중 집중력을 잃었을 가능성이 가장 컸다.

10대는 자극적인 것을 좋아하고 거리 계산을 못한다. 게다가 또래와 전자 기기에 쉽게 주의를 뺏기고 충동적으로 행동하기로 악명이 높다. 이러한 특징이 모두 더해져 심각한 통계 조사 결과가 나온 것이다. 초보 운전자가 오랜 시간에 걸쳐 서서히 운전 경험을 쌓을 수 있게 하는 단계별 운전면허 프로그램graduated driver-licensing program은 16세 이하 운전자들의 안전 관련 기록을 향상하며 효과를 입증했다.

고속도로를 건넌 슬라브츠의 경험과 관련해 포토치니크는 흥미로운 배경 설명을 해주었다. 포토치니크는 슬라브츠 무리를 수년간 관찰하며 늑대들이 주기적으로 차가 많은 도로를 넘나든다는 사실을 잘 알고 있었다. 슬라브츠는 걸음마를 뗀 순간부터 자동차가 지나가는 도로를 안전하게 건너왔다. 포토치니크는 나이 많은 늑대와 어린 늑대 사이에 사회적 학습이 이루어지는 것을 목격했다고 덧붙였다. 슬라브츠는 또한 여러 유럽 국가가 야생동물을 보호하기 위해 만든 생태 통로 덕분에 생존 가능성을 높일 수 있었다. 차선이 많고 넓은 고속도로는 대개 야생동물이 지나갈 수 있게 지하도나 고가도로를 따로 만든다. 슬라브츠는 집을 떠난 후 많은 동물 청소년의 무덤인 고속도로에 다다랐을 때 어떻게 해야 할지 정확히 알고 있었다. 슬라브츠는 능숙하게 고가도로를 찾은 다음 빠른 걸음으로 건넜다. 같은 날 시간이 좀 지난 후 슬라브츠는 A-3고속도로를 만났다. 역시나 지나가는 자동차가 많았지만 어린 늑대는 당황하지 않았다. 슬라브츠는 구름다리를 발견하고는 도로 밑으로 미끄러져 들어가 계속 나아갔다.

도심에 들어선 PJ

드넓은 로스앤젤레스는 눈부신 햇살만큼이나 고속도로가 많은 곳이지만 생태 통로는 많지 않다. 퓨마가 도로를 건너려고 시도하다 차에 치이는 사고가 종종 발생한다. 다행스럽게도 그날 아침 개울 바닥을 따라 내려가는 PJ의 여정에는 자동차가 빠르게 지나가는 405도로나 101도로는 포함되어 있지 않았다. 그러나 로스앤젤레스 분지 북쪽 끝자락에서 시작해 도심을 지나 태평양까지 이어지는 총 길이 35km의 4차선 도로인 선셋대로는 건너야 했다. 동이 트기 전이라 선셋대로는 아직 잠잠했을 것이고 덕분에 PJ는 건너기 수월했을 것이다. 운 좋게도 PJ는 무사히 선셋대로를 건넜다. 해가 막 모습을 드러내고 있었다. 곧 출근 시간이 되면 하루를 시작하려는 사람들의 자동차 행렬이 도로 위에서 불협화음을 만들어낼 것이다.

선셋대로를 건너자 전혀 다른 풍경이 펼쳐졌다. 더는 수풀도 나무도 보이지 않았다. 어린 퓨마가 밟고 있던 자갈투성이 땅은 콘크리트와 아스팔트로 바뀌었다. 몸을 숨기거나 휴식을 취할 수 있는 무성한 식물들 대신 깔끔하게 손질된 잔디밭과 반듯하게 조경 녹화된 담벼락이 곳곳에 보였다. PJ는 혼란스러웠지만 멈추지 않았다. 수상해 보이는 길을 따라 달려가니 애리조나 애비뉴라는 이름의 대로가 나왔다. 음악을 크게 튼 자동차가 쌩하고 지나갔을 수도 있고 트럭이 경적을 울렸을 수도 있다. 정신을 차려보니 PJ는 도시 한가운데 있었다. 태어난 데서 멀리 떨어진 곳이었다. 깜짝 놀란 PJ는 숨을 만한 곳을 찾아 애리조나 애비뉴를 향해 쏜살같이 달렸다.

이후 뉴스 보도와 목격자 진술을 통해 어떤 일이 벌어졌는지 알려졌다.[42] PJ는 아치 길을 찾아 그 사이를 통과했다. 하지만 PJ가 선택한 통로는 도주 경로가 아니었다. 길을 통과하자 U 자 모양의 뜰이 나왔다. 막다른 골목이었다. PJ는 꼼짝없이 갇히고 말았다. 갈라진 벽처럼 보이는 곳을 향해 돌진했지만 유리문이었다. PJ는 필사적으로 유리문을 긁었다. 그때 뒤쪽에서 소리가 들렸다. 고개를 돌리자 사람이 보였다. PJ가 다가가자 남자는 뒤돌아서서 달리기 시작했다. 남자가 경찰을 부르러 가는 길이라는 것을 PJ는 알지 못했다.

PJ가 뜰을 빙글빙글 돌며 유리문을 긁고 있는데, 갑자기 여러 사람이 보였다. 막대기를 든 사람들이 천천히 PJ 쪽으로 다가오기 시작했다. 잔뜩 겁에 질린 PJ는 도망치기 위해 몸을 웅크렸다가 돌진하기를 반복했지만 한쪽은 건물이 있어 빠져나갈 수 없었고 다른 쪽은 어류 및 야생동물 관리 공무원들이 가로막고 있었다. 그 순간 탕 하는 소리가 났다. 마취용 화살이라는 것을 몰랐던 PJ는 다시 한번 탈출을 시도했다. 사람들을 지나 거의 빠져나가려는 찰나 처음 경험해보는 알 수 없는 힘에 저지당했다. 퓨마 포획을 돕기 위해 출동한 산타모니카 소방관이 마취제 효과가 나타날 때까지 대기 중이다가 갑자기 돌진하는 PJ를 향해 소방 호스로 물을 발사한 것이었다. PJ가 다시 일어서기 위해 고군분투하는 동안 몇 알의 총알이 퓨마의 몸에 적중했다. 마취제가 들을 때까지 PJ를 그 자리에 있게 하려고 산타모니카 경찰관이 쏜 비살상탄이었다. PJ는 눈이 따가워지는 것을 느꼈다. 비살상탄 중에는 후추 스프레이 알갱이도 있었기 때문이다.

겁에 질린 PJ는 마지막으로 탈출을 시도했다. 뜰 근처에 유치원과 산타모니카 지역의 유명 쇼핑몰인 서드 스트리트 프롬나드가 있다는 사실을 PJ가 알 리 없었다. 경찰관과 소방관, 야생동물 관리 공무원들은 몹시 흥분한 퓨마에게 다시 산에 풀어주기 위해 안전하게 마취하는 것이라고 설명할 수 없었다. 안타깝게도 마취제 효과가 더디게 나타났다. 큰 혼란에 빠져 제정신이 아닌 채로 PJ는 다시 한번 탈출을 감행하기 위해 몸을 들썩였다. 마지막 돌진 시도는 거리까지 이어졌다. 하마터면 사람들을 지나칠 뻔하자 경찰관은 치안을 위해 퓨마에게 총을 겨눴다.

시골 마을에 들어선 슬라브츠

슬로베니아 남쪽에 있는 한가로운 마을 비파바는 자칭 와인과 프로슈토의 낙원이라고 관광객에게 홍보한다. 여름에는 새하얀 건물의 테라코타 타일 지붕 위로 커다란 나무의 이파리가 길게 늘어진다. 관광객과 동네 주민은 길가 카페에서 커피와 맥주를 마시거나 젤라토를 먹는다.

2011년 12월 어느 추운 겨울밤 비파바에 보기 드문 손님이 찾아왔다. 슬라브츠의 몸에 부착된 무선 송신기는 3시간에 한 번씩 위치를 전송했는데, 데이터를 살펴본 포토치니크는 슬라브츠가 비파바 농장 뒤뜰에 있는 것을 확인했다. 그러나 추가로 들어온 GPS상에서 위치를 확인한 포토치니크는 이내 실의에 빠졌다. 비파바는 슬라브츠의 고향에서 너무 멀리 떨어진 곳이었다. 슬라브츠가 그 먼 곳까지 하루만에 혼자 힘으로 갔을 리 만무했다. 포토치니크는 그 이동 거리가 너무 멀어 이 청소년기 늑대가 사냥꾼의 총에 맞아 죽은 채로 비파바까지 실려 간 것이라고 확신했다.

그러나 슬라브츠는 멀쩡히 살아 있었다. 종일 경계를 늦추지 않고 달렸던 것이다. 고속도로를 건너고 자동차와 사람을 피해 달리고 또 달렸다. 농가 사람들 눈에 띄지 않고 뒤뜰에 몰래 들어간 슬라브츠는 난생처음 혼자서 밤을 보냈다. 집에서 이렇게 멀리까지 와본 적은 없었다. 부모님과 형제자매의 익숙한 온기와 애정 없이 슬라브츠는 홀로 몸을 웅크리고 휴식을 취했다.

PJ의 죽음

길을 잃고 헤매다 쇼핑몰이나 아파트 로비, 놀이터로 들어선 야생동물의 이야기가 뉴스를 통해 보도될 때면 꼭 등장하는 말이 '어린 수컷'이나 '독립 중인 어린 동물', '10대 동물'이다. 길을 잃고 헤매다 사람과 마주치는 야생동물은 대개 청소년이다. 필사적이고 서열이 낮으며 굶주린 데다 영역도 없는 동물 청소년은 생물학적으로 방랑 충동을 느낄 수밖에 없다. 분산하는 동물 청소년의 경험 부족이 현실과 만나는 순간 난처한 상황에 부딪히기 쉽다.

PJ는 아마도 몇 달 동안은 자신을 안전하게 보호하고 스스로 먹이도 구했을 것이다. 하지만 전혀 경험해보지 못한 환경에서 PJ의 역량은 아무 쓸모가 없었다. 산타모니카의 뜰에서 총성이 울려 퍼졌다. 진짜 총알이 발사되었다. 풀썩 쓰러진 PJ는 그대로 숨을 거두었다.

슬라브츠를 위한 공동체

포토치니크는 밤새도록 슬라브츠를 걱정했다.[43] 다음 날 아침 늑대가 다시 북쪽으로 움직이기 시작했다는 GPS 신호가 들어오자 포토치니크는 그제야 숨을 돌렸다. 그러나 포토치니크는 슬라브츠가 피한 총알은 바람이 섞인 상상일 뿐이라는 것을 알았다. 언제든 가축을 지키려는 목장 주인이나 사람들을 보호하려는 보안관이 쏜 진짜 총알이 날아와 슬라브츠의 분산 여정을 그 자리에서 끝낼 수 있었기 때문이다. 그래서 포토치니크는 사람들에게 슬라브츠의 이야기를 알리기 시작했다. 그리고 이 청소년기 늑대의 생존을 바라는 사람들로 구성된 공동체를 형성해 인생에서 가장 위험한 여정에 나선 슬라브츠를 응원했다.

포토치니크는 자신이 아는 모든 생물학자와 과학자에게 연락해 슬라브츠가 이동 가능한 경로를 공유했다. 지역 야생동물 관련 경찰 관계자들과 등산객, 목장 주인 등 방랑하는 늑대를 목격할 만한 사람들에게 찾아가 슬라브츠의 존재를 알렸다. 그뿐만 아니라 포토치니크는 언론과도 접촉했다. 그러자 곧 여러 사람이 슬라브츠의 행방에 관심을 갖기 시작했다. 뉴스와 몇몇 웹사이트는 거의 매일 슬라브츠가 어디에 있는지 전달했다.

보전생물학자는 동물 개체의 위치 정보를 기반으로 동물의 건강 상태와 안전을 확인할 수 있고 필요하면 개입한다.[44] 음식을 두거나 감염 또는 기생충 검사를 하기도 하고 부러진 다리나 날개를 고쳐준다. 길을 잃은 듯 보일 때는 가야 할 방향을 알려주기도 한다. '방출 후 모니터링'이라고 불리는 이러한 활동을 통해 과학자는 관심을 기울이는 어린 동물의 상태를 확인하고 필요한 식량이나 도움을 줄 수 있다. 집을 떠나 독립한 지 얼마 안 된 열아홉 살짜리 자녀의 안전을 확인하기 위해 인간 부모가 스마트폰의 위치나 문자메시지를 확인하고 심지어 직접 방문하는 것과 마찬가지다.

그러나 할 수 있는 모든 것을 한 후에도 포토치니크는 불안했다. 슬라브츠가 사냥꾼이나 달리는 트럭, 다른 늑대, 질병에 희생당할 위험은 여전히 사라지지 않았기 때문이다. 엎친 데 덮친 격으로 슬라브츠는 12월 말 매서운 겨울 날씨를 뚫고 알프스로 향하고 있었다. 온도가 곤두박질치는 알프스에서 외로운 청소년기 늑대는 가장 큰 역경, 즉 굶주림에 직면할 수밖에 없었다.

16.

생계 꾸리기

가장 최근에 먹은 음식을 떠올린 다음 그중 얼마나 직접 준비했는지 생각해보자. 음식 재료는 어떻게 구했는가? 실제 요리는 얼마나 했는가? 음식을 먹고 허기는 채워졌는가? 영양분을 충분히 섭취했는가?

지구상에서 먹는 일은 지속해서 해야 하는 일이자 실패하면 목숨을 잃는 일인데도 동물에게 놀라울 만큼 어렵다. 사냥을 능숙하게 하려면 많은 기술이 필요하다. 풀을 뜯는 동물이나 사료를 먹는 동물도 마찬가지다. 먹는 것과 관련된 또 다른 어려움은 대가가 따른다는 것이다. 먹는 데 에너지와 시간이 소모된다. 야생동물은 먹이를 구하면서 포식자의 공격을 늘 염두에 두어야 한다. 이와 달리 포식자는 포식자 행동 시퀀스를 잘 이해해야 하며 매번 사냥할 때마다 성과가 있기를 바란다.

스스로 먹이를 구하는 능력은 동물이 어른이 되었음을 보여주는 가장 중요한 기준일 것이다. 어쩌면 뿔 갈이나 변성기 등과 같은 성년 특유 신체적 변화보다 또는 독립이나 출산보다 훨씬 더 강력한 표식일지도 모른다. 포식자 피하기, 친구 사귀기, 성과 관련한 소통하기 등의 방법을 배워야 하듯 야생에서 먹이를 구하는 완벽한 방법 역시 선천적으로 알고 있는 지식이 아니다. 굶주림은 청소년기 동물이 마주하는 가장 큰 어려움으로 대개 포식자보다 더 위험하다.

분산한 동물은 늘 굶주린다. 스스로 먹이를 구하는 방법을 배우기가 어렵기 때문이다. 모든 동물이 자발적으로 또는 제대로 먹이를 찾는 것은 아니다. 세상은 스스로 먹고살기 위해 꼭 필요한 기술을 배우지 못한 채 혼자 힘으로 미래를 헤쳐 나가야 하는 청소년과 청년으로 가득하다. 배고픔과 굶주림에 대한 두려움은 우리의 몸속 깊이 배어 있다. 성장 소설의 주인공조차 이러한 고민을 쉽게 떨쳐내지 못한다.

수잔 콜린스가 쓴 꼭 맞는 제목의 소설 시리즈 '헝거 게임'에는 16세 소녀 캣니스 에버딘이 등장한다. 캣니스는 스스로 먹을 것을 구하는 능력이 있어 끈질기게 살아남는다. 이야기 초반에 캣니스는 아버지에게서 배운 활쏘기와 채집 기술을 이용해 자신과 배고픈 가족을 먹여 살린다. 소설이 전개되면서 캣니스의 기술은 경기장에서 생존하는 데 핵심적인 역할을 한다. 캣니스가 먹을 것을 찾지 못하자 쓰레기통을 뒤지고 빵집에서 빵을 훔칠지 말지 고민하는 이야기도 나온다.

캣니스의 절박함이 드러나는 장면에서 18세 소녀 제인 에어의 모습이 떠오른다. "길 잃은 배고픈 개"처럼 제인 에어는 빵집을 돌아다니며 음식을 구걸한다. 그녀는 수치심을 무릅쓰고 장갑을 내고 빵을 조금 달라고까지 하나 결국 돼지 여물통에 있는 죽을 먹게 된다. 그러다 다행히 제인은 농부에게 얻은 빵으로 허기를 조금이나마 채우기도 한다. 이렇게 제인은 오랫동안 연락이 끊겼던 친척 집에 도착할 때까지 아주 적은 음식만으로 겨우 연명한다.

프랑켄슈타인의 괴물은 다른 문학에 등장하는 어떤 인물보다도 가슴 아픈 성장기를 보낸다. 음식을 얻기 위해 오두막에 사는 노인과 알프스 마을 사람들에게 잘 보이려고 노력하지만 물거품으로 돌아가며 오히려 쫓겨나 무기로 위협까지 당한다. 결국 괴물은 숲에서 딴 열매를 먹거나 가축우리에 몸을 숨기고 있다가 음식을 훔치며 겨우 목숨을 부지한다.

소설이 아닌 현실에서 처음 독립하는 부유한 현대 청소년들이 아사할 일은 없다. 그렇다고 모든 청소년이 늘 배불리 먹는 것은 아니다. 워싱턴 DC에 있는 비영리 연구 기관인 어반인스티튜트에 따르면 약 700만 명에 달하는 10~17세 미국 청소년이 매일 식량 불안정에 시달리고 있다고 한다.[1]

식량이 부족하면 무엇을 먹을지와 어떻게 먹을 것을 구할지를 선택할 수 없다. 이는 청소년 행동 연구에서 종종 간과되는 매우 심각한 문제다. 종을 막론하고 배고픈 사람이나 동물은 더 큰 위험을 무릅쓸 수밖에 없다.[2] 배고픔은 아사 말고도 다른 방식으로 목숨을 위협하는 것이다.

배고픈 청소년기 동물은 탁 트인 목초지로 달려가거나 눈에 띌 위험이 큰데도 보름달이 떴을 때 사냥한다. 얇은 나뭇가지 위로 다가가기도 하고 거세게 흐르는 물속으로 들어가기도 한다. 서열이 낮고 경험도 없으므로 어쩔 수 없이 가장 위험하고 누구도 선호하지 않는 길을 택하는 것이다. 배고픈 청소년기 동물은 영양가도 맛도 떨어지는 질 낮은 음식을 먹을 수밖에 없다. 상대적으로 힘 있고 나이가 많은 동물은 안전한 곳에서 기다렸다가 더 질 좋은 먹이를 더 많이 먹는다. 따라서 포만감이 높은 동물일수록 배고픔과 굶주림에 대한 두려움이 덜해 더 안전할 수밖에 없다.

이미 취약한 인간 청소년도 배가 고프면 위험을 무릅쓰기는 마찬가지다. 어반인스티튜트가 보고한 바에 따르면 식량 불안정에 노출된 미국의 10대는 그저 먹을 것을 구하기 위해 절도나 마약 판매, 심지어 성매매 사건에 휘말리기까지 한다. 이런 식으로 먹을 것을 구하는 방식은 단기적으로 물리적 위험을 초래할뿐더러 구속되거나 전과 기록으로 남아 장기적으로 청소년의 앞길에 커다란 걸림돌이 될 수 있다.

슬로베니아 숲속에서 부모와 함께 사냥 연습을 했던 슬라브츠에게도 먹이 찾기는 어려운 과제였다. 하루하루 심해지는 굶주림은 슬라브츠를 더욱 절박하게 만들었을 것이다. 평소라면 감수하지 않았을 위험도 굶주림 때문에 어쩔 수 없이 무릅썼을 것이다.

독립과 식욕

인간은 굶주림과 같은 분산으로 인한 여러 위험에 다양한 방법으로 준비한다. 돈을 모으거나 음식을 쌓아두기도 하고 정보를 수집하기도 한다. 또 필요한 물품을 미리 구해놓는다. 이에 반해 어린 야생동물은 인간처럼 복잡하고 치밀하게 준비할 수 없지만 몸속 깊은 곳에서 생물학적 도움을 얻을 수 있다. 이는 인간도 마찬가지다.

부모는 자식이 독립했다는 것을 줄어든 식비에서 절감한다. 집안에 배고픈 사람의 수가 적으니 당연한 일이다. 게다가 한창 성장기에 있는 많이 먹는 식구가 없으니 더더욱 그럴 수밖에 없다. 그런데 10대의 만족할 줄 모르는 식성에는 또 다른 이유가 있는데, 기원이 오래된 분산 전 생리 현상 때문이다.

연구 결과에 따르면 둥지를 떠나기 직전 어린 동물의 일부 유전자가 활성화(또는 상향 조절)되어 생소하고 위험할 수 있는 세상에 준비하기 위해 신체 변화를 일으킨다고 한다.[3] 외부 환경이 유전자에 신호를 주면 유전자가 신체 성장을 촉진하는 것이다. 이러한 양방향 관계를 가리켜 유전자와 환경의 상호작용이라고 한다.

여러 포유류는 이동하기 전에 (물론 무의식중에) 지방을 축적한다.[4] 이동하는 동안 먹이를 구하기 어려우므로 미리 준비하는 것이다. 부모의 품을 떠나 난생처음 위험한 세상으로 나아가는 청소년기 마멋은 몸에 지방을 축적해 필요할 때 꺼내 쓸 수 있는 여분의 에너지 공급원이 몸에 내장되어 있다. 따라서 유전자의 도움을 받은 새끼 마멋은 굶어 죽을 걱정을 조금 덜 해도 된다. 마멋을 비롯한 다른 분산하는 동물들은 청소년의 몸 안에서 활성화되는 또 다른 신체 체계의 보호를 받는다. 바로 면역 체계다. 강화된 면역력은 집을 떠난 이후 야생에서 마주할 수 있는 새로운 병원균이나 감염으로부터 청소년기 동물을 안전하게 보호한다.

보금자리를 떠나기 직전 보이지 않는 몸속 깊은 곳에서 조용히 일어나는 식성과 저항력의 변화가 인간에게도 적용된다면 매우 유용할 것이다. 연구자들은 이제 막 이러한 관찰 결과의 적용 가능성에 관한 가설을 세우기 시작했다. 어쩌면 동물의 오래된 분산과 관련한 생리학적 현상이 굶주림에 대비해 칼로리를 축적하도록 유도하고 나아가 인간 청소년과 청년의 비만율을 높이는 것일 수도 있다. 게다가 루프스나 다발성경화증, 궤양성대장염 등과 같은 자가면역질환이 주로 청소년기나 청년기에 발병하는 원인도 분산 전이라는 시기와 관련이 있을지도 모른다. 따라서 질병 주기를 연구할 때 분산 전 청소년의 신체가 면역 체계를 점검하는 것이라고 가정해볼 수 있다.

불확실한 여정에 대비하기 위해 유전자가 신체적 변화를 일으키는 동안 엄청난 식욕은 분산하는 어린 동물의 주요 관심사가 된다. 운 좋은 녀석들은 학습된 부모에게 어려서부터 홀로서기 요령을 배웠을 것이다. 또 집을 떠난 이후에도 완벽하게 홀로 설 수 있을 때까지 계속해서 부모의 지원을 받았을 것이다. 하지만 부모의 도움을 받지 못하는 동물은 혼자 힘으로 헤쳐 나가야 한다.

10대 입맛의 비밀

여정을 시작하고 일주일이 흘렀다.[5] 슬라브츠는 류블랴나공항 근처에서 드디어 먹잇감을 발견했다. 슬라브츠는 붉은여우 두 마리를 사냥했다. 먹이 선택에서 슬라브츠의 절박함이 읽힌다. 늑대는 사슴을 즐겨 먹는데, 문제는 사슴 사냥이 만만치 않다는 것이다. 그래서 독립 초기에 어린 포식자는 사냥하기 쉬운 먹잇감을 택하곤 한다.

늑대 전문가 데이비드 미크에 따르면 노스캐롤라이나에 서식하는 붉은늑대는 흰꼬리사슴에서부터 라쿤, 습지토끼, 설치류에 이르는 다양한 종류의 먹잇감을 사냥한다.[6] 흥미로운 점은 누가 무엇을 먹느냐다. 청소년기 늑대는 대부분 쥐와 생쥐를 먹지만 어른 늑대는 사슴을 마음껏 먹는다는 연구 결과도 있다. 라쿤과 토끼는 사슴 사냥을 위해 경험과 체력, 요령을 쌓는 중인 청년기 늑대의 몫이었다. 다 자란 늑대가 쥐를 먹는 일은 거의 없었다. 연봉이 적은 말단 직원이 열심히 일하면 월급이 오르는 것처럼 어린 늑대도 전문성이 쌓이면서 더 양질의 먹잇감을 먹을 수 있었다.

세인트루이스 외곽에 있는 멸종위기늑대보호센터도 늑대를 방생할 때 사슴 사냥이 가능한지를 기준으로 삼는다.[7] 멸종위기늑대보호센터는 야생동물 보호 기관으로서 미국에서 가장 오래된 늑대 보호 기관이다. 센터에서는 부모를 잃고 고아가 된 늑대 새끼를 돌보며 필요한 생존 기술을 가르친 다음 야생으로 돌려보내는 일을 한다. 이곳에서 훈련받는 동안 새끼 늑대들은 주로 우리 안으로 들어온 라쿤이나 주머니여우, 설치류 등을 잡아먹는다. 센터 직원들은 늑대의 사냥 실력을 주의 깊게 살펴보고 노새사슴처럼 커다란 먹잇감도 제압할 수 있는지 신중하게 판단한다. 센터 직원들은 수컷이나 암컷 늑대가 사슴을 실제로 사냥하는 장면을 목격할 때까지 계속해서 먹이를 제공한다. 센터에 따르면 한 마리 이상의 먹잇감을 사냥하는 것을 확인하고 늑대를 야생으로 돌려보내는 것이 가장 이상적이다.

뉴햄프셔주에서 흑곰 보호 활동가이자 야생동물 컨설턴트로 활동 중인 벤 킬햄 역시 비슷한 접근법을 토대로 구조한 고아 새끼 곰을 회복시킨 후 야생으로 돌려보낸다.[8] 킬햄은 이렇게 설명한다. "새끼들에게 먹이를 찾는 방법을 가르치지 않고 새끼들이 알아서 배우는 동안 안전하게 보호하는 역할만 한다."

이미 살펴본 바와 같이 자연에서 먹이를 구하는 일은 결코 쉽지 않다. 미숙한 미어캣이 전갈을 잡기 위해 애쓰거나 어렵게 잡은 소중한 전갈을 맛보기도 전에 놓치는 일은 예사다.[9] 지구상에서 가장 상징적인 사냥꾼 역시 여러 번의 시도 끝에 성공적으로 먹잇감을 잡는다. 세렝게티에서 사냥하는 사자와 북아메리카에서 먹잇감을 노리는 늑대의 실패율은 평균 80% 정도다.[10] 먹이 한 마리를 잡으려면 총 다섯 마리를 쫓고 공격해야 한다. 인도호랑이와 북극곰의 실패율은 평균 90%다.[11] 주변 환경에서 구할 수 있는 먹이의 수는 물론 사냥꾼의 경험에 따라 사냥의 성패가 달라진다.

우르술라는 아마도 몇 달 동안 물고기 잡는 방법을 훈련받았을 것이다. 물속에서 오랫동안 숨을 참기란 킹펭귄에게 대단히 어려운 과제다. 마찬가지로 음식에 대해 아무것도 모른 채 독립한 청년은 사슴 사냥급의 기술(생계 수단, 요리 방법 등)을 익히고 자원(돈, 식재료 등)을 마련할 수 있을 때까지 일반적으로 싸고 간편하고 질 낮은 이른바 정크푸드를 먹는다.

어른이 먹지 않는 먹이에 청소년과 청년이 관심을 보이는 매우 흥미로운 이유가 또 있다. 와일드후드 동안 감각 지각에 변화가 일어나면서 음식에 대한 인식이 달라진다. 예를 들어 꼬리감는원숭이는 청소년기까지 색상 인식 범위가 넓어지다가 나이가 들수록 점차 좁아진다.[12] 생물학자들에 따르면 이와 같은 현상이 특정 과일을 더 잘 볼 수 있게 도와 청소년기 원숭이가 조금 더 유리한 조건에서 성인 원숭이와 먹이를 두고 경쟁할 수 있게 한다.

홍연어의 새끼와 어른은 자외선을 볼 수 있다. 그러나 홍연어는 청소년기에 이르면 일시적으로 자외선을 볼 수 없게 된다.[13] 이는 특정 먹잇감을 피하게 하는데, 홍연어는 자외선 무늬로 먹잇감을 감지하기 때문이다. 생물학자들은 이처럼 음식 '포장지'를 일시적으로 보지 못하는 것이 어떤 식으로든 와일드후드 동안 생존 가능성을 높이는 데 도움이 될 것이라고 추측한다.

인간이 임신 중 입덧으로 태아의 안전과 성장을 도모하듯 청소년기 동물들도 시각과 후각, 미각에 변화가 일어나 해로운 먹잇감은 피하고 득이 되는 먹잇감에 관심을 보이기도 한다. 청소년기 동물들은 지위가 낮아 영양이 풍부한 음식을 먹지 못한다. 가장 선택의 폭이 좁은 가장 위험한 곳에서 가장 영양분이 없는 음식을 고를 수밖에 없는 것이다. 앞으로 더 자세히 살펴보겠지만 분산하는 어린 동물은 청소년기 특유의 식성으로 새로운 환경에서 무엇을 어떻게 먹어야 하는지 배우고 적응하게 된다.

동물의 그릇

응용동물행동학자(동물을 훈련시키거나 동기를 부여하는 데 자신의 전문 지식을 직접 적용하는 사람) 사이에서는 모든 음식이 동등하지 않다는 게 상식이다. 개는 지겨운 사료보다 치즈나 간, 땅콩버터를 훨씬 더 잘 찾는다. 응용동물행동학자들은 이런 특별한 먹이를 가리켜 '간식 보상'이라고 부르는데, 새로운 기술 훈련에 집중하지 못하거나 어려워하는 동물을 격려하기 위해 전략적으로 사용한다. 간식 보상으로 주는 먹이는 개가 원하면서도 평소에 먹기 힘든 것이어야 한다. 이 2가지는 모두 동기부여를 유도하고 보상한다. 야생에도 이런 간식 보상이 있다. 캐나다 브리티시컬럼비아주 연안에서 서식하는 까마귀의 간식 보상은 바로 바지락이다.

까마귀가 투자해야 하는 시간과 에너지 측면에서 볼 때 조개는 가성비가 매우 떨어지는 먹잇감이다. 이 연체동물은 구하기도 힘들뿐더러 먹는 데도 오래 걸린다. 까마귀는 먼저 조개가 있을 만한 개펄을 찾아야 한다. 그런 다음 부리로 질척이는 개흙을 파내야 한다. 조개를 찾으면 들고 하늘 높이 날아 근처에 있는 바위 위로 떨어뜨려야 깨뜨릴 수 있다. 조개껍데기가 한 번에 부서지지 않으면 다시 조개를 들고 하늘 위로 올라가서 떨어뜨리기를 반복해야 하는데, 단단한 조개는 네다섯 번 시도해야 겨우 부서진다. 이렇게 조개 하나를 먹기 위해 엄청난 시간과 에너지가 소모된다.

까마귀가 이렇게 비효율적으로 행동하는 모습을 관찰한 사이먼프레이저대학의 두 과학자는 이상한 점을 발견했다.[14] 조개를 먹는 과정에 숨겨진 단계가 더 있었다. 까마귀는 엄청난 노력을 기울여 조개를 찾은 다음 펄에서 겨우 꺼내 하늘 위로 가져간다. 그런데 간혹 조개를 하늘에서 떨어뜨린 다음 다시 주워서 바위 위로 떨어뜨리지 않고 그냥 내버려 두었다. 아직 조개껍데기가 깨지지 않았는데 왜 어렵게 펄에서 파낸 조개를 버리는 것일까?

까마귀가 버린 조개를 살펴보니 그 크기가 너무 작았다. 노련한 까마귀는 펄에서 꺼낸 조개를 들어 올리며 조갯살에서 얻을 수 있는 잠재적 에너지와 내용물을 꺼내는 데 들여야 하는 노력을 비교했던 것이다.

그렇다면 어떤 까마귀가 가장 정확하게 계산했을까? 당연히 나이와 경험이 많은 까마귀였다. 미숙한 까마귀는 조개를 찾고 진흙을 파고 조개를 들어서 내용물을 계산하고 하늘 위로 올라간 다음 떨어뜨리고 마침내 조개를 먹는 데 더 많은 시간이 걸렸다. 이 모든 과정을 실수 없이 완료한다 하더라도 넘어야 할 산이 하나 더 있었다. 조갯살이 드러나기만을 기다리며 주변을 맴도는 까마귀들이다. 이런 녀석들은 다른 까마귀가 힘들게 얻은 조갯살을 잽싸게 가로챘다. 뺏어 먹는 까마귀까지 있으니 어리고 경험이 부족한 까마귀의 상황은 더욱 불리했다. 어린 까마귀는 나이가 많은 까마귀보다 훨씬 더 자주 먹이를 빼앗겼다. 하지만 시간이 지나면서 어린 까마귀의 실력도 점차 나아졌다.

몇몇 새는 성공의 원동력인 고집이나 집념, 끈기 같은 특성을 타고났을 수도 있다. 심리학자 앤젤라 더크워스는 열정과 끈기의 특별한 조합을 '그릿grit'이라 부른다.[15] 그릿은 기질과 생태, 훈련, 환경, 기대, 기회가 한데 어우러진 결과다. 더크워스에 따르면 인간이 목표를 달성하려면 지속적인 노력과 연습 그리고 강력한 동기부여가 있어야 한다.

응고롱고로 분화구의 하이에나 슈링크의 그릿을 측정했다면 아마도 굉장히 높게 나왔을 것이다. 하이에나에서부터 열대지방의 찌르레기나 미어캣에 이르기까지 다양한 동물의 개체별 끈기 차이를 측정하는 연구가 진행되었다.[16] 끈기를 측정하기 위해 과학자들은 음식을 퍼즐 안에 숨겨 동물이 어쩔 수 없이 노력하게 했다. 같은 장애물에 앞에 몇몇 동물은 비교적 쉽게 포기했다.

일부 하이에나는 퍼즐 상자에서 생고기를 꺼내기 위해 계속해서 애를 썼지만 몇몇은 몇 번 시도하다 포기했다.[17] 미어캣도 마찬가지였다. 몇몇 미어캣은 또래가 포기한 후에도 바삭한 전갈을 유리병에서 꺼내려고 끈질기게 시도했다.

인간에게 그릿이라는 자질이 도움이 되는 것처럼 동물 역시 그릿을 갖추면 더 나은 결과를 만들 수 있다. 끈기 있는 동물의 지속적인 노력과 여러 번 반복하는 시도(연습) 그리고 강력한 동기부여는 문제를 해결하고 혁신을 불러온다. 성공은 문제 해결을 위해 쏟은 시간에 비례한다. 유리병에서 전갈을 꺼내고야 마는 미어캣도, 퍼즐 상자에서 고기 꺼내는 방법을 알아내고야 마는 하이에나도 마찬가지다. 지속적인 노력은 청소년기 동물이 와일드후드 동안 마주하는 다양한 문제에 대처하는 능력을 향상한다. 와일드후드 동안 반복해서 시도하여 더 효과적으로 자신의 안전을 지키고 사회성을 기르고 성적으로 잘 소통하여 결국 생존 가능성 자체를 높인다.

동물의 그릿에서 우리가 배울 점이 있다. 바로 필요는 끈기의 어머니라는 것이다. 알고 보니 다 자란 서열이 높은 동물이 가장 끈기 있는 동물은 아니었다. 오히려 어리고 서열이 낮은 동물이 더 강한 집념을 보였다. 우리가 알다시피 서열이 낮은 동물에게는 끝까지 매달릴 남다른 이유가 있는데, 바로 배고픔 때문이다. 서열이 낮은 동물은 보유한 자원이 적다. 청소년기 동물은 생존에 필요한 것을 얻으려면 배

부르고 다소 무기력한 나이 많고 서열이 높은 동물이 포기할 때까지 더 오래 그리고 더 집요하게 버텨야 한다.

더크워스가 말한 그릿은 고정된 특성이 아니다. 인간에게서 관찰된다고 한 그릿이 동물에게서도 관찰되기 때문이다. 따라서 충분히 키워나갈 수 있다. 특별히 어렵게 제작된 상자에서 간식을 꺼내야 하는 과제에 계속 도전한 다람쥐는 갈수록 끈기 있게 매달렸고 시도하면 할수록 더 간식을 얻는 데 성공했다.[18] 개암을 동기로 삼아 끝까지 버틴 것이다. 포기하지 않을수록 끈기도 강해졌다. 다시 말해 그릿이 더 강력한 그릿으로 이어진 것이다.

어미의 정보력

어미 흰꼬리등꿩은 새끼에게 건강한 음식을 먹이고 싶을 때면 단백질 함유량이 높은 식물을 가리키며 삑 하고 독특한 소리를 낸다.[19] 훌륭한 '영양사'를 둔 운 좋은 새끼는 계속해서 영양분이 풍부한 식물을 섭취한다. 그러면 성장해 어미가 곁에 없을 때도 배운 대로 몸에 좋은 식물을 찾아 먹을 수 있다. 새끼 양과 송아지도 어미와 풀을 뜯으며 영양소가 가득한 다양한 먹이를 먹게 된다.[20]

영양학적으로 지식이 풍부한 부모를 둔 청소년도 운이 좋기는 마찬가지다. 연구 결과에 따르면 부모는 자식의 식습관과 영양에 큰 영향을 미친다.[21] 다만 아이에게 음식에 대한 기호와 식습관을 가르칠 기회는 아이가 어렸을 때로 제한된다. 부모는 청소년기 자식에게 다양한 방법으로 음식에 대한 정보를 전달한다. 자녀와 함께 요리를 하고 장을 보며 식품 라벨을 읽는 방법이나 요리법, 저장법, 준비 요령 등을 가르친다.

그러나 무엇을 먹는지 배우는 일은 사냥이나 채집하는 방법과 같이 음식을 구하거나 훔치는 방법을 아는 것과는 완전히 다르다. 동물의 세계에서는 와일드후드 때 부모와 공동체가 청소년에게 먹잇감을 다루는 기술을 전수한다. 교육은 새끼가 어렸을 때 시작되는데, 어느 정도 힘을 쓰고 집중할 수 있으면 바로 훈련에 들어간다.

범고래는 '스트랜딩stranding'이라는 기술을 써서 해안가로 올라와 바다표범이나 펭귄을 낚아챈 다음 다시 바다로 미끄러져 돌아온다.[22] 어른 고래는 새끼에게 스트랜딩을 가르치기 위해 먼저 다가오는 파도에 새끼를 밀어 해변까지 가게 한 다음 목표물로 유도한다. 새끼가 파도를 타고 바다로 돌아오는 데 애를 먹으면 어른 고래가 나서서 도와준다. 스트랜딩은 사실 굉장히 위험한 행동이다. 새끼가 정확히 배우지 않으면 그대로 해안가 육지에 발이 묶일 수 있다. 부모에게서 스트랜딩 기술을 배운 청소년기 고래는 종종 또래와 연습한다. 주변에 부모 고래가 없는 상태에서 위험하게 스트랜딩 놀이를 하기도 한다.

인간이 자녀에게 안전한 음식을 알려주는 과정은 비교적 덜 극적이다. 오늘날에는 먹으면 질병이나 심하면 죽음을 초래하는 음식에 관한 정보를 쉽게 접할 수 있다. 음식에 따라 중독, 알레르기, 아나필락시스와 같은 증상이나 당뇨, 심장병, 암과 같은 질환을 유발할 수 있다. 부모마다 구체적인 방법은 달라도 자녀가 건강한 음식을 먹고 안전하게 지내기를 바라는 마음은 같을 것이다.

협동해서 사냥하고 채집하는 무리의 일원으로 생활하는 어린 동물은 반드시 집단 사냥에 참여하는 방법과 집단에 기여하는 방법을 배워야 한다. 여기서도 어미는 매우 중요한 역할을 맡는다. 솔트와 같은 혹등고래는 '버블넷피딩bubble net feeding'이라 부르는 기발한 방법을 구사해 물고기를 잡는다.[23] 네댓 마리의 고래가 집단으로 움직이는데, 먼저 물고기 떼 주변을 빙빙 돌며 헤엄친다. 수중 토네이도를 만들어 소용돌이 안에 물고기를 가둔다고 생각하면 이해하기 쉽다. 고래는 소용돌이 안으로 거품을 불어넣어 물고기가 도망가지 못하게 혼란에 빠뜨리고 시야를 가린다. 물고기 떼가 한데 모이면 밑에서 재빨리 올라와 커다란 입을 벌리고 먹기 좋게 정리된 먹잇감을 단번에 삼킨다. 이러한 사냥 방법은 반드시 학습하고 연습해야 한다. 무리 안에서 어미가 새끼에게 이를 가르친다는 것을 보여주는 증거도 있다.

1980년대 메인만에서는 한 혹등고래가 버블넷피딩 기술을 업그레이드했다. 이때 솔트는 첫 번째 새끼를 임신 중이었다. 이 새로운 기술의 이름은 '롭테일피딩lobtail feeding'으로 거품을 불기 전 수면 위로 꼬리를 내리치는 동작을 추가한 것이다.[24] 새롭게 창작한 롭테일피딩은 우연히 깜짝 놀라 물 위로 뛰어오르는 물고기를 먹이로 먹는 것과 동시에 진행되었다. 꼬리로 수면을 내리치는 동작이 거품 그물을 덮는 음파 '뚜껑'을 만들어내면서 혹등고래가 원하는 위치에 물고기를 가둘 수 있었다. 솔트가 14마리의 새끼에게 가르친 수많은 기술 중 버블넷피딩과 롭테일피딩이 포함되어 있다고 생각하면 괜히 기분이 뿌듯하다. 실제로 솔트가 새끼들에게 이 기술을 가르쳤는지는 정확하지 않다. 하지만 메인만에 있던 다른 어미 혹등고래는 분명 새끼에게 가르쳤을 것이다. 운 좋은 새끼와 또래들은 정보력이 있는 어미 밑에서 소중한 기술을 배웠을 것이다.

헝거 게임

동물에게 사냥은 매우 어려운 일이다. 포식자 행동 시퀀스를 노련하게 해내려면 다년간의 노력이 뒷받침되어야 한다. 홀로서기 이후 혼자 힘으로 생존을 위해 날뛰어야 하는 새끼에게 미리 필요한 기술을 익힐 기회를 주는 포식자 부모도 있다. 이런 훈련은 대개 살아 있는 먹잇감을 가져오는 방식으로 이루어진다.

어미 레오파드바다표범은 새끼에게 다친 펭귄을 가져다주고 죽이는 연습을 하게 한다. 어미 치타는 다친 가젤을 새끼 앞에 내려놓는다.[25] 어미 퓨마도 마찬가지다. 어미 퓨마는 새끼 사슴이나 새끼 비버, 스컹크, 산미치광이를 가져와 놀이하듯 가르친다.[26]

육식동물인 미어캣은 새끼를 전갈 학교에 보낸다.[27] 그곳에서 새끼 미어캣은 독이 있고 꼬리가 굵은 전갈을 안전하게 죽이고 먹는 방법을 배운다. 노련한 어른 미어캣은 전갈의 침을 뽑은 다음 산 채로 새끼에게 준다. 새끼 미어캣이 자라 점차 전갈 사냥에 능숙해지면 어른 미어캣은 이제 살아 있는 전갈을 통째로 가져다준다. 그러고 나서 어른 미어캣은 새끼가 제압하고 침을 제거한 다음 죽여서 먹는 과정을 감독한다.

스페인흰죽지수리의 분산 과정에도 포식자 훈련이 포함되어 있다.[28] 이 훈련과 함께 실제로 분리가 시작되고 급습과 함께 못된 부모 행동으로 이어진다. 다른 맹금류처럼 흰죽지수리도 자라나는 새끼에게 직접 주던 먹이를 서서히 줄이는 효과적인 방법을 따른다.

처음에 부모(암컷과 수컷 둘 다) 흰죽지수리는 새끼가 앉아 있는 나뭇가지로 먹이를 가져다준다. 새끼 바로 옆에 앉아 고기를 작게 찢어 부리에 물고 새끼의 부리에 직접 넣어준다. 새끼가 둥지에서 생활할 때와 다를 바 없다. 그러다 며칠이 지나면 이런 이유식 횟수를 점차 줄인다. 부모는 여전히 새끼에게 토끼나 설치류를 가져다주지만 고기를 먹기 좋게 찢어 새끼의 부리에 넣어주는 대신 멀찌감치 떨어져 앉는다. 새끼는 먹이를 먹고 싶으면 부모가 있는 곳까지 날아와야 한다. 새끼가 날아오면 부모는 자리를 지키되 먹여주지 않는다. 어린 새끼는 부모가 지켜보는 가운데 혼자 힘으로 고기를 찢는 방법을 터득해야 한다.

이제 세 번째 단계로 넘어갈 차례다. 먹이를 가지고 있는 부모에게로 새끼가 날아와야 하는 것까지는 동일하다. 그런데 이제부터는 부모가 바로 자리를 뜨면 새끼 혼자서 먹이를 먹어야 한다. 부모가 먹이를 가져다주는 횟수가 점점 줄어들면서 새끼가 받는 스트레스도 심해진다. 새끼는 바뀐 먹이 공급과 일정을 얌전히 받아들이지 않는다. 부모에게 간청하지만 부모는 새끼의 울음소리를 무시한다. 못된 부모 행동을 시작하는 것이라고 볼 수 있다. 부모는 새끼가 떠날 때까지 꿈쩍하지 않고 먹이를 가져다주는 횟수를 점차 줄인다.

흰죽지수리의 포식자 훈련 과정 중 눈여겨보아야 할 부분은 사냥 방법을 가르치기 전에 먹이 훈련을 먼저 시작한다는 것이다. 얼핏 보기에는 이해가 가지 않는 훈련 방식이다. 이는 대단히 위험한 방법인 데다가 경험이 없는 새끼는 당연히 무능할 수밖에 없다. 쥐의 움직임에 귀 기울이는 방법과 토끼를 낚아채는 방법을 어떻게 새끼가 알겠는가? 먹잇감을 위에서 덮치거나 상체를 구부리는 방법, 발톱으로 꽉 붙잡거나 잡아 찢는 방법도 알 리 만무하다. 그렇다면 먹잇감을 감지하고 평가하고 공격해서 죽이는 포식자 행동 시퀀스를 한 번도 해본 적 없는 새끼가 스스로 터득하는 방법이 따로 있을까?

스페인 연구자들은 못된 부모 행동에 새끼의 간청에 대한 '무관심'이 더해져 새끼가 성공적인 사냥꾼으로 거듭나기 위해 필수 기술을 배울 수밖에 없을 것이라고 한다. 부모가 새끼의 배고픔을 동기부여로 활용해 독립적인 어른 흰죽지수리로 살아남는 요령을 가르친다는 뜻이다.

버블넷피딩이든 전갈 학교든 해변 스트랜딩 훈련이든 청소년기 동물은 연장자에 의지해 무엇을 어떻게 먹는지를 배운다. 스스로 배를 채우는 능력은 곧 생존 가능성과 직결된다. 이런 식의 자립은 자신감을 불어넣어 인간과 동물이 자신의 자식이나 친족, 공동체 구성원 등을 돌보는 데 도움이 된다.

부모보다 스승에게 배우는 몽구스

동물 부모는 새끼가 험한 세상에서 살아남는 데 필요한 기술을 습득할 수 있게 많은 시간과 에너지를 투자한다. 그런데 일부 동물 부모는 거의 성인기에 다다른 새끼에게 더 정성을 쏟다. 표범을 연구한 결과에 따르면 새끼가 자라서 독립할 나이가 가까워지면 어미 표범은 더 많은 시간을 들여 새끼가 연습할 수 있는 먹잇감을 찾았다.[29] 실제로 자신의 먹잇감을 찾을 때보다 더 많은 시간을 할애했다. 앞날이 창창한 딸이나 아들을 가르치기 위해 부업을 하는 인간 부모와 별반 다르지 않다.

동물에게 부모나 교사의 역할은 으르렁거리는 울음소리를 가르치는 데서 끝나지 않는다. 그리고 부모의 이 같은 행동이 순전히 자식을 위한 이타심에서 비롯되었다고 할 수도 없다. 부모의 가르침에는 한계가 있다. 부모로서 새끼를 학생으로 교육하는 일이 때로는 힘에 부치기도 한다. 아무것도 모르는 어린 늑대나 범고래가 집단 사냥을 망치기라도 하면 청소년기 동물의 천진난만하고 터무니없는 행동 때문에 가족의 소중한 한 끼가 날아가버리기도 한다. 또 부모가 순진한 새끼에게 사냥과 채집을 가르치다가 진이 빠지기도 한다. 특히 새끼의 퍼피 라이선스 만료일이 다가올수록 더욱 그렇다.

부모가 새끼를 가르치면서 일어날 수 있는 갈등을 아예 차단한 동물 종도 있다. 공동체에서 부모가 아닌 어른 동물이 새끼를 가르치는 것이다. 우간다에서 서식하는 줄무늬몽구스는 생후 1개월이 되면 굴을 떠나 채집을 가르쳐줄 선생님을 선택한다.[30] 그리고 선생님의 지도로 주식을 구하는 복잡한 방법을 배운다. 가족 관계가 아닌 어른에게 파충류 알을 훔치는 방법과 뱀이나 새를 사냥하는 방법, 나무에서 떨어진 과일을 찾는 방법 등을 배운다. 청소년기 몽구스는 이런 선생님을 자신만의 스승이라 생각해 다른 또래가 다가오는 것을 막는다. 몇 달 후 몽구스가 학습을 마치면 스승과 제자의 관계는 끝나지만 이제 막 어른이 된 젊은 몽구스는 스승이 가르쳐준 채집 영역과 기술을 따르며 살아간다.

친구랑 같은 걸로 주세요

사냥이나 채집 실력이 보잘것없어 부실할 수밖에 없는 청소년기 동물의 식생활을 더 악화시키는 식습관이 있다. 바로 친구의 식습관을 그대로 따라 하는 것이다.

예컨대 어린 시궁쥐는 군침이 절로 도는 먹음직스러운 먹이와 별로 내키지 않는 먹이 중 항상 맛있는 음식을 고른다.[31] 그런데 한 연구 결과에 따르면 사춘기에 접어든 시궁쥐는 또래와 어울리기 시작하면서 먹이 선택이 달라졌다.[32] 자신이 좋아하는 먹이 대신 친구의 선택을 따라 할 가능성이 2배 높아지는 것이다. 이러한 또래 압력이 입맛 외에도 영향을 미치는지 알아보기 위해 연구자들은 나트륨이 부족한 쥐들에게 건강에 알맞은 양의 소금이 들어 있는 먹이를 주었다. 이번에도 청소년 쥐는 필요한 영양분을 함유한 몸에 좋은 음식을 거부하고 또래가 먹는 먹이를 선택했다. 놀랍게도 또래의 영향은 독이 든 먹이를 먹을 때도 나타났다.[33] 또래가 먹는 것을 본 쥐는 예전에 부패한 먹이를 먹고 아팠던 적이 있는데도 독이 든 먹이를 따라 먹었다.

쥐는 털과 수염에 냄새를 묻히고 다닌다.[34] 그래서 쥐들은 친구가 무엇을 먹었는지 알 수 있다. 그런데 더 강력한 힌트가 있다. 바로 또래의 입에서 나는 음식 냄새다. 쥐는 원래 신맛을 싫어한다. 그런데 청소년 쥐는 친구 입에서 신맛 나는 음식 냄새를 맡으면 자신도 먹고 싫어한다. 또래가 피하는 음식도 마찬가지다. 또래가 피하는 음식이 있으면 자신도 그 음식을 꺼리기 시작한다.

청소년을 키우는 인간 부모에게 이러한 또래 압력은 답답하고 짜증이 날 수 있다. 특히 거의 15년 가까이 신중하게 식습관을 가르쳤다면 더욱 그렇다. 식습관을 둘러싼 문제가 청소년의 반항심을 경고하는 신호일 수도 있다. 몸에 좋은 점심 도시락을 버리거나 가족과의 저녁 식사를 거부하는 등의 행동은 10대가 부모를 화나게 하고 슬프게 하는 대표적 반항이다. 그런데 또래를 따라 하는 시궁쥐의 행동을 생태학적으로 해석해 인간에게도 적용해볼 수 있다. 또래에게서 얻는 주변 환경에 대한 정보는 대개 부모가 알려주는 정보보다 정확하다. 이미 자원과 지위, 전통 등의 혜택을 받고 있는 부모는 나이와 경험이 많아 여러모로 유리할 수 있어도 새끼에게 밀착해 큰 영향을 미치는 영양 생태계의 변화에 대해는 잘 모를 수 있다.

또래는 가장 최신 정보를 제공하는 정보원일 뿐만 아니라 분산 시기에 매우 유용한 지원 체계이자 때에 따라는 생명의 은인이기도 하다. 마다가스카르에 서식하며 여우원숭이를 주식으로 먹는 포사는 성인기에 접어들면 대부분 형제나 또래 수컷끼리 팀을 이룬다.[35]

포사 전문가 미아 라나 뤼어스는 "수컷 포사끼리 짝을 이뤄 함께 사냥하는데, 혼자일 때보다 더 많이 먹고 더 크게 자랄 수 있다"라고 설명한다.[36] 형제가 있는 수컷 포사는 파트너를 찾기가 상대적으로 쉽다. 파트너와 함께하면 사냥할 때 도움을 받는 것 외에도 많은 이점이 있다. 함께 지내기에 적당한 상대를 찾아 사냥 파트너로 삼으면 앞날이 편안해진다. 뤼어스는 짝을 찾지 못하면 "외톨이가 되는 길을 걸을 수도 있다"라고 한다.

햄버거 가게나 커피숍에서 친구들과 어울리며 감자튀김이나 설탕을 넣은 밀크티를 마시는 것을 건강한 식습관이라고 보기 어렵다. 하지만 청소년 자녀의 식습관을 걱정하는 부모가 시각을 조금 바꾸면 와일드후드 본능에 충실한 자녀가 친구들과 음식을 나눠 먹고 있다고 생각할 수도 있다.

간단히 말해 통제 불가능한 수준의 식습관이 아닌 이상 가장 중요한 것은 음식 자체가 아니라 청소년이 어울리는 친구다. 모든 사회적 동물은 집단 안에서 자신을 정의한다. 진정한 독립은 고립이 아니라 자립에서 시작된다.

17.

위대한 외톨이

거리에서 생활한 지 일주일이 넘어서야 슬라브츠는 겨우 배를 채울 수 있었다. 물론 노루가 아닌 붉은여우라 그리 만족스러운 식사는 아니었지만 말이다. 슬라브츠의 여정 내내 후베르트 포토치니크와 연구진은 늑대의 사냥 장소를 조사하고 무엇을 먹는지 기록했다. 점차 슬라브츠의 사냥 실력이 늘고 있었다. 곧 일주일에 한 마리 정도의 사슴을 꾸준히 먹게 될 것 같았다. 하지만 배가 고팠는지 슬라브츠는 계속 걸어나가기만 했다.

슬라브츠는 북쪽으로 올라가 오스트리아를 건넜다. 그곳에서 2012년 새해를 맞이했다. 그러다 갑자기 커다란 강을 만나면서 길이 막혀버렸다. 이탈리아 알프스 높은 곳에서 흘러내려온 물은 드라바강을 따라 동쪽으로 흘러 오스트리아를 관통한 다음 크로아티아 오시예크 근처 도나우강으로 흘러 들어간다. 겨울이면 깊은 강물 위로 얼음이 떠오른다. 경로를 바꾸지 않는 한 슬라브츠는 어쩔 수 없이 드라바강을 건너야 했다. 주변 지형을 잘 모르는 데다 다리도 안 보였기에 슬라브츠는 강의 가장 넓은 지점으로 다가가 강물 안으로 들어갔다. 그러고는 미식축구 경기장 3개를 합쳐놓은 길이인 280m에 달하는 차가운 강물을 헤엄쳐 건넜다.

반대편에 도착한 슬라브츠가 꽁꽁 얼어붙은 추운 강물에서 빠져나왔다. 몸에서 물이 뚝뚝 흘러내렸고 온몸이 저절로 떨렸다. 하지만 이제 와 멈출 수는 없었기에 슬라브츠는 계속 나아갔다. 1월이 지나고 2월이 올 때까지 어린 늑대는 이탈리아 알프스를 통과해 서쪽으로 이동했다. 영하의 기온에도 아랑곳없이 6m 깊이의 눈을 헤치며 터덜터덜 걸었다. 그렇게 슬라브츠는 해발 2600m 지점까지 올라갔다.

발렌타인데이에 슬라브츠는 '콜디프라Col di Prà'라는 산길을 통과해 이탈리아 북동 지역을 따라 자리한 돌로미티산맥으로 들어섰다. 여기서 슬라브츠의 여정이 끝나는 듯 보였다. 여전히 곳곳에 겨울의 흔적이 남아 있었다. 출발 후 처음으로 슬라브츠의 속도가 떨어졌다. 며칠간 슬라브츠는 피아니 에테르니, 즉 끝없는 평원이라는 이름에 걸맞은 곳을 배회하며 밖으로 통하는 길을 찾았다. 그러다 포토치니크는 더 이상한 장면을 발견했다. 5일 동안 슬라브츠의 위치를 나타내는 GPS가 거의 움직이지 않았다. 늑대는 먹이도 나아갈 길도 찾지 않았다. 슬라브츠는 길을 잃은 채 홀로 추위와 굶주림을 견디며 그답지 않게 아주 긴 휴식을 취했다.

고립은 인간이라면 누구나 한 번쯤은 겪을 수 있는 보편적인 경험이다. 고립에 대처하는 방법을 배우는 것은 성장의 일부다. 실제로 스스로의 힘으로 살아남는 과정은 전 세계적으로 어른이 되기 위한 통과의례다. 이누이트족의 소년은 어른이 되기 위해 집단에서 떨어져 홀로 사냥하며 이글루를 짓는 방법을 배우는 전통이 있다.[1] 피바디고고학박물관 1층에는 사슴의 뿔과 힘줄로 만든 눈을 퍼내는 도구가 전시되어 있다. 19세기에 살았을 이 물건의 주인은 아버지나 공동체의 다른 남성에게 도구를 사용하는 방법을 배웠을 것이다. 이후 혼자서 시간을 보내며 사냥 기술을 증명하고 어른으로서의 능력을 인정받았을 것이다.

호주 원주민 청년은 전통적 의례에 따라 몇 달 동안 혼자 힘으로 생활해야 했다.[2] 북아메리카 원주민인 라코타족은 성인이 되기 위한 통과의례를 비전 퀘스트vision quest라고 불렀는데, 여기에는 나흘 동안 홀로 언덕 위에서 지내는 과정이 포함되어 있었다.[3] 오늘날 청소년과 청년은 고립된 환경에서도 살아남을 수 있는 생존 훈련을 군대에서 배운다.[4] 미국에는 국립야외활동지도자학교National Outdoor Leadership School나 아웃워드바운드Outward Bound와 같은 교육 기관이 있어 청소년이 야생에서 살아남기 위한 기술을 배울 수 있다. 아웃워드바운드에서 제공하는 강력한 경험 중 하나가 '솔로'다. 이는 짧게는 몇 시간에서 길게는 며칠까지 아무도 없이 홀로 야생에서 시간을 보내는 훈련이다. 참가자에게는 음식과 잘 곳이 제공된다. 이 훈련의 가장 큰 어려움이자 목표는 고독을 다루는 일이다. 나 홀로 야생에서 살아남기란 단순히 음식과 잘 곳만 찾으면 되는 게 아니다. 외로움이라는 심리적·육체적 고통을 극복해야 한다.

우리는 홀로 남겨진 늑대가 외로움을 느꼈는지 알 수 없다. 그러나 인간을 대상으로 한 연구 결과에 따르면 고립이 염증이나 면역 억제, 심혈관계 기능 변화 등 생리학적으로 안 좋은 영향을 미치는 것으로 나타났다. 적어도 인간은 고립으로 신체적 피해를 볼 수 있다는 것이다.

일부 청소년은 선천적으로 남들보다 고독을 즐긴다. 전문가들은 모든 청소년이 혼자 있는 시간을 통해 발달상 이익을 얻을 수 있다는 데 주목한다.[5] 그러나 동시에 지속적인 고립과 외로움, 단절은 우울증이나 다른 건강 문제의 전조일 수 있다.[6] 사회적 고립은 청소년 자살의 위험 인자다.[7] 와일드후드 동안의 고독은 청소년을 더욱 강하게 만드는 반면 고립은 치명적인 결과를 불러오곤 한다.

길어지는 양육 기간

지난 10년 동안 미국을 비롯한 여러 나라에서 아이의 일거수일투족과 매 순간 기분에 관여하는 헬리콥터 부모와 독립해서 직장이나 대학을 다니다가 다시 집으로 돌아오는 부메랑 키즈가 문제로 대두되며 부모들이 비판의 도마 위에 올랐다. 비판의 골자는 헬리콥터 부모가 결국 부메랑 키즈를 키운다는 것이었다.

실제로 이러한 현상은 이제 미국에서 일반적인 현상이 되어버렸다. 2016년 기준 18~34세 젊은 성인은 배우자나 연인보다 부모와 사는 경우가 더 많았다.[8] 폴란드, 슬로베니아, 크로아티아, 헝가리, 이탈리아에서는 18~34세 젊은 성인 중 60% 이상이 부모와 한집에서 거주했다.[9] 중국, 홍콩, 인도, 일본, 호주에서는 22~29세 젊은 성인 가운데 3분의 2가 부모와 한집에서 거주했다.[10] 중동 국가의 경우 대부분 결혼할 때까지 집에서 사는 것이 관습이다.

인간은 다른 동물 종보다 의존적으로 보내는 아동기와 청소년기가 길다. 하지만 우리만 그런 것은 아닐지도 모른다. 야생동물 중에는 새끼가 둥지를 떠난 후에도 지원을 계속해주는 부모가 많다. 오히려 독립한 새끼에게 도움의 손길과 훈련의 기회를 더 많이 제공하기도 한다. 만약 새끼가 충분히 못 먹어 애를 먹고 있다면 부모가 먹이를 구해다 주는 것을 흔히 볼 수 있다. 자녀가 대학에 들어가면 학비로 모아둔 돈을 쓰는 신중한 부모처럼 동물 역시 자신의 영역과 분산하는 순간을 위해 쌓아온 먹이 저장고를 새끼에게 물려준다. 이처럼 분산 이후에 강화되는 부모의 지원을 생태학적 용어로 "양육 기간 연장"이라고 부른다.[11] 다 자란 자식에 대한 부모의 양육과 보살핌 기간이 길어지는 이유는 동물과 인간을 막론하고 모두 놀라울 정도로 비슷하다. 위험한 환경과 부족한 식량을 비롯해 영역 싸움과 짝짓기 상대 찾기의 부담감이 청년기 동물들을 더 오래 집에 머물게 한다.

만약 부메랑 키즈라 불리는 청소년이 사회과학자의 비난을 한몸에 받는 인간이 아니라 조류학자가 관찰하는 새였다면 어땠을까? 조류학자들이라면 부모 새가 새끼를 도와주는 현상을 '깃털이 다 자란 후의 보살핌'이라고 불렀을지도 모른다. 게다가 이러한 현상을 한탄하기는커녕 새끼의 성공과 생존 가능성을 높이는 행동이라며 생물학자들과 비슷한 주장을 펼쳤을 것이다.

인간의 양육 기간 연장을 좀더 넓게 역사적·문화적 맥락에서 생각해보면 도움이 될 뿐만 아니라 안심이 될 수도 있다. 인간의 생애 주기를 연구하는 역사가 스티븐 민츠에 따르면 "성인기로의 전환기가 오랫동안 지속되는 것은 새로운 현상이 아니다."[12] 그러면서 민츠는 "오래전부터 10대 후반부터 20대 후반까지 10년 정도의 기간은 불확실성과 망설임, 우유부단 시기로 여겨왔다"라고 덧붙인다. 민츠는 1837년 19세의 나이로 하버드대학을 졸업한 한 남자의 이야기를 들려준다. 이야기의 주인공은 "교사로 채용되었지만 2주 만에 그만둔다. 그러고는 간헐적으로 부모님의 연필 공장에서 일하며 과외 교사로 학생을 가르치고 거름을 퍼내는 일을 했다." 청년은 한동안 편집 보조원으로도 일했다. 결국 청년은 작가이자 측량사로서 입지를 굳히게 된다. 하지만 이후에도 청년은 계속 가족의 연필 공장에서 일하거나 도움을 받았다. 이 청년은 바로 헨리 데이비드 소로다.

민츠에 따르면 미국 초기에는 "많은 사람이 생각하는 것과 달리 성인기에 접어드는 나이가 그리 어리지 않았다. 19세기 초반에는 10대나 20대 청년도 혼자서 살다가 부모님 집에 들어가는 등 상대적 독립과 의존 사이를 오가며 생활했다."[13]

미국 역사 대부분에서 이러한 예를 찾아볼 수 있다. 대개 결혼이라는 통과의례를 거치면 자립에 이른다고 생각한다. 그러나 제2차 세계대전 직후의 짧은 기간을 제외하면 젊은이 대부분은 20대 중반 또는 늦으면 20대 후반에서 30대 초반까지 결혼을 미뤘다. 민츠는 미합중국이 탄생하기 전 식민지 시대에도 "일반적으로 청년은 유산을 상속받을 때까지 결혼을 미뤄야 했는데, 대개 아버지의 죽음 이후에 유산을 상속받을 수 있었다"라고 한다.[14] 민츠는 미국 역사를 통틀어 어른 세계로의 전환은 항상 적잖은 충격을 초래했다고 덧붙인다. 부모는 일찍 생을 마감했고 교육은 대부분 간헐적으로 이루어졌으며 숙식 역시 불확실했다. 어린 이민자, 특히 그중에서도 여성은 일을 찾기 위해 혼자 움직였다.

조류와 포유류 중 여러 종이 집을 떠날 '준비'가 된 청소년기 동물에게 원래 영역 안에서 머물며 다른 구성원을 돕는 것을 허락하거나 오히려 권장한다.[15] 시집 안 간 이모나 삼촌이라고 볼 수 있는데, 종종 평생을 태어난 집이나 보금자리에서 보낸다. 이러한 전략은 부모와 새끼, 동생들에게 모두 이롭다. 청소년기 동물은 음식을 가져다주거나 보모나 멘토 역할을 하며 동생을 돌본다. 또 보초를 서거나 보안을 담당하기도 하고 집단 공격 시 필요한 인원수를 채우는 등 다양한 방법으로 무리를 돕는다. 이들이 무전취식을 하는 일은 거의 없다.

태어난 둥지에서 더 오래 머물다가 분산한다고 해서 독립에 실패하는 것은 아니다. 청소년기 동물은 집에서 지내면서 여러 가지 이점을 누린다. 주변 환경에 포식자가 많다면 부모와 함께 지내는 편이 물리적으로 더 안전하다. 또 독립하는 해에 유독 경쟁해야 하는 또래가 많다면 다음 분산 철이 올 때까지 기다리는 것도 먹이와 영역, 짝짓기 상대를 더 효과적으로 찾는 좋은 전략이다. 독립을 조금 미루면 오히려 이익인 또 다른 이유는 부모의 죽음 이후 승계권을 차지할 확률이 높아져 부모의 영역을 물려받을지도 모르기 때문이다. 예컨대 지위가 낮은 암컷 미어캣에게 자신의 영역을 확보하는 가장 좋은 전략은 바로 어미가 죽을 때까지 집을 떠나지 않고 버티는 것이다. 침팬지도 비슷한 전략을 활용한다. 단, 침팬지는 수컷이 영역을 넘겨받는 경향이 있다.

겨울 동안 적어도 부모 중 한 마리와 같이 생활한 수컷 멕시코 파랑지빠귀는 무사히 겨울철을 보낼 뿐만 아니라 종종 이듬해 봄이 되면 부모의 영역 중 일부를 물려받는다.[16] 새끼가 물려받는 영역에는 보통 코넬대학 과학자들이 '겨우살이 자원'이라고 부른 것이 풍부한데, 둥지를 만들 때 쓰거나 먹을 수도 있어 유용하다.

속세의 재산을 자식에게 물려주는 것은 비단 인간만이 아니다. 작은 대지에 '주인'이 여럿인 경우도 있다. 어미 북방청서는 주로 청소년기 새끼에게 자신의 영역을 물려주는데, 이때 주변에 있는 주인 없는 땅을 최대한 끌어모은다.[17] 어미는 부동산뿐만 아니라 영역 곳곳에 음식을 숨겨놓은 비밀 저장고까지 물려줄 수 있다. 어미 청서는 자신이 죽어야 재산을 양도할 수 있다고 생각하지 않는다. 어미는 중년이 되면 유산을 나눠준 뒤 짐을 싸서 홀로 여행을 떠난다.

동물 부모가 분산하는 새끼를 돕는 효과적인 방법의 하나는 새끼가 떠나기 전 올바른 방향을 알려주는 것이다. 부모와의 여행이란 일부 포유류와 대부분 조류에서 관찰되는 습성으로 부모가 청소년기 새끼를 데리고 세상 경험을 쌓기 위해 짧은 여행을 떠나는 것을 말한다.[18] 함께 먹이를 찾거나 영역을 지키는데, 특히 부모는 사회에 새끼를 소개한다. 신분 상승을 꿈꾸는 제인 오스틴의 소설 속 어머니들처럼, 박새라는 명금류는 조건에 부합하는 새끼를 데리고 다른 무리를 찾아가 가장 힘이 세고 지위가 높은 잠재적 짝짓기 상대에게 인사시킨다.[19] 이를 통해 어미는 대대손손 새끼 새를 낳을 가능성을 한층 더 높인다.

여러 동물 종을 대상으로 한 연구 결과를 보면 양육 기간 연장은 곧 수명 연장임을 알 수 있다. 양육 기간 연장은 생존 기술이 부족한 채 새롭게 독립한 어린 동물이 가장 위험한 시기인 둥지를 떠나고 처음 며칠에서 몇 주 동안 살아남게 한다. 그러나 양육 기간 연장의 이점에는 대가가 따른다. 스스로 먹이를 구하는 방법을 배우는 시기도 더불어 미뤄진다. 한 연구 결과에 따르면 호주에서 서식하는 흙둥지새는 홀로서기를 연기하고 여러 어른 새와 함께 집에 머물렀더니 더 많은 먹이를 먹고 이듬해 겨울 더 건장해져 독립했다.[20]

홀로서기 이후 양육 기간 연장에 따른 후유증도 감당해야만 했다. 오랫동안 부모와 지내다 분산한 새는 경험이 부족하다 보니 부모에게 도움을 받지 않고 독립한 새보다 당연히 먹이 채집에 서투를 수밖에 없었다. 부모의 보살핌을 오래 받은 새는 또한 반포식적 행동을 늦게 시작하는 것으로 나타났다. 다 자란 어른과 더 오랫동안 지내는 새끼 멕시코어치는 매우 중요한 떼 짓기 기술을 배우지 못한다.[21]

결국 청소년기 동물은 위험한 환경에서 안전하게 보호받고 배불리 먹여주는 보살핌과 실제로 독립한 후에 필요한 생존 기술 연마하기 사이에서 적절한 균형을 찾아야 한다.

이런 맥락에서 청소년기와 청년기까지 자식의 삶에 깊이 관여하는 요즘 부모들이 받고 있는 비난에 대해 생각해보면 흥미롭다. 하버드대 교육대학원이 발표한 보고서에 따르면 "특히 부유한 공동체에서 부모가 자녀의 학업과 사회생활에 매우 깊숙이 개입하는 경향이 있다. 이런 경우 10대가 부모의 도움 없이 공부하거나 나쁜 성적을 의논하는 자리를 마련하거나 친구와의 의견 충돌을 해결하거나 하는 일은 극히 드물다."[22]

일부 부모의 과도한 보살핌은 조롱거리가 될 만하다. 청년이 문제 해결 능력을 기를 기회마저 앗아가는 보살핌은 명백히 부모의 잘못된 행동이다. 그러나 다시 부모님 집으로 돌아오는 밀레니얼 세대를 향한 비난과 맞물려 부모가 지속적으로 개입하는 일의 중요성이 흐려진 것도 사실이다. 민츠는 이를 이렇게 설명한다.[23]

> 자녀가 더는 일자리를 보장받을 수 없는 성인기로 접어들어 전통적이고 다사다난한 길을 걷는 동안 부모는 옆에서 구명 밧줄을 손에 쥐고 대기하고 있을 충분한 이유가 있다. 이제 인생에서 많은 위험이 도사리고 있는 시기는 10대가 아니라 20대다. 폭음, 불법 약물 사용, 질병이나 계획하지 않은 임신으로 이어지는 부주의한 성관계, 폭력적인 범죄 등의 문제 행동이 바로 20대에 최고조에 달하기 때문이다. 20대에 저지른 실수로 평생 불이익을 당할 수 있다.

지나친 부모의 개입을 비난하기에 바빠 더 큰 문제를 간과하고 있다. 부모의 양육이 '부재'하는 경우도 많다는 사실이다. 부모나 부모 역할을 하는 멘토가 없는 청소년은 어른의 세계로 나아가는 것이 대단히 위험할 수 있다. 펜실베이니아대학의 사회과학자들이 연구한 바에 따르면 재정적·정서적 지원을 해줄 가족 없이 위탁 가정에서 자란 18세 청년들은 실업률과 생활 보조금 의존율이 높았다.[24] 이들은 또래보다 신체적·행동적 건강 상태가 나쁜 편이었고 교육 수준이 낮았으며 형사 사법 제도와 부딪히는 일도 잦았다.

인간을 위한 '깃털이 다 자란 후 보살핌'이라고 할 수 있는 멘토링은 취약 계층의 삶을 크게 개선한다. 유능하고 배려심이 깊은 어른 멘토와 관계를 형성하며 자란 위탁 가정의 청소년은 청소년기와 성인으로 접어드는 전환기를 훨씬 더 잘 보낸다는 보고서도 있다. 연구자들이 "교사나 친척, 사회복지사, 공동체 구성원, 코치처럼 청소년의 사회 관계망 안에 존재하는 매우 중요한 부모 외 성인"이라고 정의하는 '친숙한' 멘토와 교류한 청소년은 그 결과가 가장 만족스러웠다. 국가나 비영리단체가 지정한 잘 모르는 어른보다 위탁 가정 청소년이 직접 선택한 익숙한 성인 멘토가 과도기를 겪는 위탁 청소년에게 "보호적 요소"와 "바람직한 청년의 자질과 능력을 개발할 수 있게 지속적인 지도와 설명, 격려"를 해주었다.

양육 기간 연장은 재력과 관계없이 모든 계층에 걸쳐 나타난다. 부모의 도움은 집이나 음식, 직접적인 재정적 지원의 형태를 띠기도 하지만 직업에 관한 조언이나 기술 전수, 정신적 지지, 사회성 지도, 의지할 상대 제공 등 돈이 들지 않는 보살핌도 있다.

얼마나 양육 기간이 연장되는지는 부모의 자원과 자식의 필요성에 따라 달라진다. 그러나 정도와 관계없이 일반적으로 또는 보편적으로 부모가 자식을 지속해서 보살피는 것을 볼 수 있다. 진화적 관점에서 보면 이해가 간다. 부모의 유전적 유산이 자식뿐만 아니라 자식의 자식에게 대물림되기 때문이다. 따라서 부모가 가능한 한 최선을 다해 자식을 돕는 것은 어떻게 보면 당연한 일이다. 이는 개인적 이기심이나 진화적 적합성에서 비롯한 것일 수도 있고 자식을 사랑하는 마음이 동기로 작용한 것일 수도 있다. 이유야 어찌 되었든 지구상 수많은 부모가 자식의 안전과 건강, 행복에 투자한다는 것은 반박할 수 없는 사실이다.

동물 세계를 통해 양육 기간 연장의 장단점을 파악함으로써 인간이 자녀에게 어떻게 지원하고 언제까지 지원해야 하는지를 좀더 현실적이고 어쩌면 측은한 마음으로 이해하게 될 것이다. 물론 부모와 더 오래 머무는 흙둥지새와 멕시코어치는 일찍 독립하는 새들과 달리 먹이를 채집하거나 포식자를 쫓는 방법을 배우지 못한다. 하지만 바깥세상은 위험한데 어린 동물에게 스스로를 지킬 능력이 없다면 오히려 집에 남는 편이 더 안전할지도 모른다. 계속해서 부모에게 의지하고자 하는 행동에는 심리적 요인만큼이나 생태적 요인도 영향을 미친다. 민츠의 설명은 한층 더 직설적이다.[25] "부모의 보살핌은 자녀의 삶이 정해진 길에서 크게 벗어나는 것을 방지하는 데 중요한 역할을 한다."

동물 세계의 사례들을 살펴보면 양육 기간 연장은 단순히 새끼가 하고 싶은 대로 내버려 두는 것을 넘어 진화적 전략임을 알 수 있다.

고독이 고립으로 이어지지 않게

보전생물학자는 연구 중인 동물을 추적하기 위해 다양한 방법을 활용하는데, 자립하는 청소년을 둔 부모는 이를 보고 부러운 마음이 들 수도 있다. 위성 원격 측정과 원격 카메라, 드론 조사, 쌍안경은 취약한 어린 동물을 지켜보는 데 유용하다. 포토치니크 역시 무선 송신기와 더불어 여러 명의 관찰자와 공동체 구성원으로 이루어진 네트워크를 활용해 슬라브츠를 추적했다. 독립 후 모니터링은 보전생물학자가 어려움을 겪는 새끼 야생동물에게 기술로 무장한 양육 기간 연장을 가능하게 한다.[26] 특히 독립 후 모니터링은 먹이와 관련한 문제들을 쉽게 해결할 수 있다. 청소년의 주머니에 현금을 찔러 넣어주는 부모처럼 보전생물학자는 먹이로 곤란을 겪고 있는 동물이 찾을 만한 곳에 먹이를 떨어뜨린다.

캘리포니아주립대학 데이비스캠퍼스의 야생동물학자이자 비영리단체 판서라의 프로젝트 리더인 마크 엘브로크는 와이오밍주 그랜드테톤산맥에서 고아가 된 퓨마 두 마리를 추적한 일지를 블로그에 올렸다.[27] 이 둘은 생후 7개월이 되었을 즈음 어미를 잃어 사냥 기술을 배울 기회가 없었다. 그랜드테톤산맥 근처에서 생활하는 퓨마는 원래 생후 2년간 어미와 지낸다.

엘브로크는 어미가 죽고 몇 주 후부터 새끼 퓨마들이 굶주리기 시작했다고 썼다. "주변을 의식하지 못한 채 뼈가 드러난 좀비 같은 몰골로 낮 동안 돌아다녔다." 둘 중 한 마리는 결국 좋지 않은 결말을 맞았다. 엘브로크는 몇 주 전까지만 해도 새끼 퓨마들이 어미와 함께 지내던 미송 아래 잠자리에서 몸을 웅크린 채 죽어 있는 암컷 퓨마의 사체를 발견했다. 송곳니 영구치가 아직 자라는 중이었으므로 사춘기의 신체적 변화를 겪는 와중에 목숨을 잃은 것이다.

엘브로크는 주정부 기관인 수렵·낚시관리국의 허락을 받아 굶주림에 허덕이고 있을 홀로 남은 퓨마를 도와주기로 했다. 엘브로크 연구진은 퓨마의 위치를 파악한 후 "퓨마가 다니는 길목에 차에 치여 죽은 무스의 뒷다리를 떨어뜨렸다. 15분 후 그 퓨마가 하늘에서 떨어진 보물을 발견했다. 녀석은 4일 동안 쉬지 않고 먹이를 먹었다. 녀석은 완전히 다른 퓨마가 되었다. 전에는 주변의 위험 등을 전혀 의식하지 않고 목적 없이 어슬렁거렸지만 무스가 어엿한 퓨마로 거듭나는 자양분이 되어주었다."

엘브로크 연구진은 계속해서 청소년기 퓨마를 지켜보았다. 몸집이 작은 먹이를 혼자서 사냥하고 먹는 것을 확인할 때까지 두 번 더 먹이를 주었다.

도움의 손길은 고독이 위험한 고립으로 이어지는 것을 막는다. 퓨마의 이야기에서 얻을 수 있는 생태적 교훈은 위험을 무릅쓰는 편이 더 안전하다는 말만큼이나 역설적이면서도 명징하다. 즉 때로는 약간의 도움이 독립심을 길러준다는 것이다.

즐거운 나의 집

슬라브츠는 돌로미티에서 길을 잃은 채 열흘을 보내다 마침내 나가는 길을 찾자 다시 기운을 차렸다. 뒤도 돌아보지 않고 베로나를 향해 남쪽으로 달렸다.

3월 초 슬라브츠는 아름다운 도시 베로나의 끝자락에 다다랐다. 늑대가 지내기 안성맞춤인 환경이 마음에 들었는지 그곳에서 12일 동안 머물렀다.

베로나 교외의 잘 경작된 포도밭과 농장은 알프스 고산지대처럼 위험하지 않았지만 산에서 사냥했던 야생 사슴을 거의 볼 수 없었다. 앞서 살펴본 바와 같이 새로운 환경은 위험하다. 특히 인간과 접촉할 수 있는 새로운 환경은 야생동물에게 더욱 예측 불가능한 것이었다. 산타모니카 한복판에서 쏜살같이 지나가는 자동차와 소리 지르는 사람들에 둘러싸였던 PJ처럼 슬라브츠는 난생처음 만나는 광경에 적응해야 했다. 그리고 그 과정에서 슬라브츠는 어쩔 수 없이 옳지 않은 선택을 할 수밖에 없었다. 사냥할 수 있는 사슴이 얼마 없으니 자연스럽게 가축을 노리기 시작했다. 며칠에 걸쳐 양이나 염소를 공격했고 말을 잡아먹었다. GPS 데이터로 슬라브츠의 움직임을 추적하던 포토치니크는 개입을 고민했다. 이대로 두었다간 화가 난 농부가 슬라브츠를 위협하는 위험한 상황이 벌어질 것이 불 보듯 뻔했다.

다행히 슬라브츠는 요령껏 위기를 모면했다. 그러고는 보호림으로 가득한 레시니아주립자연공원이 있는 베로나 북쪽으로 이동하기 시작했다. 포토치니크에 따르면 그곳에서 "분산과 함께 켜졌던 스위치가 꺼졌다." 그렇게 예고도 없이 슬라브츠의 여정이 끝났다. 슬라브츠가 드디어 집을 찾은 것이다.

슬라브츠는 베로나 지역에 도착한 후 떠나지 않고 계속 머물렀다. 그러나 성인이 된 인간을 비롯해 웅고롱고로 분화구의 슈링크와 같은 수많은 동물은 평생 분산하며 살아간다. 새로운 영역과 기회, 사랑을 찾아 이동하고 갈등이나 궁핍을 벗어나기 위해 움직인다. 세상을 향한 호기심이 너무 강해 계속해서 거주지를 옮겨 다니는 인간도 있다. 단순한 모험심은 어른 동물의 방랑벽을 자극하는 동기가 되는 듯하다.

중요하고도 확실한 사실은 다 자란 어른이 매번 새로운 '분산'을 시작할 때마다 와일드후드를 다시 경험한다는 것이다. 다시 한번 경험이 미숙한 상태로 돌아간다. 새로운 영역 안에 들어간 후에는 포식자의 공격이나 착취에 취약해진다. 예전과 다른 사회구조에서 자신의 위치를 찾아가며 불안과 흥분에 휩싸이기도 한다. 새로운 또래를 만나 지금과는 다른 방식으로 자신을 표현하고 상대방의 욕구에 반응해야 할 수도 있다. 먹고사는 문제는 언제나 가장 중요한 과제다. 성인기에 접어들면 대개 청소년기보다 음식을 훨씬 수월하게 구하기는 하지만 말이다. 와일드후드에 다시 돌입할 때마다 깊게 각인된 청소년기의 패턴을 반복하게 된다.

18.

아이에서 어른으로

슬라브츠는 언제 어른이 되었을까? 태어난 집을 떠난 첫날 밤 슬로베니아 농장 정원에서 홀로 잠들었던 순간일까? 첫 끼니로 붉은여우를 사냥했을 때나 처음으로 사슴을 죽였을 때일까? 돌로미티에서 고립된 후 마침내 출구를 찾았을 때일까? 다른 늑대에게 구애하거나 새끼를 낳아야만 진정한 어른이 되는 것일까? 동물도 인간과 마찬가지로 어느 한순간에 어른이 되지 않는다. 성숙이란 여러 기술과 경험, 즉 와일드후드의 4가지 어려움을 인지하고 극복함으로써 얻게 되는 핵심 역량이 모여 완성된다.

홀로서기에 도전하는 어린 동물은 분산에 성공한 셀 수 없이 많은 선배 동물의 경험에서 몇 가지 중요한 교훈을 배울 수 있다.

첫째, 분산은 대부분 하나의 과정이다. 따라서 떠나는 방법을 배우면 큰 도움이 된다. 캠프나 수학여행, 친척 집 방문 등 어려서부터 조기 분산 훈련을 해두면 나중에 실제로 독립할 때 더욱 수월하다. 새로운 루틴이나 역할을 도맡아보는 것도 좋다. 집을 떠나기 전 부모와 여행을 다니는 것도 '학습된 분산'을 위한 효과적인 전략이다. 부모의 도움을 받을 수 없는 청소년은 멘토에게서 자원을 모으는 기술을 배울 수 있다. 또래 역시 훌륭한 스승이다. 매일 시행착오를 겪으며 지식을 습득하는 방법도 있다.

둘째, 아무리 훈련을 잘 받았더라도, 아무리 또래보다 재능이 뛰어나더라도 결국 분산하는 동물의 미래를 결정하는 중요한 요소는 바로 새로 진입하는 세계의 본질이다. 자연이 우리에게 주는 핵심 교훈은 환경(자원의 양이나 경쟁 정도, 포식자 밀집도 등)이 분산하는 청소년의 앞날에 엄청난 영향을 미친다는 것이다. 개별적 행위 주체성과 능력, 끈기도 '성공'을 좌우한다. 그러나 가장 운이 좋은 청년기 동물조차도 그 성공과 실패가 (때로는 운명이) 그들이 우두머리의 자식인지 아닌지에 따라 달라진다.

셋째, 모든 동물과 인간이 물리적으로 분산하는 것은 아니다. 그러나 둥지를 떠나든 남든 변하지 않는 사실은 자신의 힘으로 필요한 영양 찾기는 어른이 되기 위한 통과의례 중 매우 중요한 관문이라는 것이다.

넷째, 새로운 환경은 위험할뿐더러 때로는 외롭다. 믿을 수 있는 또래와 함께 분산하거나 집을 떠난 이후에 관계를 형성하는 것이 중요한 까닭이다.

이를 위해 부모와 사회는 2가지 과제를 수행해야 한다. 먼저 청소년과 청년이 스스로를 돌볼 수 있게 가르쳐야 한다. 다음으로 동기를 부여해주는 것과 함께 청소년과 청년이 배운 것을 연습할 기회와 시간을 주어야 한다. 현대 사회의 고교 과정과 대학 과정은 여러 가지 중요한 교육 기회를 제공하고 있지만 대개 자립을 위한 실질적인 지도는 포함되어 있지 않다.

간단히 말해 이는 청소년과 청년에게 말 그대로 먹고사는 것이 어떤 의미인지 그리고 어떤 노력을 해야 하는지를 이해시키는 것이다. 일자리와 경력이라는 추상적인 개념을 모든 종에 해당하는 생사가 달린 일이자 직접 해야 하는, 스스로 생계를 유지해야 하는, 공동체에 기여해야 하는 일이라는 관점에서 해석하도록 지도해야 한다.

베로나 북쪽 숲에 도착한 지 얼마 지나지 않아 슬라브츠는 암컷 늑대를 만났다. 연구진은 암컷에게 줄리엣이라는 운명적인 이름을 붙여주었다. 슬라브츠와 줄리엣은 여러 차례 번식기를 거치며 새끼를 낳았다. 총 일곱 마리 중에서 몇몇은 분산 이후 다시는 돌아오지 않았다. 그러나 농부들은 계속해서 저마다 홀로서기를 시도하고 있을 새끼들의 행방을 예의주시하고 있다. 과학자들은 무엇보다도 슬라브츠와 줄리엣이 짝을 이루었다는 사실에 크게 기뻐했다. 지난 20년 동안 유럽에서는 산림 파괴와 인간의 침입은 물론 포식자인 늑대를 지역에서 없애기 위한 조직적 도살로 늑대의 개체 수가 급격하게 줄어들었기 때문이다.

디나르-발칸 혈통인 슬라브츠와 알프스 혈통인 줄리엣이 만나면서 슬라브츠의 여정은 두 집단과 두 유전자 풀을 연결했다. 슬라브츠의 분산으로 시작된 모험은 지역 공동체와 가족뿐만 아니라 늑대 종

전체를 더욱 단단하고 강하게 만들었다.

모든 생명체에게 성장이란 지나온 날들을 뒤로하고 미지의 미래로 나아가는 것이다. 시험을 치르고 기술을 연마하고 경험을 축적하다 보면 정확하게 말로 표현할 수 없는 어느 순간 안전과 사회성, 성적 자신감, 자립심이 모두 충분히 발달해 점차 외부의 타인이나 다른 동물에게 시선이 향하게 된다. 자신을 넘어 타인에 대한 책임을 인지하는 순간에 어쩌면 와일드후드가 끝나고 성인기가 시작되는 것일지도 모른다.

에필로그

우르술라와 슈링크, 솔트, 슬라브츠는 이제 전 지구적 와일드후드 부족이 아니다. 우르술라가 아직도 살아 있다면 아마 청소년기를 훌쩍 지나 중년 펭귄이 되었을 것이다. 야생 킹펭귄의 최대 수명은 30년이다.[1] 하지만 위치 추적 신호가 조용해져 우르슬라의 남은 생을 가늠할 수 없게 되었다. 우리는 우르술라가 포식자 행동 시퀀스와 물고기 사냥에 얼마나 능숙해졌는지, 집단 내 규칙과 구애의 대화에는 잘 적응했는지 알 수 없다. 우르술라는 어쩌면 새끼를 낳았을지도 모른다. 그래서 새끼에게 먹이를 되새김질해주었을 수도 있고 상황이 좋지 않아 새끼의 분산을 미루고 더 오래 데리고 있었을 수도 있다. 우르술라는 아들이나 딸이 어른이 되고자 바다에 처음 어설프게 뛰어드는 모습을 지켜보았을 것이다.

슈링크는 2014년 2월 사자가 자주 출몰하는 강 근처에서 발견되었다.[2] 수많은 하이에나가 그러하듯 포식자의 날카로운 이빨에 생을 마감했을 가능성이 크다. 슈링크 근처에 또 다른 하이에나 한 마리가 죽어 있었다. 올리베르 회너는 그 늑대에 대해서는 아는 게 없었다. 하지만 슈링크가 최근에 새로운 무리에 합류하면서 서열이 높아진 것은 알고 있었다. 어쩌면 그 알 수 없는 늑대는 슈링크와 함께 사회적 연대 산책에 나선 수컷일지도 모른다. 혹은 짝짓기 상대인 암컷 하이에나였을 수도 있다. 어느 쪽이든 슈링크는 마지막 순간까지 사회적 동물이었던 것 같다.

솔트는 세계에서 가장 많은 사랑과 학술적 관심을 받은 혹등고래가 되었다.[3] 50년이 지났어도 솔트는 여전히 해마다 수컷의 합창이 울려 퍼지는 따뜻한 카리브해를 오간다. 손자에 증손자뻘 새끼까지 모두 합치면 솔트의 직계 자손은 적어도 31마리에 달한다. 가장 최근에 새끼가 목격된 것은 2016년인데, 스리라차라 불리는 새끼다. 스리라차는 살사, 타바스코, 와사비와 함께 솔트의 가계도에 이름을 올렸다.

슬라브츠가 달고 다닌 무선 송신기는 2012년 직후 전원이 꺼지게 되어 있었다. 그 무렵 슬라브츠는 베로나에 있었다. 후베르트 포토치니크는 슬라브츠가 지금 정확히 어디에 있는지 알지 못한다. 그래도 줄리엣과 함께 새끼를 양육하는 슬라브츠의 모습이 여러 번 목격되었다.[4] 슬라브츠는 아직도 이탈리아 레시니아공원에서 서식하는 것으로 추측된다.

생물학자들은 생존하고 번식해 새끼가 있는지를 기준으로 펭귄, 하이에나, 고래, 늑대의 성숙을 측정한다. 이 기준을 인간에게 적용하기는 어렵다. 인간은 번식으로 성숙을 가늠할 수 없다. 자신의 안전을 도모하고 사회적 위계질서에 적응하고 성에 대해 정중하게 의사소통하고 자립의 성취감을 배우는 것이 어른이 되었음을 보여주는 표지다. 이와 같은 중요한 와일드후드 생존 기술 4가지를 습득하면 더욱 훌륭한 어른으로 성장할 수 있으며 전문적·일반적 성공은 물론 개인적·사적 성공까지 이룰 수 있다.

모든 와일드후드가 해피 엔딩으로 끝나는 것은 아니다. 우리는 일이 뜻대로 되지 않을 때 가장 큰 가르침을 얻곤 한다. 그러나 수억 년 동안 다양한 동물 종이 공통적인 4가지 어려움을 겪어온 만큼 일이 잘 풀릴 가능성을 한층 더 높이는 다양한 해결책이 제시되었다.

인간이 마주한 난제의 해결책을 자연에서 찾으려는 새로운 분야를 '생물영감bioinspiration'이나 '생물모방biomimicry'이라고 하는데, 진화의 세월 동안 지구상의 동물 종이 근본적으로 같은 압박을 받아왔다는 지식을 전제로 한다. 그동안 셀 수 없이 많은 조상이 지구를 거쳐가면서 생명체는 직면한 문제에 따라 적응력이나 해결책을 진화시켜왔다. 생물영감은 인간사에 기여하기 위해 이러한 해결책을 바탕으로 자연이라는 매우 오래되고 거대한 연구 개발 실험실을 고안해냈다.

생물영감에 기반을 둔 해결책을 찾아 인간을 비롯한 모든 동물에게 도움이 되고자 하는 것은 우리의 첫 책《의사와 수의사가 만나다》와 연계되어 진행되는 콘퍼런스의 주제이기도 하다. 전 세계 수많은 대학에 소속된 의사와 수의사가 콘퍼런스에 모여 다양한 의견을 교환한다. 지금까지 함께 살펴보았듯이 자연 세계에는 성장과 어른이 되는 방법에 관한 통찰력이 담겨 있다. 동물들의 와일드후드를 이해하고 생물영감이라는 접근법을 활용하면 우리 사회의 청소년을 인간적이고 능숙하게 성인기로 인도할 수 있을 것이다.

와일드후드의 보편성은 신체적·정신적 발달 너머까지 적용된다. '청소년기'란 생명체만을 대상으로 하지 않는다. 인간이 하는 모든 일에는 탄생에서부터 성숙기에 이르기까지 그 중간 단계라는 게 있다. 이 시기나 단계에서는 시작의 무한한 가능성이 성숙에 이르기 위해 현실과 책임으로 대체된다. 기업이나 창의적 프로젝트, 인간관계, 직장, 학업, 정치 운동, 정부, 국가도 모두 마찬가지다.

시작은 누구에게나 어려우며 고통스럽고 위험할 수 있다. 하지만 대개 시작이 제일 쉬운 단계다. 출생이나 출시, 새로운 시작은 언제나 더 나은 미래와 새로운 성공을 향한 기대와 희망으로 가득하다. 넘치는 에너지와 열정으로 마라톤을 시작하는 일은 어렵지 않다. 그러나 진짜 결과는 달리기를 시작한 후 끝도 없이 펼쳐지는 길 위에서 몸이 힘들어지거나 경쟁 상대를 가늠하고 앞서나가기 위해 다툴 때 결정된다.

앞서 살펴본 것처럼 동물의 와일드후드는 어색하고 매력적이지 않은 발달 단계다. 이는 살아 있는 생명체가 아닌 기업도 마찬가지다. 지난 몇십 년 동안 큰 성공을 거둔 테크 스타트업을 생각해보라. 예를 들어 있는지도 몰랐던 문제를 해결해준다고 약속하며 수백만 달러의 자금을 투자받은 새롭고 재미있는 앱을 떠올려보자. 그동안의 실적이 없기 때문에 대중과 벤처 투자자들은 이 신생 기업에 퍼피 라이선스를 허용한다. 데뷔 소설이나 앨범, 신입 사원, 초선 의원에게도 퍼피 라이선스가 적용된다. 그러나 앱을 출시하고 나면 다른 앱들과 순위 경쟁을 벌여야 한다. 또 성장함에 따라 경쟁사로부터 스스로를 지키는 방법을 배워나가며 지속 가능하고 수익성이 보장되는 성숙기로 접어들기 위해 고군분투한다. 이렇게 기업은 새로 앱을 출시할 때 누렸던 무한한 가능성 대신 가시밭길과 같은 성장의 현실을 마주하게 된다. 우리가 잘 알다시피 수많은 앱이 이 전환기를 넘기지 못하고 흔적도 없이 사라진다.

경력 역시 와일드후드를 거치며 성숙한다. 강의실 수업을 위주로 진행되는 학과 과정을 졸업한 의대생은 법적으로 'MD'(의학사)가 붙는 의사다. 그 이후 이 의사들이 밟게 되는 레지던트 과정이 와일드후드다. 퍼피 라이선스가 만료되면 경험이 부족한 의대생은 죽을 각오로 몇 년을 버텨야 한다. 이 시기에 환자를 안전하게 살리는 방법을 배우고 병원에서 위계질서에 적응하며 전문적인 파트너 관계를 형성하고 노련한 의사로 거듭난다.

그러면 청소년기는 은유적 표현이나 상징일 뿐일까? 우리는 수많은 일에 도전하며 똑같은 과정을 반복한다. 미래도 과거도 없이 그저 무한한 가능성을 지니고 누군가 혹은 무언가가 탄생한다. 그런 다음 어렵고 어색하며 심지어 위험한 성숙의 시기를 거쳐야 한다. 물론 모두가 살아남을 수는 없지만 이 시기를 극복해야 진정한 숙달과 성공을 손에 쥘 수 있다. 이러한 패턴은 언어를 배우는 사람에게도, 결혼 생활을 시작하는 사람에게도, 회사나 행정부 심지어 전쟁을 시작하는 집단에도 모두 적용된다. 요란한 팡파르와 함께 시작해도 초기의 어려움을 성공적으로 해결하지 못하면 어떤 일이든 금세 어그러지고 만다.

죽음의 삼각지대를 바라본 지 10년쯤 후에 우리는 다시 캘리포니아 북부의 모스랜딩을 찾았다. 우리 앞에 펼쳐진 풍경은 전과는 많이 달라져 있었다. 낚시 상권 대신 몬터레이베이해양연구소의 관리하에 지속 가능한 수경 재배와 생태 관광이 활발하게 이루어지고 있었다. 그 밖에는 아파트와 호텔 두 곳과 레스토랑을 짓는 공사가 한창이었다. 고래를 구경하고 해변을 걷고 바닷새를 보고자 전 세계에서 이곳을 찾는 관광객을 수용하기 위해서다. 46m^2 부지에는 기분 전환과 의료용으로 사용하기 위한 대마초를 심은 온실이 들어서 있었고 근처 오래된 발전소에서는 전기차업체 테슬라가 1.2GWh 규모의 전력망인 '메가팩'(선적 컨테이너 크기의 배터리들을 연결한 새로운 에너지 저장 시스템)을 설치하는 공사가 진행 중이었다.[5]

인간이 초래한 변화를 겪고 있어도 모스랜딩은 여전히 캘리포니아해달 무리의 보금자리였다. 성게를 여는 방법을 배우거나 또래와 몸싸움을 하는 모습, 나이 많은 해달과 교류하는 모습 등이 카약을 타는 사람들에게 종종 목격되었다. 10년이라는 세월이 흐르는 동안 우리가 처음 관찰한 혈기왕성했던 청소년기 해달 중 일부만이 상대적으로 상어의 위험에 덜 노출되어 분별력을 갖춘 털이 희끗희끗한 나이 많은 어른으로 성장했을 것이다. 자연법칙이 그러하듯 청소년기 동물은 성장한다. 그리고 새로운 세대가 와일드후드를 시작한다.

감사의 말

과학적 연구 결과와 학문적 지식을 아낌없이 공유해준 클레멘스 퀴츠와 필 트라탄(우르술라 이야기), 올리베르 회너(슈링크 이야기), 주크 로빈스와 해안연구센터(솔트 이야기), 후베르트 포토치니크(슬라브츠 이야기)에게 감사의 말을 전한다.

다른 여러 과학자들과 전문가들도 문자 그대로 길을 인도해주거나 지적 가이드로서 많은 도움을 주었다. 아테나 아크티피스, 앤디 올던, 한나 배니스터, 레이첼 코헨, 피에르 코미졸리, 마이클 크릭모어, 루크 달러, 브리짓 도널드슨, 페니 엘리슨, 케이트 에반스, 대니얼 M. T. 페슬러, 빌 프레이저, 더글라스 프리먼, 크리스 골든, 제임스 하, 르네 로비넷 하, 조 해밀턴, 케이 홀캠프, 안드레아 캐츠, 벤 킬햄, 아니카 린데, 다이애나 로렌, 미아 라나 뤼루스, 토나 멜가레호, 캐서린 모즈비,

다이애나 소치틀 문, 미구엘 오르데냐나, 베니슨 팡, 제인 피커링, 데이비드 파이루즈, 니암 퀸, 드라가나 로굴랴, 맷 로스, 조슈아 쉬프먼, 프레이저 실링, 토드 셔리, 주디 스탬스, 스티븐 스턴스, 팀 틴커, 리처드 웨이스보드, 찰스 웰치, 비올라 윌레토, 캐시 윌리엄스, 바버라 울프, 앤 요더, 사라 제어, 조 Q. 조우에게 감사하다는 인사를 전하고 싶다.

UCLA와 하버드대학의 동료들에게도 특별히 감사의 말을 전한다. 우리의 스승이자 가이드, 과학 협력자 그리고 소중한 친구인 대니얼 T. 블럼스타인, 패티 고와티, 칼리아남 쉬브쿠마, 대니얼 리버먼, 레이첼 카모디, 캐럴 후븐, 피터 엘리슨, 리처드 랭엄 그리고 생각을 정리하는 데 좋은 아이디어를 제시해준 두 학교의 학부생들에게 고마운 마음을 전한다.

뉴아메리카와 지지와 성원을 아끼지 않은 그 외 동료들, 독자들, 친구들에게도 감사하다고 말하고 싶다. 특히 애니 머피 폴, 데비 스티에, 웬디 패리스, 랜디 허터 엡스타인, 주디스 매트로프, 애비 엘린, 시드 블랙, 데보라 랜도, 시드니 캘러한, 카롤 왓슨, 타마라 호르위치, 홀리 미들카우프, 그레그 포나로우, 코리 파웰, 와일리 오설리번, 잭 라비로프, 소냐 볼에게 감사의 말을 전한다.

듀크여우원숭이센터와 더와일즈, 멸종위기늑대보호센터, 하버드대학 피바디고고학박물관, 토저인류학도서관 그리고 마크 오무라(포유류), 제레미아 트림블과 케이트 엘드리지(조류학), 호세 로사도(파충학), 제시카 컨디프(무척추동물) 등 비교동물학박물관의 큐레이터와 직원들에게도 많은 신세를 졌다.

또 멋진 이미지를 제공해준 올리버 우버티에게도 깊은 감사의 마음을 전한다.

이 모든 일이 가능하게 도와주고 어떤 상황에서도 우아함, 통찰력, 총명함을 잃지 않는 수잔 콴에게 특별히 감사의 말을 전한다.

우리의 멋진 편집자이자 열정적인 지지자 발레리 스타이커, 놀라운 비전의 소유자이자 발행인인 난 그레이엄 그리고 스크리브너의 특별하고 훌륭한 팀원들인 콜린 해리슨, 로즈 립플, 브라이언 벨피글리오, 자야 미셀리, 카라 왓슨, 애슐리 길리엄, 샐리 하우, 캐슬린 리조, 카일 케이블에게도 큰 감사의 뜻을 표한다.

우리를 올바른 길로 인도하고 이 책에 유머 감각과 영감을 불어넣어준 놀라운 에이전트 티나 베넷에게 진심으로 감사하다는 인사를 전한다.

마지막으로 우리 가족에게 감사하다는 인사를 남긴다. 이델과 조셉 내터슨, 잭, 제니퍼 그리고 찰스 호로위츠, 에이미 크롤과 폴 내터슨, 다이앤과 아서 실베스터, 카린, 캐롤라인 그리고 코너 맥카시, 마지와 아만다 바우어스, 포터, 에멧 그리고 오웬 리즈, 앤디와 엠마에게 진심을 다해 감사의 말을 전한다.

주

프롤로그

1 Frans B. M. de Waal, "Anthropomorphism and Anthropodenial: Consistency in Our Thinking about Humans and Other Animals," *Philosophical Topics* 27 (1999): 255.

2 YouTube, "Amazing Footage of Wildebeest Crossing the Mara River," https://www.youtube.com/watch?v=5XBxE_A0hVY.

3 Andrew Solomon, *Far from the Tree: Parents, Children, and the Search for Identity* (New York: Scribner, 2012), 2.

4 Paraphrasing Theodosius Dobzhansky: "Nothing in Biology Makes Sense Except in the Light of Evolution," *The American Biology Teacher* 35 (March 1973): 125~129. Presented at the 1972 NABT convention.

5 Margaret Mead, *Coming of Age in Samoa* (New York: William Morrow and Co., 1928).

6 G. Stanley Hall, *Adolescence: Its Psychology and Its Relations to Physiology, Anthropology, Sociology, Sex, Crime, and Religion* (Kowloon, Hong Kong: Hesperides Press, 2013 [Kindle version]).

7 Sigmund Freud, *The Interpretation of Dreams: The Complete and Definitive Text* (New York: Basic Books, 2010); A. Freud, *The Ego and the Mechanism of Defense* (New York:

International Universities Press, 1948); Erik H. Erikson, *Identity and the Life Cycle* (New York: W. W. Norton & Company, 1994); John Bowlby, *Maternal Care and Mental Health* (Lanham, MD: Jason Aronson, Inc., 1995); Jean Piaget, *The Child's Conception of the World* (Scotts Valley, CA: CreateSpace Independent Publishing Platform, 2015); N. Tinbergen, *Social Behavior in Animals with Special Reference to Vertebrates* (London: Psychology Press, 2013).

8 Marian Cleeves Diamond, *Enriching Heredity: The Impact of the Environment on the Anatomy of the Brain* (New York: Free Press, 1988); Robert Sapolsky, *Behave: The Biology of Humans at Our Best or Worst* (City of Westminster, UK: Penguin Books, 2018); Frances E. Jensen and Amy Ellis Nutt, *The Teenage Brain: A Neuroscientist's Survival Guide to Raising Adolescents and Young Adults* (New York: Harper Paperbacks, 2016); Sarah-Jayne Blakemore, *Inventing Ourselves: The Secret Life of the Teenage Brain* (New York: PublicAffairs, 2018); Hanna Damasio and Antonio R. Damasio, *Lesion Analysis in Neuropsychology* (Oxford, UK: Oxford University Press, 1989); Linda Spear, *The Behavioral Neuroscience of Adolescence* (New York: W. W. Norton & Company, 2009); Judy Stamps, "Behavioural processes affecting development: Tinbergen's fourth question comes of age," *Animal Behaviour* 66 (2003): doi: 10.1006/anbe.2003.2180; Laurence Steinberg, *Age of Opportunity: Lessons from the New Science of Adolescence* (Boston: Mariner Books, 2015); Jeffrey Jensen Arnett, *Adolescence and Emerging Adulthood: A Cultural Approach* (London: Pearson, 2012).

9 Lisa J. Natanson and Gregory B. Skomal, "Age and growth of the white shark, Carcharodon, carcharias, in the western Northern Atlantic Ocean," *Marine and Freshwater Research* 66 (2015): 387~398; Christopher P. Kofron, "The reproductive cycle of the Nile crocodile (Crocodylus nilotkus)," *Journal of Zoology* (1990): 477~488; John L. Gittleman, "Are the Pandas Successful Specialists or Evolutionary Failures?" *BioScience* 44 (1994): 456~464; Erica Taube et al., "Reproductive biology and postnatal development in sloths, Bradypus and Choloepus: Review with original data from the field (French Guiana) and from captivity," *Mammal Review* 31 (2001): 173~188; A. J. Hall-Martin and J. D. Skinner, "Observations on puberty and pregnancy in female giraffe," *South African Journal of Wildlife Research* 8 (1978): 91~94; Sam P. S. Cheong et al., "Evolution of Ecdysis and Metamorphosis in Arthropods: The Rise of Regulation of Juvenile Hormone," *Integrative and Comparative Biology* 55 (2015): 878~890; Smithsonian National Museum of Natural History, "Australopithecus afarensis," http://humanorigins.si.edu/evidence/human-fossils/

species/australopithecus-afarensis; Antonio Rosas et al., "The growth pattern of Neandertals, reconstructed from a juvenile skeleton from El Sidrón (Spain)," *Science* 357 (2017): 1282~1287; Christine Tardieu, "Short adolescence in early hominids: Infantile and adolescent growth of the human femur," *American Journal of Physical Anthropology* 107 (1998): 163~178; Meghan Bartels, "Teenage Dinosaur Fossil Discovery Reveals What Puberty Was Like for a Tyrannosaur," *Newsweek*, October 20, 2017, https://www.newsweek.com/teenage-dinosaur-fossil-discovery-reveals-puberty-tyrannosaur-689448; Society of Vertebrate Paleontology, "Press Release—Adolescent T. Rex Unraveling Controversy About Growth Changes in Tyrannosaurus," October 21, 2015, http://vertpaleo.org/Society-News/SVP-Paleo-News/Society-News,-Press-Releases/Press-Re lease-Adolescent-T-rex-unraveling-controve.aspx; Laura Geggel, "Meet Jane, the Most Complete Adolescent T. Rex Ever Found," LiveScience, October 19, 2015, https://www.livescience.com/52510-adolescent-t-rex-jane.html.

10 Erica Eisner, "The relationship of hormones to the reproductive behaviour of birds, referring especially to parental behaviour: A review," *Animal Behaviour* 8 (1960): 155~179; Satoshi Kusuda et al., "Relationship between gonadal steroid hormones and vulvar bleeding in southern tamandua, Tamandua tetradactyla," *Zoo Biology* 30 (2011): 212~217; O. J. Ginther et al., "Miniature ponies: 2. Endocrinology of the oestrous cycle," *Reproduction, Fertility and Development* 20 (2008): 386~390.

11 N. Treen et al., "Mollusc gonadotropin-releasing hormone directly regulates gonadal functions: A primitive endocrine system controlling reproduction," *General and Comparative Endocrinology* 176 (2012): 167~172; Ganji Purna Chandra Nagaraju, "Reproductive regulators in decapod crustaceans: an overview," *The Journal of Experimental Biology* 214 (2011): 3~16.

12 Arthur M. Talman et al., "Gametocytogenesis: The puberty of Plasmodium falciparum," *Malar J.* 3 (2004), doi: 10/1186/1475-2875-3-24.

13 Kathleen F. Janz, Jeffrey D. Dawson, and Larry T. Mahoney, "Predicting Heart Growth During Puberty: The Muscatine Study," *Pediatrics* 105 (2000): e63.

14 T. L. Ferrara et al., "Mechanics of biting in great white and sandtiger sharks," *Journal of Biomechanics* 44 (2011): 430~435; eScience News, "Teenage Great White Sharks Are Awkward Biters," Biology & Nature News, De-

cember 2, 2010, http://esciencenews.com/articles/2010/12/02/teenage.great.white.sharks.are.awkward.biters.

15 Correspondence with Neil Shubin, March 5, 2019.

16 L. P. Spear, "The adolescent brain and agerelated behavioral manifestations," *Neuroscience and Biobehavioral Reviews* 24 (2000): 417~463; Linda Patia Spear, "Neurobehavioral Changes in Adolescence," *Current Directions in Psychological Science* 9 (2000): 111~114; Linda Patia Spear, "Adolescent Neurodevelopment," *Journal of Adolescent Health* 52 (2013): S7~13; Robert Sapolsky, *Behave: The Biology of Humans at Our Best or Worst* (City of Westminster: Penguin Books, 2018).

17 Khadeeja Munawar, Sara K. Kuhn, and Shamsul Haque, "Understanding the reminiscence bump: A systematic review," *PLoS ONE* 13 (2018): e0208595.

18 Tadashi Nomura and Ei-Ichi Izawa, "Avian birds: Insights from development, behavior and evolution," *Develop Growth Differ* 59 (2017): 244~257; O. Gunturkun, "The avian 'prefrontal cortex' and cognition," *Current Opinion in Neurobiology* 15 (2005): 686~693.

19 Sam H. Ridgway, Kevin P. Carlin, and Kaitlin R. Van Alstyne, "Dephinid brain development from neonate to adulthood with comparisons to other cetaceans and artiodactyls," *Marine Mammal Science* 34 (2018): 420~439.

20 L. P. Spear, "The adolescent brain and age-related behavioral manifestations."

21 Daniel Jirak and Jiri Janacek, "Volume of the crocodilian brain and endocast during ontogeny," *PLoS ONE* 12 (2017): e0178491; Matthew L. Brien et al., "The Good, the Bad, and the Ugly: Agonistic Behaviour in Juvenile Crocodilian," *PLoS ONE* 8 (2013): e80872.

22 Steven Mintz, *Huck's Raft: A History of American Childhood* (Cambridge, MA: Harvard University Press, 2006), 196.

23 Ross W. Beales, "In Search of the Historical Child: Miniature Adulthood and Youth in Colonial New England," in eds. N. Ray Hiner and Joseph M. Hawes, *Growing Up in America: Children in Historical Perspective* (Champaign: University of Illinois Press, 1985), 20.

24 Ben Cosgrove, "The Invention of Teenagers: LIFE and the Triumph of Youth Culture," *Time*, September 28, 2013, http://time.com/3639041/the-invention-of-teenagers-life-and-the-triumph-of-youth-culture/.

1부 안전

킹펭귄 우르술라 이야기는 남극연구기금Antarctic Research Trust의 클레멘스 퓌츠와 영국남극조사단British Antarctic Survey의 필 트라탄의 연구 및 인터뷰를 바탕으로 했다. 펭귄의 행동과 남극에 관한 이해는 남극 팔머장기생태연구기지Palmer Long-Term Ecological Research의 빌 프레이저와의 인터뷰와 다음 책에서 도움을 받았다. *Fraser's Penguins: A Journey to the Future in Antarctica* (New York: Henry Holt and Co., 2010).

1. 위험한 세상 속으로

1 The Cornell Lab of Ornithology: Neotropical Birds, "King Penguin Aptenodytes patagonicus," https://neotropical.birds.cornell.edu/Species-Account/nb/species/kinpen1/behavior.

2 ScienceDirect, "Zugunruhe," https://www.sciencedirect.com/topics/agricultural-and-biological-sciences/zugunruhe; J. M. Cornelius et al., "Contributions of endocrinology to the migration life history of birds," *General and Comparative Endocrinology* 190 (2013): 47~60.

3 Lisa M. Hiruki et al., "Hunting and social behaviour of leopard seals (Hydruga Leptonyx) at Seal Island, South Shetland Islands, Antarctica," *Journal of the Zoological Society of London* 249 (1999): 97~109; Australian Antarctic Division: Leading Australia's Antarctic Program, "Leopard Seals," http://www.antarctica.gov.au/about-antarctica/wildlife/animals/seals-and-sea-lions/leopard-seals.

4 Klemens Pütz et al., "Post-Fledging Dispersal of King Penguins (Aptenodytes patagonicus) from Two Breeding Sites in South Atlantic," *PLoS ONE* 9 (2014): e97164.

5 Pütz et al., "Post-Fledging Dispersal of King Penguins"; interview with Klemens Pütz, August 14, 2017; interview with Dr. Phil Trathan, head of conservation biology, British Antarctic Survey, August 7, 2017.

6 Bo Ebenman and Johnny Karlsson, "Urban Blackbirds (Turdus merula): From egg to independence," *Annales Zoologici Fennici* (1984): 21:249~251; F. L. Bunnell and D. E. N. Tait, "Mortality rates of North American bears," *Arctic* 38, no. 4 (December 1985): 316~323; David G. Ainley and Douglas P. DeMaster, "Survival and mortality in a population of Adélie penguins," *Ecology* 6, no. 3 (1980): 522~530; Wayne F. Kasworm and Timothy J. Their, "Adult black bear reproduction, survival, and mortality sources in northwest Montana," *International Conference on Bear Research and Management* 9, no. 1 (1994): 223~230;

Charles J. Jonkel and Ian McT. Cowan, "The black bear in the Spruce-Fir forest," *Wildlife Monographs* 27, no. 27 (December 1971): 3~57; José Alejandro Scolaro, "A model life table for Magellanic penguins (Spheniscus magellanicus) at Punta Tombo, Argentina," *Journal of Field Ornithology* 58 (1987): 432~441; Norman Owen-Smith and Darryl R. Mason, "Comparative changes in adult vs. juvenile survival affecting population trends of African ungulates," *Journal of Animal Ecology* 74 (2005): 762~773; Krzysztof Schmidt and Dries P. J. Kuijper, "A 'death trap' in the landscape of fear," *Mammal Research* 60 (2015): 275~284.

7 World Health Organization, "Adolescents: Health Risks and Solutions," May 2017 Fact Sheet.

8 "Environmental Influences on Biobehavioral Processes," presentation at the Science of Adolescent Risk-Taking: Workshop at the National Academies/National Institutes of Health, http://nationalacademies.org/hmd/~/media/Files/Activity%20Files/Children/AdolescenceWS/Workshop%202/1%20Dahl.pdf; Agnieszka Tymula et al., "Adolescents' risk-taking behaviour is driven by tolerance to ambiguity," *PNAS* 109 (2012): 17135~17140.

9 CDC Motor Vehicle Safety (Teen Drivers): https://www.cdc.gov/motorvehiclesafety/teen_drivers/index.html; Laurence Steinberg, "Risk-taking in adolescence: What changes and why?" *Annals of the New York Academy of Sciences* (2004): 51~58; Bruce J. Ellis et al., "The Evolutionary Basis of Risky Adolescent Behavior: Implications for Science, Policy, and Practice," *Developmental Psychology* 48 (2012): 598~623; Kenneth A. Dodge and Dustin Albert, "Evolving science in adolescence: Comment on Ellis et al (2012)," *Developmental Psychology* 48 (2012): 624~627; Adriana Galván, "Insights about adolescent behavior, plasticity, and policy from neuroscience research," *Neuron* 83 (2014): 262~265; David Bainbridge, *Teenagers: A Natural History* (London: Portobello, 2010).

10 Robert Sapolsky, *Behave: The Biology of Humans at Our Best or Worst* (City of Westminster: Penguin Books, 2018), 155.

11 Andrew Sih et al., "Predatorprey naïveté, antipredator behavior, and the ecology of predator invasions," *OIKOS* 119 (2010): 610~621.

12 L. P. Spear, "The adolescent brain and age-related behavioral manifestations," *Neuroscience and Biobehavioral Reviews* 24 (2000): 417~463; Linda Patia Spear, "Neurobehavioral Changes in Adolescence," *Current Directions in*

Psychological Science 9 (2000): 111~114; Debra A. Lynn and Gillian R. Brown, "The Ontology of Exploratory Behavior in Male and Female Adolescent Rats (Rattus norvegicus)," *Developmental Psychobiology* 51 (2009): 513~520; Giovanni Laviola et al., "Risk-Taking behavior in adolescent mice: psychobiological determinants and early epigenetic influence," *Neuroscience and Behavioral Reviews* 27 (2003): 19~31; Kristian Overskaug and Jan P. Bolstad, "Fledging Behavior and Survival in Northern Tawny Owls," *The Condor* 101 (1999): 169~174; Melanie Dammhahn and Laura Almeling, "Is risk taking during foraging a personality trait? A field test for cross-context consistency in boldness," *Animal Behavior* 84 (2012): 1131~1139; Theodore Garland, Jr., and Stevan J. Arnold, "Effects of a Full Stomach on Locomotory Performance of Juvenile Garter Snakes," *Copeia* 1983 (1983): 1092~1096; Svein Lokkeborg, "Feeding behaviour of cod, Gadus morhua: Activity rhythm and chemically mediated food search," *Animal Behaviour* 56 (1998): 371~378; Gerald Carter et al., "Distress Calls of a Fast-Flying Bat (Molossus molossus) Provoke Inspection Flights but Not Cooperative Mobbing," *PLoS ONE* 10 (2015): e0136146.

2. 두려움의 본질

1 "Sneezing Baby Panda, Original Video," https://www.youtube.com/watch?v=93hq0YU3Gqk.

2 J. A. Walker et al., "Do faster starts increase the probability of evading predators?" *Functional Ecology* 19 (2005): 808~815.

3 Robert Sanders, "Octopus shows unique hunting, social and sexual behavior," *Berkeley Research News*, August 12, 2015, https://news.berkeley.edu/2015/08/12/octopus-shows-unique-hunt ing-social-and-sexual-behavior/.

4 Charles Darwin, *The Expression of the Emotions in Man and Animals* (London: Harper Perennial, 2009), 45, 304.

5 Tanja Jovanovic, Karin Maria Nylocks, and Kaitlyn L. Gamwell, "Translational neuroscience measures of fear conditioning across development: applications to high-risk children and adolescents," *Biology of Mood & Anxiety Disorders* 3 (2013): doi: 10.1186/2045-5380-3-17; J. J. Kim and M. W. Jung, "Neural circuits and mechanisms involved in Pavlovian fear conditioning: a critical review," *Neuroscience & Biobehavioral Reviews* 30 (2006): 188~202.

6 Interview (phone) with Dr. Phil Trathan, head of conservation biology, Brit-

ish Antarctic Survey, August 7, 2017.

7 Porcupine fish skin helmet from Oceania/Republic of Kiribati, Catalog 00-8-70/55612, Peabody Museum, Harvard University; Imperial War Museum, "Equipment: Body Armour (Sappenpanzer): German," https://www.iwm.org.uk/collections/item/object/30110403; Seth Stern, "Body Armor Could Be a Technological Hero of War in Iraq," *Christian Science Monitor*, April 2, 2003, https://www.csmonitor.com/2003/0402/p04s01-usmi.html.

8 Imperial War Museum, "Equipment: Body Armour (Sappenpanzer): German," https://www.iwm.org.uk/collections/item/object/30110403; Seth Stern, "Body Armor Could Be a Technological Hero of War in Iraq," *Christian Science Monitor*, April 2, 2003, https://www.csmonitor.com/2003/0402/p04s01-usmi.html.

9 A. Freud, *The Ego and the Mechanisms of Defense* (New York: International Universities Press, 1948).

10 Karen M. Warkentin, "The development of behavioral defenses: A mechanistic analysis of vulnerability in red-eyed tree frog hatchlings," *Behavioral Ecology* 10 (1999): 251~262; Lois Jane Oulton, Vivian Haviland, and Culum Brown, "Predator Recognition in Rainbowfish, Melanotaenia duboulayi, Embryos," *PLoS ONE*(2013), doi: 10.1371.journal.pones.0076061.

11 Maren N. Vitousek et al., "Island tameness: An altered cardiovascular stress response in Galápagos marine iguanas," *Physiology & Behavior* 99, no. 4 (2010): 544~548; D. T. Blumstein, "Moving to suburbia: Ontogenetic and evolutionary consequences of life on predator-free islands," *Journal of Biogeography* 29 (2002): 685~692; D. T. Blumstein, "The multipredator hypothesis and the evolutionary persistence of anti-predator behaviour," *Ethology* 112 (2006): 209~217; D. T. Blumstein and J. C. Danielm, "The loss of anti-predator behaviour following isolation on islands," *Proceedings of the Royal Society B* 272 (2005): 1663~1668.

12 Charles Darwin, *Journal of Researches into the Natural History and Geology of the Countries Visited During the Voyage of the H.M.S. Beagle Round the World*, under the Command of Capt. Fitz Roy, R.N. (New York: D. Appleton and Company, 1878), http://darwin-online.org.uk/converted/pdf/1878_Researches_F33.pdf.

13 J. W. Laundré et al., "Wolves, elk, and bison: Re-establishing the 'landscape of fear' in Yellowstone National Park, U.S.A.," *Canadian Journal of Zoology* 79 (2001): 1401–1409.

14 Seth C. Kalichman et al., "Beliefs about treatments for HIV/AIDS and sexual risk behaviors among men who have sex with men, 1997 to 2006," *Journal of Behavioral Medicine* 30 (2007): 497~503.

15 D. P. Strachan, "Hay fever, hygiene, and household size," *BMJ* 299 (1989): 1259~1260.

16 Lars Svendsen, *A Philosophy of Fear*, 2nd ed. (London: Reaktion Books, 2008).

17 History Matters, "FDR's First Inaugural Address," http://historymatters.gmu.edu/d/5057/.

3. 포식자 분석

1 Tim Caro, *Antipredator Defenses in Birds and Mammals*; also see "Costs & Benefits" and "Opportunity Costs" in William E. Cooper, Jr., and Daniel T. Blumstein, *Escaping from Predators: An Integrative View of Escape Decisions* (Cambridge, UK: Cambridge University Press, 2015).

2 Eva Saulitis et al., "Biggs killer whale (Orcinus orca) predation on subadult humpback whales (Megaptera novaeangliae) in lower cook inlet and Kodiak, Alaska," *Aquatic Mammals* 41 (2015): 341~344.

3 Douglas F. Makin and Graham I. H. Kerley, "Selective predation and prey class behaviour as possible mechanisms explaining cheetah impacts on kudu demographics," *African Zoology* 51 (2016): 217~220.

4 Aldo I. Vassallo, Marcelo J. Kittlein, and Cristina Busch, "Owl Predation on Two Sympatric Species of Tuco-Tucos (Rodentia: Octodontidae)," *Journal of Mammology* 75 (1994): 725~732.

5 Richard B. Sherley et al., "The initial journey of an Endangered penguin: Implications for seabird conservation," *Endangered Species Research* 21 (2013): 89~95.

6 Lindsay Thomas, Jr., "QDMA's Guide to Successful Deer Hunting," *Quality Deer Management Association*, 2016 (eBook).

7 Interview with Dr. Richard Wrangham, August 30, 2017.

8 Tim Caro, *Antipredator Defenses in Birds and Mammals;* Tim Clutton-Brock, *Mammal Societies* (Hoboken, NJ: Wiley-Blackwell, 2016).

9 Robert J. Lennox, "What makes fish vulnerable to capture by hook? A conceptual framework and a review of key determinants," *Fish and Fisheries* 18 (2017): 986~1010.

10 C. Huveneers et al., "White Sharks Exploit the Sun during Predatory Ap-

proaches," *American Naturalist* 185 (2015): 562~570.

11 Koehi Okamoto et al., "Unique arm-flapping behavior of the pharaoh cuttlefish, Sepia pharaonis: Putative mimicry of a hermit crab," *Journal of Ethology* 35 (2017): 307~311.

12 National Center for Missing and Exploited Children, "A 10-Year Analysis of Attempted Abductions and Related Incidents," June 2016, http://www.missingkids.com/content/dam/pdfs/ncmec-analysis/attemptedabductions-10yearanalysisjune2016.pdf.

13 K5 News, "A Pimp's Playbook: Galen Harper's Story," November 9, 2017, https://www.king5.com/video/news/investigations/selling-girls/a-pimps-playbook-galen-harpers-story/281-2796032.

14 Aristotle, *The Essential Aristotle* (New York: Simon & Schuster, 2013).

15 Compound Security Systems, "CSS Mosquito M4K," https://www.compoundsecurity.co.uk/security-equipment-mosquito-mk4-anti-loitering-device.

16 The Balance, "Why Credit Card Companies Target College Students," September 10, 2018, https://www.thebalance.com/credit-card-companies-love-college-students-960090.

17 Kareem Abdul-Jabbar, "It's Time to Pay the Tab for America's College Athletes," Guardian, January 9, 2018, https://www.theguardian.com/sport/2018/jan/09/its-time-to-pay-the-tab-for-americas-college-athletes; Doug Bandow, "End College Sports Indentured Servitude: Pay 'Student Athletes,'" *Forbes*, February 21, 2012, https://www.forbes.com/sites/dougbandow/2012/02/21/end-college-sports-indentured-servitude-pay-student-athletes/#8676bd23db6c.

18 Andrew Fan, "The Most Dangerous Neighborhood, the Most Inexperienced Cops," Marshall Project, September 20, 2016, https://www.themarshallproject.org/2016/09/20/the-most-dangerous-neighborhood-the-most-inexperienced-cops.

19 "China's 'Young and Inexperienced' Firefighters in Spotlight After Blasts," *Straits Times*, August 20, 2015, https://www.straitstimes.com/asia/east-asia/chinas-young-and-inexperienced-firefighters-in-spotlight-after-blasts.

20 Roland Pietsch, "Ships' Boys and Youth Culture in Eighteenth-Century Britain: The Navy Recruits of the London Marine Society," *The Northern Mariner/Le marin du nord* 14 (2004): 11~24.

21 Stanford Research into the Impact of Tobacco Advertising, "Cigarettes Advertising Themes: Targeting Teens," http://tobacco.stanford.edu/tobacco_main/images.php?token2=fm_st138.php&token1=fm_img4072.php&theme_file=fm_mt015.php&theme_name=Targeting.

22 Centers for Disease Control and Prevention, "Quick Facts on the Risk of E-cigarettes for Kids, Teens, and Young Adults," https://www.cdc.gov/tobacco/basic_information/e-cigarettes/Quick-Facts-on-the-Risks-of-E-cigarettes-for-Kids-Teens-and-Young-Adults.html.

23 Alessandro Minelli, "Grand challenges in evolutionary development biology," *Frontiers in Ecology and Evolution* 2 (2015): doi: 10.3389/fevo.2014.00085.

24 Interviews with Dr. Joshua Schiffman, professor in the Department of Pediatrics and adjunct professor in the Department of Oncological Sciences in the School of Medicine at the University of Utah, September 21, 2018, and December 25, 2018.

25 Katherine A. Liu and Natalie A. Dipietro Mager, "Women's involvement in clinical trials: historical perspective and future implications," *Pharmacy Practice (Granada)* 14 (2016): 708; M. E. Burke, K. Albritton, and N. Marina, "Challenges in the recruitment of adolescents and young adults to cancer clinical trials," *Cancer* 110 (2007): 2385~2393; M. Shnorhavorian et al., "Knowledge of clinical trial availability and reasons for nonparticipation among adolescent and young adult cancer patients: A population-based study," *American Journal of Clinical Oncology* 41 (2018): 581~587; S. J. Rotz et al., "Challenges in the treatment of sarcomas of adolescents and young adults," *Journal of Adolescent and Young Adult Oncology* 6 (2017): 406~413; A. L. Potosky et al., "Use of appropriate initial treatment among adolescents and young adults with cancer," *Journal of the National Cancer Institute* 106 (2014), doi: 10/1093/jnci/dju300.

26 P. Rianthavorn and R. B. Ettenger, "Medication non-adherence in the adolescent renal transplant recipient: a clinician's viewpoint," *Pediatric Transplant* 9 (2005): 398~407; Cyd K. Eaton et al., "Multimethod assessment of medication nonadherence and barriers in adolescents and young adults with solid organ transplants," *Journal of Pediatric Psychology* 43 (2018): 789~799.

27 Andrew U. Luescher, *Manual of Parrot Behavior* (Hoboken, NJ: Blackwell, 2008); Lafeber Company, "Indian Ring-Necked Parakeet," https://lafeber.com/pet-birds/species/indian-ring-necked-parakeet/#5.

28 M. D. Salman et al., "Human and animal factors related to the relinquish-

ment of dogs and cats in 12 selected animal shelters in the United States," *Journal of Applied Animal Welfare Science J* (1998): 207~226.

29 Kari Koivula, Seppo Rytkonen, and Marukku Orell, "Hunger-dependency of hiding behaviour after a predator attack in dominant and subordinate willow tits," *Ardea* 83 (1995): 397~404.

30 Interview with James Ha, February 25, 2019.

31 Alexa C. Curtis, "Defining adolescence," *Journal of Adolescent and Family Health* 7 (2–15): issue 2, article 2, https://scholar.utc.edu/jafh/vol7/iss2/2.

32 Interview with Joe Hamilton, September 1, 2017.

33 Tim Caro, *Antipredator Defenses in Birds and Mammals* (Chicago: University of Chicago Press, 2005), 15.

34 Ibid.

35 Ibid.

36 Ibid.; D. T. Blumstein, "Fourteen Security Lessons from Antipredator Behavior," in *Natural Security: A Darwinian Approach to a Dangerous World* (2008); Clutton-Brock, *Mammal Societies*; Gerald Carter et al., "Distress calls of a fast-flying bat (Molossus molossus) provoke inspection flights but not cooperative mobbing," *PLoS ONE* 10 (2015): e0136146; Andrew W. Bateman et al., "When to defend: Antipredator defenses and the predation sequence," *American Naturalist* 183 (2014): 847~855.

37 Carter et al., "Distress calls of a fast-flying bat (Molossus molossus) provoke inspection flights but not cooperative mobbing."

38 Maria Thaker et al., "Group Dynamics of Zebra and Wildebeest in a Woodland Savanna: Effects of Predation Risk and Habitat Density," *PLoS ONE* 5 (2010): e12758.

39 Hans Kruuk, *The Spotted Hyena: A Study of Predation and Social Behavior* (Brattleboro, VT: Echo Point Books and Media, 2014); Rebecca Dannock, "Understanding the behavioral trade-off made by blue wildebeest (Connochaetes taurinus): The importance of resources, predation, and the landscape," thesis, University of Queensland, School of Biological Sciences (2016).

40 Christopher W. Theodorakis, "Size segregation and the effects of oddity on predation risk in minnow schools," *Animal Behaviour* 38 (1989): 496~502; Laurie Landeau and John Terborgh, "Oddity and the 'confusion effect' in predation," *Animal Behavior* 34 (1986): 1372~1380.

41 Ondrej Slavik, Pavel Horky, and Matus Maciak, "Ostracism of an albino in-

dividual by a group of pigmented catfish," *PLoS ONE* 10 (2015): e0128279.

42 David J. Sumpter, *Collective Animal Behavior* (Princeton, NJ: Princeton University Press, 2010).

43 Michaela M. Bucchianeri et al., "Youth experiences with multiple types of prejudice-based harassment," *Journal of Adolescence* 51 (2016): 68~75.

44 Blumstein, "Fourteen Security Lessons from Antipredator Behavior."

45 Caro, *Antipredator Defense in Birds and Mammals*, 248~249; Charles Martin Drabek, "Ethoecology of the Round-Tailed Ground Squirrel, Spermophilus Tereticaudus," University of Arizona Dissertation, PhD in Zoology, 1970.

46 Klaus Zuberbuhler, Ronald Noe, and Robert M. Seyfarth, "Diana monkey long-distance calls: Messages for conspecifics and predators," *Animal Behaviour* 53 (1997): 589~604.

47 Laurence Steinberg, *You and Your Adolescent, New and Revised Edition: The Essential Guide for Ages 10~25* (New York: Simon & Schuster, 2011).

48 Jan A. Randall, "Evolution and Function of Drumming as Communication in Mammals," *American Zoologist* 41 (2001): 1143~1156; Jan A. Randall and Marjorie D. Matocq, "Why do kangaroo rats (Dipodomys spectabilis) footdrum at snakes?" *Behavioral Ecology* 8 (1997): 404~413.

49 C. D. FitzGibbon and J. H. Fanshawe, "Stotting in Thomson's gazelles: An honest signal of condition," *Behavioral Ecology Sociobiology* 23 (1988): 69; "Stotting," *Encyclopedia of Ecology and Environmental Management* (New York: Blackwell, 1998); José R. Castelló, *Bovids of the World: Antelopes, Gazelles, Cattle, Goats, Sheep, and Relatives* (Princeton, NJ: Princeton University Press, 2016).

50 Tim Caro and William L. Allen, "Interspecific visual signalling in animals and plants: A functional classification," *Philosophical Transactions of the Royal Society B* 372 (2017), doi: 10.1098/rstb.2016.0344; Caro, *Antipredator Defenses in Birds and Mammals*.

51 "How Does an Owl's Hearing Work: Super Powered Owls," BBC Earth, March 23, 2016, https://www.youtube.com/watch?v=8SI73-Ka51E.

52 Barbara Natterson-Horowitz and Kathryn Bowers, "The Feint of Heart," *Zoobiquity* (New York: Vintage, 2013), 25~39.

53 Ibid.

54 James Fair, "Hunting Success Rates: How Predators Compare," *Discover Wildlife*, December 17, 2015, http://www.discoverwildlife.com/animals/hunting-success-rates-how-predators-compare.

4. 실전 경험

1 Bennett G. Galef, Jr., and Kevin N. Laland, "Social learning in animals: Empirical studies and theoretical models," *BioScience* 55 (2005): 489~500.

2 Mel Norris, "Oh Yeah? Smell This! Or, Conflict Resolution, Lemur Style," Duke Lemur Center, March 16, 2012, https://lemur.duke.edu/oh-yeah-smell-this-or-conflict-resolution-lemur-style/.

3 Caro, *Antipredator Defenses in Birds and Mammals*, 27.

4 Indrikis Krams, Tatjana Krama, and Kristine Igaune, "Alarm calls of wintering great tits Parus major: Warning of mate, reciprocal altruism or a message to the predator?" *Journal of Avian Biology* 37 (2006): 131~136.

5 Caro, *Antipredator Defenses in Birds and Mammals.*

6 Torbjorn Jarvi and Ingebrigt Uglem, "Predator Training Improves Anti-Predator Behaviour of Hatchery Reared Atlantic Salmon (Salmo salar) Smolt," *Nordic Journal of Freshwater Research* 68 (1993): 63~71. Predator training has been studied in a range of animals. See, for example, B. Smith and D. Blumstein, "Structural consistency of behavioural syndromes: Does predator training lead to multi-contextual behavioural change?" *Behaviour* 149 (2012): 187~213; D. M. Shier and D. H. Owings, "Effects of predator training on behavior and post-release survival of captive prairie dogs (Cynomys ludovicianus)," *Biological Conservation* 132 (2006): 126~135; Rafael Paulino et al., "The role of individual behavioral distinctiveness in exploratory and anti-predatory behaviors of red-browed Amazon parrot (Amazona rhodocorytha) during pre-release training," *Applied Animal Behaviour Science* 205 (2018): 107~114; R. Lallensack, "Flocking Starlings Evade Predators with 'Confusion Effect,'" *Science*, January 17, 2017, https://www.sciencemag.org/news/2017/01/flocking-starlings-evade-predators-confusion-effect?r3f_986=https://www.google.com/; Rebecca West et al., "Predator exposure improves anti-predator responses in a threatened mammal," *Journal of Applied Ecology* 55 (2018): 147~156; Andrea S. Griffin, Daniel T. Blumstein, and Christopher S. Evans, "Training captive-bred or translocated animals to avoid predators," *Conservation Biology* 14 (2000): 1317~1326; Janelle R. Sloychuk et al., "Juvenile lake sturgeon go to school: Life-skills training for hatchery fish," *Transactions of the American Fisheries Society* 145 (2016): 287~294; Ian G. McLean et al., "Teaching an endangered mammal to recognise predators," *Biological Conservation* 75 (1996): 51~62; Desmond J. Maynard et al.,

"Predator avoidance training can increase post-release survival of chinook salmon," in R. Z. Smith, ed., *Proceedings of the 48th Annual Pacific Northwest Fish Culture Conference*(Gleneden Beach, OR: 1997), 59~62; Alice R. S. Lopes et al., "The influence of anti-predator training, personality, and sex in the behavior, dispersion, and survival rates of translocated captive-raised parrots," *Global Ecology and Conservation* 11 (2017): 146~157.

7 D. Noakes et al., eds., "Predators and Prey in Fishes: Proceedings of the 3rd biennial conference on behavioral ecology of fishes held at Normal, Illinois, U.S.A.," Dr W. Junk Publishers, May 19~22, 1981; R. V. Palumbo et al., "Interpersonal Autonomic Physiology: A Systematic Review of the Literature," *Personality and Social Psychology Review* 22 (2017): 99~141; Viktor Muller and Ulman Linderberger, "Cardiac and Respiratory Patterns Synchronized Between Persons During Choir Singing," *PLoS ONE* 6 (2011): e24893; Maria Elide Vanutelli et al., "Affective Synchrony and Autonomic Coupling During Cooperation: A Hyperscanning Study," *BioMed Research International* 2017, doi: 10.1155/2017/3104564.

8 Björn Vickhoff et al., "Music structure determines heart rate variability of singers," *Frontiers in Psychology* 4 (2013): 334.

9 Daniel M. T. Fessler and Colin Holbrook, "Friends Shrink Foes: The Presence of Comrades Decreases the Envisioned Physical Formidability of an Opponent," *Psychological Science* 24 (2013): 797~802; Daniel M. T. Fessler and Colin Holbrook, "Synchronized behavior increases assessments of the formidability and cohesion of coalitions," *Evolution and Human Behavior* 37 (2016): 502~509; Meg Sullivan, "In sync or in control," UCLA Newsroom, August 26, 2014, http://newsroom.ucla.edu/releases/in-sync-and-in-control.

5. 생존을 위한 배움터

1 A. S. Griffin, "Social learning about predators: A review and prospectus," *Learning and Behavior* 1 (2004): 131~140; Galef Jr. and Laland, "Social Learning in Animals: Empirical Studies and Theoretical Models."

2 Jennifer L. Kelley et al., "Back to school: Can antipredator behaviour in guppies be enhanced through social learning?" *Animal Behaviour* 65 (2003): 655~662.

3 Hannah Natanson, "Harvard Rescinds Acceptances for At Least Ten Students for Obscene Memes," *The Harvard Crimson*, June 5, 2017, https://www.

thecrimson.com/article/2017/6/5/2021-offers-rescinded-memes/.

4 Julia Carter et al., "Subtle cues of predation risk: Starlings respond to a predator's direction of eye-gaze," *Proceedings of the Royal Society B* 275 (2008): 1709~1175.

5 Tim Caro, *Antipredator Defenses in Birds and Mammals* (Chicago: University of Chicago Press, 2005); Jean-Guy J. Godin and Scott A. Davis, "Who dares, benefits: Predator approach behaviour in the guppy (Poecilia reticulata) deters predator pursuit," *Proceedings of the Royal Society B* 259 (1995): 193~200; Carter et al., "Distress Calls of a Fast-Flying Bat (Molossus molossus) Provoke Inspection Flights but Not Cooperative Mobbing"; Maryjka B. Blaszczyk, "Boldness towards novel objects predicts predator inspection in wild vervet monkeys," *Animal Behavior* 123 (2017): 91~100; C. Crockford et al., "Wild chimpanzees inform ignorant group members of danger," *Current Biology* 22 (2012): 142~146; Anne Marijke Schel et al., "Chimpanzee Alarm Call Production Meets Key Criteria for Intentionality," *PLoS ONE* 8 (2013): e76674; Beauchamp Guy, "Vigilance, alarm calling, pursuit deterrence, and predator inspection," in William E. Cooper, Jr., and Daniel T. Blumstein, eds., *Escaping from Predators: An Integrative View of Escape Decisions* (Cambridge: Cambridge University Press, 2015); Michael Fishman, "Predator inspection: Closer approach as a way to improve assessment of potential threats," *Journal of Theoretical Biology* 196 (1999): 225~235.

6 T. J. Pitcher, D. A. Green, and A. E. Magurran, "Dicing with death: Predator inspection behaviour in minnow shoals," *Journal of Fish Biology* 28 (1986): 439~448.

7 Clare D. FitzGibbon, "The costs and benefits of predator inspection behaviour in Thomson's gazelles," *Behavioral Ecology and Sociobiology* 34 (1994): 139~148.

8 Vilma Pinchi et al., "Dental Ritual Mutilations and Forensic Odontologist Practice: A Review of the Literature," *Acta Stomatologica Croatica* 49 (2015): 3~13; Rachel Nuwer, "When Becoming a Man Means Sticking Your Hand into a Glove of Ants," Smithsonian.com, October 27, 2014, https://www.smithsonianmag.com/smart-news/brazilian-tribe-becoming-man-requires-sticking-your-hand-glove-full-angry-ants-180953156/.

9 M. N. Bester et al., "Vagrant leopard seal at Tristan da Cunha Island, South Atlantic," *Polar Biology* 40 (2017): 1903~1905.

10 Pütz et al., "Post-fledging dispersal of king penguins (Aptenodytes patagonicus) from two breeding sites in South Atlantic."

11 Interview with Dr. William R. Fraser, president and lead investigator, Polar Oceans Research Group, November 30, 2017, and December 7, 2017.

2부 지위

슈링크 이야기는 독일 베를린 라이프니츠동물원·야생동물연구소의 올리베르 회너를 중심으로 한 탄자니아 웅고롱고로 분화구 점박이하이에나 프로젝트의 연구를 바탕으로 했다.

6. 보이지 않는 저울

1 Laurence G. Frank, "Social organization of the spotted hyaena Crocuta crocuta. II. Dominance and reproduction," *Animal Behaviour* 34 (1986): 1510~1527.

2 Hyena Project Ngorongoro Crater, https://hyena-project.com/.

3 Interviews with Oliver Höner (Berlin), May 3, 2018, and October 4, 2018.

4 Hyena Project Ngorongoro Crater, https://hyena-project.com/.

5 Jack El-Hai, "The Chicken-Hearted Origins of the 'Pecking Order—The Crux," *Discover*, July 5, 2016, http://blogs.discovermagazine.com/crux/2016/07/05/chicken-hearted-origins-pecking-order/#.XIShIShKg2w; Thorleif Schjelderup-Ebbe, "Weitere Beiträge zur Sozial und psychologie des Haushuhns," *Zeitschrift für Psychologie* 88 (1922): 225~252.

6 Elizabeth A. Archie et al., "Dominance rank relationships among wild female African elephants, Loxodonta africana," *Animal Behaviour* 71 (2006): 117~127; Justin A. Pitt, Serge Lariviere, and Francois Messier, "Social organization and group formation of raccoons at the edge of their distribution," *Journal of Mammalogy* 89 (2008): 646~653; Logan Grosenick, Tricia S. Clement, and Russel D. Fernald, "Fish can infer social rank by observation alone," *Nature* 445 (2007): 427~432; Bayard H. Brattstrom, "The evolution of reptilian social behavior," *American Zoologist* 14 (1974): 35~49; Steven J. Portugal et al., "Perch height predicts dominance rank in birds," *IBIS* 159 (2017): 456~462.

7 S. J. Blakemore, "Development of the social brain in adolescence," *Journal of the Royal Society of Medicine* 105 (2012): 111~116.

8 Ying Shi and James Moody, "Most likely to succeed: Long-run returns to adolescent popularity," *Social Currents* 4 (2017): 13~33.

9 Michael Sauder, Freda Lynn, and Joel Podolny, "Status: Insights from organizational sociology," *Annual Review of Sociology* 38 (2012): 267~283.

10 Tsuyoshi Shimmura, Shosei Ohashi, and Takashi Yoshimura, "The highest-ranking rooster has priority to announce the break of dawn," *Nature Scientific Reports* 5 (2015): 11683.

11 U. W. Huck et al., "Progesterone levels and socially induced implantation failure and fetal resorption in golden hamsters (Mesocricetus auratus)," *Physiology and Behavior* 44 (1988): 321~326.

12 Glenn J. Tattersall et al., "Thermal games in crayfish depend on establishment of social hierarchies," *The Journal of Experimental Biology* 215 (2012): 1892~1904.

13 Portugal et al., "Perch height predicts dominance rank in birds."

14 P. Domenici, J. F. Steffensen, and S. Marras, "The effect of hypoxia on fish schooling," *Philosophical Transactions of the Royal Society of London B: Biological Sciences* 372 (2017), doi: 10/1098/rstb.2016.0236.

15 Stefano Marras and Paolo Domenici, "Schooling fish under attack are not all equal: Some lead, others follow," *PLoS ONE 6* (2013): e65784; Lauren Nadler, "Fish schools: Not all seats in the class are equal," *Naked Scientists*, October 22, 2014, https://www.thenakedscientists.com/articles/science-features/fish-schools-not-all-seats-class-are-equal; Domenici, Steffensen, and Marras, "The effect of hypoxia on fish schooling."

16 Tzo Zen Ang and Andrea Manica, "Aggression, segregation and stability in a dominance hierarchy," *Proceedings of the Royal Society B: Biological Sciences*, 277 (2010): 1337~1343.

17 Noriya Watanabe and Miyuki Yamamoto, "Neural mechanisms of social dominance," *Frontiers in Neuroscience* 9 (2015): doi: 10.3389/fnins.2015.00154.

18 Nicolas Verdier, "Hierarchy: A short history of a word in Western thought," HAL archives-ouvertes.fr, https://halshs.archives-ouvertes.fr/halshs-00005806/document; R. H. Charles, *The Book of Enoch* (Eugene, OR: Wipf & Stock Publishers, 2002), 390.

19 Thorleif Schjelderup-Ebbe, "Social Behavior of Birds," in C. Murchison, ed., *Handbook of Social Psychology* (Worcester, MA: Clark University Press, 1935), 947~972.

20 Marc Bekoff, ed., *Encyclopedia of Animal Behavior*, vol. 1: A~C (Westport, CT: Greenwood Press, 2004); Marc Bekoff, ed., *Encyclopedia of Animal Behavior*, vol. 2: D~P (Westport, CT: Greenwood Press, 2004); Marc Bekoff, ed., *Encyclopedia of Animal Behavior*, vol. 3: R~Z (Westport, CT: Greenwood Press, 2004).

21 C. Norman Alexander Jr., "Status perceptions," *American Sociological Review* 37 (1972): 767~773.

22 Isaac Planas-Sitjà and JeanLouis Deneubour, "The role of personality variation, plasticity and social facilitation in cockroach aggregation," *Biology Open* 7 (2018): doi: 10.1242/bio.036582; Takao Tasaki et al., "Personality and the collective: Bold homing pigeons occupy higher leadership ranks in flocks," *Philosophical Transactions of the Royal Society B* 373 (2018): 20170038.

23 Stephan Keckers et al., "Hippocampal Activation During Transitive Inference in Humans," *Hippocampus* 14 (2004): 153~162; Logan Grosenick, Tricia S. Clement, and Russell D. Fernald, "Fish can infer social rank by observation alone," *Nature* 445 (2007): 427~432; Shannon L. White and Charles Gowan, "Brook trout use individual recognition and transitive inference to determine social rank," *Behavioral Ecology* 24 (2013): 63~69; Guillermo Paz-y-Mino et al., "Pinyon jays use transitive inference to predict social dominance," *Nature* 430 (2004), doi: 10.1038/nature02723.

24 Heckers et al., "Hippocampal activation during transitive inference in humans"; Grosenick, Clement, and Fernald, "Fish can infer social rank by observation alone"; Paz-y-Mino et al., "Pinyon jays use transitive inference to predict social dominance."

25 Centers for Disease Control and Prevention, "Mental Health Conditions: Depression and Anxiety," https://www.cdc.gov/tobacco/campaign/tips/diseases/depression-anxiety.html; Centers for Disease Control and Prevention, "Key Findings: U.S. Children with Diagnosed Anxiety and Depression," https://www.cdc.gov/childrensmentalhealth/features/anxiety-and-depression.html; Centers for Disease Control and Prevention, "Suicide Rising Across the US," https://www.cdc.gov/vitalsigns/suicide/index.html.

26 Interviews with Oliver Höner (Berlin), May 3, 2018, and October 4, 2018.

27 Interviews with Oliver Höner (Berlin), May 3, 2018, and October 4, 2018.

28 A. L. Antonevich and S. V. Naidenko, "Early intralitter aggression and its hormonal correlates," *Zhurnal Obshchei Biologii* 68 (2007): 307~317.

29 Aurelie Tanvez et al., "Does maternal social hierarchy affect yolk testosterone deposition in domesticated canaries?" *Animal Behaviour* 75 (2008): 929~934.

30 Tim Burton et al., "Egg hormones in a highly fecund vertebrate: Do they influence offspring social structure in competitive conditions?" *Oecologia* 160 (2009): 657~665.

7. 집단의 규칙

1 Interviews with Oliver Höner (Berlin), May 3, 2018, and October 4, 2018.

2 Interview with Dr. Kay Holekamp, professor, Department of Integrative Biology, Program in Ecology, Evolution, Biology & Behavior, Michigan State University, May 1, 2018.

3 Alain Jacob et al., "Male dominance linked to size and age, but not to 'good genes' in brown trout (Salmo trutta)," *BMC Evolutionary Biology* 7 (2007): 207; Advances in Genetics, "Dominance Hierarchy," 2011, ScienceDirect Topics, https://www.sciencedirect.com/topics/agricultural-and-biological-sciences/dominance-hierarchy; Jae C. Choe and Bernard J. Crespi, *The Evolution of Social Behaviour in Insects and Arachnids* (Cambridge, UK: Cambridge University Press, 1997), 469.

4 Interviews with Oliver Höner (Berlin), May 3, 2018, and October 4, 2018.

5 Clutton-Brock, *Mammal Societies*, 473~474; Roberto Bonanni et al., "Age-graded dominance hierarchies and social tolerance in packs of free-ranging dogs," *Behavioral Ecology* 28 (2017): 1004~1020; Simona Cafazzo et al., "Dominance in relation to age, sex, and competitive contexts in a group of free-ranging domestic dogs," *Behavioral Ecology* 21 (2010): 443~455; Jacob et al., "Male dominance linked to size and age"; Rebecca L. Holberton, Ralph Hanano, and Kenneth P. Able, "Age-related dominance in male dark-eyed juncos: Effects of plumage and prior residence," *Animal Behaviour* 40 (1990): 573~579; Stephanie J. Tyler, "The behaviour and social organization of the new forest ponies," *Animal Behaviour Monographs* 5 (1972): 87~196; Karen McComb, "Leadership in elephants: The adaptive value of age," *Proceedings of the Royal Society B: Biological Sciences* 278 (2011): 3270~3276; Steeve D. Côté, "Dominance hierarchies in female mountain goats: Stability, aggressiveness and determinants of rank," *Behaviour* 137 (2000): 1541~1566; T. H. Clutton-Brock et al., "Intrasexual competition and sexual selection in coopera-

tive mammals," *Nature* 444 (2006): 1065~1068; Steffen Foerster, "Chimpanzee females queue but males compete for social status," *Scientific Reports* 6 (2016): 35404; Amy Samuels and Tara Gifford, "A quantitative assessment of dominance relations among bottlenose dolphins," *Marine Mammal Science* 13 (1997): 70~99.

6 Janis L. Dickinson, "A test of the importance of direct and indirect fitness benefits for helping decisions in western bluebirds," *Behavioral Ecology* 15 (2004): 233~238; Bernard Stonehouse and Christopher Perrins, *Evolutionary Ecology* (London: Palgrave, 1979), 146~147.

7 Interviews with Oliver Höner (Berlin), May 3, 2018, and October 4, 2018.

8 Tonya K. Frevert and Lisa Slattery Walker, "Physical Attractiveness and Social Status," *Social Psychology and Family* 8 (2014): 313~323; Richard O. Prum, *The Evolution of Beauty: How Darwin's Forgotten Theory of Mate Choice Shapes the Animal World—and Us* (New York: Doubleday, 2017), https://books.google.com/books?id=AinWDAAAQBAJ&q=a+taste+for+the+beautiful#v=snippet&q=a%20taste%20for%20the%20beautiful&f=false.

9 Marina Koren, "For Some Species, You Really Are What You Eat," Smithsonian.com, April 24, 2013, https://www.smithsonianmag.com/science-nature/for-some-species-you-really-are-what-you-eat-40747423; J. A. Amat et al., "Greater flamingos Phoenicopterus roseus use uropygial secretions as make-up," *Behavioral Ecology and Sociobiology* 65 (2011): 665~673.

10 Ken Kraaijeveld et al., "Mutual ornamentation, sexual selection, and social dominance in the black swan," *Behaviour Ecology* 15 (2004): 380~389.

11 John S. Price and Leon Sloman, "Depression as yielding behavior: An animal model based on Schjelderup-Ebbe's pecking order," *Ethology and Sociobiology* 8 (1987), 92S.

12 Interviews with Oliver Höner (Berlin), May 3, 2018, and October 4, 2018.

13 Charlotte K. Hemelrijk, Jan Wantia, and Karin Isler, "Female dominance over males in primates: Self-organisation and sexual dimorphism," *PLoS ONE* 3 (2008): e2678; Laura Casas et al., "Sex change in clownfish: Molecular insights from transcriptome analysis," *Scientific Reports* 6 (2016): 35461; J. F. Husak, A. K. Lappin, R. A. Van Den Bussche, "The fitness advantage of a high-performance weapon," *Biological Journal of the Linnean Society* 96 (2009): 840~845; Clutton-Brock, *Mammal Societies*; Julie Collet et al., "Sexual selection and the differential effect of polyandry," *Proceedings of the National Academy of*

Sciences 109 (2012): 8641~8645.

14 Casas et al., "Sex change in clownfish: Molecular insights from transcriptome analysis."

15 Cheney and Seyfarth, *How Monkeys See the World*, 37~38, 545; Barbara Tiddi, Filippo Aureli and Gabriele Schino, "Grooming up the hierarchy: The exchange of grooming and rank-related benefits in a new world primate," *PLoS ONE 7* (2012): e36641; T. H. Friend and C. E. Polan, "Social rank, feeding behavior, and free stall utilization by dairy cattle," *Journal of Dairy Science* 57 (1974): 1214~1220; Kelsey C. King et al., "High society: Behavioral patterns as a feedback loop to social structure in Plains bison (Bison bison)," *Mammal Research* (2019): 1~12, doi: 10.1007/s13364-019-00416-7; Norman R. Harris et al., "Social associations and dominance of individuals in small herds of cattle," *Rangeland Ecology & Management* 60 (2007): 339~349.

16 Cody J. Dey, "Manipulating the appearance of a badge of status causes changes in true badge expression," *Proceedings of the Royal Society B: Biological Sciences* 281 (2014): 20132680.

17 Simon P. Lailvaux, Leeann T. Reaney, and Patricia R. Y. Backwell, "Dishonesty signalling of fighting ability and multiple performance traits in the fiddler crab Uca mjoebergi," *Functional Ecology* 23 (2009): 359~366.

18 "Incised carving of human figure upon bone," Catalog 92-49-20/C921, Peabody Museum, Harvard University.

19 Stephen Houston, *The Gift Passage: Young Men in Classic Maya Art and Text* (New Haven, CT: Yale University Press, 2018).

20 Mary Miller and Stephen Houston, "The Classic Maya ballgame and its architectural setting: A study of relations between text and image," *Anthropology and Aesthetics* 14 (1987): 46~65; Mary Ellen Miller, "The Ballgame," *Record of the Art Museum, Princeton University* 48 (1989): 22~31; "Maya: Ballgame," William P. Palmer III Collection, University of Maine Library, https://library.umaine.edu/hudson/palmer/Maya/ballgame.asp.

21 Stephen Houston, *The Gift Passage: Young Men in Classic Maya Art and Text* (New Haven, CT: Yale University Press, 2018), 67.

22 Interviews with Oliver Höner (Berlin), May 3, 2018, and October 4, 2018.

23 David L. Mech and Luigi Boitani, *Wolves: Behavior, Ecology, and Conservation* (Chicago: University of Chicago Press, 2007), 93.

24 Interviews with Oliver Höner (Berlin), May 3, 2018, and October 4, 2018.

25 Frans de Waal, *Our Inner Ape: A Leading Primatologist Explains Why We Are Who We Are* (New York: River head Books, 2006), 59.

26 Federic Theunissen, Steve Glickman, and Suzanne Page, "The spotted hyena whoops, giggles and groans. What do the groans mean?" Acoustics.org, July 3, 2008, http://acoustics.org/pressroom/httpdocs/155th/theunissen.htm.

27 K. P. Maruska et al., "Social descent with territory loss causes rapid behavioral, endocrine and transcriptional changes in the brain," *Journal of Experimental Biology* 216 (2013): 3656~3666.

28 Joan Y. Chiao, "Neural basis of social status hierarchy across species," *Current Opinion* 20 (2010), doi: 10.1016/j.comb.2010.08.006; K. P. Maruska et al., "Social descent with territory loss causes rapid behavioral, endocrine and transcriptional changes in the brain."

29 Vivek Misra, "The social Brain network and autism," *Annals Neuroscience* 21 (2014): 69~73.

30 Attila Andics et al., "Voice-sensitive regions in the dog and human brain and revealed by comparative fMRI," *Current Biology* 24 (2014): 574~578.

31 Karen Wynn, "Framing the Issues," "Infant Cartographers," and "Social Acumen: Its Role in Constructing Group Identity and Attitude" in Jeannete McAfee and Tony Attwood, eds., *Navigating the Social World* (Arlington, TX: Future Horizons, 2013), 8, 24~25, 323.

32 Ibid.

33 R. O. Deaner, A. V. Khera, and M. L. Platt, "Monkeys pay per view: Adaptive valuation of social images by rhesus macaques," *Current Biology* 15 (2005): 543~548.

34 Blakemore, "Development of the social brain in adolescence."

35 Dustin Albert, Jason Chein, and Laurence Steinberg, "Peer influences on adolescent decision making," *Current Directions in Psychological Science* 22 (2013): 114~120.

36 Joan Y. Chiao, "Neural basis of social status hierarchy across species," *Current Opinion* 20 (2010), doi: 10.1016/j.comb.2010.08.006; Maruska et al., "Social descent with territory loss causes rapid behavioral, endocrine and transcriptional changes in the brain."

37 Blakemore, "Development of the social brain in adolescence."

38 Jon K. Maner, "Dominance and prestige: A tale of two hierarchies," *Current*

Directions in Psychological Science (2017): doi: 10.1177/0963721417714323; Joey T. Cheng et al., "Two ways to the top: Evidence that dominance and prestige are distinct yet viable avenues to social rank and influence," *Journal of Personality and Social Psychology* 104 (2013): 103~125.

39 Lisa J. Crockett, "Developmental Paths in Adolescence: Commentary," in Lisa Crockett and Ann C. Crouter, eds., *Pathways Throughout Adolescence: Individual Development in Relation to Social Contexts*, Penn State Series on Child and Adolescent Development (London: Psychology Press, 1995), 82.

8. 우두머리의 자식

1 Interview with Dr. Kay Holekamp, professor, Department of Int grative Biology, Program in Ecology, Evolution, Biology & Behavior, Michigan State University, May 1, 2018.

2 Kay E. Holekamp and Laura Smale, "Dominance Acquisition During Mammalian Social Development: The 'Inheritance' of Maternal Rank," *Integrative and Comparative Biology* 31 (1991): 306~317.

3 T. H. Clutton-Brock, S. D. Albon, and F. E. Guinness, "Maternal dominance, breeding success and birth sex ratios in red deer," *Nature* 308 (1984): 358~360; Nobuyuki Kutsukake, "Matrilineal rank inheritance varies with absolute rank in Japanese macaques," *Primates* 41 (2000): 321~335.

4 Hal Whitehead, "The behaviour of mature male sperm whales on the Galapagos Islands breeding grounds," *Canadian Journal of Zoology* 71 (1993): 689~699; Clutton-Brock, Albon, and Guinness, "Maternal dominance, breeding success and birth sex ratios in red deer"; G. B. Meese and R. Ewbank, "The establishment and nature of the dominance hierarchy in the domesticated pig," *Animal Behaviour* 21 (1973): 326~334; Douglas B. Meikle et al., "Maternal dominance rank and secondary sex ratio in domestic swine," *Animal Behaviour* 46 (1993): 79~85; M. McFarland Symington, "Sex ratio and maternal rank in wild spider monkeys: When daughters disperse," *Behavioral Ecology and Sociobiology* 20 (1987): 421~425.

5 Kenneth J. Arrow and Simon A. Levin, "Intergenerational resource transfers with random offspring numbers," *PNAS* 106 (2009): 13702~13706; Shifra Z. Goldenberg, Ian Douglas-Hamilton, and George Wittemyer, "Vertical Transmission of Social Roles Drives Resilience to Poaching in Elephant Networks," *Current Biology* 26 (2016): 75~79; Amiyaal Ilany and

Erol Akcay, "Social inheritance can explain the structure of animal social networks," *Nature Communications* 7 (2016), https://www.nature.com/articles/ncomms12084.

6 Robert Moss, Peter Rothery, and Ian B. Trenholm, "The inheritance of social dominane rank in red grouse (Lagopus Lagopush scoticus)," *Aggressive Behavior* 11 (1985): 253~259.

7 A. Catherine Markham et al., "Maternal rank influences the outcome of aggressive interactions between immature chimpanzees," *Animal Behaviour* 100 (2015): 192~198.

8 Interview with Dr. Kay Holekamp, May 1, 2018.

9 Ibid.

10 Lee Alan Dugatkin and Ryan L. Earley, "Individual recognition, dominance hierarchies and winner and loser effects," *Proceedings of the Royal Society B: Biological Sciences* 271 (2004): 1537~1540; Lee Alan Dugatkin, "Winner and loser effects and the structure of dominance hierarchies," *Behavioral Ecology* 8 (1997): 583~587.

11 Tim Clutton-Brock, *Mammal Societies* (Hoboken, NJ: Wiley-Blackwell, 2016), 263.

12 Katrin Hohwieler, Frank Rossell, and Martin Mayer, "Scent-marking behavior by subordinate Eurasian beavers," *Ethology* 124 (2018): 591~599; Ruairidh D. Campbell et al., "Territory and group size in Eurasian beavers (Castor fiber): Echoes of settlement and reproduction?" *Behavioral Ecology* 58 (2005): 597~607.

13 Charles Brandt, "Mate choice and reproductive success of pikas," *Animal Behaviour* 37 (1989): 118~132; Clutton-Brock, Mammal Societies; Philip J. Baker, "Potential fitness benefits of group living in the red fox, Vulpes vulpes," *Animal Behaviour* 56 (1998): 1411~1424; Glen E. Woolfenden and John W. Fitzpatrick, "The inheritance of territory in group-breeding birds," *BioScience* 28 (1978): 104~108.

14 Karen Price and Stan Boutin, "Territorial bequeathal by red squirrel mothers," *Behavioral Ecology* 4 (1992): 144~150.

15 L. Stanley, A. Aktipis, and C. Maley, "Cancer initiation and progression within the cancer microenvironment," *Clininal & Experimental Metastasis* 35 (2018): 361~367; Athena Aktipis, "Principles of cooperation across systems: From human sharing to multicellularity and cancer," *Evolutionary Applications* 9 (2016): 17~36.

16 Oliver P. Höner et al., "The effect of prey abundance and foraging tactics on the population dynamics of a social, territorial carnivore, the spotted hyena," *OIKOS* 108 (2005): 544~554; interviews with Oliver Höner (Berlin), May 3, 2018, and October 4, 2018; Bettina Wachter, et al., "Low aggression levels and unbiased sex ratios in a prey-rich environment: No evidence of siblicide in Ngorongoro spotted hyenas (Crocuta crocuta)," *Behavioral Ecology and Sociobiology* 52 (2002): 348~356.

17 Clutton-Brock, *Mammal Societies*, 470.

18 Norbert Sachser, Michael B. Hennessy, and Sylvia Kaiser, "Adaptive modulation of behavioural profiles by social stress during early phases of life and adolescence," *Neuroscience & Biobehavioral Reviews* 35 (2011): 1518~1533; A. Thornton and J. Samson, "Innovative problem solving in wild meerkats," *Animal Behaviour* 83 (2012): 1459~1468.

9. 지위와 기분

1 Edward D. Freis, "Mental Depression in Hypertensive Patients Treated for Long Periods with Large Doses of Reserpine," *New England Journal of Medicine* 251 (1954): 1006~1008.

2 D. A. Slattery, A. L. Hudson, D. J. Nutt, "The evolution of antidepressant mechanisms," *Fundamental and Clinical Pharmacology* 18 (2004): 1~21.

3 James M. Ferguson, "SSRI antidepressant medications: Adverse effects and tolerability," *Primary Care Companion to the Journal of Clinical Psychiatry* 3 (2001): 22~27.

4 Nathalie Paille and Luc Bourassa, "American Lobster," St. Lawrence Global Observatory, https://catalogue.ogsl.ca/dataset/46a463f8-8d55-4e38-be34-46f12d5c2b33/resource/c281bcd4-2bde-4f3e-adbe-dd3ee01fb372/download/american-lobster-slgo.pdf; J. Emmett Duffy and Martin Thiel, *Evolutionary Ecology and Social and Sexual Systems: Crustaceans as Model Organisms* (Oxford, UK: Oxford University Press, 2007), 106~107; Francesca Gherardi, "Visual recognition of conspecifics in the American lobster, Homarus americanus," *Animal Behaviour* 80 (2010): 713~719; D. H. Edwards and E. A. Kravitz, "Serotonin, social status and aggression," *Current Opinion in Neurobiology* 7 (1997): 812~819; Robert Huber et al., "Serotonin and aggressive motivation in crustaceans: Altering the decision to retreat," *Proceedings of the National Academy of Sciences* 94 (1997): 5939~5942.

5 J. Duffy and Thiel, *Evolutionary Ecology and Social and Sexual Systems*, 106~107.

6 S. R. Yeh, R. A. Fricke, and D. H. Edwards, "The effect of social experience on serotonergic modulation of the escape circuit of crayfish," *Science* 271 (1996): 366~369.

7 Thorleif Schjelderup-Ebbe, "Social behavior of birds," in C. Murchison, ed., *Handbook of Social Psychology* (Worcester, MA: Clark University Press, 1935), 955, 966.

8 John S. Price and Leon Sloman, "Depression as yielding behavior: An animal model based on Schjelderup-Ebbe's pecking order," *Ethology and Sociobiology* 8 (1987): 85~98.

9 John S. Price et al., "Territory, Rank and Mental Health: The History of an Idea," *Evolutionary Psychology* 5 (2007): 531~554.

10 Christopher Bergland, "The neurochemicals of happiness," *Psychology Today*, November 29, 2012, https://www.psychologytoday.com/us/blog/the-athletes-way/201211/the-neurochemicals-happiness.

11 Cliff H. Summers and Svante Winberg, "Interactions between the neural regulation of stress and aggression," *Journal of Experimental Biology* 209 (2006): 4581~4589; Olivier Lepage et al., "Serotonin, but not melatonin, plays a role in shaping dominant-subordinate relationships and aggression in rainbow trout," *Hormones and Behavior* 48 (2005): 233~242; Earl T. Larson and Cliff H. Summers, "Serotonin reverses dominant social status," *Behavioural Brain Research* 121 (2001): 95~102; Huber et al., "Serotonin and aggressive motivation in crustaceans"; Yeh, Fricke, and Edwards, "The effect of social experience on serotonergic modulation of the escape circuit of crayfish"; Varenka Lorenzi et al., "Serotonin, social status and sex change in bluebanded goby Lythrypnus dalli," *Physiology and Behavior* 97 (2009): 476~483.

12 Leah H. Somerville, "The teenage brain: Sensitivity to social evaluation," *Current Directions in Psychological Science* 22 (2013): 121~127.

13 Naomi I. Eisenberger et al., "Does Rejection Hurt? An fMRI Study of Social Exclusion," *Science* 302 (2003): 290~292; Naomi I. Eisenberger, "The neural bases of social pain: Evidence for shared representations with physical pain," *Psychosomatic Medicine* 74 (2012): 126~135.

14 Naomi I. Eisenberger and Matthew D. Lieberman, "Why It Hurts to be Left Out: The Neurocognitive Overlap Between Physical and Social Pain" (2004), http://www.scn.ucla.edu/pdf/Sydney(2004).pdf; Naomi I. Eisenberger, "Why Rejection Hurts: What Social Neuroscience Has Revealed About the Brain's

Response to Social Rejection," in Greg J. Norman, John T. Cacioppo, and Gary G. Berntson, eds., *The Oxford Handbook of Social Neuroscience* (Oxford, UK: Oxford University Press, 2001), https://sanlab.psych.ucla.edu/wp-content/uploads/sites/31/2015/05/39-Decety-39.pdf.

15 Centers for Disease Control and Prevention, "Teen Substance Use and Risks," https://www.cdc.gov/features/teen-substance-use/index.html.

16 Eisenberger, "The neural bases of social pain"; C. N. Dewall et al., "Acetaminophen reduces social pain: Behavioral and neural evidence," *Psychological Science* 21 (2010): 931~937.

17 Interviews with Oliver Höner (Berlin), May 3, 2018, and October 4, 2018.

18 Clutton-Brock, *Mammal Societies*, 104, 269, 272.

19 V. Klove et al., "The winner and loser effect, serotonin transporter genotype, and the display of offensive aggression," *Physiology & Behavior* 103 (2001): 565~574. Stephan R. Lehner, Claudia Rutte, and Michael Taborsky, "Rats benefit from winner and loser effects," *Ethology* 117 (2011): 949~960.

20 Rachel L. Rutishauser et al., "Long-term consequences of agonistic interactions between socially naïve juvenile American lobsters (Homarus americanus)," *Biological Bulletin* 207 (December 2004): 183~187.

21 Stephanie Dowd, "What Are the Signs of Depression?" Child Mind Institute, https://childmind.org/ask-an-expert-qa/im-16-and-im-feeling-like-there-is-something-wrong-with-me-i-may-be-depressed-but-im-not-sure-please-help/.

22 American Psychiatric Association, "What Is Depression?" https://www.psychiatry.org/patients-families/depression/what-is-depression; Julio C. Tolentino and Sergio L. Schmidt, "DSM-5 criteria and depression severity: Implications for clinical practice," *Front Psychiatry* 9 (2018): 450.

23 Thorleif Schjelderup-Ebbe, "Social behavior of birds," in Murchison, ed., *Handbook of Social Psychology*, 955.

24 Rui F. Oliveira and Vitor C. Almada, "On the (in)stability of dominance hierarchies in the cichlid fish Oreochromis mossambicus," *Aggressive Behavior* 22 (1996): 37~45; E. J. Anderson, R. B. Weladji, and P. Paré, "Changes in the dominance hierarchy of captive female Japanese macaques as a consequence of merging two previously established groups," *Zoo Biology* 35 (2016): 505~512.

25 Interview with Todd Shury, Parks Canada, Office of the Chief Ecosystem

Scientist, wildlife health specialist, adjunct professor, Department of Veterinary Pathology, University of Saskatchewan, August 20, 2014.

26 Vanja Putarek and Gordana Kerestes, "Self-perceived popularity in early adolescence," *Journal of Social and Personal Relationships* 33 (2016): 257~274.

27 Riittakerttu Kaltiala-Heino and Sari Jrodj, "Correlation between bullying and clinical depression in adolescent patients," *Adolescent Health, Medicine and Therapeutics* 2 (2011): 37~44.

28 P. Due et al., "Bullying and symptoms among school-aged children: International comparative cross sectional study in 28 countries," *European Journal of Public Health* 15 (2005): 128~132.

29 NIH Eunice Kennedy Shriver National Institute of Child Health and Human Development, "Bullying," https://www.nichd.nih.gov/health/topics/bullying.

30 Hogan Sherrow, "The Origins of Bullying," *Scientific American Guest Blog*, December 15, 2011, https://blogs.scientificamerican.com/guest-blog/the-origins-of-bullying/.

31 YouthTruth Student Survey, "Bullying Today," https://youthtruthsurvey.org/bullying-today/.

32 Alan Bullock and Stephen Trombley, " in *The New Fontana Dictionary of Modern Thought*, Third Edition (New York: HarperCollins, 2000), 620.

33 United States Holocaust Memorial Museum, "Defining the Enemy," https://encyclopedia.ushmm.org/content/en/article/defining-the-enemy; "Rwanda Jails Man Who Preached Genocide of Tutsi 'Cockroaches,'" BBC News, April 15, 2016, https://www.bbc.com/news/world-africa-36057575.

34 Lecture by Robin Foster, August 4, 2012.

35 Interview with James Ha, February 26, 2019.

36 C. J. Barnard and N. Luo, "Acquisition of dominance status affects maze learning in mice," *Behavioural Processes* 60 (2002): 53~59.

37 Christine M. Drea and Kim Wallen, "Low-status monkeys 'play dumb' when learning in mixed social groups," *Proceedings of the National Academy of Sciences* 96 (1999): 12965~12969.

10. 친구의 힘

1 Jaana Juvonen, "Bullying in the Pig Pen and on the Playground," Zoobiquity Conference, September 29, 2012, https://www.youtube.com/

watch?v=tD8ajvbwKSQ.

2 Interviews with Oliver Höner (Berlin), May 3, 2018, and October 4, 2018.

3 Karl Groos, The Play of Animals (New York: D. Appleton and Company, 1898), 75, https://archive.org/details/playofanimals00groouoft/page/ii.

4 Clutton-Brock, Mammal Societies, 202.

5 Gordon M. Burghardt, *The Genesis of Animal Play: Testing the Limits* (Cambridge, MA: A Bradford Book/The MIT Press, 2006), 101.

6 Christophe Guinet, "Intentional stranding apprenticeship and social play in killer whales (Orcinus orca)," *Canadian Journal of Zoology* 69 (1991): 2712~2716.

7 Patricia Edmonds, "For Amorous Bald Eagles, a 'Death Spiral' Is a Hot Time," *National Geographic*, July 2016, https://www.nationalgeographic.com/magazine/2016/07/basic-instincts-bald-eagle-mating-dance/.

8 Burghardt, *The Genesis of Animal Play*, 220; Duncan W. Watson and David B. Croft, "Playfighting in Captive Red-Necked Wallabies, Macropus rufogriseus banksianus," *Behaviour* 126 (1993): 219~245.

9 Judith Goodenough and Betty McGuire, *Perspectives on Animal Behavior* (Hoboken, NJ: Wiley, 2009).

10 Interview with Joe Hamilton and Matt Ross, September 1, 2017.

11 Gordon M. Burghardt, *The Genesis of Animal Play: Testing the Limits* (Cambridge, MA: A Bradford Book/The MIT Press, 2006).

12 Helena Cole and Mark D. Griffiths, "Social Interactions in Massively Multiplayer Online Role-Playing Gamers," *CyberPsychology and Behavior* 10 (2007), doi: 10/1089/cpb.2007.9988; Eshrat Zamani, "Comparing the social skills of students addicted to computer games with normal students," *Addiction and Health* 2 (2010): 59~65.

13 Elisabeth Lloyd, David Sloan Wilson, and Elliott Sober, "Evolutionary mismatch and what to do about it: A basic tutorial," *Evolutionary Applications* (2011): 2~4.

14 Bill Finley, "Horse Therapy for the Troubled," *New York Times*, March 9, 2008, https://www.nytimes.com/2008/03/09/nyregion/nyregionspecial2/09horsenj.html.

15 Interview with Rachel Cohen, Hand2Paw founder, May 5, 2017.

16 Tara Westover, *Educated: A Memoir* (New York: Random House, 2018).

17 Tara Westover, "Bio," https://tarawestover.com/bio.

18 Louise Carpenter, "Tara Westover: The Mormon Who Didn't Go to School

(but Now Has a Cambridge PhD)," *Times of London*, February 10, 2018, https://www.thetimes.co.uk/article/tara-westover-the-mormon-who-didnt-go-to-school-but-now-has-a-cambridge-phd-pxwgtz7pv.
19 El-Hai, "The Chicken-Hearted Origins of the 'Pecking Order'—The Crux."

3부 성

솔트 이야기는 매사추세츠주 프로빈스타운에 있는 해안연구센터의 과학자들이 1970년대 중반부터 추적해온 연구 결과를 바탕으로 했다.

11. 동물의 연애

1 New York State Department of Environmental Conservation, "Watchable Wildlife: Bald Eagle," https://www.dec.ny.gov/animals/63144.html; Patricia Edmonds, "For Amorous Bald Eagles, a 'Death Spiral' Is a Hot Time," *National Geographic*, July 2016, https://www.nationalgeographic.com/magazine/2016/07/basic-instincts-bald-eagle-mating-dance/.
2 Nicola Markus, "Behaviour of the Black Flying Fox Pteropus alecto: 2. Territoriality and Courtship," *Acta Chiropterologica* 4 (2002): 153~166.
3 Leslie A. Dyal, "Novel Courtship Behaviors in Three Small Easter Plethodon Species," *Journal of Herpetology* 40 (2006): 55~65.
4 Interviews with Dr. Michael Crickmore and Dr. Dragana Rogulja, December 6, 2018.
5 Danielle Simmons, "Behavioral Genomics," *Nature Education* 1 (2008): 54.
6 Natterson-Horowitz and Bowers, "The Koala and the Clap," in *Zoobiquity*, 249~272.
7 Anna Bitong, "Mamihlapinatapai: A Lost Language's Untranslatable Legacy," BBC Travel, April 3, 2018, http://www.bbc.com/travel/story/20180402-mamihlapinatapai-a-lost-languages-untranslatable-legacy; Thomas Bridge, "Yaghan Dictionary: Language of the Yamana People of Tierra del Fuego," 1865, https://patlibros.org/yam/ey.php, 182a.
8 H. E. Winn and L. K. Winn, "The song of the humpback whale Megaptera novaeangliae in the West Indies," *Marine Biology* 47 (1978): 97~114.
9 Louis M. Herman et al., "Humpback whale song: Who sings?" *Behavioral Ecology and Sociobiology* 67 (2013): 1653~1663; L. M. Herman, "The multiple

functions of male song within the humpback whale (Megaptera novaeangliae) mating system: Review, evaluation and synthesis," *Biological Reviews of the Cambridge Philosophical Society* 92 (2017): 1795~1818.

10 Mirjam Knornschild et al., "Complex vocal imitation during ontogeny in a bat," *Biology Letter* 6 (2010): 156~159; Yosef Prat, Mor Taub, and Yossi Yovel, "Vocal learning in a social mammal: Demonstrated by isolation and playback experiments in bats," *Science Advances* 1 (2015): e1500019.

11 Todd M. Freeberg, "Social transmission of courtship behavior and mating preferences in brown-headed cowbirds, Molothrus ater," *Animal Learning and Behavior* 32 (2004): 122~130; Haruka Wada, "The development of birdsong," *Nature Education Knowledge* 3 (2010): 86.

12 T. L. Rogers, "Age-related differences in the acoustic characteristics of male leopard seals, Hydrurga leptonyx," *Journal of the Acoustical Society of America* 122 (2007): 596~605; Voice of the Sea, "The Leopard Seal," http://cetus.ucsd.edu/voicesinthesea_org/species/pinnipeds/leopardSeal.html.

13 Jennifer Minnick, "Bioacoustics: Listening to the Animals," Zoological Society of San Diego, Institutional Interviews, June 2009, http://archive.sciencewatch.com/inter/ins/pdf/09junZooSanDgo.pdf.

14 Jay Withgott, "The Secret to Seducing a Canary," *Science Magazine*, November 7, 2001, https://www.sciencemag.org/news/2001/11/secret-seducing-canary.

15 C. Scott Baker and Louis M. Herman, "Aggressive behavior between humpback whales (Megaptera novaeangliae) wintering in Hawaiian waters," *Canadian Journal of Zoology* 62 (1984): 1922~1937.

16 L. M. Herman, "The multiple functions of male song within the humpback whale (Megaptera novaeangliae) mating system: Review, evaluation and synthesis," *Biological Reviews of the Cambridge Philosophical Society* 92 (2017): 1795~1818; Adam A. Pack et al., "Penis extrusions by humpback whales (Megaptera novaeangliae)," *Aquatic Mammals* 28.2 (2002): 131~146; James D. Darling and Martine Berube, "Interactions of singing humpback whales with other males," *Marine Mammal Science* 17 (2001): 570~584; Phillip J. Clapham and Charles A. Mayo, "Reproduction and recruitment of individually identified humpback whales, Megaptera novaeangliae, observed in Massachusetts Bay, 1979–1985," *Canadian Journal of Zoology* 65 (1987): 2853~2963.

12. 구애 행동 학습

1 DisneyMusicVEVO, "The Lion King—Can You Feel the Love Tonight," YouTube, https://www.youtube.com/watch?v=25QyCxVkXwQ.

2 Brett Mills, "The animals went in two by two: Heteronormativity in television wildlife documentaries," *European Journal of Cultural Studies* 16 (2013): 100~114.

3 Colorado State University, Equine Reproduction Laboratory, "SEE THE LIGHT—Advancing the Breeding Season for Early Foals—Press Release," http://csu-cvmbs.colostate.edu/Documents/case-advancing-breeding-season.pdf.

4 M. N. Bester, "Reproduction in the male sub-Antarctic fur seal Arctocephalus tropicalis," *Journal of Zoology* (1990): 177~185.

5 Clutton-Brock, *Mammal Societies*, 268.

6 P. Hradecky, "Possible pheromonal regulation of reproduction in wild carnivores," *Journal of Chemical Ecology* 11 (1985): 241~250.

7 P. R. Marty et al., "Endocrinological correlates of male bimaturism in wild bornean orangutans," *American Journal of Primatology* 77 (November 2015) (11): 1170~1178, doi: 10.1002/ajp.22453. Epub 2015 Jul 31.

8 National Oceanic and Atmospheric Administration/NOAA Fisheries, "Sperm Whale," https://www.fisheries.noaa.gov/species/sperm-whale.

9 H. B. Rasmussen et al., "Age- and tactic-related paternity success in male African elephants," *Behavioral Ecology* 19 (2008): 9~15; J. C. Beehner and A. Lu, "Reproductive suppression in female primates: a review," *Evolutionary Anthropology* 22 (2013): 226~238.

10 Barbara Taborsky, "The influence of juvenile and adult environments on life-history trajectories," *Proceedings of the Royal Society B: Biological Sciences* 273 (2006): 741~750.

11 Jimmy D. Neill, "Volume 2," *Knobil and Neill's Physiology of Reproduction*, 3rd Edition (Cambridge, MA: Academic Press, 2005), 1957; A. Zedrosser et al., "The effects of primiparity on reproductive performance in the brown bear," *Oecologia* 160 (2009): 847~854; Andrew M. Robbins et al., "Age-related patterns of reproductive success among female mountain gorillas," *American Journal of Physical Anthropology* 131 (2006): 511~521; G. Schino and A. Troisi, "Neonatal abandonment in Japanese macaques," *American Journal of Physical Anthropology* 126 (2005): 447~452.

12 Stanton et al., "Maternal Behavior by Bird Order in Wild Chimpanzees (Pan troglodytes): Increased Investment by First-Time Mothers."

13 Ibid.

14 Margaret A. Stanton et al., "Maternal behavior by bird order in wild chimpanzees (Pan troglodytes): Increased investment by first-time mothers," *Current Anthropology* 55 (2014): 483~489; K. L. Kramer and J. B. Lancaster, "Teen motherhood in cross-cultural perspective," *Annals of Human Biology* 37 (2010): 613~628.

15 World Health Organization, "Adolescent Pregnancy Fact Sheet," https://www.who.int/news-room/fact-sheets/detail/adolescent-pregnancy/.

16 Steven J. Portugal et al., "Perch height predicts dominance rank in birds," *IBIS* 159 (2017): 456~462.

17 Katherine A. Houpt, *Domestic Animal Behavior for Veterinarians and Animal Scientists*, 5th edition (Hoboken, NJ: Wiley-Blackwell, 2010), 114~115.

18 R. L. T. Lee, "A systematic review on identifying risk factors associated with early sexual debut and coerced sex among adolescents and young people in communities," *Journal of Clinical Nursing* 27 (2018): 478~501.

19 Gilda Sedgh et al., "Adolescent pregnancy, birth, and abortion rates across countries: Levels and recent trends," *Journal of Adolescent Health* 56 (2015): 223~230; Centers for Disease Control and Prevention, "Reproductive Health: Teen Pregnancy," https://www.cdc.gov/teenpregnancy/about/index.htm.

20 Richard Weissbourd et al., "The Talk: How Adults Can Promote Young People's Healthy Relationships and Prevent Misogyny and Sexual Harassment," Making Caring Common Project, Harvard Graduate School of Education, 2017, https://mcc.gse.harvard.edu/reports/the-talk.

21 Visit to the Wilds and interview with Dr. Barbara Wolfe, June 26, 2014.

22 Gerard L. Hawkins, Geoffrey E. Hill, and Austin Mercadante, "Delayed plumage maturation and delayed reproductive investment in birds," *Biological Reviews* 87 (2012): 257~274; "The Crazy Courtship of Bowerbirds," BBC Earth, November 20, 2014, http://www.bbc.com/earth/story/20141119-the-barmy-courtship-of-bowerbirds.

23 Hawkins, Hill, and Mercadante, "Delayed plumage maturation and delayed reproductive investment in birds."

24 Jennifer S. Hirsch and Holly Wardlow, *Modern Loves: The Anthropology of Roman-*

tic Courtship and Companionate Marriage (Ann Arbor: University of Michigan Press, 2006).

25 Oglala Sioux blanket strip, Catalog 985-27-10/59507, Peabody Museum, Harvard University.

26 Peabody Museum of Archaeology & Ethology at Harvard University, "Love Blooms Among the Lakota," *Inside the Peabody Museum*, February 2012, https://www.peabody.harvard.edu/node/762.

27 Cyndy Etler, "Young People Can Tell You the Kind of Sex Ed They Really Need," CNN Opinion, October 31, 2018, https://www.cnn.com/2018/10/31/opinions/sex-assault-controversies-prove-we-need-better-sex-ed-etler/index.html.

28 Interview with Dr. Richard Weissbourd, Harvard psychologist, February 14, 2018; Weissbourd et al., "The Talk."

29 American Library Association, "Infographics," Banned and Challenged Books, http://www.ala.org/advocacy/bbooks/frequentlychallengedbooks/statistics.

30 American Library Association, "About ALA," http://www.ala.org/aboutala/.

31 American Library Association, "Infographics."

32 Andrew Whiten and Erica van de Waal, "The pervasive role of social learning in primate lifetime development," *Behavioral Ecology and Sociobiology* 72 (2018): 80.

33 C. V. Smith and M. J. Shaffer, "Gone but not forgotten: Virginity loss and current sexual satisfaction," *Journal of Sex & Marital Therapy* 39 (2013): 96~111.

34 Interview with Dr. Mia-Lana Lührs, October 16, 2017.

35 Clare E. Hawkins et al., "Transient masculinization in the fossa, Cryptoprocta ferox (Carnivora, Viverridae)," *Biology of Reproduction* 66, no. 3 (March 1, 2002): 610~615.

36 Andrew Solomon, *Far from the Tree: Parents, Children, and the Search for Identity* (New York: Scribner, 2012).

13. 첫 경험

1 Jen Fields, "The Wilds Celebrates Births of Three At-Risk Species," Columbus Zoo and Aquarium Press Release, March 27, 2018, https://www.columbuszoo.org/home/about/press-releases/press-release-articles/2018/03/27/the-wilds-celebrates-births-of-three-at-risk-species; Association of Zoos and Aquariums, "Species Survival Plan Programs," https://

www.aza.org/species-survival-plan-programs.

2 Houpt, *Domestic Animal Behavior for Veterinarians and Animal Scientists.*

3 Conscious Breath Adventures, "About Humpback Whales: Rowdy Groups," https://consciousbreathadventures .com/rowdy-groups/.

4 Tony Wu, "Humpback Whales in Tonga 2014, Part 3," http://www.tony-wublog.com/journal/humpback-whales-in-tonga-2014-part-3.

5 Matt Walker, "Epic Humpback Whale Battle Filmed," BBC Earth News, October 23, 2009, http://news.bbc.co.uk/earth/hi/earth_news/news-id_8318000/8318182.stm.

6 "Photographer First to Capture Humpbacks' Magic Moment," *NZ Herald*, June 22, 2012, https://www.nzherald.co.nz/nz/news/article.cfm?c_id=1&objectid=10814498; Malcolm Holland, "The Tender Mating Ritual of the Humpback Whale Captured on Camera for the First Time," Daily Telegraph, June 20, 2012, https://www.dailytelegraph.com.au/news/nsw/the-tender-mating-ritual-of-the-humpback-whale-captured-ion-camera-for-the-first-time/news-story/175cc74142e7b85fbac49150fcf2035f?sv=f9df-3726babb600fd5d3a784a82d6160.

7 Shannon L. Farrell and David A. Andow, "Highly variable male courtship behavioral sequence in a crambid moth," *Journal of Ethology* 35 (2017): 221~236; Panagiotis G. Milonas, Shannon L. Farrell, and David A. Andow, "Experienced males have higher mating success than virgin males despite fitness costs to females," *Behavioral Ecology Sociobiology* 65 (2011): 1249~1256.

8 Barbara Natterson-Horowitz and Kathryn Bowers, "Roar-gasm," in *Zoobiquity: The Astonishing Connection Between Human and Animal Health* (New York: Vintage, 2012), 70~110.

9 Interview with Dr. Richard Weissbourd, Harvard psychologist, February 14, 2018.

10 Judith Goodenough and Betty McGuire, *Perspectives on Animal Behavior* (Hoboken, NJ: Wiley, 2009), 371; Brandon J. Aragona et al., "Nucleus accumbens dopamine differentially mediates the formation and maintenance of monogamous pair bonds," *Nature Neuroscience* 9 (2006): 133~139.

11 Benjamin J. Ragen et al., "Differences in titi monkey (Callicebus cupreus) social bonds affect arousal, affiliation, and response to reward," *American Journal of Primatology* 74 (2012): 758~769.

12 Nathan J. Emergy et al., "Cognitive adaptations of social bonding in birds,"

Philosophical Transactions of the Royal Society of London Biological Sciences 362 (2007): 489~505; William J. Mader, "Ecology and breeding habits of the Savanna hawk in the Llanos of Venezuela," *Condor: Ornithological Applications* 84 (1982): 261~271.

13 Judith Goodenough and Betty McGuire, *Perspectives on Animal Behavior* (Hoboken, NJ: Wiley, 2009), 371~372.

14. 동의와 거절

1 Interviews with Dr. Michael Crickmore and Dr. Dragana Rogulja, December 6, 2018; Stephen X. Zhang, Dragana Rogulja, and Michael A. Crickmore, "Dopaminergic Circuitry Underlying Mating Drive," *Neuron* 91 (2016): 168~681; ScienceDaily, "Neurobiology of Fruit Fly Courtship May Shed Light on Human Motivation," *Science News*, July 13, 2018, https://www.sciencedaily.com/releases/2018/07/180713220147.htm.

2 Oliver Sacks, *Awakenings* (1973; rev. ed. New York: Vintage, 1999) (Kindle version, location 1727~1825).

3 Interviews with Dr. Michael Crickmore and Dr. Dragana Rogulja, December 6, 2018.

4 William J. L. Sladen and David G. Ainley, "Dr. George Murray Levick (1876–1956): Unpublished notes on the sexual habits of the Adelie penguin," *Polar Record* (2012), doi: 10.1017/S0032247412000216.

5 Denis Reale, Patrick Bousses, and Jean-Louis Chapuis, "Female-biased mortality induced by male sexual harassment in a feral sheep population," *Canadian Journal of Zoology* 74 (1996): 1812~1818; David A. Wells et al., "Male brush-turkeys attempt sexual coercion in unusual circumstances," *Behavioural Processes* 106 (2014): 180~186; P. J. Nico de Bruyn, Cheryl A. Tosh, and Marthan N. Bester, "Sexual harassment of a king penguin by an Antarctic fur seal," *Journal of Ethology* 26 (2008): 295~297; Silu Wang, Molly Cummings, and Mark Kirkpatrick, "Coevolution of male courtship and sexual conflict characters in mosquitofish," *Behavioral Ecology* 26 (2015): 1013~1020; Silvia Cattelan et al., "The effect of sperm production and mate availability on patterns of alternative mating tactics in the guppy," *Animal Behaviour* 112 (2016): 105~110; Heather S. Harris et al., "Lesions and behavior associated with forced copulation of juvenile Pacific harbor seals (Phoca vitulina richardsi) by southern sea otters (Enhydra lutris nereis)," *Aquatic Mammals* 36 (2010):

331~341.

6 Camila Rudge Ferrara et al., "The role of receptivity in the courtship behavior of Podocnemis erythrocephala in captivity," *Acta Ethologica* 12 (2009): 121~125.

7 Yasuhisa Henmi, Tsunenori Koga, and Minoru Murai, "Mating behavior of the San Bubbler Crab Scopimera globosak," *Journal of Crustacean Biology* 13 (1993): 736~744; Paul Verrell, "The Sexual Behaviour of the Red-Spotted Newt, Notophthalmus Viridescens (Amphibia : Urodela : Salamandridae)," *Animal Behaviour* 30 (1982): 1224~1236.

8 T. H. Clutton-Brock and G. A. Parker, "Sexual coercion in animal societies," *Animal Behavior* 49 (1995): 1345~1365.

9 Barcoft TV, "Scientists Capture Unique Footage of Seals Attempting to Mate with Penguins," YouTube, November 18, 2014, https://www.youtube.com/watch?v=ABM8RTVYaVw&t=3s; Harris et al., "Lesions and behavior associated with forced copulation of juvenile Pacific harbor seals (Phoca vitulina richardsi) by southern sea otters (Enhydra lutris nereis)."

10 Martin L. Lalumière, et al., "Forced Copulation in the Animal Kingdom," in *The Causes of Rape: Understanding Individual Differences in Male Propensity for Sexual Aggression* (Washington, DC: American Psychological Association, 2005), 32.

11 Ibid., 294.

12 Mariana Freitas Nery and Sheila Marina Simao, "Sexual coercion and aggression towards a newborn calf of marine tucuxi dolphins (Sotalia guianensis)," *Marine Mammal Science* 25 (2009): 450~454; Reale, Bousses, and Chapuis, "Female-biased mortality induced by male sexual harassment in a feral sheep population"; Kamini N. Persaud and Bennett G. Galef, Jr., "Female Japanese quail (Coturnix Japonica) mated with males that harassed them are unlikely to lay fertilized eggs," *Journal of Comparative Psychology* 119 (2005): 440~446; Jason V. Watters, "Can the alternative male tactics 'fighter' and 'sneaker' be considered 'coercer' and 'cooperator' in coho salmon?" *Animal Behaviour* 70 (2005): 1055~1062.

13 T. H. Clutton-Brock and G. A. Parker, "Sexual coercion in animal societies," *Animal Behavior* 49 (1995): 1345~1365.

14 Martin N. Muller et al., "Sexual coercion by male chimpanzees show that female choice may be more apparent than real," *Behavioral Ecology and Sociobiology* 65 (2011): 921~933; Martin N. Muller and Richard W. Wrangham, eds.,

Sexual Coercion in Primates and Humans: Evolutionary Perspective on Male Aggression against Females (Cambridge, MA: Harvard University Press, 2009); Martin N. Muller, Sonya M. Kahlenberg, Melissa Emery Thompson, and Richard W. Wrangham, "Male coercion and the cost of promiscuous mating for female chimpanzees," *Proceedings of the Royal Society B: Biological Sciences* 274 (2007): 1009~1014.

15 Clutton-Brock and Parker, "Sexual coercion in animal societies."

16 Jessica Bennett, "The #MeToo Moment: When the Blinders Come Off," *New York Times*, November 30, 2017, https://www.nytimes.com/2017/11/30/us/the-metoo-moment.html; Stephanie Zacharek, Eliana Dockterman, and Haley Sweetland Edwards, "TIME Person of the Year 2017: The Silence Breakers," *Time*, http://time.com/time-person-of-the-year-2017-silence-breakers/.

17 Norbert Sachser, Michael B. Hennessy, and Sylvia Kaiser, "Adaptive modulation of behavioural profiles by social stress during early phases of life and adolescence," *Neuroscience & Biobehavioral Reviews* 35 (2011): 1518~1533.

18 G. J. Hole, D. F. Einon, and H. C. Plotkin, "The role of social experience in the development of sexual competence in Rattus Norvegicus," *Behavioral Processes* 12 (1986): 187~202.

19 Stephanie Craig, "Research relationships focus on mink mating," *Ontario Agricultural College, University of Guelph*, February 14, 2017, https://www.uoguelph.ca/oac/news/research-relationships-focus-mink-mating.

20 Houpt, *Domestic Animal Behavior for Veterinarians and Animal Scientists*, 5th ed.

21 Justin R. Garcia et al., "Sexual hookup culture: A review," *Review of General Psychology* 16 (2012): 161~176, https://www.ncbi.nlm.nih.gov/pmc/articles/PMC3613286/pdf/nihms443788.pdf.

22 Binghamton University, State University of New York, "College Students' Sexual Hookups More Complex than Originally Thought," *Science News*, October 17, 2012, https://www.sciencedaily.com/releases/2012/10/121017122802.htm.

23 Garcia et al., "Sexual hookup culture: A review," 20.

24 Lisa Wade, *American Hookup: The New Culture of Sex on Campus* (New York: W. W. Norton and Co., 2017).

25 Interview with Dr. Richard Weissbourd, February 14, 2018.

26 Garcia et al., "Sexual hookup culture: A review," 14.

4부 자립

슬라브츠 이야기는 후베르트 포토치니크와의 인터뷰와 다음 책을 바탕으로 했다. James Cheshire and Oliver Uberti, "The Wolf Who Traversed the Alps," *Where the Animals Go: Tracking Wildlife with Technology in 50 Maps and Graphics* (New York: W. W. Norton & Company, 2017), 62~65. 그리고 〈가디언〉에 실린 헨리 니콜스의 기사도 참조했다. PJ의 이야기는 각종 뉴스 보도를 참조했다.

15. 홀로서기 학습

1 Clutton-Brock, *Mammal Societies*, 94~122, 401~426; Bruce N. McLellan and Frederick W. Hovey, "Natal dispersal of grizzly bears," *Canadian Journal of Zoology* 79 (2001): 838~844; Martin Mayer, Andreas Zedrosser, and Frank Rosell, "When to leave: The timing of natal dispersal in a large, monogamous rodent, the Eurasian beaver," *Animal Behaviour* 123 (2017): 375~382; Jonathan C. Shaw et al., "Effect of population demographics and social pressures on white-tailed deer dispersal ecology," *Journal of Wildlife Management* 70 (2010): 1293~1301; Eric S. Long et al., "Forest cover influences dispersal distance of white-tailed deer," *Journal of Mammology* 86 (2005): 623~629; Yun Tao, Luca Börger, and Alan Hastings, "Dynamic range size analysis of territorial animals: An optimality approach," *American Naturalist* 188 (2016): 460~474.

2 For lively and historical accounts of homeleaving around the world, see Steven Mintz's *The Prime of Life: A History of Modern Adulthood* (Cambridge, MA: Harvard University Press, 2015), Prologue, 1~18, Chapter 1: The Tangled Transition to Adulthood, 19~70, as well as his book *Huck's Raft: A History of American Childhood*. In addition, Jeffrey Jensen Arnett's work on emerging adulthood, including *Adolescence and Emerging Adulthood: A Cultural Approach* (London: Pearson, 2012), contains extensive discussions of the phase of life in which adolescents leave home—or don't. Also see Arnett's *Emerging Adulthood: The Winding Road from the Late Teens Through the Twenties*, 2nd ed. (New York: Oxford, 2015).

3 Interview with Dr. Hannah Bannister, February 6, 2018.

4 Hiroyoshi Higuchi and Hiroshi Momose, "Deferred independence and prolonged infantile behaviour in young varied tits, Parus varius, of an island population," *Animal Behaviour* 28 (1981): 523~524.

5 Russell C. Van Horn, Teresa L. McElinny, and Kay E. Holekamp, "Age es-

timation and dispersal in the spotted hyena (Crocuta crocuta)," *Journal of Mammology* 84 (2003): 1019~1030; Axelle E. J. Bono et al., "Payoff- and sex-biased social learning interact in a wild primate population," *Current Biology* 28 (2018): P2800~2805; Gerald L. Kooyman and Paul J. Ponganis, "The initial journey of juvenile emperor penguins," *Aquatic Conservation: Marine and Freshwater Ecosystems* 17 (2008): S37~S43; Robin W. Baird and Hal Whitehead, "Social organization of mammal-eating killer whales: Group stability and dispersal patterns," *Canadian Journal of Zoology* 78 (2000): 2096~105; P. A. Stephens et al., "Dispersal, eviction, and conflict in meerkats (Suricata suricatta): An evolutionarily stable strategy model," *American Naturalist* 165 (2005): 120~135.

6 Namibia Wild Horse Foundation, "Social Structure," http://www.wild-horses-namibia.com/social-structure/; Frans B. M. De Waal, "Bonobo Sex and Society," *Scientific American*, June 1, 2006, https://www.scientificamerican.com/article/bonobo-sex-and-society-2006-06/.

7 Martha J. Nelson-Flower et al., "Inbreeding avoidance mechanisms: Dispersal dynamics in cooperatively breeding southern pied babblers," *Journal of Animal Ecology* 81 (2012): 876~883; Nils Chr. Stenseth and William Z. Lidicker, Jr., *Animal Dispersal: Small Mammals as a Model* (Dordrecht, Netherlands: Springer Science+Business Media, 1992).

8 James Cheshire, "The Wolf Who Traversed the Alps," 62~65, in *Where the Animals Go*; interview with Hubert Potočnik, February 20, 2019.

9 J. Michael Reed et al., "Informed Dispersal," in *Current Ornithology* 15, ed V. Nolan, Jr., and Charles F. Thompson (New York: Springer, 1999): 189~259; J. Clobert et al., "Informed dispersal, heterogeneity in animal disperal syndromes and the dynamics of spatially structured populations," *Ecology Letters* 12 (2009): 197~209.

10 Interview with Dr. Hannah Bannister, February 6, 2018.

11 L. David Mech and Luigi Boitani, *Wolves: Behavior, Ecology, and Conservation* (Chicago: University of Chicago Press, 2007), 12.

12 Ibid., 52.

13 Kenneth A. Logan and Linda L. Sweanor, *Desert Puma: Evolutionary Ecology and Conservation of an Enduring Carnivore* (Washington, DC: Island Press, 2001), 143, 278; T. M. Caro and M. D. Hauser, "Is there teaching in nonhuman animals?" *Quarterly Review of Biology* 67 (1992): 151~174; L. Mark Elbroch and Howard Quigley, "Observations of wild cougar (Puma concolor) kittens with live prey:

Implications for learning and survival," *Canadian Field-Naturalist* 126 (2012): 333~335.

14 Shifra Z. Goldenberg and George Wittemyer, "Orphaned female elephant social bonds reflect lack of access to mature adults," *Scientific Reports* 7 (2017): 14408; Shifra Z. Goldenberg and George Wittemyer, "Orphaning and natal group dispersal are associated with social costs in female elephants," *Animal Behaviour* 143 (2018): doi: 10.1016/j.anbehav.2018.07.002.

15 Alexandre Roulin, "Delayed maturation of plumage coloration and plumage spottedness in the Barn Owl (Tyto alba)," *Journal fur Ornithologie* 140 (1999): 193~197.

16 Hermioni N. Lokko and Theodore A. Stern, "Regression: Diagnosis, evaluation, and management," *Primary Care Companion for CNS Disorders* 17 (2015): doi: 10.408/PCC.14f01761.

17 Walter D. Koenig et al., "The Evolution of Delayed Dispersal in Cooperative Breeders," *The Quarterly Review of Biology* 67 (1992): 111~150; Lyanne Brouwe, David S. Richardson, and Jan Komdeur, "Helpers at the nest improve late-life offspring performance: Evidence from a long-term study and a cross-foster experiment," *PLoS ONE* 7 (2012): e33167; J. L. Brown, *Helping Communal Breeding in Birds* (Princeton, NJ: Princeton University Press, 2014), 91~101.

18 L. David Mech and H. Dean Cluff, "Prolonged intensive dominance behavior between gray wolves, Canis lupus," *Canadian Field-Naturalist* 124 (2010): 215~218.

19 Clutton-Brock, *Mammal Societies*, 186; Robert L. Trivers, "Parent-offspring conflict," *American Zoologist* 14 (1974): 249~264; Bram Kujiper and Rufus A. Johnstone, "How dispersal influences parent-offspring conflict over investment," *Behavioral Ecology* 23 (2012): 898~906.

20 Logan and Sweanor, *Desert Puma*, 143.

21 Robert L. Trivers, "Parental Investment and Sexual Selection," 52~95, in Bernard Campbell, ed., *Sexual Selection and the Descent of Man*, 1871~1971 (Chicago: Aldine, 1972), http://roberttrivers.com/Robert_Trivers/Publications_files/Trivers%201972.pdf.

22 Kujiper and Johnstone, "How dispersal influences parent-offspring conflict over investment." For more on parent-offspring conflict, see also Phil Reed, "A transactional analysis of changes in parent and chick behavior prior to separation of herring gulls (Larus argentatus): A three-term contingen-

cy model," *Behavioural Processes* 118 (2015): 21~27; T. H. Clutton-Brock and G. A. Parker, "Punishment in animal societies," *Nature* 373 (1995): 209~216.

23 Juan Carlos Alonso et al., "Parental care and the transition to independence of Spanish Imperial Eagles Aquila heliaca in Doñana National Park, southwest Spain," *IBIS* 129 (1987): 212~224.

24 Trevor Noah, *Born a Crime: Stories from a South African Childhood* (New York: Spiegel and Grau, 2016), 255.

25 Manabi Paul et al., "Clever mothers balance time and effort in parental care—a study on free-ranging dogs," *Royal Society Open Science* 4 (2017): 160583.

26 Tim Clutton-Brock, *Mammal Societies* (Hoboken, NJ: Wiley-Blackwell, 2016), 94.

27 Dorothy L. Cheney and Robert M. Seyfarth, "Nonrandom dispersal in free-ranging vervet monkeys: Social and genetic consequences," *American Naturalist* 122 (1983): 392~412.

28 Interview with Lynn Fairbanks, May 3, 2011.

29 J. Kolevská, V. Brunclík, and M. Svoboda, "Circadian rhythm of cortisol secretion in dogs of different daily activity," *Acta Veterinaria Brunensis* 72 (2002), doi: 10/2754/abc200372040599; Mark S. Rea et al., "Relationship of morning cortisol to circadian phase and rising time in young adults with delayed sleep times," *International Journal of Endocrinology* (2012), doi://10.115/2012/74940; R. Thun et al., "Twentyfour-hour secretory pattern of cortisol in the bull: Evidence of episodic secretion and circadian rhythm," *Endocrinology* 109 (1981): 2208~2212.

30 World Health Organization, "Adolescent Health Epidemiology," https://www.who.int/maternal_child_adolescent/epidemiology/adolescence/en/.

31 John Boulanger and Gordon B. Stenhouse, "The impact of roads on the demography of grizzly bears in Alberta," *PLoS ONE* 9 (2014): e115535; Amy Haigh, Ruth M. O'Riordan, and Fidelma Butler, "Hedgehog Erinaceus europaeus mortality on Irish roads," *Wildlife Biology* 20 (2014): 155~160; Ronald L. Mumme et al., "Life and death in the fast lane: Demographic consequences of road mortality in the Florida scrub-jay," *Conservation Biology* 14 (2000): 501~512; Brenda D. Smith-Patten and Michael A. Patten, "Diversity, seasonality, and context of mammalian roadkills in the Southern Great Plains," *Environmental Management* 41 (2008): 844~852; Brendan D. Taylor and Ross L. Goldingay, "Roads and wildlife: Impacts, mitigation and implications for wildlife management in Australia," *Wildlife Research* 37 (2010):

320~331; Amy Haigh et al., "Non-invasive methods of separating hedgehog (Erinaceus europaeus) age classes and an investigation into the age structure of road kill," *Acta Theriologica* 59 (2014): 165~171; Richard M. F. S. Sadleir and Wayne L. Linklater, "Annual and seasonal patterns in wildlife road-kill and their relationship with traffic density," *New Zealand Journal of Zoology* 43 (2016): 275~291; Evan R. Boite and Alfred J. Mead, "Application of GIS to a baseline survey of vertebrate roadkills in Baldwin County, Georgia," Southeastern Naturalist 13 (2014): 176~190; Changwan Seo et al., "Disentangling roadkill: The influence of landscape and season on cumulative vertebrate mortality in South Korea," *Landscape and Ecological Engineering* 11 (2015): 87~99; interview with Andy Alden, senior research associate, Virginia Tech, August 23, 2017; interview with Bridget Donaldson, a senior scientist with Virginia Transportation Research Council and expert on wildlife crossings, August 14, 2017; interview with Fraser Shilling, co-director of the UC Davis Road Ecology Center, August 9, 2017.

32 Malia Wollan, "Mapping Traffic's Toll in W New York Times, September 12, 2010, https://www.nytimes.com/2010/09/13/technology/13roadkill.html.

33 Richard M. F. S. Sadleir and Wayne L. Linklater, "Annual and seasonal patterns in wildlife road-kill and their relationship with traffic density," *New Zealand Journal of Zoology* 43 (2016): 275~291.

34 R. A. Giffney, T. Russell, and J. L. Kohen, "Age of roadkilled common brushtail possums (Trichosurus vulpecula) and common ringtail possums (Pseudocheirus peregrinus) in an urban environment," *Australian Mammalogy* 31 (2009): 137~142.

35 Kerry Klein, "Largest US Roadkill Database Highlights Hotspots on Bay Area Highways," *Mercury News* (San Jose), May 5, 2015, https://www.mercurynews.com/2015/05/05/largest-u-s-roadkill-database-highlights-hotspots-on-bay-area-highways/.

36 Nicolas Perony and Simon W. Townsend, "Why did the meerkat cross the road? Flexible adaptation of phylogenetically-old behavioural strategies to modern-day threats," *PLoS ONE* (2013), doi: 10.1371/journal.pone.0052834.

37 Whale and Dolphin Conservation, "Boat Traffic Effects on Whales and Dolphins," https://us.whales.org/issues/boat-traffic; A. Szesciorka et al., "Humpback whale behavioral response to ships in and around major

shipping lanes off San Francisco, CA," Abstract (Proceedings) 21st Biennial Conference on the Biology of Marina Mammals, San Francisco, California, December 14~18, 2015; Karen Romano Young, *Whale Quest: Working Together to Save Endangered Species* (Brookfield, CT: Millbrook Press, 2017).

38 Christine Dell'Amore, "Downtown Coyotes: Inside the Secret Lives of Chicago's Predator," *National Geographic*, November 21, 2014, https://news.nationalgeographic.com/news/2014/11/141121-coyotes-animals-science-chicago-cities-urban-nation/.

39 Centers for Disease Control and Prevention, "Motor Vehicle Safety (Teen Drivers)," https://www.cdc.gov/motorvehiclesafety/teen_drivers/index.html; Centers for Disease Control and Prevention, "Motor Vehicle Crash Deaths," https://www.cdc.gov/vitalsigns/motor-vehicle-safety/index.html; Children's Hospital of Philadelphia, "Seat Belt Use: Facts and Stats," https://www.teendriversource.org/teen-crash-risks-prevention/rules-of-the-road/seat-belt-use-facts-and-stats.

40 National Highway Traffic Safety Administration, "Overview of the National Highway Traffic Safety Administration's Driver Distraction Program," https://www.nhtsa.gov/sites/nhtsa.dot.gov/files/811299.pdf.

41 National Highway Traffic Safety Administration, "U.S. DOT and NHTSA Kick Off 5th Annual U Drive. U Text. U Pay. Campaign," April 5, 2018, https://www.nhtsa.gov/press-releases/us-dot-and-nhtsa-kick-5th-annual-u-drive-u-text-u-pay-campaign.

42 Angel Jennings, "Mountain Lion Killed in Santa Monica Was Probably Seeking a Home," *Los Angeles Times*, May 24, 2012, http://articles.latimes.com/2012/may/24/local/la-me-0524-mountain-lion-20120524.

43 Interview with Hubert Potočnik, February 20, 2019.

44 James Cheshire and Oliver Uberti, *Where the Animals Go: Tracking Wildlife with Technology in 50 Maps and Graphics* (New York: W. W. Norton & Company, 2017); Doug P. Armstrong et al., "Using radio-tracking data to predict post-release establishment in reintroduction to habitat fragments," *Biological Conservation* 168 (2013): 152~160.

16. 생계 꾸리기

1 Susan J. Popkin, Molly M. Scott, and Martha Galvez, "Impossible Choices: Teen and Food Insecurity in America," Urban Institute, September 2016,

https://www.urban.org/sites/default/files/publication/83971/impossible-choices-teens-and-food-insecurity-in-america_1.pdf; Mkael Symmonds et al., "Metabolic state alters economic decision making under risk in humans," *PLoS ONE* 5 (2010): e11090; No Kid Hungry, "Hunger Facts," https://www.nokidhungry.org/who-we-are/hunger-fact.

2 Stan Boutin, "Hunger makes apex predators do risky things," *Journal of Animal Ecology* 87 (2018): 530~532; Andrew D. Higginson et al., "Generalized optimal risk allocation: Foraging and antipredator behavior in a fluctuating environment," *American Naturalist* 180 (2012): 589~603; Michael Crossley, Kevin Staras, and György Kemenes, "A central control circuit for encoding perceived food value," *Science Advances* 4 (2018), doi: 10.1126/sciadv.aau9180; Kari Koivula, Seppo Rytkonen, and Marukku Orell, "Hunger-dependency of hiding behaviour after a predator attack in dominant and subordinate willow tits," *Ardea* 83 (1995): 397~404; Benjamin Homberger et al., "Food predictability in early life increases survival of captive grey partridges (Perdix perdix) after release into the wild," *Biological Conservation* 177 (2014): 134~141; Hannah Froy et al., "Age-related variation in foraging behavior in the wandering albatross in South Georgia: No evidence for senescence," *PLoS ONE* 10 (2015): doi: 10.1371/journal.pone.0116415; Daniel O'Hagan et al., "Early life disadvantage strengthens flight performance trade-off in European starlings, Sturnus vulgaris," *Animal Behaviour* 102 (2015): 141~148; Harry H. Marshall, "Lifetime fitness consequences of early-life ecological hardship in a wild mammal population," Ecology and Evolution 7 (2017): 1712~1724; Clare Andrews et al., "Early life adversity increases foraging and information gathering in European starlings, Sturnus vulgaris," *Animal Behaviour* 109 (2015): 123~132; Gerald Kooyman and Paul J. Ponganisk, "The initial journey of juvenile emperor penguins," *Aquatic Conservation: Marine and Freshwater Ecosystems* 17 (2007): S37~S43; Richard A. Phillips et al., "Causes and consequences of individual variability and specialization in foraging and migration strategies of seabirds," *Marine Ecology Progress Series* 578 (2017): 117~150.

3 Tiffany Armenta et al., "Gene expression shifts in yellow-bellied marmots prior to natal dispersal," *Behavioral Ecologyary* 175 (2018), doi: 10.1083/beheco/ary175.

4 Armenta et al., "Gene expression shifts in yellow-bellied marmots prior to

natal dispersal."

5 Interview with Hubert Potočnik, February 20, 2019.

6 Mech and Boitani, *Wolves*, 283.

7 Barbara Natterson-Horowitz's visit to the Endangered Wolf Center in Eureka, Missouri, on April 20, 2018.

8 Interview with Dr. Ben Kilham in Lyme, New Hampshire, April 1, 2018.

9 Alex Thornton, "Variations in contributions to teaching by meerkats," *Proceedings of the Royal Society B: Biological Sciences* 275 (2008): 1745~1751.

10 James Fair, "Hunting success rates: how predators compare," Discover Wildlife, December 17, 2015, http://www.discoverwildlife.com/animals/hunting-success-rates-how-predators-compare.

11 Ibid.

12 Amanda D. Melin et al., "Trichromacy increases fruit intake rates of wild capuchins (Cebus capucinus imitator)," *Proceedings of the National Academy of Sciences* 114 (2017): 10402~10407.

13 Inigo Novales Flamarique, "The Ontogeny of Ultraviolet Sensitivity, Cone Disappearance and Regeneration in the Sockeye Salmon Oncorhynchus Nerka," *Journal of Experimental Biology* 203 (2000): 1161~1172.

14 Howard Richardson and Nicolaas A. M. Verbeek, "Diet selection and optimization by Northwestern Crows feeding on Japanese littleneck clams," *Ecology* 67 (1986): 1219~1226; Howard Richardson and Nicolaas A. M. Verbeek, "Diet selection by yearling Northwestern Crows (Corvus caurinus) feeding on littleneck clams (Venerupis japonica)," *Auk* 104 (1987): 263~269.

15 Angela Duckworth, *Grit: The Power of Passion and Perseverance* (New York: Scribner, 2016).

16 Sarah Benson-Amram and Kay E. Holekamp, "Innovative problem solving by wild spotted hyenas," *Proceedings of the Royal Society B* 279 (2012): 4087~4095; L. Cauchard et al., "Problem-solving performance is correlated with reproductive success in wild bird population," *Animal Behaviour* 85 (2013): 19~26; Andrea S. Griffin, Maria Diquelou, and Marjorie Perea, "Innovative problem solving in birds: a key role of motor diversity," *Animal Behaviour* 92 (2014): 221~227; A. Thornton and J. Samson, "Innovative problem solving in wild meerkats," *Animal Behaviour* 83 (2012): 1459~1468.

17 Benson-Amram and Holekamp, "Innovative problem solving by wild spotted hyenas."

18 Lisa A. Leaver, Kimberly Jayne, and Stephen E. G. Lea, "Behavioral flexibility versus rules of thumb: How do grey squirrels deal with conflicting risks?" *Behavioural Ecology* 28 (2017): 186~192.

19 John Whitfield, "Mother hens dictate diet," Nature (2001), doi: 10/1038/news010719-18, https://www.nature.com/news/2001/010718/full/news010719-18.html.

20 A. G. Thorhallsdottir, F. D. Provenza, D. F. Balph, "Ability of lambs to learn about novel foods while observing or participating with social models," *Applied Animal Behaviour Science* 25 (1990): 25~33; Udita Sanga, Frederick D. Provenza, and Juan J. Villalba, "Transmission of self-medicative behaviour from mother to offspring in sheep," *Animal Behaviour* 82 (2011): 219~227.

21 Jennifer S. Savage, Jennifer Orlet Fisher, and Leann L. Birch, "Parental Influence on Eating Behavior: Conception to Adolescence," *Journal of Law, Medicine & Ethics* 35 (2007): 22~34.

22 Christophe Guinet, "Intentional stranding apprenticeship and social play in killer whales (Orcinus orca)," *Canadian Journal of Zoology* 69 (1991): 2712~2716.

23 Ari Friedlaender et al., "Underwater components of humpback whale bubble-net feeding behaviour," *Behaviour* 148 (2011): 575~602; Rebecca Boyle, "Humpback Whales Learn New Tricks Watching Their Friends," *Popular Science*, April 25, 2013, https://www.popsci.com/science/article/2013-04/humpback-whales-learn-new-tricks-watching-their-friends#page-2; Jane J. Lee, "Do Whales Have Culture?" National Geographic News, April 27, 2013, https://news.nationalgeographic.com/news/2013/13/130425-humpback-whale-culture-behavior-science-animals/; University of St. Andrews, "Humpback whales able to learn from others, study finds," Phys.org, April 25, 2013, https://phys.org/news/2013-04-humpback-whales.html#jCp.

24 Jenny Allen et al., "Network-based diffusion analysis reveals cultural transmission of lobtail feeding in humpback whales," *Science* 26 (2013): 485~488.

25 William J. E. Hoppitt et al., "Lessons from animal teaching," *Trends in Ecology & Evolution* 23 (2008): 486~493, 486; T. M. Caro and M. D. Hauser, "Is there teaching in nonhuman animals?" *Quarterly Review of Biology* 67 (1992): 151~174; T. M. Caro, "Predatory behaviour in domestic cat mothers," *Behaviour* 74 (1980): 128~147; T. M. Caro, "Effects of the mother, object play and adult experience on predation in cats," *Behavioral and Neural Biology* 29 (1980): 29~51; T. M. Caro, "Short-term costs and correlates of play in cheetahs," *Animal*

Behaviour 49 (1995): 333~345.

26 Mark Elbroch, "Fumbling Cougar Kittens: Learning to Hunt," National Geographic Blog, October 22, 2014, https://blog.nationalgeographic.org/2014/10/22/fumbling-cougar-kittens-learning-to-hunt/.

27 Liz Langley, "Schooled: Animals That Teach Their Young," National Geographic News, May 7, 2016, https://news.nationalgeographic.com/2016/05/160507-animals-teaching-parents-science-meerkats/.

28 Alonso et al., "Parental care and the transition to independence of Spanish Imperial Eagles Aquila heliaca in Doñana National Park, southwest Spain."

29 Guy A. Balme et al., "Flexibility in the duration of parental care: Female leopards prioritise cub survival over reproductive output," *Journal of Animal Ecology* 86 (2017): 1224~1234.

30 J. S. Gilchrist, "Aggressive monopolization of mobile carers by young of a cooperative breeder," *Proceedings of the Royal Society B* 275 (2008): 2491~2498.

31 Yutaka Hishimura, "Food choice in rats (Rattus norvegicus): The effect of exposure to a poisoned conspecific," *Japanese Psychological Research* 40 (1998): 172~177; Jerry O. Wolff and Paul W. Sherman, eds., *Rodent Societies: An Ecological and Evolutionary Perspective* (Chicago: University of Chicago Press, 2007), 210~211; Bennett G. Galef, Jr., "Social interaction modifies learned aversions, sodium appetite, and both palatability and handling-time induced dietary preferences in rats (Rattus norvegicus)," *Journal of Comparative Psychology* 100 (1986): 432~439.

32 Pallav Sengupta, "The laboratory rat: Relating its age with human's," *International Journal of Preventive Medicine* 4 (2013): 624~630.

33 Galef Jr., "Social interaction modifies learned aversions, sodium appetite, and both palatability and handling-time induced dietary preferences in rats (Rattus norvegicus)."

34 Jerry O. Wolff and Paul W. Sherman, eds., *Rodent Societies: An Ecological and Evolutionary Perspective* (Chicago: University of Chicago Press, 2007), 211.

35 Interview with Luke Dollar, wildlife biologist and conservationist, November 10, 2017.

36 Interview with Mia-Lana Lührs, University of Gottingen, October 16, 2017.

17. 위대한 외톨이

1 BBC Two, "Apak: North Baffin Island," February 21, 2005, http://news.

bbc.co.uk/2/hi/programmes/this_world/4270079.stm; Nina Strochlic, "How to Build an Igloo," *National Geographic*, November 2016, https://www.nationalgeographic.com.au/people/how-to-build-an-igloo.aspx; Richard G. Condon, "Inuit Youth in a Changing World," *Cultural Survival Quarterly Magazine*, June 1988, https://www.culturalsurvival.org/publications/cultural-survival-quarterly/inuit-youth-changing-world.

2 Julie Tetel Andresen and Phillip M. Carter, "The Language Loop: The Australian Walkabout," in *Language in the World: How History, Culture, and Politics Shape Language* (Hoboken, NJ: Wiley-Blackwell, 2016), 22.

3 David Martinez, "The soul of the Indian: Lakota philosophy and the vision quest," *Wicazo Sa Review* (University of Minnesota Press) 19 (2004): 79~104.

4 GoSERE, "SERE: Survival, Evasion, Resistance and Escape," https://www.gosere.af.mil/; National Outdoor Leadership School, "The leader in wilderness education," https://www.nols.edu/en/.

5 Ester S. Buchholz and Rochelle Catton, "Adolescents' perceptions of aloneness and loneliness," *Adolescence* 34 (1999): 203~213.

6 Bridget Goosby et al., "Adolescent loneliness and health in early adulthood," *Sociological Inquiry* 83 (2013): doi: 10.1111/soin.12018.

7 Cheryl A. King and Christopher R. Merchant, "Social and interpersonal factors relating to adolescent suicidality: A review of the literature," *Archives of Suicide Research* 12 (2008): 181~196.

8 "A Third of Young Adults Live with Their Parents," United States Census Bureau, August 9, 2017, https://www.census.gov/library/stories/2017/08/young-adults.html.

9 "Europe's Young Adults Living with Parents—a Country by Country Breakdown," *The Guardian*, March 24, 2014, htts://www.theguardian.com/news/datablog/2014/mar/24/young-adults-still-living-with-parents-europe-country-breakdown; Morgan Winsor, "Why Adults in Different Parts of the Globe Live with Their Parents," ABC News, May 27, 2018, https://abcnews.go.com/International/adults-parts-globe-live-home-parents/story?id=55457188; "Life in Modern Cairo," Liberal Arts Instructional Technology Services, University of Texas at Austin, http://www.laits.utexas.edu/cairo/modern/life/life.html.

10 CBRE, "Asia Pacific Millennials: Shaping the Future of Real Estate," October 2016, page 8, https://www.austchamthailand.com/resources/Pictures/

CBRE%20-%20APAC%20Millennials%20Survey%20Report.pdf.

11 연장된 양육 기간에 부모는 먹이와 거처를 제공하며 자식을 보호하고 분산하는 새끼를 돕는다. 이러한 부모의 지원은 다양한 동물 종에서 관찰되는데, 부모의 자원과 자식의 필요성에 따라 그 기간이 달라진다. 일반적으로 포식자가 많거나 자원 부족으로 주변 환경이 위험하면 부모가 자식을 오랜 시간 보살피는 것을 볼 수 있다. Eleanor M. Russell, Yoram Yom-Tov, and Eli Geffen, "Extended parental care and delayed dispersal: Northern, tropical and southern passerines compared," *Behavioral Ecology* 15 (2004): 831~838; Andrew N. Radford and Amanda R. Ridley, "Recruitment calling: A novel form of extended parental care in an altricial species," *Current Biology* 16 (2006): 1700~1704; Michael J. Polito and Wayne Z. Trivelpiece, "Transition to independence and evidence of extended parental care in the gentoo penguin (Pygoscelis papua)," *Marine Biology* 154 (2008): 231~240; P. D. Boersma, C. D. Cappello, and G. Merlen, "First observation of post-fledging care in Galapogos penguins (Spheniscus mendiculus)," *Wilson Journal of Ornithology* 129 (2017): 186~191; Martin U. Gruebler and Beat Naef-Daenzer, "Survival benefits of post-fledging care: Experimental approach to a critical part of avian reproductive strategies," *Journal of Animal Ecology* 79 (2010): 334~341.

12 Steven Mintz, *The Prime of Life* (Cambridge, MA: Harvard University Press, 2015).

13 Ibid.

14 Ibid.

15 Lyanne Brouwe, David S. Richardson, and Jan Komdeur, "Helpers at the nest improve late-life offspring performance: Evidence from a long-term study and a cross-foster experiment," *PLoS ONE* 7 (2012): e33167; Tim Clutton-Brock, "Cooperative Breeding," in *Mammal Societies* (Hoboken, NJ: Wiley-Blackwell, 2016), 556~563.

16 Janis L. Dickinsin et al., "Delayed dispersal in western bluebirds: Teasing apart the importance of resources and parents," *Behavioral Ecology* 25 (2014): 843~851.

17 Karen Price and Stan Boutin, "Territorial bequeathal by red squirrel mothers," *Behavioral Ecology* 4 (1992): 144~150.

18 De Casteele and Matthysen, "Natal dispersal and parental escorting predict relatedness between mates in a passerine bird," *Molecular Ecology* 15, no. 9 (August 2006), 2557~2565.

19 Erik Matthysen et al., "Family movements before independence influence

natal dispersal in a territorial songbird," *Oecologia* 162 (2010): 591~597; Karen Marchetti and Trevor Price, "Differences in the foraging of juvenile and adult birds: The importance of developmental constraints," *Biological Review* 64 (1989): 51~70; S. Choudhury and J. M. Black, "Barnacle geese preferentially pair with familiar associates from early life," *Animal Behaviour* 48 (1994): 81~88.

20 I. Rowley, "Communal activities among white-winged choughs, Corcorax melanorhamphus," *IBIS* 120 (1978): 178~196; R. G. Heinsohn, "Cooperative enhancement of reproductive success in whitewinged choughs," *Evolutionary Ecology* 6 (1992): 97~114; R. Heinsohn et al., "Coalitions of relatives and reproductive skew in cooperatively breeding white-winged choughs," *Proceedings of the Royal Society of London Series B* 267 (2000): 243~249.

21 Jack F. Cully, Jr., and J. David Ligon, "Comparative Mobbing Behavior of Scrub and Mexican Jays," *Auk* 93 (1976): 116~125.

22 Leah Shafer, "Resilience for Anxious Students," Harvard Graduate School of Education, November 30, 2017, https://www.gse.harvard.edu/news/uk/17/11/resilience-anxious-students.

23 Mintz, *The Prime of Life*.

24 Allison E. Thompson, Johanna K. P. Greeson, and Ashleigh M. Brunsink, "Natural mentoring among older youth in and aging out of foster care: A systematic review," *Children and Youth Services Review* 61 (2016): 40~50.

25 Mintz, *The Prime of Life*.

26 Doug P. Armstrong et al., "Using radio-tracking data to predict post-release establishment in reintroduction to habitat fragments," *Biological Conservation* 168 (2013): 152~160.

27 Mark Elbroch, "Fumbling Cougar Kittens: Learning to Hunt," *National Geographic Blog*, October 22, 2014, https://blog.nationalgeographic.org/2014/10/22/fumbling-cougar-kittens-learning-to-hunt/.

에필로그

1 "King Penguins," Penguins-World, https://www.penguins-world.com/king-penguin/.

2 Interview with Oliver Höner, October 4, 2018.

3 Philip Hoarse, " 'Barnacled Angels': The Whales of Stellwagen Bank—a Photo Essay," *Guardian*, June 20, 2018, https://www.theguardian.com/envi-

ronment/2018/jun/20/barnacled-angels-the-whales-of-stellwagen-bank-a-photo-essay.

4 Interview with Hubert Potočnik, February 20, 2019.

5 Fred Lambert, "Tesla and PG&E Are Working on a Massive 'Up to 1.1 GWh' Powerpack Battery System," Electrek, June 29, 2018, https://electrek.co/2018/06/29/tesla-pge-giant-1-gwh-powerpack-battery-system/.

지은이 바버라 내터슨 호로위츠
Barbara Natterson-Horowitz

의학박사이자 심장병 전문의. 하버드대학 인간진화생물학부 객원 교수, UCLA 데이비드게펜의과대학 교수이자 생태학·진화생물학과 교수다. 또 같은 대학에서 진화의학 프로그램 공동 책임자를 맡고 있다. 로스앤젤레스동물원의 의료자문위원으로 동물들의 심혈관 질환 진료를 돕고 있다. 하버드대학과 대학원을 졸업하고 캘리포니아대학 샌프란시스코 캠퍼스에서 의학을 전공했다. 세계적인 과학·의학 저널에 논문을 발표해왔고, 〈뉴욕타임스〉 등 주요 신문과 잡지에 글을 기고했다.

지은이 캐스린 바워스
Kathryn Bowers

과학 전문 기자. 정책 연구소인 뉴아메리카의 퓨처텐스 펠로우로 선정된 연구원이자 애리조나주립대학의 온라인 잡지 〈소칼로퍼블릭스퀘어〉의 편집위원이다. 스탠퍼드대학을 졸업하고 시사 잡지 〈애틀랜틱먼슬리〉 편집자, CNN 인터내셔널의 작가 겸 프로듀서, 주러시아 미국 대사관 부공보관 등으로 일했고, UCLA와 하버드대학에서 의학 관련 글쓰기를 가르쳤다.

옮긴이 김은지

워싱턴대학 경영학과를 졸업했다. 현재 번역에이전시 엔터스코리아에서 출판기획 및 전문 번역가로 활동하고 있다. 옮긴 책으로는 《수면의 과학》, 《사이언스 쿠킹》, 《최고의 나를 만드는 공감 능력》, 《중국 인도》, 《아프리카의 보석 모란앵무》, 《크리슈나무르티의 마지막 일기》 등이 있다.

와일드후드

2023년 5월 24일 초판 1쇄 | 2023년 6월 22일 4쇄 발행

지은이 바버라 내터슨 호로위츠, 캐스린 바워스 **옮긴이** 김은지
펴낸이 박시형, 최세현

책임편집 최세현 **디자인** 정아연 **교정교열** 신상미
마케팅 이주형, 양근모, 권금숙, 양봉호, **온라인홍보팀** 신하은, 현나래
디지털콘텐츠 김명래, 최은정, 김혜정, 서유정 **해외기획** 우정민, 배혜림
경영지원 홍성택, 김현우, 강신우 **제작** 이진영
펴낸곳 (주)쌤앤파커스 **출판신고** 2006년 9월 25일 제406-2006-000210호
주소 서울시 마포구 월드컵북로 396 누리꿈스퀘어 비즈니스타워 18층
전화 02-6712-9800 **팩스** 02-6712-9810 **이메일** info@smpk.kr

ISBN 979-11-6534-731-4 (03400)